走滑—伸展复合区岩性地层圈闭地震勘探技术及应用——以辽西凸起为例

周东红　著

石 油 工 业 出 版 社

内 容 提 要

本书包括走滑—伸展复合区岩性地层圈闭地质综合研究、地震响应正演模拟、复杂岩性体精确成像、岩性地层圈闭精细刻画和储层预测等基本内容，主要对渤海油田走滑—伸展复合区古近系岩性地层圈闭发育区地震勘探技术进行了论述。

本书可供从事地震勘探研究人员及相关院校师生参考，并可为国内外相似地质条件区的岩性地层圈闭研究提供借鉴。

图书在版编目（CIP）数据

走滑—伸展复合区岩性地层圈闭地震勘探技术及应用：以辽西凸起为例／周东红著．—北京：石油工业出版社，2021.6

ISBN 978-7-5183-5159-6

Ⅰ．①走… Ⅱ．①周… Ⅲ．①区域地层-地层圈闭-地震勘探-研究-辽宁 Ⅳ．①P535.231

中国版本图书馆 CIP 数据核字（2021）第 276973 号

出版发行：石油工业出版社
（北京安定门外安华里 2 区 1 号楼　100011）
网　址：www.petropub.com
编辑部：（010）64523594
图书营销中心：（010）64523633
经　　销：全国新华书店
印　　刷：北京中石油彩色印刷有限责任公司

2021 年 6 月第 1 版　2021 年 6 月第 1 次印刷
787×1092 毫米　开本：1/16　印张：14.25
字数：350 千字

定价：140.00 元

前　言

辽东湾探区是渤海上产 4000×10^4t 战略规划的主战场，古近系所发现三级石油储量占总储量的70%，其中古近系东营组、沙河街组是辽东湾最重要、认识程度最高的勘探目标层系。随着渤海油田勘探开发程度的不断提高，岩性油气藏正逐渐成为储量替代和产量增长的重要组成部分。勘探实践表明渤海中深层广泛发育大型辫状河三角洲、近源扇三角洲、滩坝及浊积体等复杂岩性体，是岩性地层圈闭的有利发育区带。目前辽东湾古近系已发现的岩性地层油气藏储量占比不足10%，勘探潜力较大。

近年来，辽东湾探区在凸起的斜坡带上陆续发现了一些具有商业价值的岩性地层油气藏，包括旅大29-1构造、锦州20-6构造、锦州20-5北构造、锦州25-1西构造，旅大16-3北构造、旅大10-5/6构造，是辽东湾新领域的重要突破。辽西凸起未钻圈闭面积近 $230km^2$，资源量总计约为 $2.7\times10^8m^3$，岩性地层勘探潜力巨大，具有重要的现实意义。然而渤海油田以窄方位地震资料为主，钻井密度低，对中深层复杂岩性地层圈闭展开勘探要解决以下难题：(1) 岩性体内部各向异性强，岩性体的边界及内部成像精度低；(2) 岩性体空间形态复杂，地层超覆点、岩性尖灭点三维空间刻画难度大；(3) 岩性体储层薄，围岩干扰强，储层识别困难；(4) 岩性体岩相多样，弹性参数差异小，储层预测多解性强。

截至2020年10月，辽东湾探区累计发现20个油气田和46个含油气构造，通过已钻井形成了一定地质认识，积累了研究经验。围绕规模性岩性地层油气藏勘探的地震技术瓶颈问题，从复杂岩性体精确成像、岩性地层圈闭精细刻画和储层预测等方面展开系统研究，经过多年系统技术攻关和勘探实践，形成三项关键技术：(1) 地震资料处理，研发了面向弱振幅响应区地震信号优选数据规则化处理技术、基于相位校正广义S变换反褶积的地震资料拓频处理技术和复杂构造区高精度速度建模及偏移成像技术，明显改善了地震资料成像品质，提高了弱信号区地震资料保真度、分辨率和断层阴影区岩性地层的成像精度；（2）岩性地层圈闭要素刻画，研发了基于广义S变换谱分解的岩性地层尖灭点分频刻画技术等五项关键技术，实现了岩性地层圈闭岩性尖灭点和地层超覆点的精确刻画；（3）储层预测，研发了叠后迭代谱反演薄砂体识别技术和密度储层敏感因子构建技术，使复杂岩性体储层预测精度由74%提高至89%，中深层储层预测吻合率显著提升。相关创新技术应用成效显著，具有良好的推广应用价值。

本书共分为五章。第一章简述了渤海油田古近系岩性地层圈闭发育的地质概况和勘探进展；第二章系统分析了走滑—伸展复合区岩性地层圈闭地震响应机理；第三章深入研究了走滑—伸展复合区岩性地层圈闭发育区地震资料处理关键技术；第四章阐述了走滑—伸展复合区岩性地层圈闭地震解释技术；第五章为走滑—伸展复合区岩性地层圈闭勘探实例与成效的展示。

本书的撰写与出版得到了中海石油（中国）有限公司天津分公司、成都理工大学、中国石油大学（华东）、中国石油大学（北京）等诸多单位领导和专家的支持与帮助；同时，中海石油（中国）有限公司天津分公司张志军、黄江波、郭涛、张如才、李才、王伟、徐德奎、谭辉煌、谢祥、郭乃川、李尧、樊建华、张金辉、高京华、加东辉、王志萍、胡志伟、王鑫等提供了指导与部分素材，在此一并向他们表示衷心的感谢。

本书是对古近系岩性地层圈闭发育区相关油气藏勘探实践和勘探经验的凝练和总结，也为渤海油田和其他相似地质条件油田岩性地层圈闭相关油气藏的勘探开发提供借鉴和参考。本书关键技术主要针对渤海油田具体研究区所进行的研发，其应用范围和对象难免存在局限性，且不同地区古近系岩性地层圈闭发育规律和发育模式存在较大差异，不同工区面临的地质问题千差万别，因此古近系岩性地层圈闭研究既有共性又存在特殊性，本书所提出的研究思路和关键技术仅供参考。此外，受作者水平和研究深度的限制，书中难免存在不足之处，请广大读者批评指正。

目　　录

第一章　走滑—伸展复合区地质概况与岩性地层圈闭地震勘探现状…………………（1）
第一节　走滑—伸展复合区岩性地层圈闭地质概况……………………………………（1）
第二节　走滑—伸展复合区岩性—地层圈闭勘探研究现状 ………………………（35）
第三节　本章小结 ………………………………………………………………………（39）
第二章　走滑—伸展复合区岩性地层圈闭地震响应模拟分析 …………………………（41）
第一节　岩性地层圈闭地震响应数值模拟与分析 ……………………………………（41）
第二节　岩性地层圈闭三维地震物理模拟 ……………………………………………（53）
第三节　本章小结 ………………………………………………………………………（79）
第三章　走滑—伸展复合区岩性地层圈闭发育区地震资料处理关键技术 ………（81）
第一节　研究区地震资料处理难点分析及对策 ………………………………………（81）
第二节　研究区鬼波与浅水多次波影响分析与衰减技术 ……………………………（82）
第三节　弱振幅响应区振幅补偿及数据规则化技术 …………………………………（94）
第四节　地层超覆及岩性尖灭圈闭地震资料高分辨率处理技术…………………（103）
第五节　复杂构造区高精度速度建模及偏移成像技术……………………………（118）
第六节　本章小结……………………………………………………………………（137）
第四章　走滑—伸展复合区岩性地层圈闭地震解释技术………………………………（139）
第一节　解释模式分析………………………………………………………………（139）
第二节　岩性地层圈闭尖灭点精细刻画技术………………………………………（145）
第三节　优质储层定量描述技术……………………………………………………（157）
第四节　本章小结……………………………………………………………………（191）
第五章　走滑—伸展复合区岩性地层圈闭勘探实例与成效…………………………（192）
第一节　凸起区旅大 4-3 双物源三角洲勘探 ……………………………………（192）
第二节　旅大 10-5/6 湖底扇勘探 …………………………………………………（200）
第三节　斜坡带旅大 29-1 近源三角洲勘探 ………………………………………（205）
第四节　本章小结……………………………………………………………………（212）
参考文献………………………………………………………………………………（214）

第一章 走滑—伸展复合区地质概况与岩性地层圈闭地震勘探现状

多期次、多种性质构造运动的叠加复合是现今地质构造的普遍特征，新生代渤海湾盆地为典型的“走滑—伸展”复合盆地，北北西—南南东向伸展作用和北东—南西向走滑作用的复合效应导致盆地构造样式的复杂性和多样性，渤海湾盆地发育走滑构造、伸展构造和走滑—伸展构造等构造样式，其中走滑—伸展构造体现了伸展和走滑的复合效应。本书将渤海湾盆地新生代伸展和走滑应力的叠加构造区域定义为走滑—伸展复合区。渤海湾盆地内走滑—伸展复合区的新生代构造演化呈现幕式特征，伸展、走滑应力旋回叠加，对古近系沉积体系发育模式与分布规律具有显著的控制作用。本章主要介绍渤海海域走滑—伸展复合区地质概况，并对国内外岩性地层圈闭地震勘探现状及存在的技术难点进行了梳理和总结。

第一节 走滑—伸展复合区岩性地层圈闭地质概况

落实渤海湾盆地构造划分与古近系地层展布，明确渤海湾盆地走滑—伸展复合区区域地质背景。揭示郯庐断裂辽东湾段走滑—伸展复合区断裂特征及对岩性地层圈闭形成的控制作用，梳理辽东湾坳陷走滑—伸展复合区的构造演化、沉积演化特征，进行高精度层序地层分析，在四级层序格架内开展岩相古地理研究。

一、走滑—伸展复合区地质背景

渤海湾盆地位于华北平原，也称华北含油气盆地。渤海湾盆地是中生代末以来，叠置在华北地区中生界基底上发育的新生代断陷盆地（Allen 等，1997；Ren 等，2002）。其北侧受限于燕山山脉，西部毗邻太行山山脉，东部是胶辽隆起，南部为鲁西隆起，平面上呈斜“N”字形，面积约 $20\times10^4km^2$。渤海湾盆地经历了古近纪断陷、新近纪断裂后沉降，以及贯穿新生代的区域性剪切走滑作用。根据古近系的分布情况，盆地可划分为下辽河—辽东湾、渤中、黄骅、冀中、临清、济阳和昌潍等七个坳陷及沧县、埕宁、邢衡和内黄等四个隆起（图 1-1-1）。渤海油田位于渤中坳陷中部，同时涉及下辽河—辽东湾坳陷的辽东湾凹陷和黄骅坳陷、埕宁隆起的部分地区，面积约 $5\times10^4km^2$。

大中型盆地的形成通常是多种应力共同作用的结果。依据成因，人们通常把构造变形分为伸展构造、走滑构造及挤压构造等三种基本类型，但受控于复杂的区域地质背景、边界条件及基底特征等多种因素，构造变形很少是在单一应力条件下产生的。就渤海湾盆地而言，大量的研究成果表明其新生代盆地形成演化具有多动力源的特点，岩石圈底部地幔上涌而引起的地壳拉张作用是古近纪断陷盆地形成和演化的主要原因；太平洋板块俯冲、印度板块与欧亚板块碰撞引起的走滑作用则使盆地处于右旋走滑应力场之中，盆地内发育

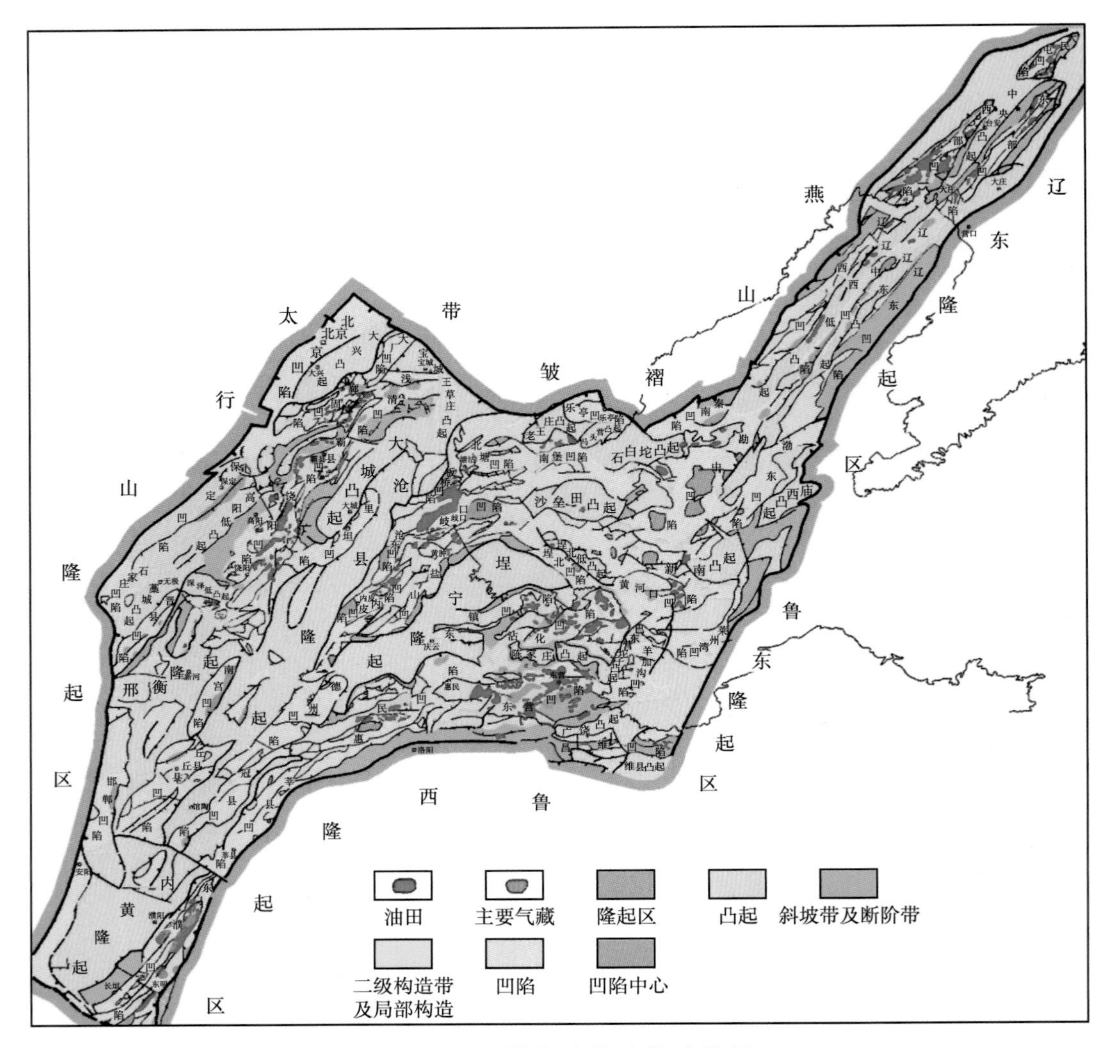

图 1-1-1　渤海湾盆地构造格局

走滑构造变形或被走滑作用改造。受伸展、走滑应力系统控制（李三忠等，2010；漆家福等，2013；李理等，2015），渤海湾盆地发育走滑构造、伸展构造和走滑—伸展构造等构造样式，体现了伸展和走滑的复合效应。因此，本章将渤海湾盆地新生代伸展和走滑应力的叠加构造区域定义为走滑—伸展复合区。

渤海湾盆地内走滑—伸展复合区的新生代构造演化呈现幕式特征，伸展、走滑应力旋回叠加，对古近系地层展布具有显著的控制作用。古近系自下而上依次为孔店组、沙河街组和东营组，其中孔店组三分、沙河街组四分、东营组三分（表 1-1-1）。

古新世孔店组到始新世沙四段（$E_{1-2}k$—E_3s^4）沉积时期（65~42Ma）：此阶段为盆地裂陷初期，对应裂陷Ⅰ幕。郯庐断裂由中生代左旋逐渐转为新生代右旋，走滑作用相对较弱，伸展作用相对较强。盆地构造形态以伸展断陷为主，形成局部冲积扇或小型湖泊沉积，以灰色、灰绿色、红色泥岩夹云岩，条带灰岩为主，且均夹有红色岩层。

表 1-1-1　渤海湾盆地古近纪构造演化阶段划分

<table>
<tr><th colspan="2">地质年代</th><th colspan="2">地层</th><th>地层边界年龄/Ma</th><th>盆地构造演化阶段</th><th>构造沉降速率/m/Ma</th><th>盆地成因动力学机理</th></tr>
<tr><td rowspan="10">古近纪</td><td rowspan="5">渐新世</td><td rowspan="3">东营组</td><td>E_3d^1</td><td>27.4</td><td rowspan="3">裂陷Ⅲ幕</td><td>100</td><td rowspan="3">右旋走滑拉分伴随幔隆和上、下地壳的非均匀不连续伸展</td></tr>
<tr><td>E_3d^2</td><td>30.3</td><td>100</td></tr>
<tr><td>E_3d^3</td><td>32.8</td><td>190</td></tr>
<tr><td rowspan="4">沙河街组</td><td>E_2s^1</td><td rowspan="2">38.0</td><td rowspan="2">第一裂后热沉降阶段</td><td rowspan="2">80</td><td rowspan="2">岩石圈热沉降</td></tr>
<tr><td>E_2s^2</td></tr>
<tr><td rowspan="4">始新世</td><td>E_2s^3</td><td>42.0</td><td>裂陷Ⅱ幕</td><td>220</td><td rowspan="5">北北西—南南东方向的拉张伸展伴随幔隆</td></tr>
<tr><td>E_2s^4</td><td rowspan="4">65.0</td><td rowspan="4">裂陷Ⅰ幕</td><td rowspan="4">150</td></tr>
<tr><td rowspan="3">孔店组</td><td>E_2k^1</td></tr>
<tr><td>E_2k^2</td></tr>
<tr><td>古新世</td><td>E_1k^3</td></tr>
</table>

始新世沙三段（E_3s^3）沉积时期（42~38Ma）：盆地进入快速裂陷时期，对应裂陷Ⅱ幕。郯庐断裂走滑作用仍然相对较弱，伸展作用持续加强。盆地构造形态以大规模伸展断陷为主，形成大规模湖泊相沉积，盆地边缘局部形成边界断层控制的陡坡带扇三角洲沉积。岩性以暗色泥岩或油页岩为主，局部伴有砂岩、少量盐湖滩沉积和碳酸盐岩沉积。

渐新世沙河街组二段和一段（E_2s^2—E_2s^1）沉积时期（38~32.8Ma）：盆地进入了断裂后热沉降阶段，湖盆面积在此时期迅速扩张，整个湖盆稳定下陷变得深且广。沙二段主要为浅灰色砂砾岩、含砾砂岩，砂岩夹灰绿色、灰色及深灰色泥岩，底部常常见有紫红色、紫灰色泥岩，多属扇三角洲—辫状河三角洲沉积。局部地区可以见到白云岩、石灰岩和生物灰岩。沙一段以湖相沉积为主，局部伴随有三角洲及湖相碳酸盐岩沉积，是渤海海域的“特殊岩性段”，以大套暗色泥岩和油页岩的广泛发育为显著特征，可作为区域地层对比的标志层。

渐新世东营组（E_3d）沉积时期（32.8~23.3Ma）：郯庐断裂走滑作用逐渐加强，盆地进入走滑拉分裂陷阶段，对应裂陷Ⅲ幕。东营组三段（E_3d^3）沉积时期（32.8~30.3Ma），受到郯庐断裂右旋走滑拉分的影响，盆地处于又一次快速断陷时期，盆地内部断裂带对沉积体系的展布起到了较强的限制作用。盆地内湖平面急剧升高，盆地内部可容纳空间大大增加，整个盆地处于一种饥饿状态。以巨厚的深灰色泥岩夹砂岩、粉砂岩为主，受地形地貌影响，部分地区底部发育三角洲砂质沉积；东二段（E_3d^2）沉积时期（30.3~27.4Ma），郯庐断裂走滑作用达到最强，盆地内断裂表现为走滑—伸展特征，走滑构造断裂带对沉积体系的展布控制作用增强，同一物源之下沿断裂走向可形成大量横向迁移的扇体。以三角洲前缘砂质沉积为主，在湖盆深处，发育湖底扇粗碎屑沉积；东一段（E_3d^1）沉积时期（27.4~23.3Ma），盆地内部区域构造断裂活动与构造坳陷活动基本停止，盆地内部构造带引起的地形差异对沉积的限制作用也基本消失，表现为三角洲平原—前缘沉积，以灰色、深灰色、黄绿色、灰褐色泥岩与浅灰色、灰白色砂岩互层为主。

二、走滑—伸展复合区岩性地层圈闭构造特征

（一）郯庐断裂带辽东湾段走滑—伸展复合区断裂特征

郯庐断裂带是发育于中国东部的巨型走滑断裂系统，南起长江北岸的湖北广济，经安徽庐江、山东郯城及渤海中部，过渤海湾后在沈阳分为西支的依兰—伊通断裂带，总体上呈北北东向。郯庐断裂带整体由北北东向陡倾或直立的基底断层（带）组成，切割和改造了所经之处的中—新生代伸展断层，现今具有右旋走滑特征（漆家福，2008）。整体而言，郯庐断裂大致可分为三段，即南部的苏皖段、中部的山东段及北部的沈阳—渤海段。郯庐断裂带渤海段同样具有明显的分段性，可划分为辽东湾段、渤东段、渤南段，沿其走向渤海海域郯庐断裂带具有自北向南断裂带展布范围逐渐变宽、断裂带条数逐渐增多的特点。其演化序列分为左旋和右旋两大阶段，即中生代—始新世（$E_{1-2}k$—E_3s^4）的左旋走滑阶段及始新世—渐新世—上新世至今（E_3s^3—E_2s^2—Nm^L—Nm^U—Q）的右旋走滑阶段。由于不同段早期先存基底断裂限定的边界条件不同，加之后期伸展与走滑两种应力时空叠合差异明显，因此不同段断裂展布格局和凹陷结构也截然不同，存在明显的分区性。辽东湾段发育辽西S型弱走滑区和辽东辫状强走滑区，渤东段发育渤东帚状中等走滑区，渤南段发育渤南平行强走滑区。辽东湾坳陷位于渤海海域北部，是下辽河坳陷向海域的自然延伸，整体呈现为一系列北北东向断裂控制的堑垒构造。渤东地区整体上表现为北北东向走滑断裂控制下的堑垒组合，凹陷轴向与主干断裂走向具有良好一致性，以深陡凹陷结构为主要特征。渤南平行强走滑区位于渤海海域南部，郯庐走滑断裂分三支近于平行穿该区而过，其中东支和中支走滑特征更为明显（胡志伟，2019）。

郯庐断裂辽东湾段结构相对较为复杂，包括辽西S型弱走滑区和辽东辫状强走滑区。其中辽西S型弱走滑区的主干控洼断裂剖面呈上陡下缓铲式形态，平面上受弱走滑改造影响，断裂带断面较宽，走向稳定性差，表现为不同程度的S型弯曲展布。该区主要发育以S型、叠瓦扇型和帚状型为代表的强伸展—弱走滑类构造样式。其中，S型主要发育在主干控洼断裂中段或交汇处；叠瓦扇型广泛发育在走滑断裂倾末端，锦州20-2北构造是其典型发育区；帚状型的发育与斜向走滑活动相关，在旅大5-2地区广泛发育。辽西地区的演化受控于强伸展与弱走滑在不同地质时期的叠合作用，具体表现为两个方面：古新世—始新世，辽东湾地区乃至渤海地区整体处于伸展裂陷期，在辽西地区表现为北西—南东向伸展变形，早期强烈的拉张构造应力背景导致北北东向先存断裂开始活动并演变为控制洼陷发育的边界断裂；渐新世以来，右旋走滑断裂活动叠加在先前的伸展构造变形之上，成为辽东湾地区的主要断裂活动。由于辽西地区不处于郯庐右旋走滑断裂长期持续改造的区域，走滑运动对早期伸展构造的改造影响有限，这种不同构造应力活动强度的差异造成辽西地区伸展构造变形保存相对较好，走滑活动的改造使得早期伸展性质的主干断裂相互贯穿连接并发生S型弯曲，最终形成辽西S型弱走滑区［图1-1-2（b）和（d）］。

辽东辫状强走滑区由辽中凹陷、辽东隆起和辽东凹陷三个二级构造单元组成。相比辽西地区辽东地区走滑特征更为明显，主干控凹断裂较为直立，局部发育走滑负花状构造，丝带效应明显（图1-1-2）。平面上断裂断面较窄，走向平直稳定，总体呈现辫状分布，指示断裂经历了较强的走滑构造应力作用改造。该区主要发育直立负花状、叠覆型、双重型等强走滑—弱伸展类构造样式，是郯庐右旋走滑断裂直接在强烈改造作用下形成的辫状

强走滑区。古近纪早期以伸展构造运动为主，在南、北两端形成深盆。在东营组沉积后期，辽东地区和辽西地区开始差异演化。辽东地区作为郯庐走滑断裂东支直接穿过的区域，遭受了郯庐走滑断裂右旋走滑活动的强烈改造。晚期的走滑活动对早期伸展构造进行继承性改造，具体表现为两个方面：在辽中凹陷南次洼发育走滑反转构造，东营组沉积期走滑作用使早期伸展断层发生反转，形成走滑作用下的挤压构造变形，早期沉积的沙河街组发生反转抬升导致局部被剥蚀；根据断裂活动及地层发育特征判断，辽东 1 号断裂在东营组沉积期开始强烈右旋走滑活动，中生界—古生界潜山刚性块体逐渐与胶辽隆起分离，形成独立的辽东凸起［图 1-1-2（b）和（d）］。

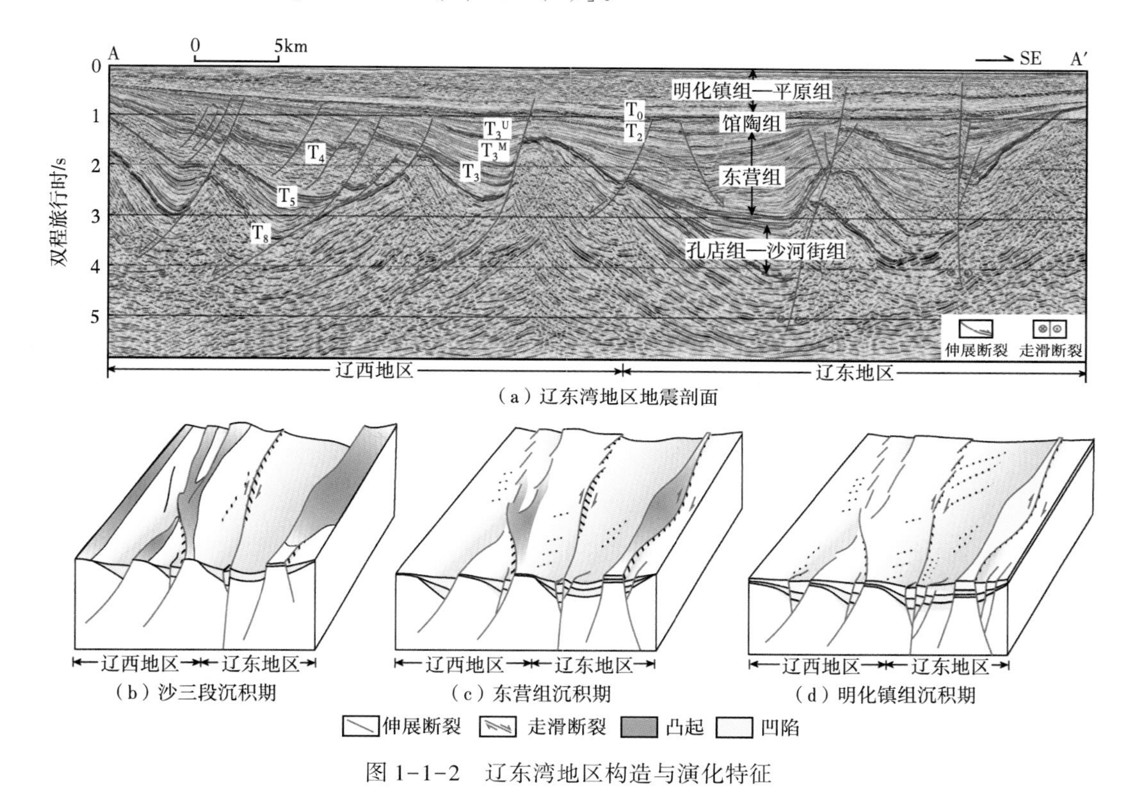

图 1-1-2　辽东湾地区构造与演化特征

（二）郯庐断裂带辽东湾段断裂对岩性地层圈闭的控制

郯庐断裂带形成的走滑盆地边界、走滑转换带控制了岩性地层圈闭的形成和分布，影响了油气的聚集、成藏和保存。根据走滑活动时间分为三个类型，即对早期沉积的改造、同沉积走滑对砂体的控制和走滑后期作用（徐长贵，2013）。

（1）对早期沉积的改造。由于渤海海域古近纪的走滑活动是在渐新世早期开始的，那么古新世、始新世等早期沉积必将被后期走滑作用改造，表现为走滑活动错开早期沉积体，使得沉积体与物源区不对应或同一个沉积体被走滑错段分开的现象，形成沉积体的“断头”效应，造成现今看到的沉积体与原始物源—坡折背景不对应的现象（图 1-1-3a）。

（2）同沉积走滑对砂体的控制。在渐新世，断裂活动表现为“走滑—伸展”共同作用，走滑活动强烈，受右旋走滑形成的断裂水平活动影响，使进入盆地内的碎屑物质随着走滑活动产生的水平位移而横向迁移，渐新世走滑早期形成的沉积体随着时间推移伴随右

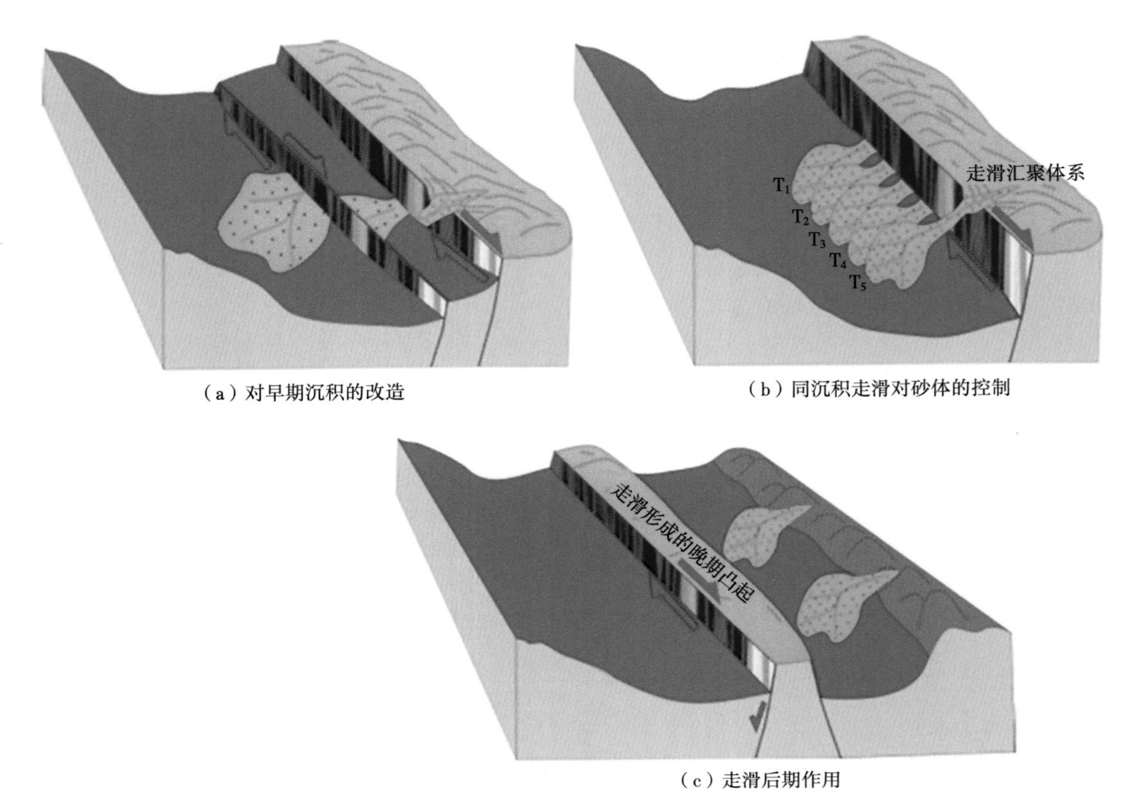

（a）对早期沉积的改造

（b）同沉积走滑对砂体的控制

（c）走滑后期作用

图 1-1-3　走滑断裂对岩性地层圈闭分布控制模式图

旋走滑作用逐渐向北东向偏移、远离原始沉积时期的物源—坡折耦合区；同时，随着物源持续供给沉积体不断形成、走滑作用的持续，来自同一物源水系的不同期次沉积体不是形成简单的垂向叠加，而是同时出现垂向叠加和水平叠覆现象，在平面上形成多个不同期次沉积体朵体，砂体沿着走滑断裂呈“鱼跃式”有规律分布，走滑运动使碎屑物质主要发生横向迁移叠覆（图 1-1-3b）。

（3）走滑后期作用。渐新世晚期走滑活动逐渐减弱，虽然不再会产生对早期沉积体的错段或者同沉积走滑的迁移叠覆现象，但走滑作用对沉积的影响作用依然存在，主要表现为因走滑运动形成的晚期凸起，这类凸起因形成时间晚，自身供源能力差，同时对外源水系有阻挡作用，使得晚期凸起边界大断层下缺乏良好的储层砂体，这一点是与前面提到的隐性物源、局部物源有显著差异的（图 1-1-3c）。

比较典型的同沉积走滑对砂体的控制作用表现在辽东带中南部东营组，其发育的辫状三角洲沉积体系自东三段至东一段由北向南产生明显具右行走滑特征的迁移叠覆，其中以东三段沉积体在地震剖面上“鱼跃式”迁移特征表现最明显（图 1-1-4）。沉积体距离物源输入口越近则越晚沉积。这种“鱼跃式”横向迁移使得辫状河三角洲沉积体系沿断层走向延伸较远，平面上表现为扇体规模扩大。

在旅大 16-3 构造区，辽西凸起中南段边界断裂辽西 1 号断层持续伸展并叠加走滑，因其垂向与水平运动的差异性，造成了辽西凸起中南段两山夹一谷的地貌特征。局部物源

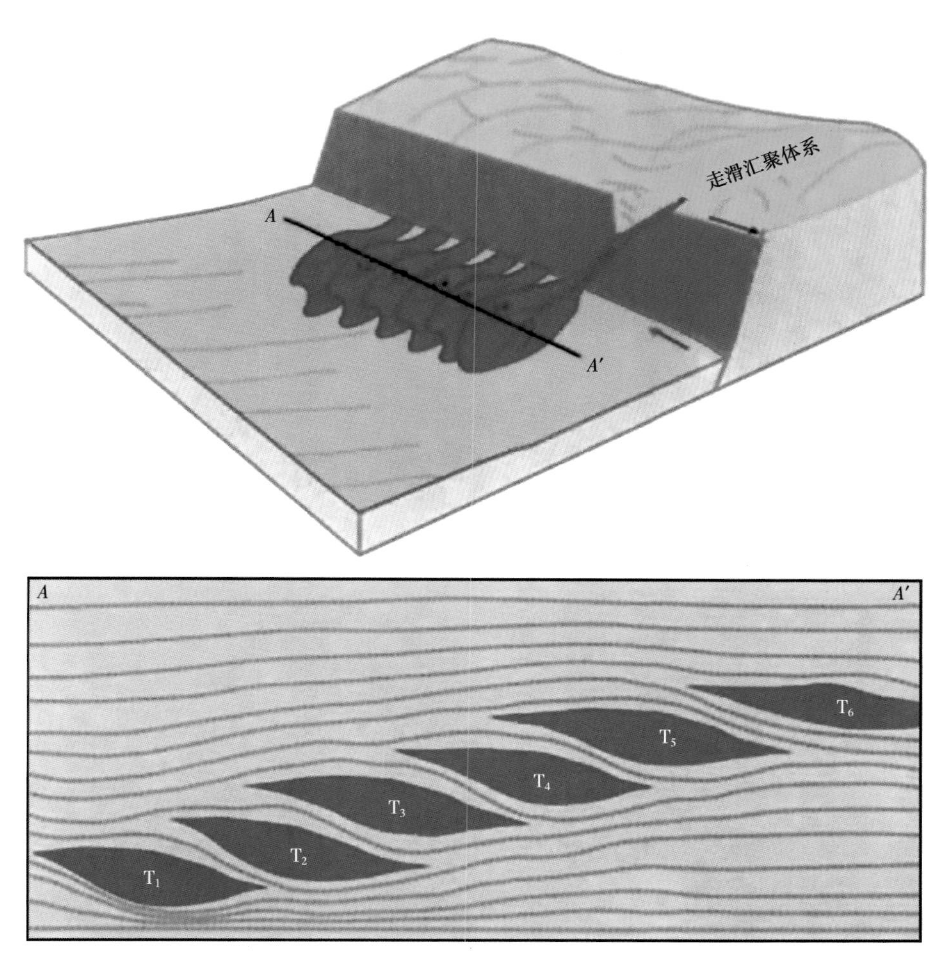

图 1-1-4 辽东走滑带中段走滑断层控砂模式图（据徐长贵，2013）

和大物源顺谷向辽中凹陷提供沉积物，从而控制着旅大 16-3 构造区沉积物质充填及分布（徐长贵，2017）。同时，旅大 16-21、旅大 16-3 两条走滑断层形成的叠覆型走滑转换带，受右旋走滑作用影响，旅大 16-3 油田东三段砂体由南往北迁移（图 1-1-5）。

郯庐断裂带辽东湾段内部走滑断层常见右旋右阶的排列方式，走滑断层之间往往形成沟谷低地，特别是在断槽两侧断裂活动差异影响下，可形成沿一侧断槽分布的狭长型沟谷，为砂体的长距离搬运提供了有利条件。而在各主走滑部位，由于走滑压扭作用，促进了物源区的抬升和剥蚀范围的扩大，盆内凸起或低凸起经风化剥蚀后形成的碎屑物质，沿狭长型断裂沟谷可以长距离输导，形成富砂沉积体。辽西凸起锦州 25-1 油田 10 井区发育典型的叠覆型走滑断层控砂体系。该地区处于辽西 1 号走滑断层和辽西 2 号走滑断层叠覆处。这两条断层属于右旋右阶排列，两条断层之间因拉分作用形成沟谷低地。辽西低凸起、长期遭受剥蚀的碎屑物质沿着这一沟谷低地进行搬运并沉积下来，导致在沙河街组沉积时期，该地区发育良好的辫状河三角洲砂岩沉积（图 1-1-6）。

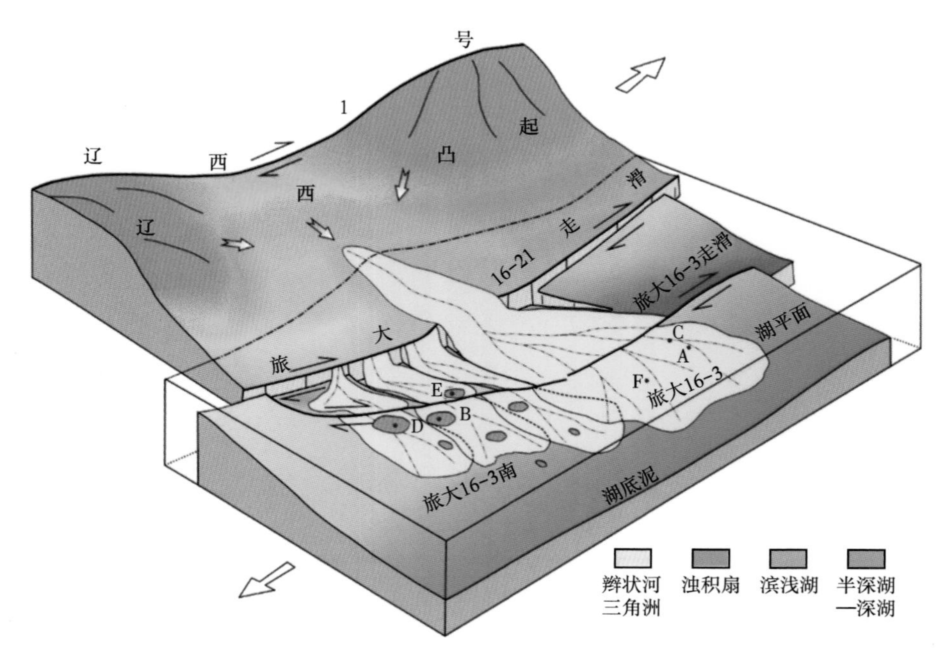

图 1-1-5　辽西凸起中南段走滑断层控砂模式图

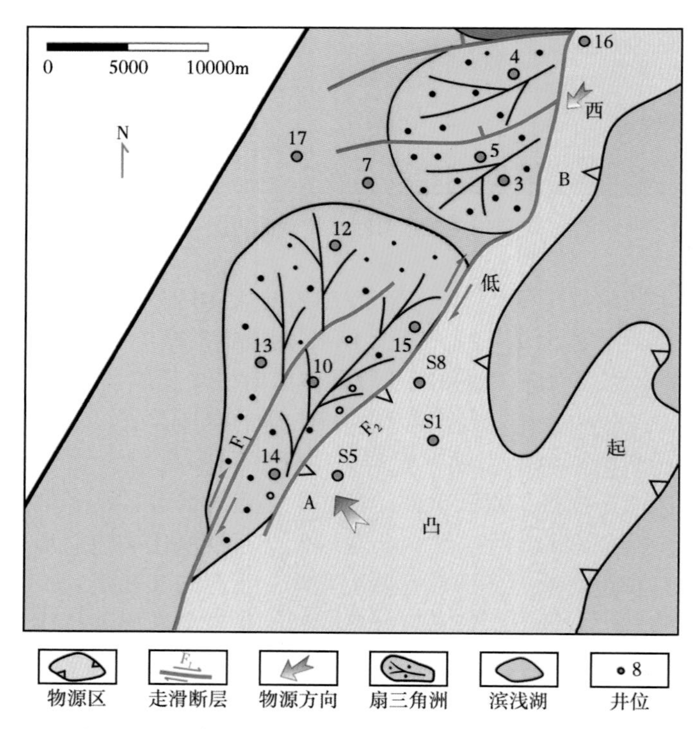

图 1-1-6　锦州 25-1 地区叠覆型走滑断层控砂模式图

三、走滑—伸展复合区岩性地层圈闭沉积特征

（一）辽东湾坳陷构造演化与沉积背景

1. 辽东湾坳陷构造单元划分

辽东湾坳陷可划分为“五凹三凸”构造单元区（图 1-1-7）。凹陷包括辽东凹陷、辽中凹陷、辽西凹陷、辽西南凹陷和辽中南洼；凸起包括辽东凸起、辽西凸起和辽西南凸起。各构造单元又可进一步划分出陡坡带、缓坡带、洼陷带、走滑带、压扭构造带等。辽东湾坳陷整体呈现出东西分带、南北分区的特点，物源补给受断裂活动及区域物源隆升强度控制，且同期西强东弱。古近系沉积体系受构造活动控制明显，特别是断裂活动控制物源供给能力、微古地貌形态、洼陷可容纳空间等方面，对砂体输送、卸载具有决定性的控制作用。

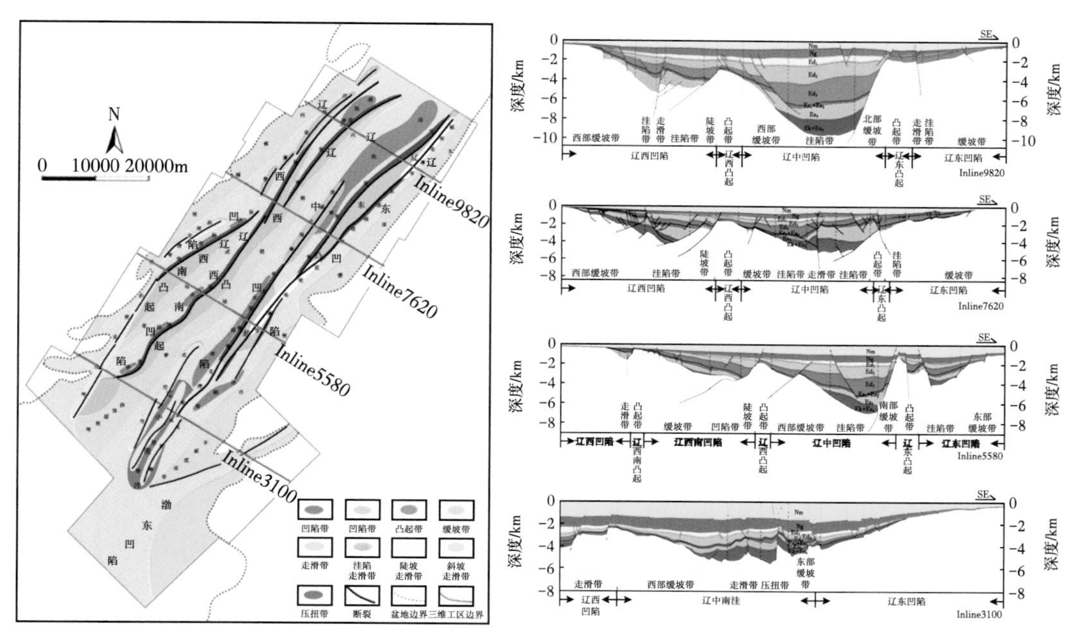

图 1-1-7　辽东湾坳陷构造单元区划图

2. 辽东湾坳陷古近纪构造演化

辽东湾坳陷古近纪构造演化过程分为 $E_{1-2}k$—E_2s^3、E_2s^2—E_2s^1、E_3d 三个阶段：

（1）$E_{1-2}k$—E_2s^3 沉积时期。辽东湾坳陷内凸起范围大。辽东凸起北段此时并未发育，为胶辽隆起的一部分。辽中南洼受早期伸展断裂控制，局部地块抬升，主干断裂连续。辽西地区断裂以伸展性质为主。辽中 1 号断裂、辽中 2 号断裂发育，次级断裂发育较少，形成大规模的局部洼陷，以湖相沉积为主，局部陡坡带发育扇三角洲沉积（图 1-1-8a）。

（2）E_2s^2—E_2s^1 沉积时期。辽西地区凸起南部继续隆升，能够提供局部物源，北部逐渐变为水下凸起，凸起范围减小。辽东凸起北段的南部率先从胶辽隆起分离，断裂走滑作用增强，辽东 1 号断裂南段开始活动。辽中南洼被走滑改造，发育走滑断裂带。辽西地区伸展性质的断裂被走滑作用叠加改造，次级断裂数量增多，北东东向、近东西向次级断裂开始发育。局部物源提供钙质滩坝沉积，大物源提供远源辫状河三角洲沉积（图 1-1-8b）。

（3）E_3d 沉积时期。辽西凸起整体不再抬升，变为水下凸起。东部辽东凸起北段作为单一凸起，整体从胶辽隆起分离，整体受右旋走滑作用，断裂走滑作用加强，北东东向、近东西向次级断裂较为发育，走滑派生构造发育。断裂活动以走滑—伸展复合为主，对沉积体系具有明显的控制作用。受郯庐断裂持续伸展、走滑活动，同沉积断裂落差较大，活动性较强。加之湖平面快速上升，水体缓慢变浅，陆源碎屑物供给增加，发育大型辫状河三角洲沉积。三角洲前缘容易受断裂活动引发重力滑塌，形成规模较大的湖底扇沉积（图 1-1-8c）。

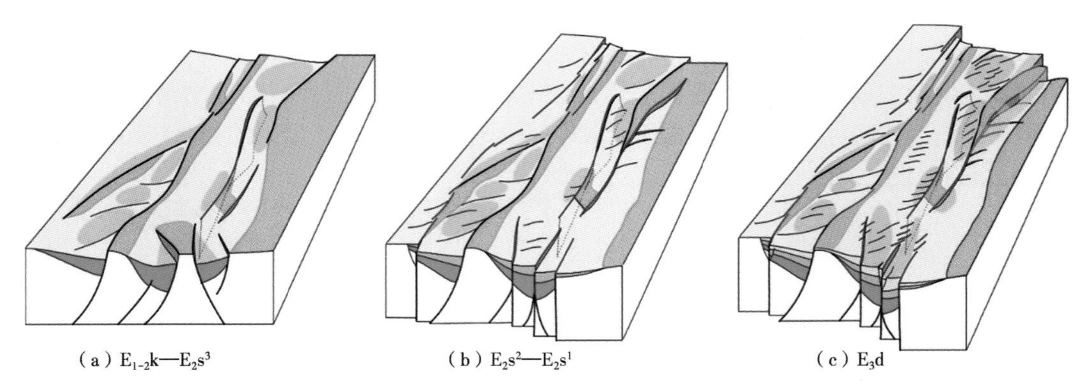

图 1-1-8　辽东湾坳陷构造演化史

辽西凸起整体受到辽西 1 号、辽西 2 号、辽西 3 号断裂共同控制，表现为单断式结构，边界断裂下降盘为辽西凹陷，上升盘为辽西凸起，东侧为辽西凸起斜坡带，地层表现为东断西超的格局。辽西凸起北段为东西两个凸起，中南段逐渐合并为一个整体，受辽西 1 号断层古近纪强烈走滑—伸展控制，中南段隆升强度大于北段。辽西南凹陷夹持于辽西 1 号断裂和辽西南 1 号断裂之间，整体表现为“东断西超”半地堑，受走滑—伸展性质断裂控制，凹陷西南部走滑作用强，凹陷西部缓坡带由北向南坡度逐渐变缓，次级断裂发育，以走滑—伸展构造样式为主，西南部发育花状构造，为走滑构造样式。辽西南凹陷洼陷带由北向南洼陷的面积增大，以伸展、走滑—伸展构造样式发育为主，次级断裂发育，可见翘倾断块、多级 Y 形组合、似花状构造等样式的发育。辽西南凸起整体表现为单段式结构，凸起上被次级断裂改造，发育多级 Y 形组合、似花状构造等样式。中段隆升强度小，披覆有古近纪地层，南段隆升强度大，古近纪地层局部被剥蚀殆尽，潜山直接与馆陶组不整合接触（图 1-1-9）。

3. 辽东湾坳陷古近纪沉积演化

辽东湾坳陷古近系沉积演化过程，可划分为“拉张→热沉降→走滑伸展→萎缩抬升”4 个阶段。不同演化阶段古地貌差异较大，沉积沉降中心也在发生迁移（图 1-1-10）。复杂走滑系统形成了“三凹两凸、南北分区”的构造格局，控制了沉积充填的差异。古地貌形态呈北东向斜列，致使辽东湾西侧物源北东向分散，东部物源南西向分散。走滑造成了点状物源的侧向叠置，呈现了砂体的平面广泛分布特征。

辽东湾坳陷周缘存在两大物源区，其中西部区域物源来自燕山褶皱带，燕山地区以发育巨厚且广泛分布的中元古界地层为主，局部发育太古宇、古生界、中生界和新生界；东部区域物源主要来自胶辽隆起，以发育中—新元古界和太古宇为主，局部发育寒武—奥陶系。辽西凸起中南段的物源主要来自西部的燕山隆起带，其次为辽西凸起本身。沙河街组

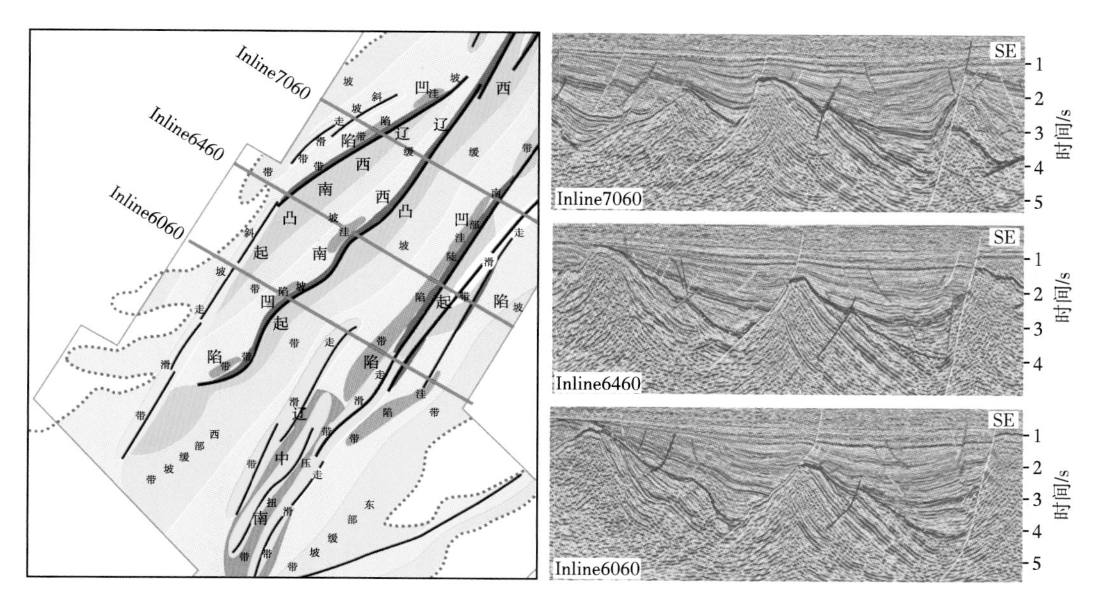

图 1-1-9　辽西凸起中南段构造格局图

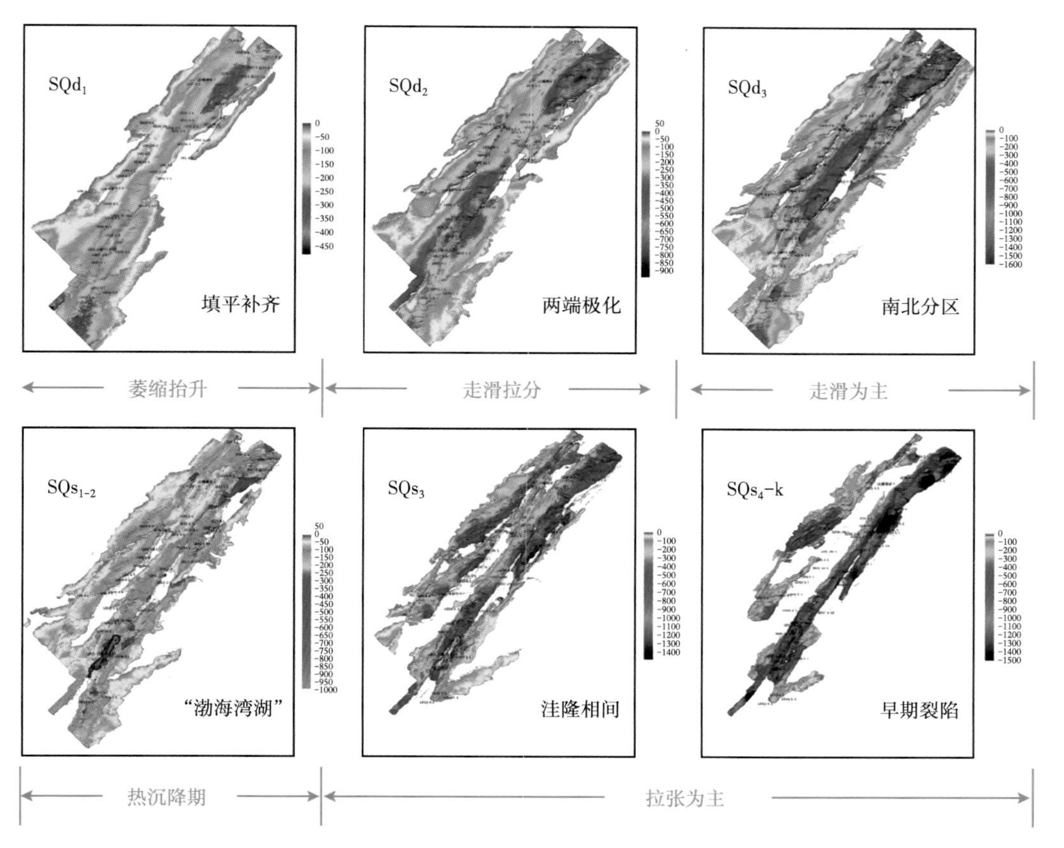

图 1-1-10　辽东湾坳陷各演化阶段古地貌特征

沉积时期受到凸起本身局部物源影响，以滩坝砂、钙质砂为主，同时受到西部大物源影响，沉积辫状河三角洲砂体。东三沉积时期西侧的物源无法越过凸起，东二沉积时期由于构造活动减弱导致凸起阻挡作用减弱，物源得以从绥中水系越过凸起向东、南沉积。东一沉积时期盆地构造活动基本消失，凸起对沉积的控制作用也基本消失，由于来自西部的物源充足，各水系携带的碎屑物质沿西部斜坡进入盆地后均呈面状散开，并彼此连片形成大规模的三角洲沉积体系。

在东三—东二下亚段沉积时期，辽西凸起中段西侧的辽西南洼为较深的洼陷，受洼陷的截留效应影响，物源碎屑无法越过凸起继续向南运移形成三角洲，不能形成良好的岩性地层圈闭。此时辽西凸起南段物源碎屑能够越过凸起，形成了一系列连续叠置的厚层三角洲沉积及远端湖底扇沉积，而这些湖底扇和三角洲前缘是岩性地层圈闭发育的有利位置(图 1-1-10)。

（二）辽西凸起中南段源—汇系统

在充分利用岩心、录井、测井、地震及分析化验资料，与动力沉积学、过程沉积学、比较沉积学等新理论和新技术有机结合，准确确定沉积体系类型的基础上，将构造—古地貌、地震相和钻井相分析研究成果有机结合，对研究区物源—水系—古地貌—沉积体系一体化研究，准确圈定了源—汇系统的边界，查明渤辽西地区古近系各层序的沉积体系展布规律、主控因素，揭示了古近系各层序的沉积充填特征。

辽东湾地区发育了众多盆外水系，这些水系的发源地多在古近纪周围山地。区内主要水系包括大石河水系、六股河水系、凌河水系、辽河水系、大清河水系及复州河水系（图 1-1-11）。通过现代水系调研可知，区内水系河道变化不大，河流形态几乎一致，水系结构稳定。也就是说，尽管古水系的数目、规模、发育部位与现代水系相比存在一定变化，现代水系的发源地多数也是古近纪古水系的发源地。按水系分布地理位置，将辽东湾盆外物源区分为西部物源区、北部物源区及东部物源区。西部物源区由大石河水系、六股河水

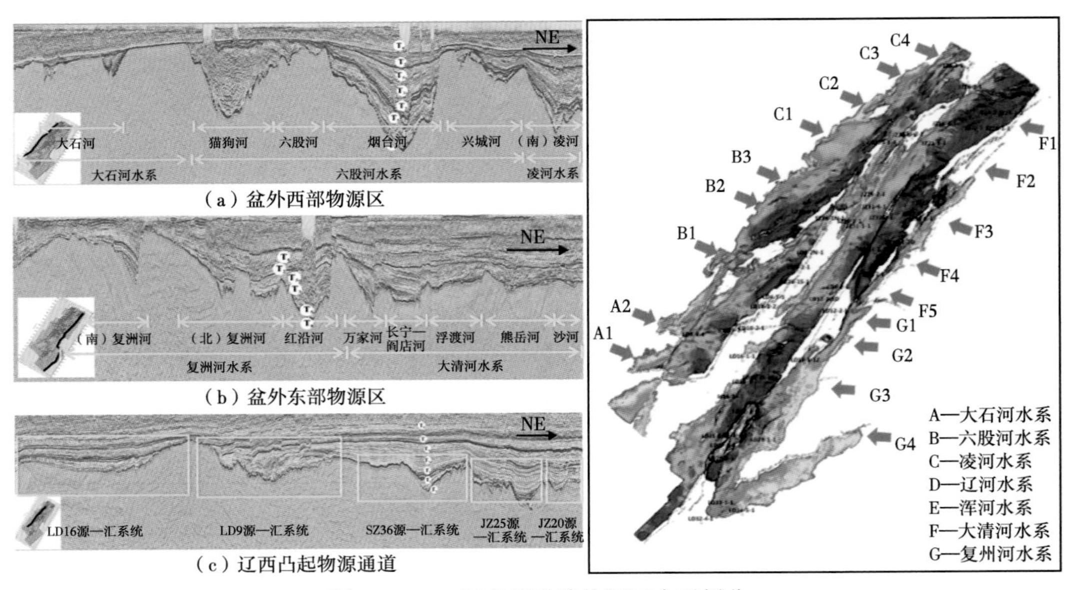

图 1-1-11　辽东湾坳陷物源区水系划分

系、凌河水系组成。辽西凸起中南段的物源主要有大石河水系，六股河水系。

大石河源—汇系统位于西部区域物源区南段的大石河水系（表 1-1-2）。该源—汇系统从沙三段至东二段重矿物组合基本类型一致，源区母岩岩性几乎无变化，为持续继承性岩浆岩与变质岩物源区。大石河源—汇系统 ZTR 指数（0.08~0.15）较低，古近纪为近源沉积，为岩浆弧物源区。通道类型从沙三段至东二段，由 W 形转换为浅 U 形。沙河街组沉积时期坡折带类型主要为反向断阶缓坡，东营组沉积时期转化为沉积缓坡坡折带。源—汇系统范围受古地貌控制，沙河街组沉积时期，源—汇系统发育于辽西南洼；东营组沉积时期，源—汇系统越过辽西凸起，扩大至辽中凹陷。沉积体系类型辽西凹陷沙河街组沉积时期主要为厚层扇三角洲，东营组沉积时期为厚层辫状河三角洲，辽中凹陷东营组沉积时期发育薄层辫状河三角洲。

表 1-1-2　大石河源—汇系统沉积特征分析

时期	源			渠		汇	
	重矿物组合	岩屑组合	源区背景	通道	坡折带	源—汇系统边界	沉积体系类型及特征
沙三段	绿帘石+磁铁矿+锆石+褐铁矿+绿泥石+角闪石		较近源	沉积	反向断阶缓坡	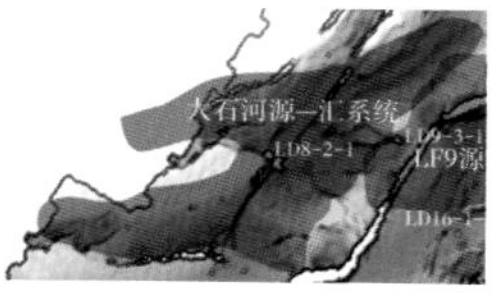 大石河源—汇系统 LD8-2-1 LD9-3-1 LF9源 LD16-1	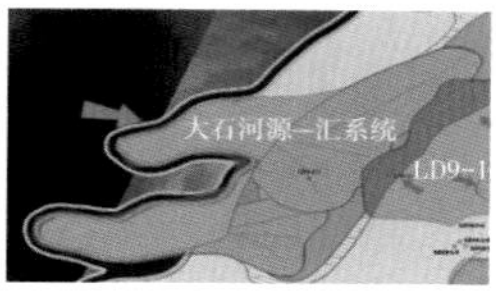 大石河源—汇系统 LD9-1
沙一段—沙二段	绿帘石+磁铁矿+锆石+褐铁矿+石榴子石+白钛矿		较近源	W	反向断阶缓坡	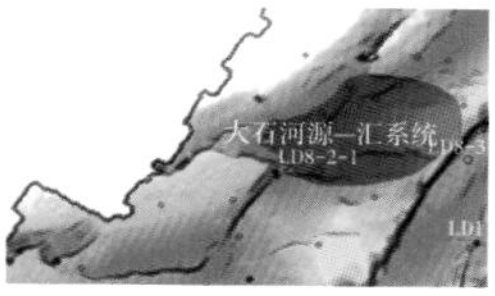 大石河源—汇系统 LD8-2-1	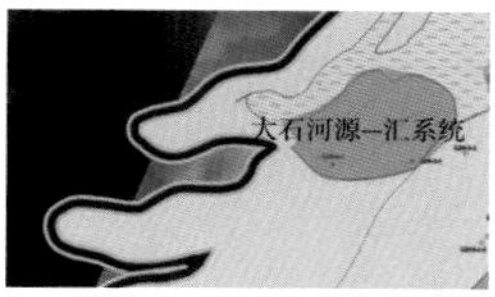 大石河源—汇系统
东三段	白钛矿+磁铁矿+锆石+绿帘石+电气石+褐铁矿	高岩浆岩岩屑+低变质岩岩屑+低沉积岩岩屑	近源，岩浆弧物源区	W	反向断阶缓坡+沉积缓坡	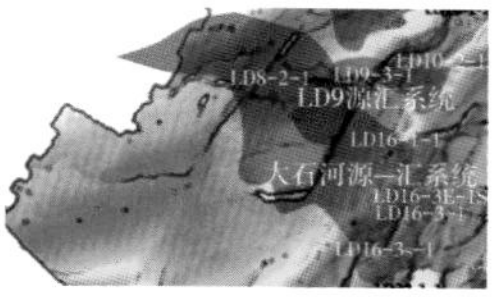 LD8-2-1 LD9-3-1 LD9源汇系统 LD16-1-1 大石河源—汇系统 LD16-3-1	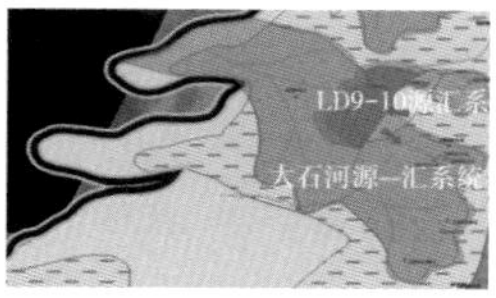 LD9-10源汇系 大石河源—汇系统
东二段	绿帘石+磁铁矿+角闪石+锆石+褐铁矿+白钛矿+绿泥石+石榴子石	高岩浆岩岩屑+高变质岩岩屑	近源，岩浆弧物源区	浅 U	反向断阶缓坡+沉积缓坡	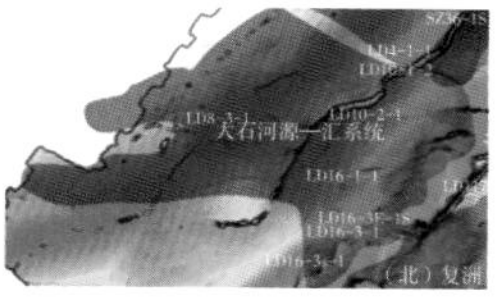 LD10-2-1 大石河源—汇系统 LD16-1-1 LD16-3-1 （北）复洲	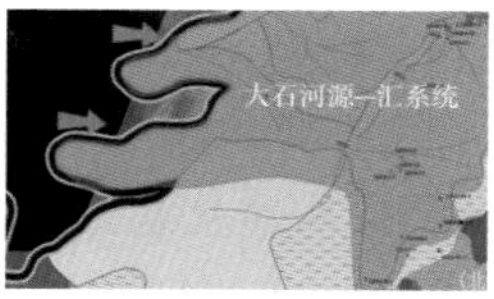 大石河源—汇系统

六股河源—汇系统位于西部区域物源区中段的六股河水系（表 1-1-3）。该源—汇系统从重矿物组合与岩屑组合在沙河街组和东营组沉积时期差异明显，ZTR 指数（0.15~0.2）较低，反映东营组沉积时期母岩岩性有一定变化，即母岩区变质岩含量增多，但总体仍以岩浆岩为主。通道类型从沙三段至东二段，由 V 形转换为浅 U 形，最终转变为斜

坡型。坡折带类型主要为顺向断阶缓坡。沙河街组沉积时期由于辽西凸起的阻挡及物源供给的局限，仅在辽西凹陷中部发育小规模辫状河三角洲。东营组沉积时期，物源供给的充分及凹陷的填平补齐作用，发育大规模三角洲，并由于走滑断裂活动，形成垂向上鱼跃式，平面上顺断层走向连续分布的辫状河三角洲。

表 1-1-3　六股河源—汇系统沉积特征分析

时期	源			渠		汇	
	重矿物组合	岩屑组合	源区背景	通道	坡折带	源—汇系统边界	沉积体系类型及特征
沙三段	磁铁矿+绿帘石+锆石+褐铁矿+电气石	高岩浆岩岩屑+低变质岩岩屑	较近源，大陆和岩浆弧物源区	V	顺向断阶缓坡	 六股河源—汇系统 SZ29-4-1	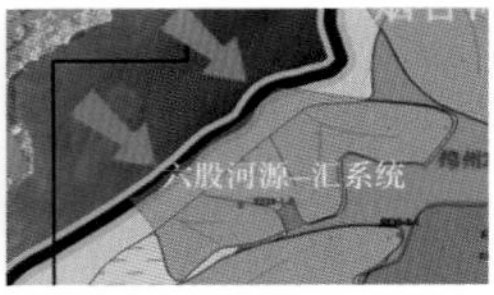 六股河源—汇系统
东三段	白钛矿+电气石+石榴子石+锆石+褐赤铁矿+十字石+磁铁矿+钣钛矿+金红石	高岩浆岩岩屑+高变质岩岩屑+低沉积岩岩屑	较近源，大陆物源区	斜坡	顺向断阶缓坡+走滑断裂	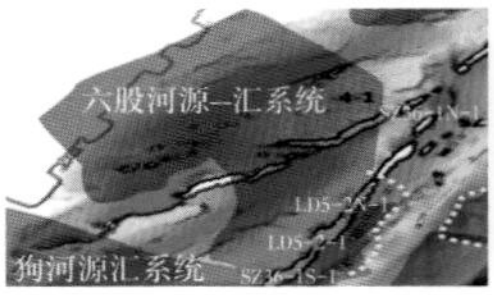 六股河源—汇系统 狗河源汇系统	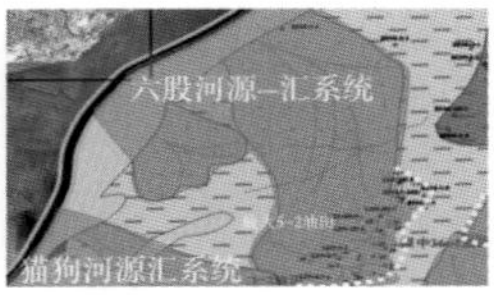 六股河源—汇系统 猫狗河源汇系统
东二段	绿帘石+磁铁矿+锆石+角闪石+石榴子石+榍石	高岩浆岩岩屑+中变质岩岩屑+低沉积岩岩屑	较近源，大陆物源区	斜坡	顺向断阶缓坡+走滑断裂	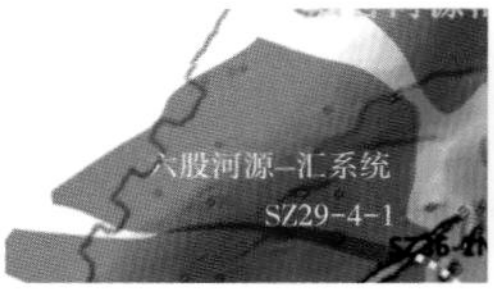 六股河源—汇系统 SZ29-4-1	 六股河源—汇系统

辽西凸起本身作为盆内物源，与其围区形成了一个完整的源—汇系统。基于钻井资料、三维高精度地震资料，对古近系的辽西凸起的范围进行了精细的刻画。沙河街组沉积时期被分为了三个次级水上凸起，按照其分布位置及识别出来的分水岭，根据地震反射特征与其外部的反射结构，综合古地貌恢复的结果，将它们分为锦州 20 源—汇系统，锦州 25 源—汇系统，旅大 5—绥中 36 源—汇系统，旅大 9-10 源—汇系统，旅大 16 源—汇系统（图 1-1-12）。

（三）走滑—伸展复合区高精度层序地层分析

1. 高精度层序地层格架划分

辽东湾坳陷经历了新生代右旋走滑构造运动，构造分区明显，表现为沉降分异的较大变化，沉积作用及层序的发育与构造活动关系密切。以碎屑沉积为主，具有物源区近、堆积快等特点，沉积物中突发事件沉积所占的比例较大，特别是气候因素对沉积物供给的影响更为明显。具有多物源、多沉积中心、水域面积小而变化大的特点，因而沉积相变大，相带狭窄、沉积间断多。以 Vail 为代表的经典层序地层学、Galloway 的成因地层学与 Cross 以基准面旋回为参照面的高分辨率层序地层学理论与分析技术相结合，强调层序地

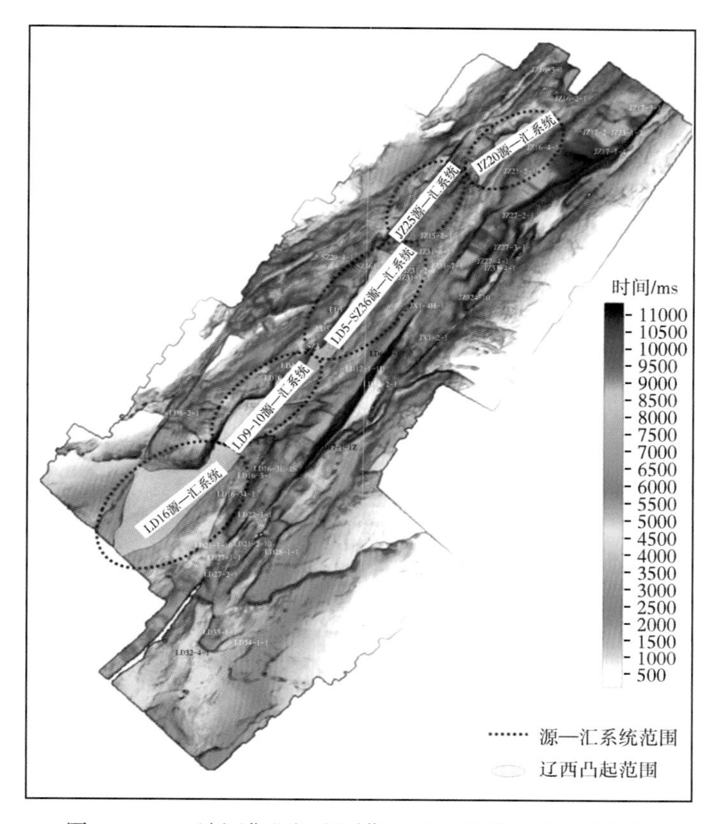

图 1-1-12　沙河街组沉积时期辽西凸起范围及展布特征

层学、成因动力学与沉积动力学理论、研究方法的结合，对辽西凸起及围区进行高分辨率层序学与经典层序地层学相结合的双重层序划分分析，识别层序界面，井—震结合，建立古近系高精度（四级）层序地层格架。

针对渤海湾盆地古近系的层序发育具有同时受构造、气候、物源、A/S 值变化和地层的自旋回过程等多种因素控制的特点，以陆相盆地高精度层序级别划分和命名原则为基础，同时考虑界面性质、界面级别、层序结构和叠加样式，利用井震结合，综合利用能反映干湿度的古生物分布特征，建立湖平面变化曲线，采用高精度层序与 Vail 经典层序双重划分方案，对辽西凸起中南段 51 口钻井古近系进行了层序划分和对比，提出二级、三级和四级三个级别的层序地层综合划分方案。其中，二级层序受整个渤海湾盆地构造演化阶段的应力场转换及构造幕因素控制，主要划分为三个，渤海湾裂陷期可分为三幕，每个幕次对应一个二级层序；三级层序受盆地构造幕及幕内强弱变化影响，需结合地震追踪标定，对辽西凸起中南段岩性圈闭发育的渐新统，进行四级层序格架的搭建。其三级层序内四级层序的划分受米兰科维奇旋回偏心率长周期影响，层序发育规模可达十米至百余米级的厚度，在地震上可追踪标定。辽西凸起中南段古近系渐新统高精度层序地层划分方案如图 1-1-13 所示。

湖平面变化对沉积体系控制作用非常显著，是岩性地层圈闭发育主控因素之一。上述划分方案符合湖平面变化规律，其整体特征为：（1）在 SQd3 层序沉积时期，研究区的湖

地层系统：系	统	组	段		岩性柱	地震发射	绝对年龄	层序界面	层序单元划分：二级	三级	体系域	四级	沉积体系特征	构造演化		湖平面变化（升 降）
古近系（E）	渐新统（E_3）	东营组（E_3d）	二段	上亚段（E_3d^2）		T2	24	SB_2	SSQs2-d1	SQd1	EST	SQd1-1	辫状河三角洲滨浅湖	裂陷期Ⅲ幕	喜马拉雅运动Ⅳ幕	
											LST					
				下亚段（E_3d^2）		$T3^u$				SQd2	HST	SQd2-1	辫状河三角洲湖底扇滨浅湖半深湖			
												SQd2-2				
											EST	SQd2-3				
											LST	SQd2-4				
			三段（E_3d^3）			$T3^m$	30	SB_3^2		SQd3	HST	SQd3-1	扇三角洲辫状河三角洲湖底扇半深湖			
											EST	SQd3-2				
											LST	SQd3-3				
			一段（E_3s^1）			T3	32	SB_3		SQs1-2	HST	SQs1-1	扇三角洲碳酸盐滩坝滨浅湖浅—半深湖		喜马拉雅运动Ⅲ幕	
											EST	SQs1-2				
			二段（E_3s^2）			T4	36	SB_4			LST	SQs2-1				
						T5	38	SB_5								

图 1-1-13　辽西凸起中南段古近系渐新统高精度层序地层划分方案

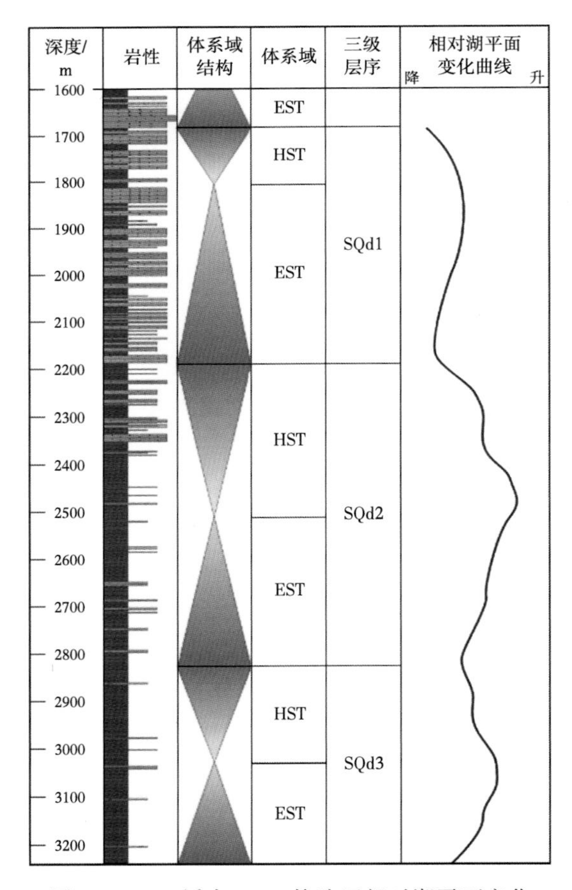

图 1-1-14　绥中 36-1 构造区相对湖平面变化

平面较高，大部分区域被湖泊所覆盖，在盆地边缘的隆起区和盆内凸起周边发育三角洲沉积体系；（2）在 SQd2 层序沉积早期，研究区继承了 SQd3 层序沉积时期的湖平面特征，湖平面依然相对较高，盆地内继续以湖泊和滨浅湖沉积体系为主，但湖域面积较 SQd3 层序沉积时期有所减小，在此层序的沉积后期，研究区内开始发生大面积的湖退现象，湖域范围进一步缩小，湖平面持续下降；（3）SQd1 层序沉积时期，研究区内湖平面整体较低，盆地仅在洼陷中心处发育浅湖沉积，大部分区域被三角洲沉积体所覆盖，湖平面变化较为频繁（图 1-1-14）。

依据层序划分方案，开展钻井沉积体系分析和高精度的层序划分与对比，通过精细标定，对东营组所有的四级层序界面进行对比追踪（图 1-1-15），在界面追踪面过程中，反复修正钻井层序，最终建立了古近系高精度层序地层格架。

利用“印模法”恢复各四级层序古地貌特征，结合构造和沉积背景，总结层序发育规律，并预测岩性圈闭发育的有利

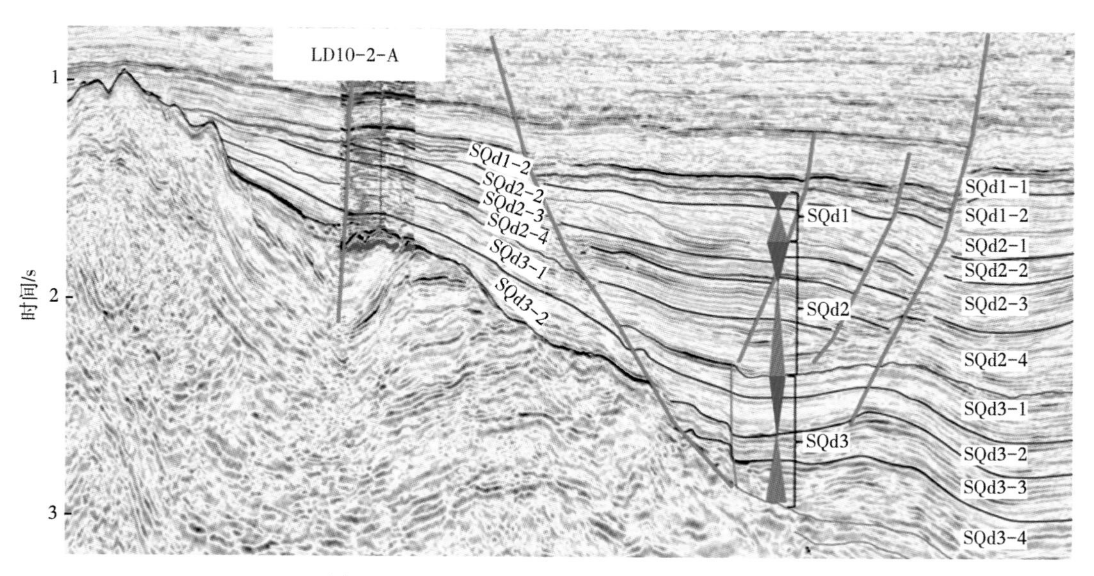

图 1-1-15　旅大 10-2 构造井震层序格架

层序。从四级层序古地貌图（图 1-1-16）可以看出，东营组沉积早期，研究区中南部隆起，导致南北分割，北部相对水体较深，隆起周缘向辽中凹陷处砂体相对富集，SQd3-2 层序沉积期，受郯庐断裂活动影响，雁中南部隆起消失，接受大量的西南方向大石河物源区沉积。SQd3-1 层序沉积期，辽西凸起差异沉降，旅大 4 构造区东侧地貌相对较高，在辽西凸起东侧斜坡处，形成南北两洼的地貌。SQd2 层序，斜坡区沉降中心在旅大 4—绥中 36 构造区处摆动，必将导致砂体的摆动，SQd2-1 层序沉积之后，受湖平面下降影响，研究区南部暴露，沉积物向北东方向搬运。SQd1 层序受喜马拉雅运动影响，辽西凸起处只保留了下部层序，上部层序仅发育在凹陷区及物源主通道处（图 1-1-15）。

2. 高精度层序格架内岩性地层圈闭分布特征

辽西凸起中南段渐新世古地貌均为“南北高、中部低”的特征，南部地势最高，整个古近系持续暴露，是大石河物源区的主要搬运通道，旅大 4—绥中 36-1 构造区地貌相对较低，旅大 10、绥中 36-1 北构造区地貌相对较高，因此各层序沉积时期，陆源碎屑物质由南北两侧向中部以及东部斜坡区搬运和卸载。SQd3 层序在中部发育较全，北部仅发育上升半旋回，南侧缺失。SQd2 层序发育相对较全，但沉积充填受古地貌的影响，中部砂体不发育，南部砂体发育且粒度较粗，沉积通量最大。因此，南部斜坡处易于形成规模较大的岩性地层圈闭（图 1-1-17）。

辽西凸起中段发育西北方供源的大型三角洲沉积，与其上部的洪泛泥岩可构成良好的储盖组合。陡坡带旅大 5-2 构造区东二上亚段以辫状河三角洲沉积为主，在 SQd2 层序沉积时期，六股河水系物源补给变化较大，上升半旋回期，发育规模性三角洲沉积，并通过该地区向辽中凹陷供源；而下降半旋回期，物源补给基本停滞，发育了大套湖相泥岩。受物源补给变化影响，SQd2 层序形成泥岩超覆型岩性地层圈闭。凸起斜坡带绥中 36-1 构造区东二下亚段以湖相泥岩夹远源三角洲前缘末端沉积，是岩性地层圈闭发育的有利层段，易于形成上倾尖灭型岩性圈闭（图 1-1-18）。

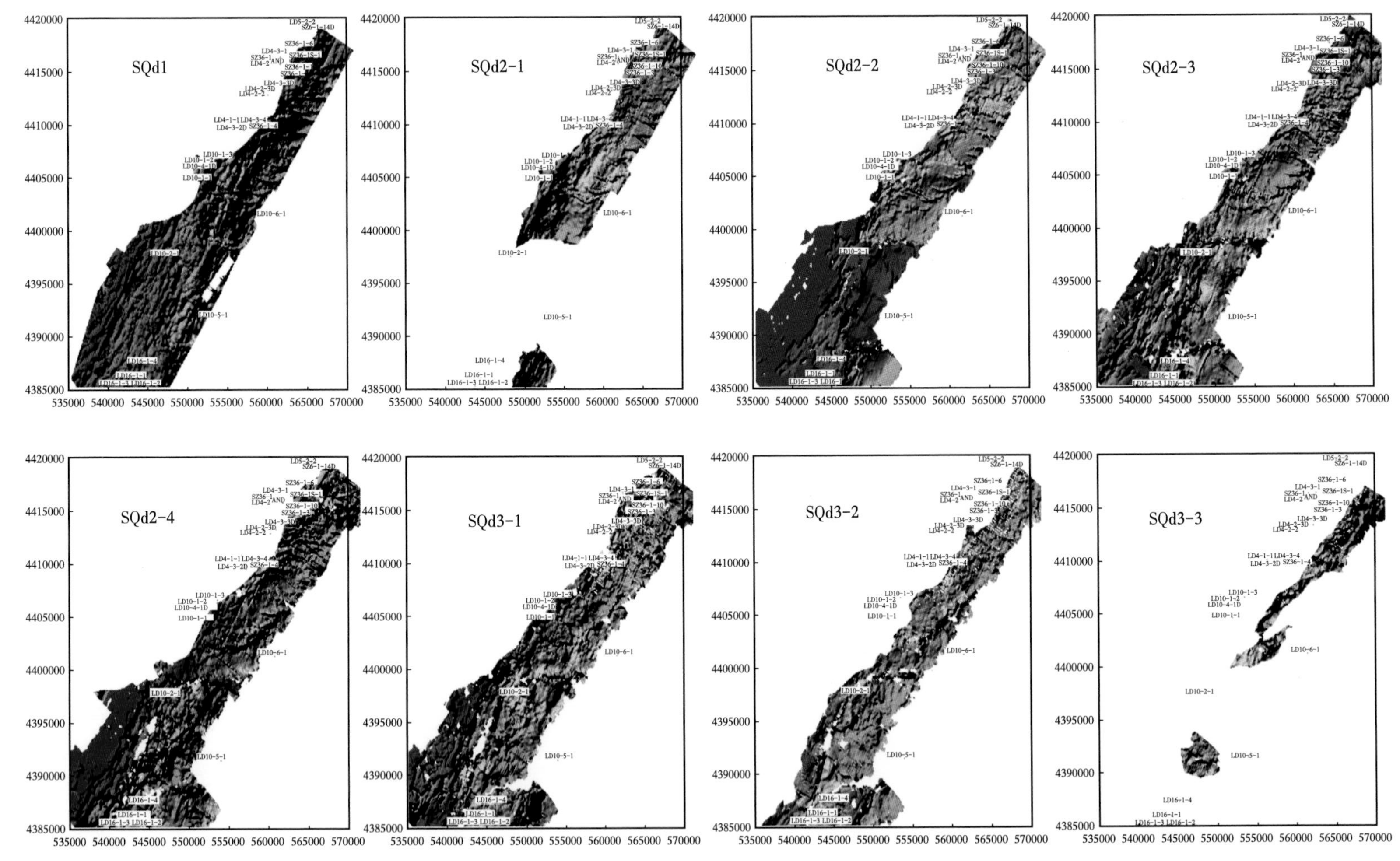

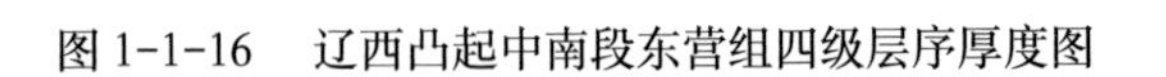
图 1-1-16　辽西凸起中南段东营组四级层序厚度图

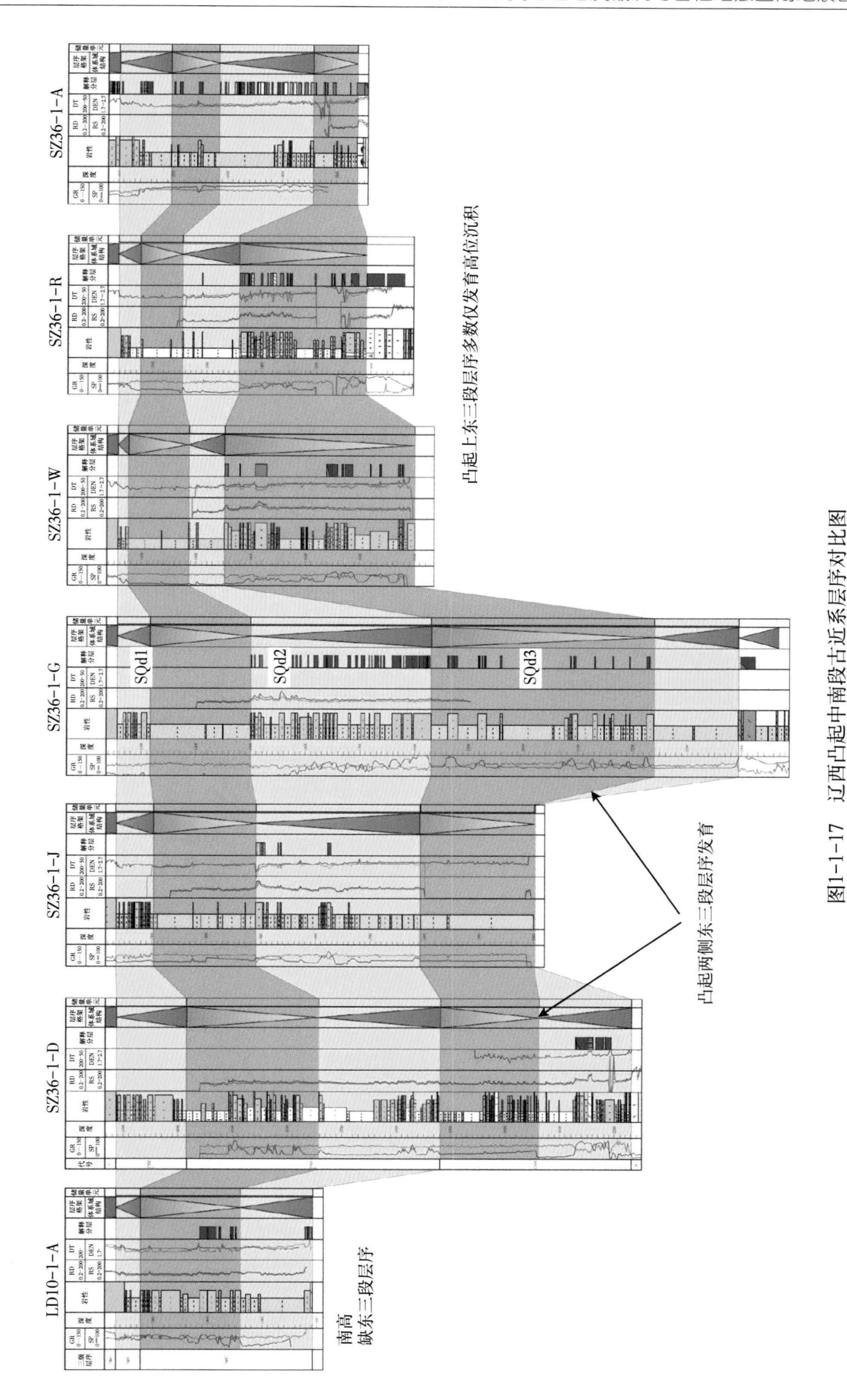

图1-1-17　辽西凸起中南段古近系层序对比图

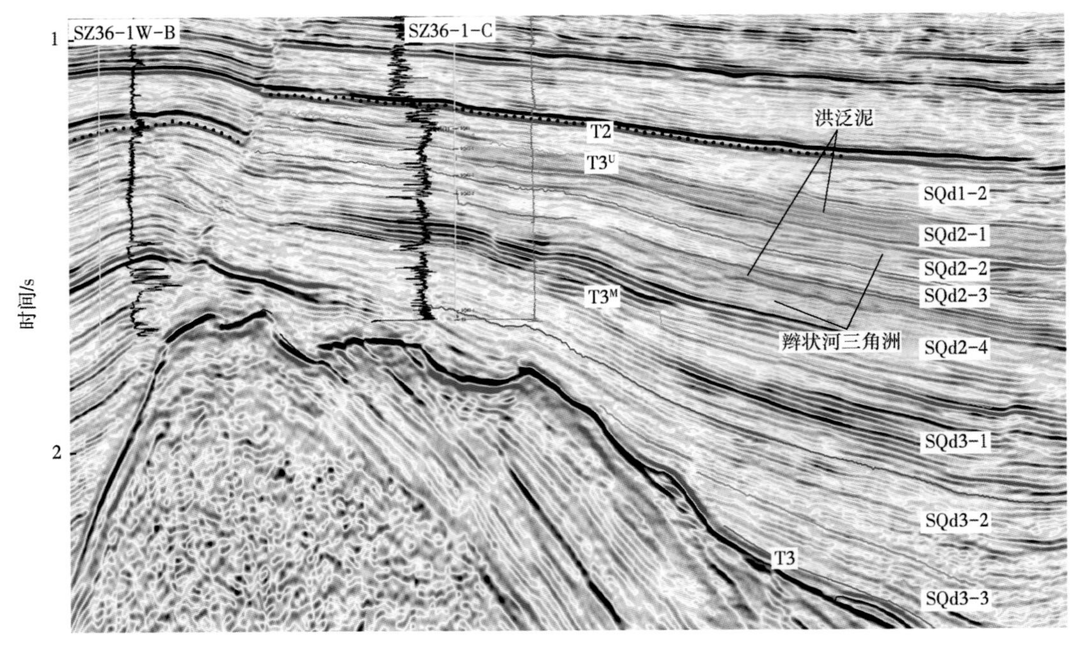

图 1-1-18　辽西凸起中段东营组地震剖面

辽西凸起南段旅大 10 构造区，SQd3 沉积时期基本暴露于水上，凸起向两侧供源，在凸起周缘易于形成披覆型地层圈闭；SQd2 上升半旋回期，湖水淹没凸起，由西侧大物源供给的三角洲越过辽西凸起向辽中凹陷沉积，尤其是南部，发育连续叠置的厚层三角洲沉积及远端湖底扇沉积（图 1-1-19）。东营组各层序富砂程度均较高，反映出六股河水系持续供源强度较大，沉积物粒度也较粗。往辽中凹陷方向，SQd3、SQd2 层序低位体系域三角洲沉积可与上覆洪泛泥岩构成披覆型圈闭；东二下亚段层序靠近洪泛面的湖侵体系域中，退积型三角洲前缘砂体与湖侵泥岩构成的岩性地层圈闭是研究区目前钻遇最多的岩性油气藏类型。

3. 古近系沉积相特征

通过对岩心的观察，层理构造广泛存在，有水平层理、平行层理、楔状交错层理及透镜状层理等，而部分层面构造也有发育，如底冲刷等（图 1-1-20h）。其中平行层理多发育在水动力条件较强的背景下，如河道等环境，常与大型交错层理共生；砂纹层理常发育在供给充足的河口坝、远沙坝及湖泊滩坝等沉积环境中；透镜状层理则是滨浅湖砂泥混合坪沉积的重要标志；泥质条带主要发育在滑塌浊积扇中扇水道间和席状砂等沉积环境中；底冲刷主要形成在辫状河三角洲和湖底扇水道化砂体底部；泄水构造则是浊流沉积中典型的标志之一。研究区在岩心剖面上可见如图 1-1-20 所示构造。

依据测井曲线形态、圆滑程度、接触关系和包络线等要素要划分出测井相特征类型，并由此确定沉积相、层序组合方式（图 1-1-21a）。通过对测井曲线各类要素特征反映出对之对应的岩性情况，从而推测出整段地层岩性及层序界面特征。结果表明：岩—电转换关系特别是 GR 与 RD 或 GR 与 SP 这些具有互补特征的曲线，与取心井岩性最匹配。因此，选取 LD4-2-A 井岩—电模型指导非取心井沉积与层序研究（图 1-1-21b）。

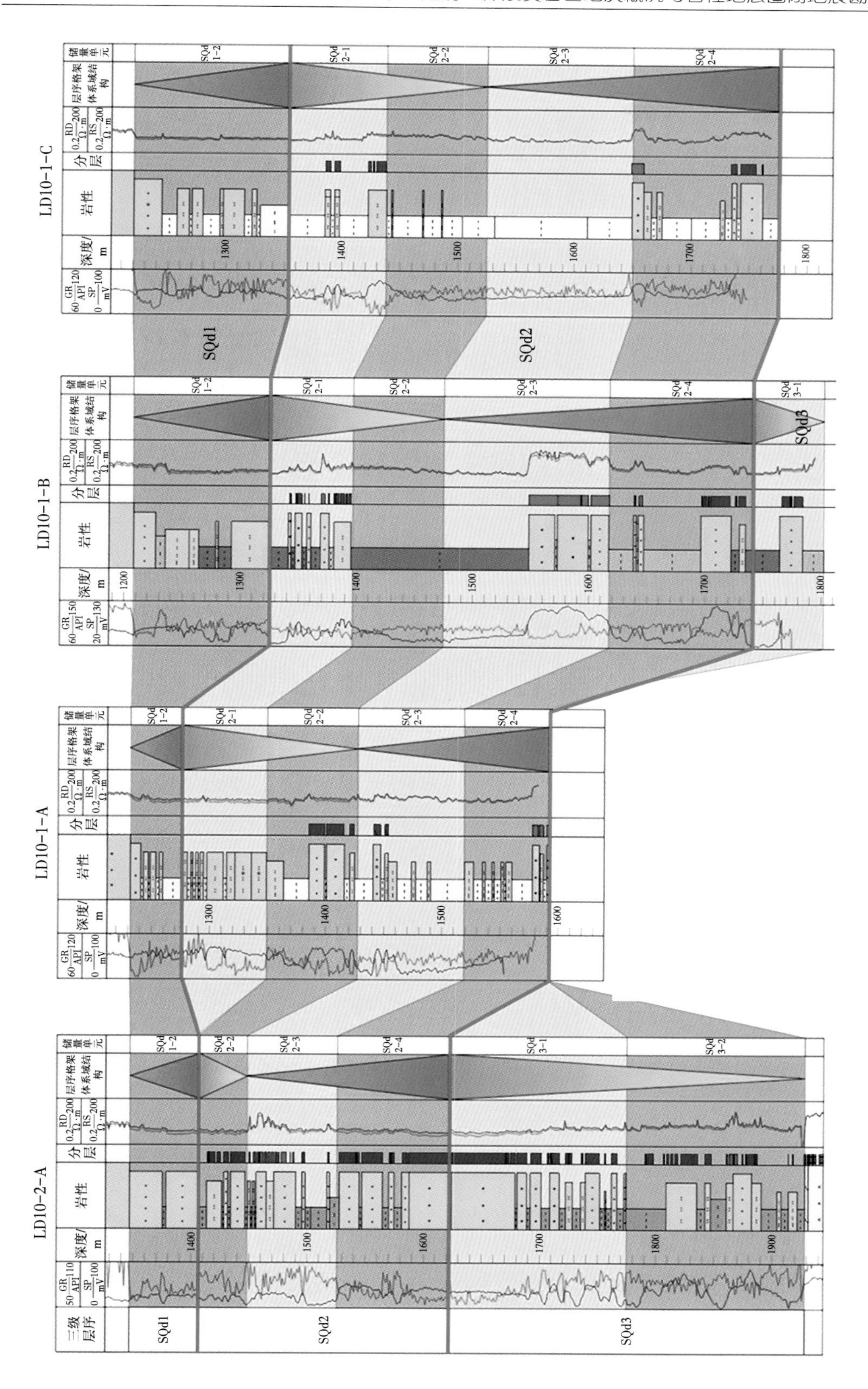

图1-1-19　旅大10井区层序对比图

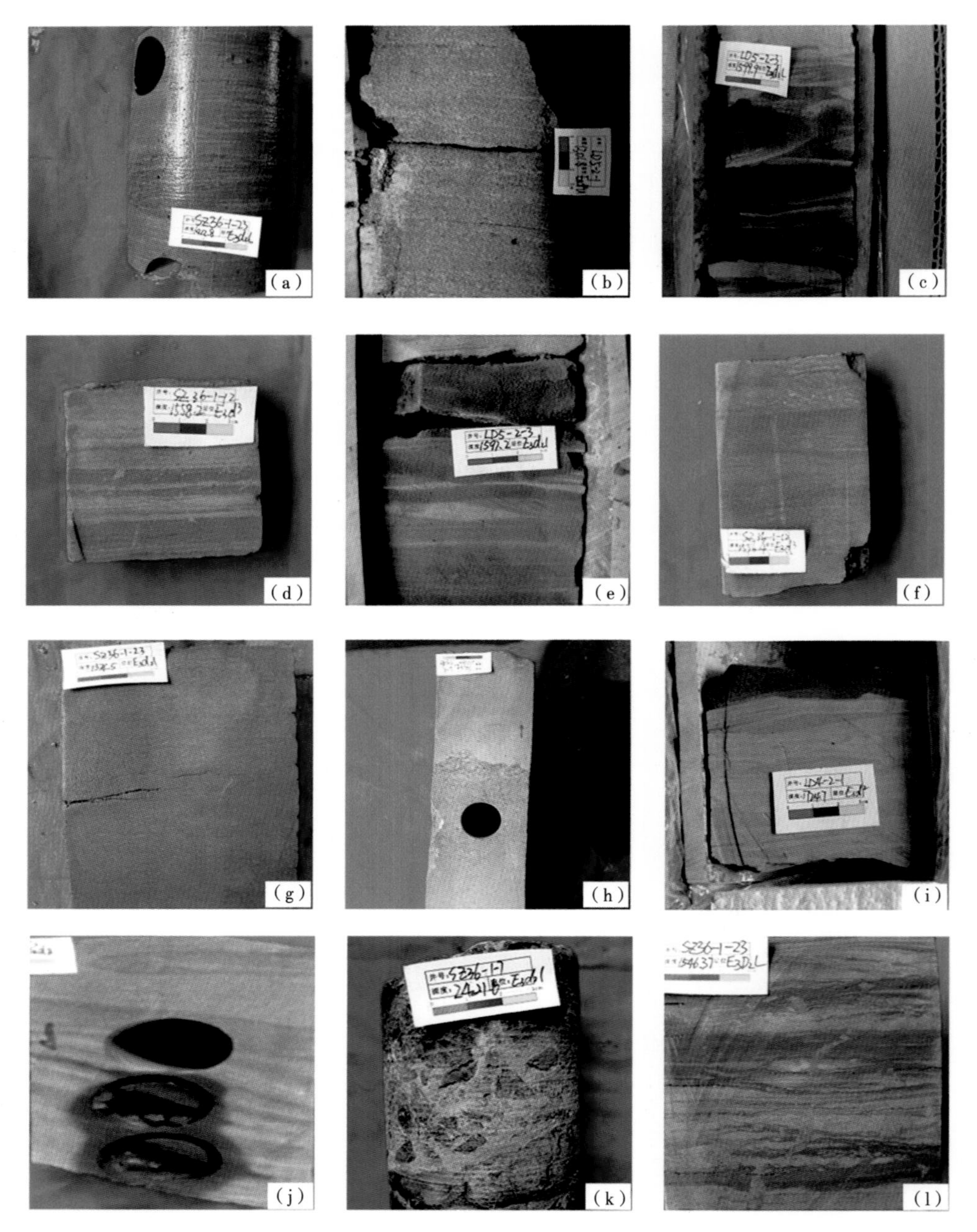

图 1-1-20　研究区沉积构造

(a) 水平层理，SZ36-1-W 井，1552m（东二下亚段）；(b) 平行层理，LD5-2-A 井，1301.8m（东二上亚段）；(c) 楔状交错层理，LD5-2-C 井，1599.9m（东二下亚段）；(d) 砂纹层理，SZ36-1-L 井，1558.2（东三段）；(e) 透镜状层理，LD5-2-3 井，1597.2m（东二下亚段）；(f) 泥质条带状层理、生物扰动，SZ36-1-L 井，1556.4m（东三段）；(g) 块状层理，SZ36-1-W 井，1374.5m（东二下亚段）；(h) 底冲刷，SZ36-1-D 井，2146m（东三段）；(i) 底冲刷，LD4-2-A 井，1724.7m（东二下亚段）；(j) 包卷层理，LD12-2-A 井，2934.5m（东三段）；(k) 滑塌构造，SZ36-1-G 井，2421.6m（东二下亚段）；(l) 泄水构造、砂纹层理，SZ36-1-W 井，1546.37m（东二下亚段）

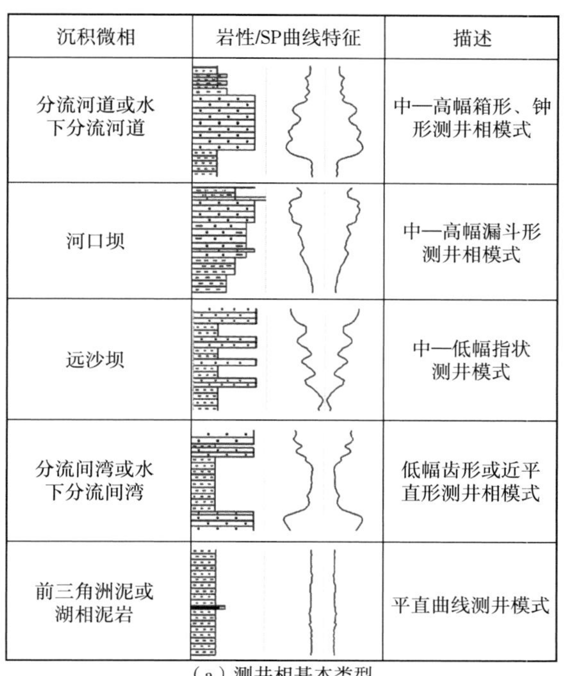

(a) 测井相基本类型

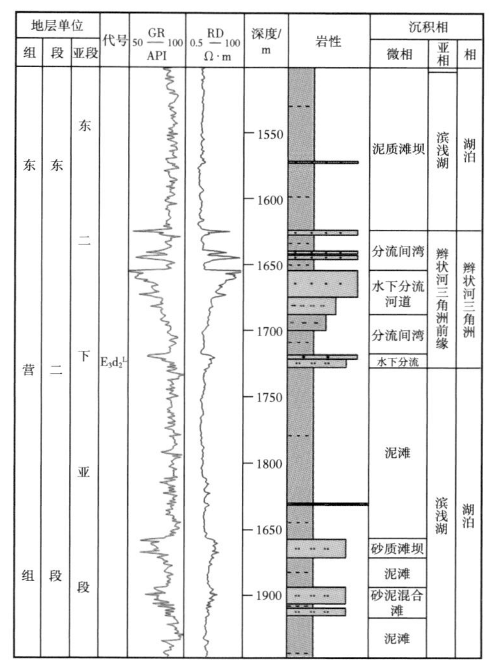

(b) LD4-2-A井取心段岩—电转换模型

图 1-1-21　测井相标志

古生物对其生存古气候条件具有高度敏感，可用来进行古气候恢复，从而推测古沉积环境。植物碎屑、生物介壳和生物扰动等是为数不多能肉眼轻易观察到的古生物标志。岩层中植物碎屑的含量及破碎程度通常可以指示出该时期水动力环境，如炭屑（图 1-1-22a）含量较高，破碎程度较大，一般表示处于水动力较强的浅水环境，可能属于辫状河三角洲前缘沉积。研究区多属于湖泊沉积，岩层中常见生物扰动现象（图 1-1-22b）。碳质纹层多为细粒沉积，可指示三角洲前缘沉积环境（图 1-1-22c）。在稳定沉积环境的地层中，生物介壳可用作地层顶底的标志，表现为椭圆球状；而在动荡沉积环境下，生物介壳随强水流作用搬运，破碎形成不规则状生物介壳（图 1-1-22d）。

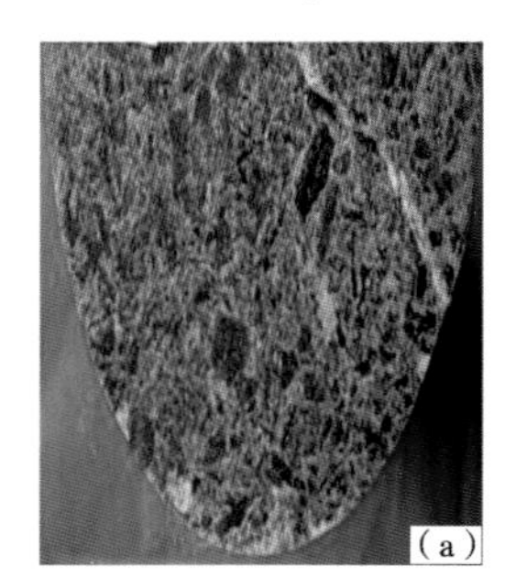

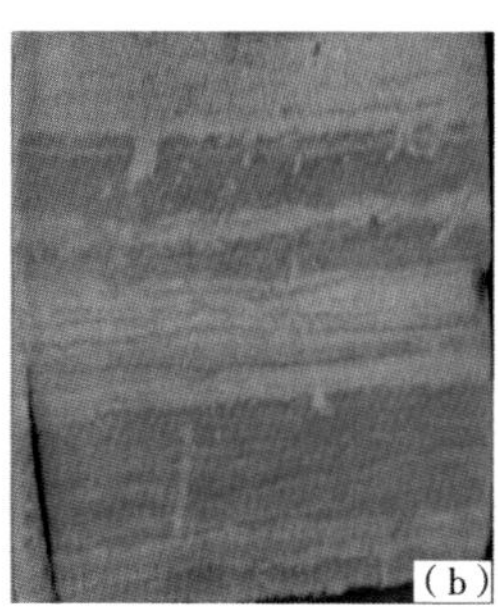

图 1-1-22　研究区东营组古生物化石图

(a) 炭屑，SZ36-1-W 井，1552m（东二下亚段）；(b) 生物扰动、砂纹层理，SZ36-1-L 井，1558.2m（东三段）；(c) 碳质纹层，SZ36-1-J 井，1510m（东二下亚段）；(d) 生物介壳，SZ36-1-L 井，1385.6m（东二下亚段）

根据地震相参数的解释分析，结合相应的单井、连井等资料，描绘出沉积体系与地震相映射关系，还原沉积体系演化过程。辫状河三角洲前缘亚相在地震剖面上是一系列中—高振幅，高频率前积反射结构，连续性良好。其顶积层地震剖面上表现为弱振幅，表现出发散或次平行反射结构，垂向上振幅，频率差异较大。其底积层地震剖面上表现为中—弱振幅、连续性较差，表现出亚平行发散反射结构。滨浅湖在地震剖面上表现为中到高振幅，强连续性的席状亚平行发散反射结构特征，反映了沉积环境平静、地层连续性好的沉积特征。半深湖—深湖是在浪基面以下无波浪作用影响的湖区，地震剖面上表现为高振幅，强连续性，席状平行—亚平行反射结构。湖底扇地震相特征较为明显，常见蠕虫状、强振幅、低频率、差连续性的地震反射特征，一般整体厚度较大。湖底扇一般发育在深湖—半深湖的斜坡带上，其周围均被深湖相泥岩所包围，扇体包络面比较清晰，与围岩能够较好地区分。

根据以上各类沉积相识别标志综合分析，在研究区东营组各层位识别的沉积相、微相类型见表 1-1-4。

表 1-1-4　研究区沉积相划分分布表

沉积体系	亚相	微相	主要发育层位
辫状河三角洲	辫状河三角洲平原	分流河道、洪泛湖泊	SQd1、SQd2、SQd3
	辫状河三角洲前缘	水下分流河道、分流间湾、席状砂、河口坝、远沙坝	
	前辫状河三角洲	前三角洲泥	
	前扇三角洲	前三角洲泥	
湖底扇	内扇	供给水道	SQd3
	中扇	辫状河水道	
	外扇	外扇泥	
湖泊	滨浅湖	泥滩、砂泥混合滩、砂质滩坝、碳酸盐岩滩	SQd2、SQd3
	半深湖—深湖	深湖泥、深湖砂泥	

辫状河三角洲是指辫状河在入湖口处，由于可容纳空间急剧加大，搬运的碎屑物在斜坡带快速堆积形成粗碎屑三角洲沉积体。东营组沉积期，辫状河三角洲基本不发育前辫状河三角洲和辫状河三角洲平原，主要表现为辫状河三角洲前缘。在钻井岩心上主要表现为中—粗、中—细砂岩和灰色泥质粉砂岩，发育块状层理和楔状交错层理。辫状河三角洲前缘水下分流河道为粉砂质泥岩、泥岩等细粒沉积为主，在测井曲线上表现为中—高幅箱形、钟形测井相模式，反映了水动力向上减弱的过程。河口坝岩性主要由砂岩组成，表现为中—高幅漏斗形测井相模式。远沙坝岩性主要为粉砂，并有少量黏土和细砂，水动力很弱，表现为中—低幅指状测井相模式。辫状河三角洲前缘在地震剖面上是一系列中—高振幅，高频率前积反射结构，连续性较好，其顶积层为弱振幅，内部地震剖面上多为中—弱振幅反射同相轴，其产状为发散或亚平行，垂向上振幅、频率差异较大。在底积层地震剖面上变现为中—弱振幅、连续性较差，为亚平行发散反射结构（图 1-1-23）。

湖泊沉积相带特征主要为滨浅湖、半深湖—深湖。沉积物主要为大套泥岩、深灰色泥质粉砂岩和粉砂岩，含大量介壳，可见冲刷面，发育水平或小型砂纹层理，无明显粒序特

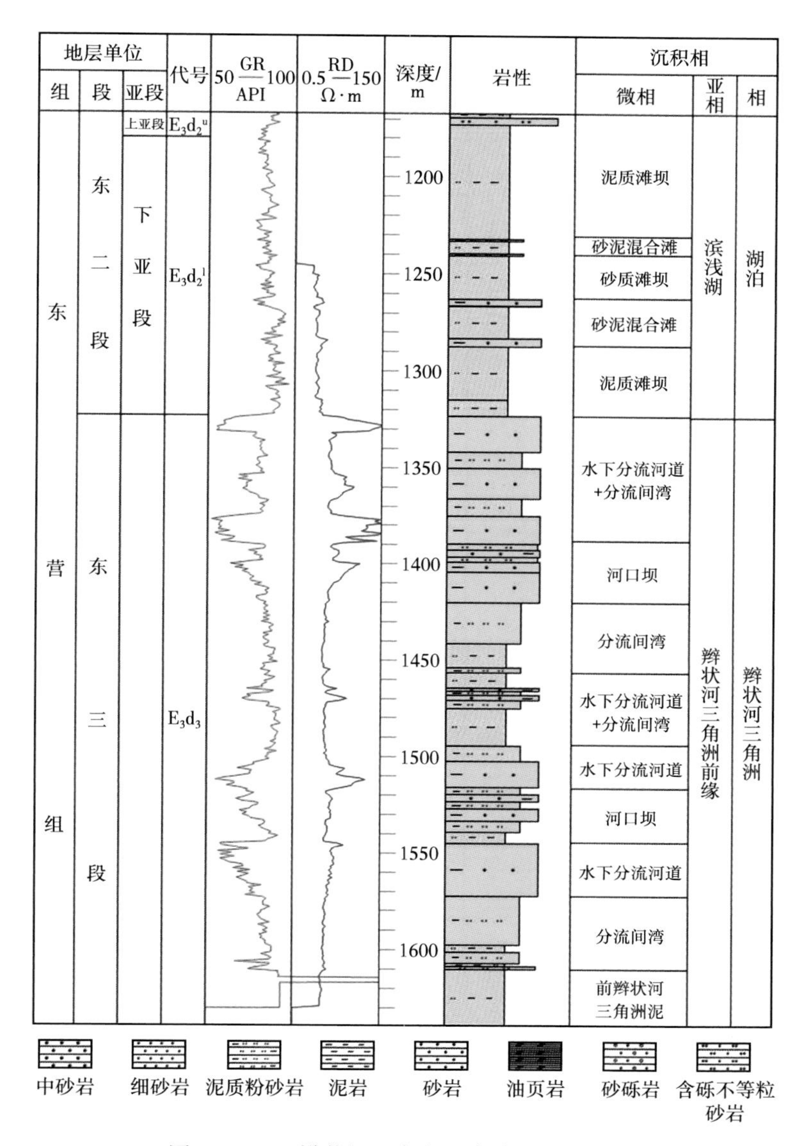

图 1-1-23　辫状河三角洲—湖泊相剖面结构

（SZ36-1-E 井，E_3d^{2u}—E_3d^3，1167~1610m 井段）

征，部分区域湖泊沉积中可见沉积物快速堆积使孔隙水迅速排出而产生的泄水构造。在测井曲线上，如表现为指状频繁出现的测井相模式，指示砂泥互层，为滨浅湖亚相；如指状曲线不频繁则指示厚层泥岩，为半深—深湖亚相。滨浅湖在地震剖面上表现为中到高振幅，强连续性的席状亚平行发散结构特征，反映了沉积环境平静、地层连续性好的沉积特征。半深湖—深湖是在浪基面以下无波浪作用影响的湖区，地震剖面上表现为高振幅，强连续性，席状平行—亚平行反射结构。以 LD4-1-A 井为例，东二段可见厚层泥岩沉积。泥岩中部含少量粉砂岩砂质滩坝，中砂岩的砂质滩坝，细砂岩夹泥岩的砂泥混合滩。自然伽马曲线是一种厚段高振幅的稳定曲线（图 1-1-24）。

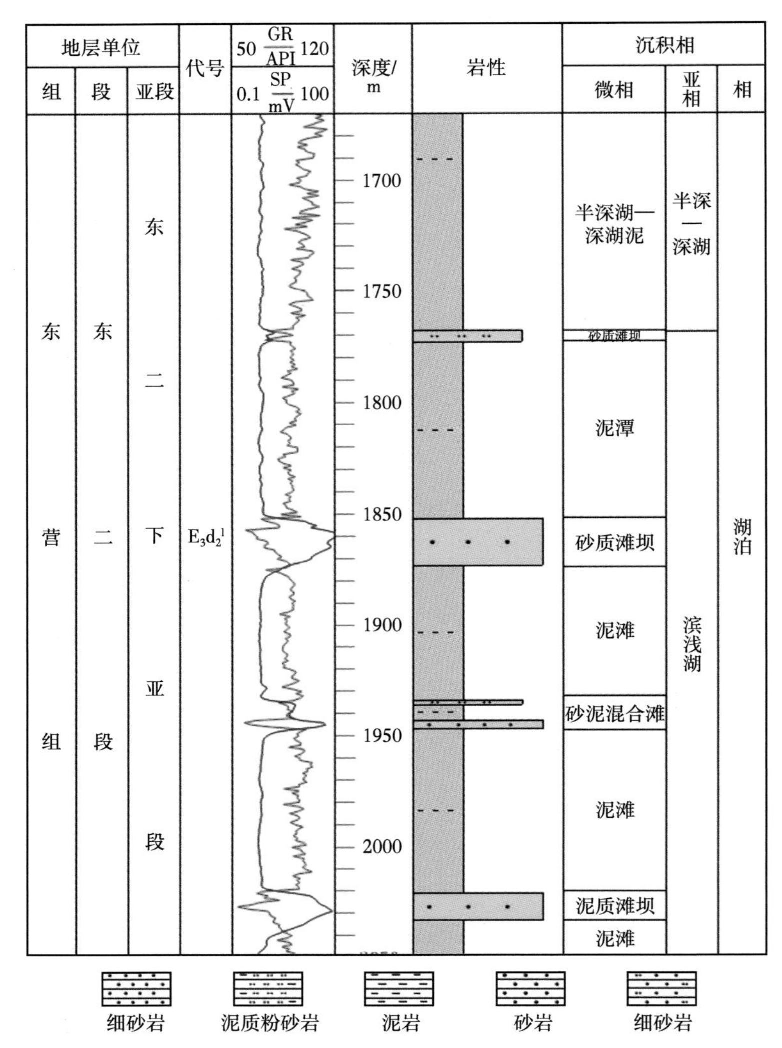

图 1-1-24　湖泊相剖面结构

（LD4-1-A 井，E_3d^{2u}—E_3d^{2l}，1670~2050m 井段）

辽东湾探区东营组沉积时期受郯庐断裂持续伸展、走滑活动，对应于裂陷Ⅲ幕，相比于沙河街组一段、二段沉积时期，同沉积断裂落差较大，活动性较强，加之湖平面快速上升，水体缓慢变浅，陆源碎屑物供给增加，发育大型辫状河三角洲沉积。三角洲前缘容易受断裂活动引发重力滑塌，形成规模较大的湖底扇沉积。湖底扇沉积相主要发育在半深湖—深湖环境中，在测井曲线表现为齿化钟形和箱形特征（图 1-1-25），岩性以深灰色、灰黑色粉砂岩、细砂岩为主，局部为中砂岩。砂体的底部一般与下伏厚泥岩突变接触，砂体顶部与上覆厚泥岩则以渐变接触为主。

在地震上以蠕虫状为特征，钻井揭示为大套泥岩中发育薄互层砂岩特征，多为深灰色、灰黑色粉、细砂岩为主，局部为中砂岩。湖底扇砂体的底部与下伏厚泥岩突变接触，砂体顶部与上覆厚泥岩则以渐变接触为主。湖底扇一般发育在深湖—半深湖的斜坡带上，

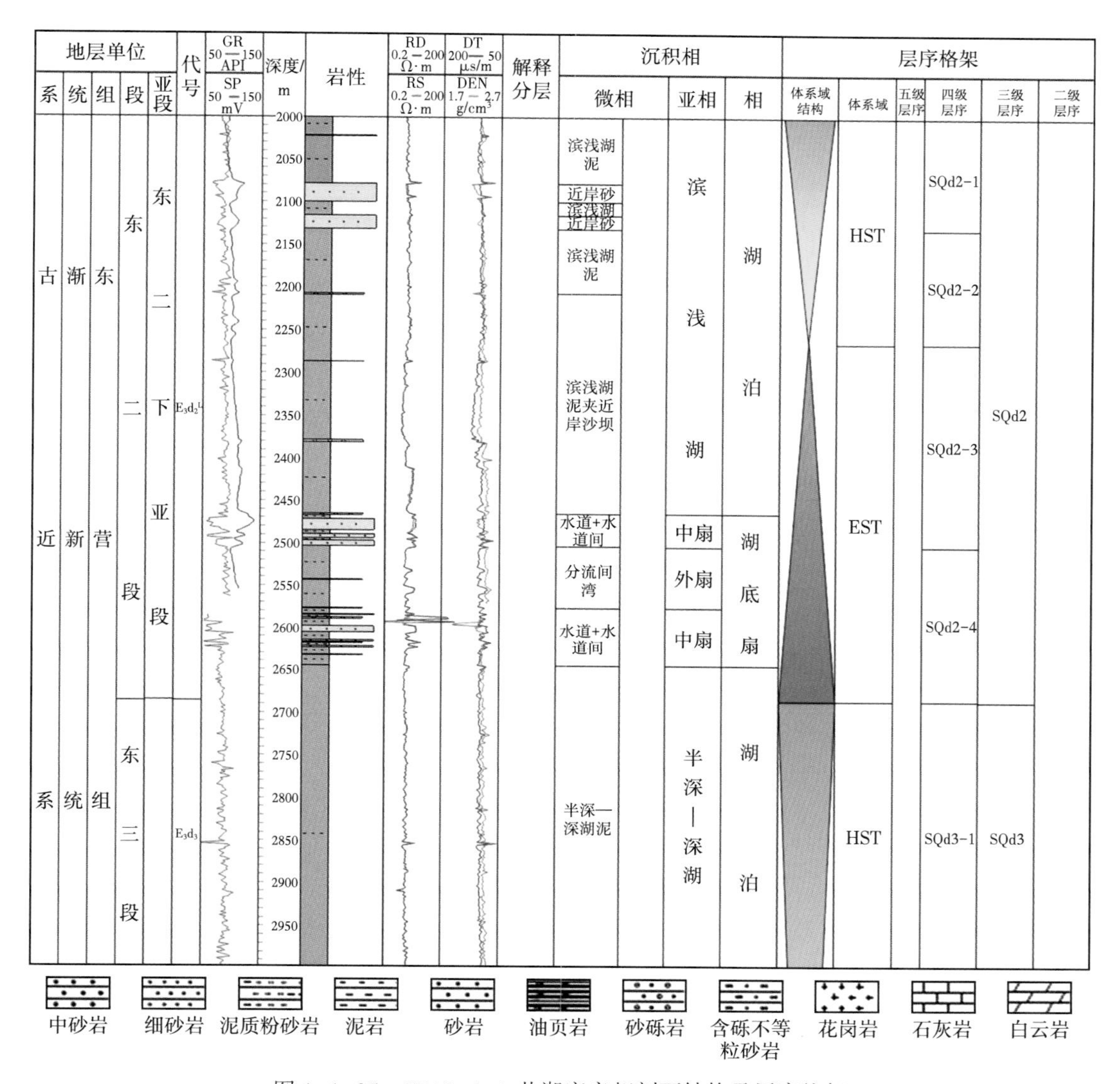

图 1-1-25　LD10-6-A 井湖底扇相剖面结构及层序格架

其周围均被深湖相泥岩所包围，扇体包络面比较清晰。湖底扇的地震响应特征非常明显，能够较好地从围岩中分辨，在地震剖面上一般具有以下反射特征：（1）前积反射特征是寻找湖底扇的向导，一般情况下，湖底扇是由多期扇体在斜坡带上的叠置而形成的，因此会有明显的前积现象；（2）湖底扇的前积层位相对于下伏地层呈小角度或近似于平行的斜交反射；（3）湖底扇反射一般频率较低，连续性较差，为几个短轴状反射的聚集体；（4）湖底扇反射外形特征一般呈透镜状、楔状或蠕虫状。根据湖底扇的地震响应特征，对辽东湾探区东营组进行了湖底扇的搜索与解释，共解释湖底扇 29 个，湖底扇集中发育在东营组沉积时期主干断裂附近，在平面上较为集中，在垂向上多可见多期次堆叠（图 1-1-26）。

锦州 31 构造湖底扇为典型的多期叠合湖底扇，其围岩为中—弱低频较连续反射。湖底扇内扇和外扇存在较大差别，内扇以砂岩为主，地震剖面主要为中—弱振幅蠕虫状反射

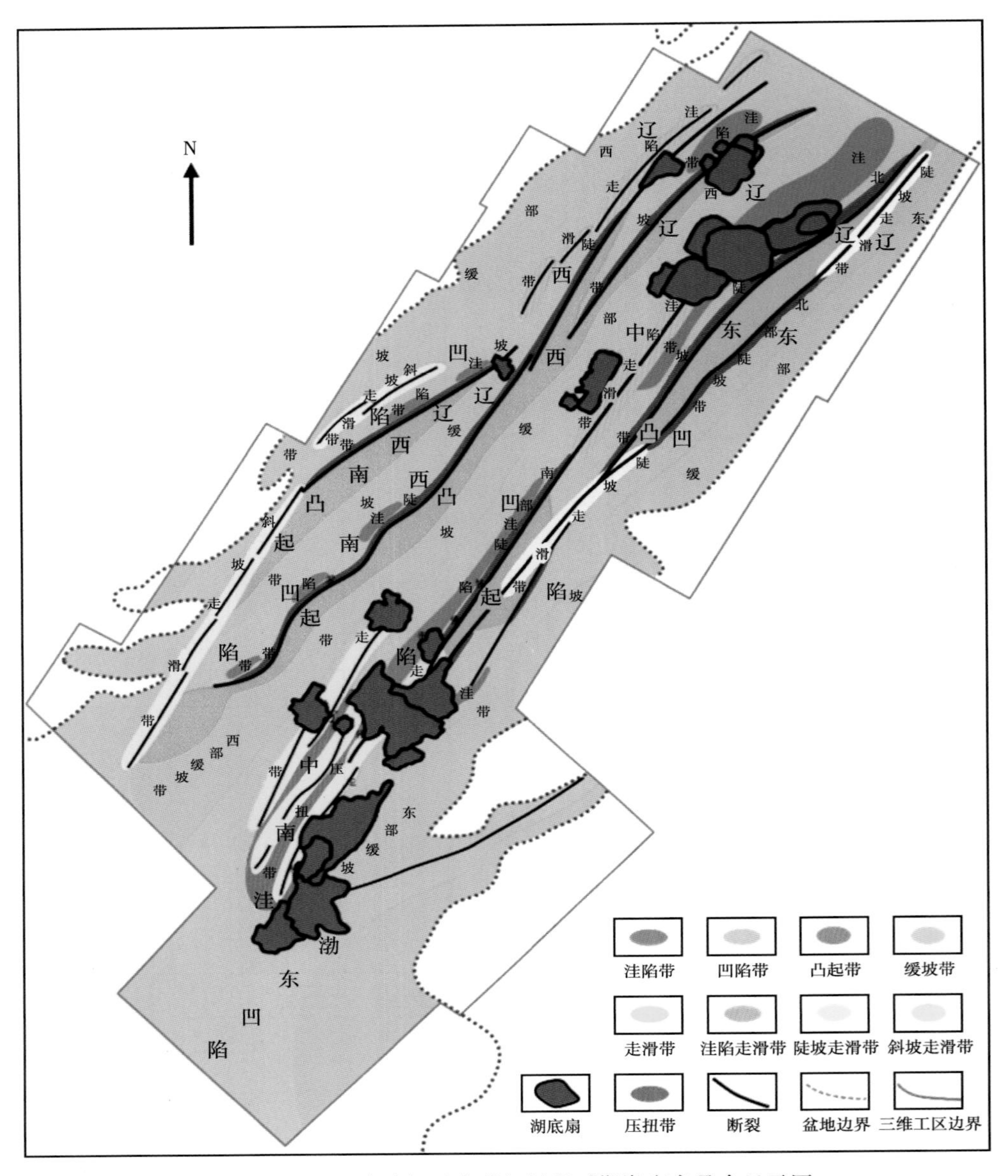

图 1-1-26　辽东湾探区东营组沉积时期湖底扇叠合显示图

特征；外扇以泥岩为主，地震剖面呈现强振幅连续反射特征。不同方向的地震相特征也存在较大的差异。垂直物源方向［图 1-1-27（a）］，水道充填沉积呈杂乱蠕虫状反射，向水道外侧蠕虫状反射逐渐减少，可见多个水道充填沉积，水道间呈弱振幅较连续反射。平行物源方向［图 1-1-27（b）］，水道充填沉积形成了中—弱振幅叠瓦状前积排列的蠕虫状反射，向水道外侧则变为低角度、亚平行的蠕虫状反射特征。锦州 31 构造湖底扇主要沿走滑断裂分布，发育三个湖底扇。湖底扇平面呈分支水道状、裙带状、舌状形态分布。湖底扇的分布具有较好的继承性，只是随着物源供应和湖平面变化，湖底扇的形态和规模才发生变化（王志萍，2017）。

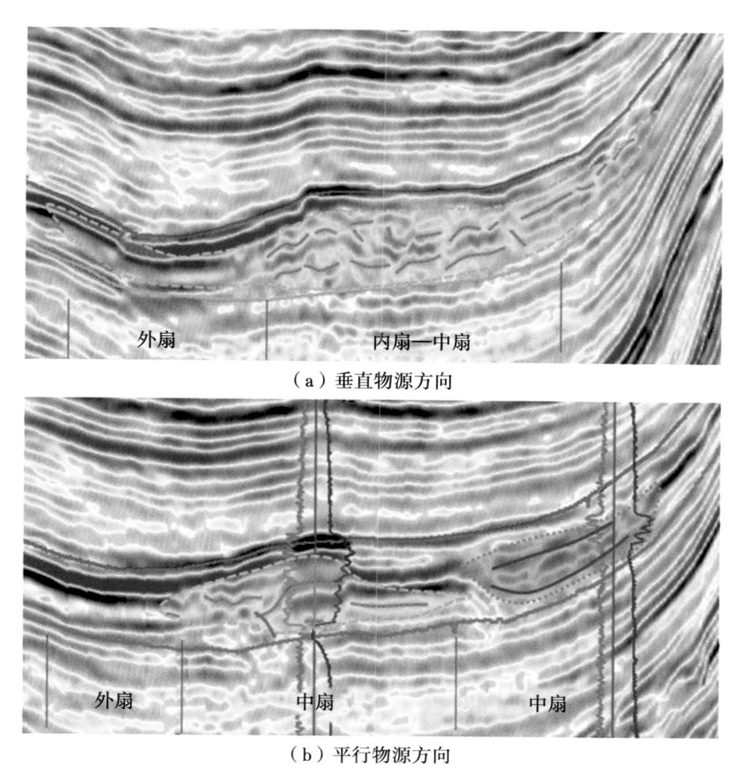

（a）垂直物源方向

（b）平行物源方向

图 1-1-27　湖底扇地震相特征剖面图

4. 层序格架内岩相古地理

层序—岩相古地理图就是以层序地层学理论为指导，将岩相古地理的研究和编图与层序地层学的研究紧密结合，利用层序界面和其他关键界面，以体系域、层序、基准面旋回或等时界面为编图单元，编制具等时性、成因连续性和实用性的岩相古地理图。不仅能极大地减少由传统的压缩法和优势相编图法所造成的模糊失真现象，而且能以动态的变化来反映盆地在特定时间间隔内的四维沉积充填发育史，使其更接近盆地沉积演化的真实性，从而提高对沉积、构造演化规律的认识。

在充分利用辽西凸起中南段 54 口井的岩心、录井、测井、地震及分析化验资料基础上，将构造—古地貌、地震相和钻井相分析研究成果有机结合，展开物源—古地貌—沉积体系一体化研究，准确圈定各沉积体系的边界，以四级层序为单元，编制出研究区东三段层序、东二段层序沉积相平面图共 7 幅，从而揭示出辽西凸起南段东营组沉积相的变化规律。

1）SQd3-3 层序沉积相平面特征

研究区内井上 SQd3-3 层序不发育，其平面展布特征主要用地震振幅属性进行刻画。SQd3-3 层序发育的沉积相类型主要有湖泊和三角洲。湖泊沉积体系分布广泛，在有碎屑物质大量注入的区域发育三角洲沉积体系。辽西凸起南部旅大 10-2 区域和旅大 16-1 区域主体为凸起，辽西凸起中部断裂以东洼陷发育三角洲平原及三角洲前缘相，主要在 LD10-5-A 井西部区域，辽西凸起中部旅大 10-1 区域断裂东部发育三角洲前缘相，物源主要为西部，辽西凸起东北部 SZ36-1-F 井到 SZ36-1-C 井东部区域发育三角洲前缘相，物源方向为西北向，其余区域为湖泊沉积（图 1-1-28）。

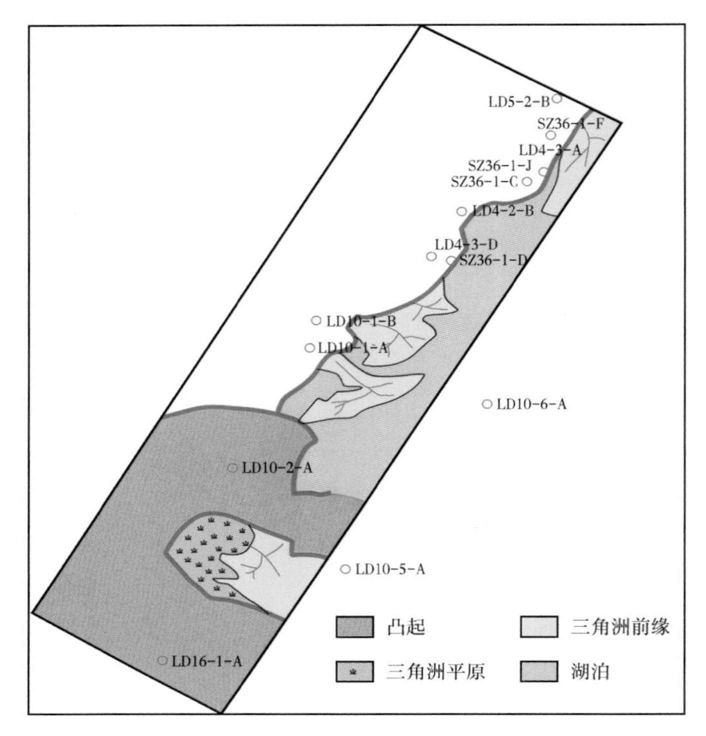

图 1-1-28　辽西凸起中南段 SQd3-3 层序沉积相平面图

2）SQd3-2 层序沉积相平面特征

研究区内井上 SQd3-2 层序不发育，其平面展布特征主要用地震振幅属性进行刻画。SQd3-2 层序发育的沉积相类型主要有湖泊、湖底扇和三角洲。旅大 16-1 区域及旅大 10-2 断裂以西为凸起，断裂以东发育扇三角洲相，分布范围主要由 LD16-1-A 井到 LD10-2-A 井区域，物源主要为西部，该区域以东发育席状砂微相，辫状河三角洲发育于受古水系影响的凹陷缓坡地带，呈规模不等的朵叶状分布，三角洲前缘相主要分布在研究区东北部，从 SZ36-1-D 井到 SZ36-1-F 井东部区域均有发育，物源来自西部，辽西凸起中部旅大 10-1 区域断裂以东亦有小范围发育，物源来自西部。湖底扇主要发育在半深湖区，以辫状河三角洲前缘垮塌形成的湖底扇为主，主要位于 LD10-2-A 井东侧和 LD10-6-A 井西侧区域。其余地区为湖泊沉积（图 1-1-29）。

3）SQd3-1 层序沉积相平面特征

研究区内 SQd3-1 层序发育的沉积相类型主要有湖泊、湖底扇和辫状河三角洲。研究区湖泊沉积体系分布非常广泛，在有碎屑物质注入的区域发育三角洲沉积体系，辫状河三角洲呈规模不等的朵叶状分布，三角洲前缘相主要分布在 LD16-1-A 井—LD10-2-A 井、LD10-1-B 井、LD4-3-D 井—SZ36-1-D 井和 LD4-3-A 井—SZ36-1-J 井区域，物源主要来自西部。湖底扇较为发育，主要发育在半深湖区，以辫状河三角洲前缘垮塌形成的湖底扇为主，其分布范围受辫状河三角洲前缘相的约束（图 1-1-30）。

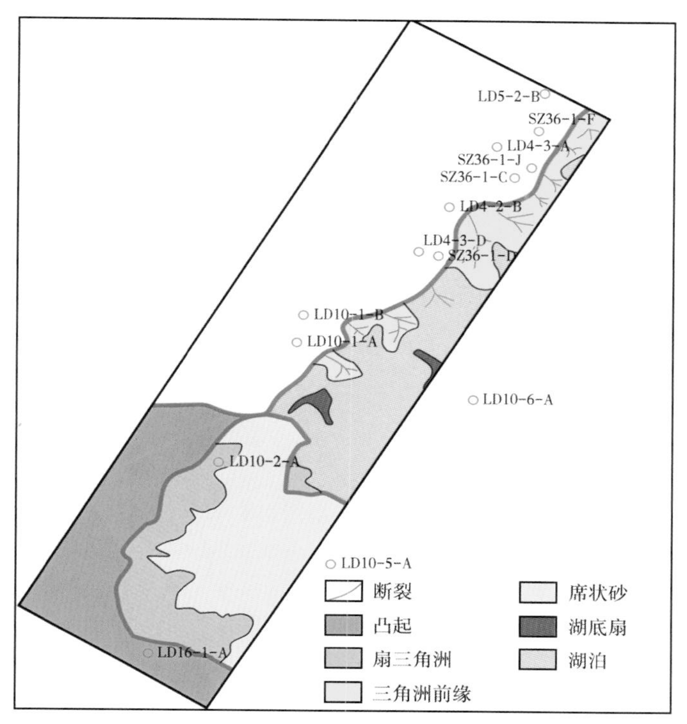

图 1-1-29 辽西凸起中南段 SQd3-2 层序沉积相平面图

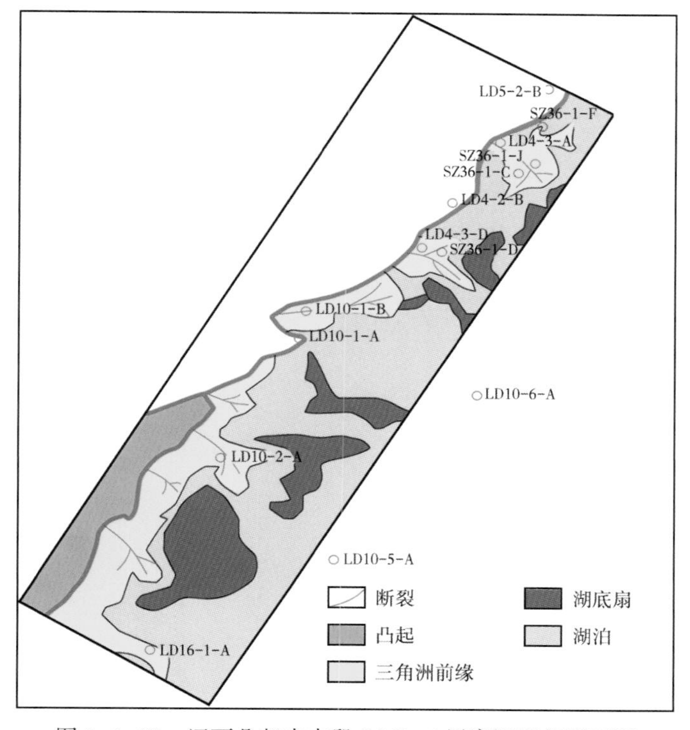

图 1-1-30 辽西凸起中南段 SQd3-1 层序沉积相平面图

4）SQd2-4 层序沉积相平面特征

研究区内 SQd2-4 层序发育的沉积相类型主要有湖泊、湖泊滩坝、湖底扇和辫状河三角洲。研究区湖泊沉积体系分布非常广泛，湖泊滩坝沿断裂呈条带状分布，主要分布在研究区中北部断裂附近，位于 LD10-1-A 井以南、LD10-1-B 井—LD4-3-A 井区域、SZ36-1-C 井—SZ36-1-F 井以北区域。在有碎屑物质注入的区域发育三角洲前缘相，主要分布在辽西凸起南部 LD10-2-A 井以南区域，靠近断裂位置，物源主要为西部的凸起。湖底扇较为发育，主要发育在半深湖区，以辫状河三角洲前缘垮塌形成的湖底扇为主，位于 LD10-2-A 井南侧和 LD10-6-A 井东侧区域，其分布范围受辫状河三角洲前缘相的约束（图 1-1-31）。

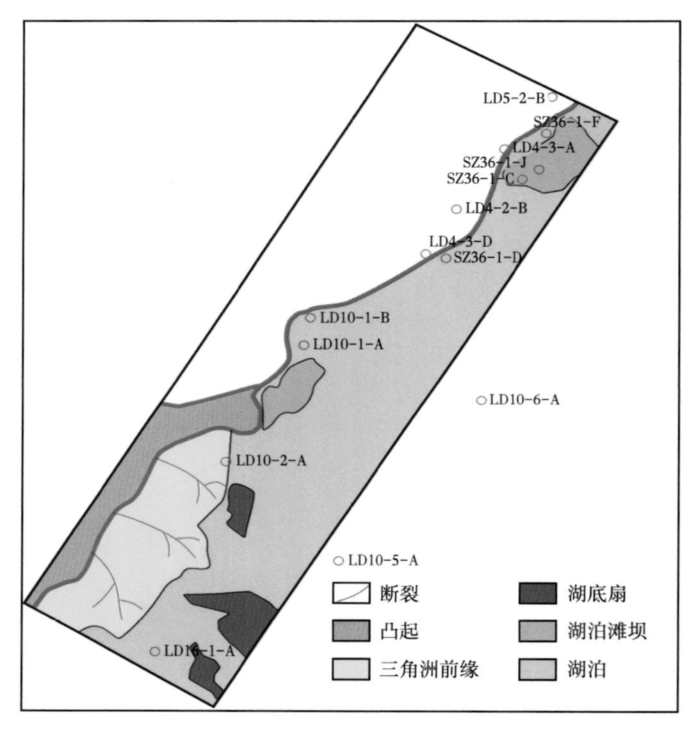

图 1-1-31 辽西凸起中南段 SQd2-4 层序沉积相平面图

5）SQd2-3 层序沉积相平面特征

研究区内 SQd2-3 层序继承了 SQd2-4 层序的沉积特点，发育的沉积相类型主要有湖泊、湖泊滩坝、湖底扇和辫状河三角洲。研究区湖泊沉积体系分布非常广泛，湖泊滩坝沿断裂呈条带状分布，主要分布在辽西凸起北部断裂附近，位于 LD10-1-B 井以北至 SZ36-1-F 井以北区域。在有碎屑物质注入的区域发育三角洲沉积体系，三角洲平原相主要分布在研究区南部断裂附近，位于 LD10-2-A 井西南区域，三角洲前缘相范围较 SQd2-4 沉积期扩大，主要分布在辽西凸起中南部，靠近断裂位置，分布范围从 LD16-1-A 井以南到 LD10-1-B 井以北，物源主要为西部凸起。湖底扇较为发育，主要发育在半深湖区，以辫状河三角洲前缘垮塌形成的湖底扇为主，主要位于 LD10-2-A 井东部和东北部区域，其分布范围受辫状河三角洲前缘相的约束（图 1-1-32）。

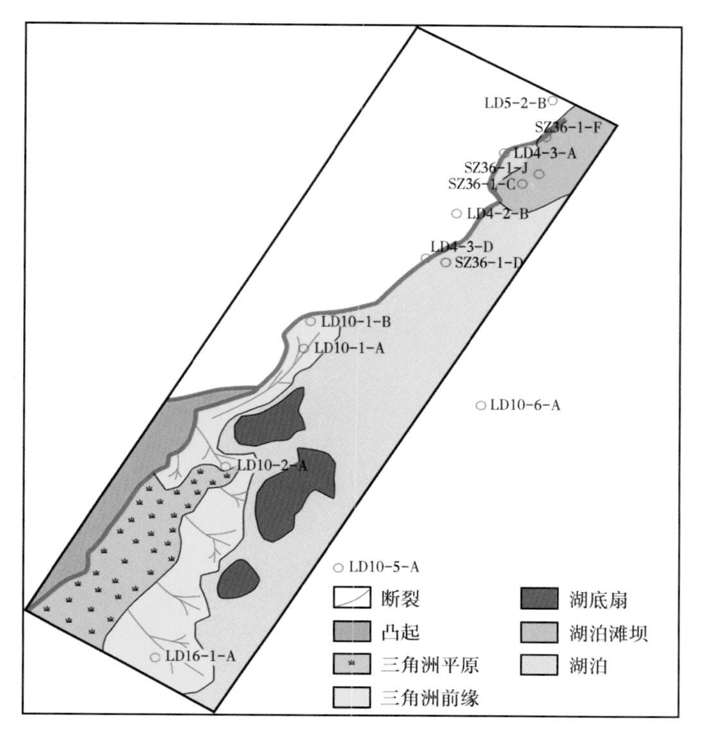

图 1-1-32 辽西凸起中南段 SQd2-3 层序沉积相平面图

6）SQd2-2 层序沉积相平面特征

研究区内 SQd2-2 层序继承了 SQd2-3 层序的沉积特点，发育的沉积相类型主要有湖泊、湖泊滩坝、湖底扇、坡脚扇和辫状河三角洲。湖泊沉积体系分布广泛，湖泊滩坝主要分布在研究区北部，从 SZ36-1-C 井到 SZ36-1-F 井以北区域，在 SZ36-1-D 井区域亦有小范围分布，坡脚扇分布范围较小，主要分布辽西凸起北部 SZ36-1-J 井东南部区域。在有碎屑物质注入的区域发育三角洲沉积体系，三角洲平原相、三角洲前缘相沉积范围较 SQd2-3 层序继续扩大，三角洲平原相主要分布在研究区南部凸起附近，范围从 LD16-1-A 井以南到 LD10-2-A 井以北，三角洲前缘相主要分布在研究区中南部，范围从 LD16-1-A 井以南到 LD10-1-B 井以北，物源主要来自西部凸起，在 LD10-2-A 井东北区域共发育两期三角洲。湖底扇较为发育，主要发育在半深湖区，以辫状河三角洲前缘垮塌形成的湖底扇为主，主要分布在研究区中部区域，位于 LD10-2-A 井和 LD10-1-B 井之间东部（图 1-1-33）。

7）SQd2-1 层序沉积相平面特征

研究区内 SQd2-1 层序发育的沉积相类型主要有湖泊和辫状河三角洲。研究区湖泊沉积体系分布广泛，从 LD10-2-A 井东部到 SZ36-1-F 井以北区域均发育。在有碎屑物质注入的区域发育三角洲沉积体系，三角洲前缘相主要分布在研究区中南部靠近断裂区域，主要发育在旅大 16-1 和 旅大 10-2 区块以东区域，该区域南北向展布，物源来自西部凸起。旅大 10-1 区块部位共发育四期三角洲，西南东北向展布，物源来自西南方向的凸起（图 1-1-34）。

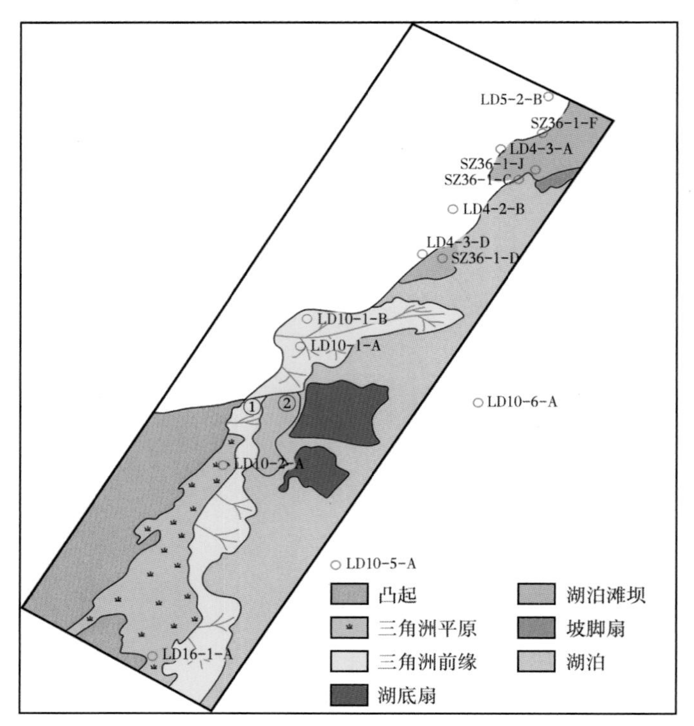

图 1-1-33　辽西凸起中南段 SQd2-2 层序沉积相平面图

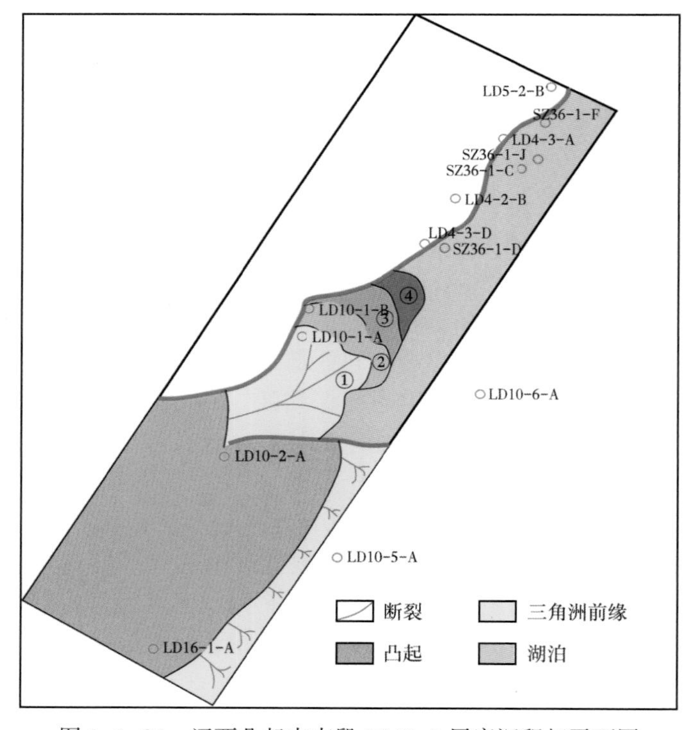

图 1-1-34　辽西凸起中南段 SQd2-1 层序沉积相平面图

第二节　走滑—伸展复合区岩性—地层圈闭勘探研究现状

走滑—伸展复合区岩性地层圈闭勘探国外始于20世纪30年代、国内始于20世纪80年代，国内外学者综合运用层序地层学和地震相关技术建立了岩性地层油气藏系统研究的地质理论与岩性地层圈闭刻画的技术方法。近年来，渤海油田也探索和总结了一系列具有渤海特色的岩性地层油气藏勘探理论与技术，助推了渤海岩性地层新领域的勘探，虽然获得了一定的储量发现，但由于地质条件复杂、海域资料局限和技术方法不完善，仍然面临着岩性地层圈闭发育模式及分布规律认识、岩性地层圈闭要素精细刻画、岩性地层圈闭优质储层预测等关键技术难点。

一、岩性—地层圈闭国外研究及勘探现状

国外岩性地层圈闭勘探开始于20世纪30—40年代。1930年美国地质家C. M乔纳得在得克萨斯州东部发现的大型地层圈闭油藏——东得克萨斯油田是当时美国最大的油田。国外石油地质学家开始关注非构造圈闭，Clappl、Wilsonl、Levorson、Sanders和Wilhelml等人在其圈闭分类中均注意到了构造圈闭之外的岩性—地层油气圈闭。20世纪50—60年代，美国岩性地层油气藏勘探达到了高峰，中陆（Midland）盆地内有关岩性地层圈闭占盆地圈闭总数的81%。Levorson（1966）综合前人的工作，总结了一个影响至今的分类方案。在这个分类方案中，Levorson将圈闭分为构造圈闭和非构造圈闭，包括构造圈闭、岩性地层圈闭、水动力圈闭和复合圈闭。20世纪70—80年代，美国到1976年为止发现的2709个油气圈闭的统计表明，岩性地层圈闭占总数的40.05%，美国北部地区俄克拉荷马州近100年的勘探，共发现各类油气藏3379个，其中岩性地层圈闭油气藏2104个，占62%；苏联第聂伯—普里皮亚特与喀尔巴阡含油气区内岩性地层油气藏已分别达到含油气区内油气藏总数的38.5%及39.3%。20世纪90年代以来，国外、特别是北美地区在深海区的岩性地层圈闭勘探取得重大突破，在北海、墨西哥湾及东非等地的深水区发现了储量可观的浊积岩体岩性地层油气藏，如墨西哥湾的Mars（750×10^6bbl）以及Marlin/Albacora（70×10^8bbl）油气田等。国外多年的勘探实践证明，岩性地层油气藏拥有的储量与构造油气藏大体相当，其储量最终可以占一个盆地总探明储量的40%~65%，而且可以形成大型或超大型油气田。

国外学者综合运用层序地层学相关技术和地震相关技术建立了有效的岩性地层油气藏识别模式和方法。从Vail提出层序发育主控因素是海平面升降，强调层序界面是不整合面或与不整合面相应的整合面以来，海相碎屑岩层序地层学研究取得了长足的发展。在理论上形成了Vail层序地层学（Vail等，1977）、Galloway成因层序地层学（Galloway，1989）和Cross高分辨率层序地层学（Cross等，1992）三大主流派系，建立了对岩性地层油气藏系统研究的地质理论与方法。国外学者及石油公司应用层序地层理论与分析技术，在美国中西部的Uinta盆地、San June盆地，挪威，哥伦比亚等国的含油气盆地勘探与开发中进行系统的应用研究，均获得了成功。特别是在南非的Pletoms盆地、Bredasdrop盆地岩性地层油气藏勘探中准确预测了盆底扇、下切水道充填等砂体，并取得了良好的效益。在多种地震勘探技术的配套使用下，对岩性地层储层圈闭的刻画逐渐精细，借助地震属性相干

制图技术在碳酸盐岩沉积环境中定位了断层、指导水平井钻井过程中与裂缝相交以提高产量。通过地震属性相干和谱分解可对礁缘，包括尖顶礁的边界、低地势、孤立礁的叠加和陆架边缘的叠加进行解释（Skirius 等，1999）；提取物理属性（道包络、带宽、子波包络、子波带宽、AVO 斜率、阻抗）、几何属性（相似性、最大相似性倾角）和组合物属性（页岩指标）等地震叠后属性，利用三组不同的叠后地震属性，采用无监督人工神经网络对南路易斯安那州 Lafourche Parish 地区的三维地震数据体进行分类，清楚地显示了曲折的河道砂（Strecker 等，2002）；三维可视化传统的瞬时频率属性体和谱分解振幅体（特定频率的振幅），突出所需的异常，绘制了 Mahuva 油层的范围，识别出具有窄线性几何形状的薄砂岩（Harilal，2006）；基于岩石物理分析，同时应用 AVA 和弹性波反演预测了块状页岩中含砂和含气饱和度，从无特征的地震立方体中提取气砂，建立一个不断演化的三维预测模型（Luca 等，2014）；针对数据可以采用不同的形式（岩性、地震、叠后和叠前属性），并且具有不同的分辨率的问题，开发了一种新的基于神经网络的方法——DNNA，基于岩性和地震数据进行相反演，采用概率方法，预测岩性分布，有效减少储层勘探的不确定性（Hami-Eddine 等，2015）。

二、岩性地层圈闭国内研究及勘探现状

我国从 20 世纪 80 年代开始，勘探整体上已进入以地层岩性圈闭为主的油气勘探阶段。1984 年松辽盆地南部首次发现乾安油田高台子油层砂岩上倾尖灭油藏，后续又发现了大安构造北葡萄花、高台子油层的构造—岩性油气藏，大安构造与红岗构造之间向斜区扶余油层的岩性油藏。20 世纪 90 年代，济阳坳陷累计探明岩性地层油气藏地质储量 6.3×10^8t，占总储量的 63.4%。鄂尔多斯盆地通过大面积低渗透油藏勘探配套技术研究，先后发现了安塞、靖安等亿吨级的岩性地层油气藏。进入 21 世纪，在准噶尔盆地发现了亿吨级的石南 21 井区岩性地层油气藏，并在盆 5 井区、沙 19 井区和彩 43 井区获得了五千万吨到一亿吨级的岩性地层油气藏。

我国学者阐述了岩性地层圈闭的隐蔽性以及形成的地质背景和分布规律，并将岩性地层圈闭为主的区别于构造圈闭的统称为非构造圈闭，包括岩性圈闭、地层圈闭、复合圈闭、水动力圈闭（胡见义等，1986）。贾承造等（2004）对中国陆上岩性地层油气藏形成与分布特征进行了分析，从古气候砂体类型和聚油背景等宏观控制因素，分析了不同盆地类型岩性地层油气藏形成与分布规律。随着我国陆相石油地质理论的不断发展完善和油气勘探技术的进步，陆上油气勘探无论是在东部高成熟探区还是在中西部低程度勘探区，近年来在岩性地层油气藏勘探上都取得了重要突破和进展。鄂尔多斯盆地已发现的油气储量 95%以上为岩性地层油气藏（刘震等，2007）；准噶尔盆地 70%～80%的探明石油储量发现于地层岩性圈闭中；地层岩性圈闭中探明储量在济阳坳陷中占 30%以上，辽河坳陷达到 50%～60%，冀中坳陷在 60%以上，松辽盆地约 30%以上（李丕龙等，2004）。

在层序地层理论的指导下，目前国内岩性地层油气藏研究主要应用了层序地层学相关技术和地震相关技术（贾承造等，2004），即在高分辨率层序地层学的基础上，首先进行精细沉积体系划分，构建三维等时地层格架，然后识别井间地层非均质性的岩性空间分布变化特征，结合断裂伸展、走滑活动对沉积体系的控制作用研究，对沉积体系进行模式建立和岩性地层圈闭分布预测。综合地质、测井和钻井资料，配套以地球物理勘探方法，主

要包括地震高分辨率处理技术、地震反演技术、地震属性分析技术、地震相干技术、测井约束技术、时频分析技术、子波分解和重构技术、谱分解技术、神经网络预测技术和三维可视化技术等，对岩性地层圈闭要素和内部储层进行精细刻画和预测。国内对岩性油气藏的研究成果主要侧重对三角洲砂体、浊积体、冲积扇体岩性油气藏的研究。

近年来，国内学者在实际工区进行了一系列技术探索：借助第三代相干体算法和级联属性对河流相油气藏进行了精细解释；借助三维可视化综合解释研究技术，在三相互动分析、层间砂体相关地震属性优选、振幅属性自动追踪及三维可视化河道立体解释等主要技术的指导下，对大港油区港西油田周边地区浅层河流相薄互层砂岩进行解释（王娟等，2005）；应用谱分解技术对奥陶系海相碳酸盐岩地层进行缝洞储集体识别（蔡瑞等，2005）；应用测井约束地震反演技术和小波多尺度边缘检测技术在济阳坳陷滚动勘探中的火成岩地层中提取裂缝信息，形成了一套火成岩识别和裂缝检测技术（何瑞武等，2005）；应用 DPNN 神经网络技术，通过选取实际资料的 22 种属性作为网络的输入向量，进行分类识别，得到了含油气概率分布图，为预测有利油气圈闭及油水分布规律提供依据（徐旺林等，2005）；在沉积微相和层序地层等地质研究的基础上，利用小时窗地震属性提取技术，快速直观识别出吐哈盆地胜北洼陷和江汉盆地潜江凹陷区域的岩性圈闭（杨占龙等，2007）；利用地震属性分析技术和分频检测技术对车排子地区沙湾组储层进行了预测，清晰地勾画出了砂体边界（汪彩云，2009）；应用叠前地震反演、地震 AVO 正演及属性分析等技术对江苏油田高邮凹陷的砂体储层区进行了储层厚度预测等定量描述（梁兵，2013）；针对有效储层相对较薄，气水关系较复杂，低渗、低压、低丰度的鄂尔多斯盆地苏里格气田，应用多波联合叠前同时反演、多波 AVO 分析、岩石弹性参数交会等技术，降低了单一纵波储层预测的多解性（王大兴等，2015）；利用地震波形指示反演技术在准噶尔盆地 B 地区薄层砂岩气藏中进行储层预测（顾雯等，2016）；通过高密度地震采集获得高精度地震数据体，并对采集的高密度地震资料进行了针对性高分辨率处理，提高了成果资料的地震分辨率，使得砂体接触关系更加清晰可靠（马光克等，2018）；提出了基于地质目标的地震资料处理解释一体化方案，对岩性油气藏储层做出更精细的判断（张明等，2021）。这些工作较系统地反映了我国在有关岩性油气藏的成藏特征、分布规律、预测方法和技术等方向所取得的创造性进展。

三、渤海油田岩性地层圈闭研究及勘探现状

渤海海域岩性地层油气藏勘探起步于 20 世纪 80 年代，钻探了 JZ25-2-1 井，没有油气发现。20 世纪 90 年代，借鉴海相层序地层模式进行了隐蔽油气藏勘探，共钻探井 5 口，仅 JZ31-1-1 井、LD28-1-1 井获得成功。2000 年至 2008 年，共钻探井 9 口，仅 CFD22-2-1 井、JZ31-6-1 井、BZ26-3-6 井、QHD35-2-2 井这四口井获得了油气发现，勘探成功率为 44%。2008 年之后，借助“十一五”国家重大专项“近海隐蔽油气藏勘探技术”的开展，渤海海域岩性地层油气藏勘探成功率得到了明显提高，典型油气发现有渤中 29-5 构造—岩性油藏、锦州 20-2 北构造—岩性油气藏、秦皇岛 29-2 构造—地层油气藏、秦皇岛 29-2 东构造—地层油气藏，勘探成功率提高到了 67%。近年来又陆续发现了旅大 29-1、旅大 25-1、旅大 10-6 等岩性地层油气藏，展现了渤海油田岩性地层油气藏勘探的巨大潜力。

同时渤海油田也探索和总结了一系列具有渤海特色的岩性地层油气藏勘探理论与技术。主要应用层序地层、物源体系及古地貌等综合分析的方法，构建高精度等时层序地层格架，分析了层序、构造活动对沉积控制作用，不同体系域沉积体系发育特点及有利岩性地层圈闭展布规律。首次尝试将从源到汇的研究思路应用到断陷湖盆沉积体系研究中来，提出将沉积物从剥蚀到搬运、堆积的整个沉积动力学过程看成一个完整的源—汇系统来探讨砂岩的富集机理。特别是走滑转换带对岩性地层圈闭的控制作用研究，处于国内领先的地位（徐长贵等，2013）。建立了以地质模式为指导的地质—地震一体化储层预测技术、精细层序格架约束下的地层岩性圈闭识别及刻画技术和复杂岩性储层岩性识别技术等三项关键技术的技术序列，利用相位分析技术和地震反射夹角外推法定性识别和半定量刻画地层超覆点，利用物源差异和古沟谷分析、地震反射特征差异分析、地震多属性联合的方法识别及刻画岩性尖灭线（王德英等，2015）。建立了走向斜坡地层型、近岸陡坡厚扇型和三角洲上倾尖灭型三种古近系陡坡带盆缘断裂转换带隐蔽油气藏差异成藏模式（周心怀等，2016），配套以构造—沉积模拟下精细古地貌恢复技术，综合利用相位分析、地震正演模拟、地震多属性分析等技术，进行地层超覆线的识别及刻画，提出了地震瞬时谱分析技术，以薄层调谐理论为依据，对地震数据进行 S 变换瞬时谱分析，结合剖面特征和瞬时谱的优势频带范围，对三角洲砂体的尖灭线位置进行有效刻画。应用同时反演得到叠前地震属性，在“分步逼近法”优选属性的基础上，利用概率神经网络算法建立储层物性参数与敏感地震属性组合之间的非线性关系，多属性联合神经网络算法反演，实现了储层物性参数的直接反演，对目的层段油气检测，预测出含油气潜力砂体（贾海良等，2018）。目前渤海油田进入岩性地层油气藏勘探的高峰的初始阶段，配套以相应的地质理论和技术方法，未来将进入岩性地层油气藏勘探的高峰阶段。

整体上来说，国内外学者针对岩性地层油气藏勘探的思路和理念比较一致。在勘探思路上实现由构造带向侵蚀带、坡折带、超覆带转变，由正向构造带向负向构造带转变，由构造带的高部位向构造带的翼部位转变，由环洼部位向洼槽部位转变。在勘探理念上，主要考虑构造单元、层系、区带、断裂活动、沉积相带、沉积体系、储层类型这几个因素。实际生产中要综合各种资料，通过多种技术方法和手段来识别和预测，各种方法之间相互补充验证以保证最终结果的准确性，仅用单一方法来识别和预测岩性地层油气藏是远远不够的。岩性地层圈闭不仅是目前高勘探成熟区的主要勘探对象，也是新探区内极具潜力的勘探目标。近年来，高精度层序地层学理论的不断发展，物探技术的日新月异，已成为寻找岩性地层油气藏的主要途径和权威性工具，并在国内外油气勘探中取得了巨大成功，成为促进油气勘探、突破新领域、寻找新目标，确保油田持续稳定发展的重要途径。在岩性地层油气藏日益成为主要勘探对象的今天，利用成熟的理论和方法，开展以隐蔽油气藏为主要目标的研究工作具有长远和现实意义。

四、渤海油田岩性地层圈闭研究关键技术难点

在渤海海域岩性地层油气藏勘探虽然获得了一定的储量发现，但相对于陆上，由于地质条件复杂、勘探资料局限和技术方法缺乏，仍然面临很大的挑战。目前渤海油田岩性地层圈闭勘探程度仍然较低。主要表现在：（1）海域内钻井少，陆上油田基于钻井的岩性地层油气藏勘探经验、技术不可直接借鉴，更多的是在地质模式指导下，依靠多种地球物理

技术的融合开展研究工作；（2）中深层地震资料品质较差，信噪比较低，使得中深层优质砂体的预测、地层尖灭点和岩性边界的识别刻画缺乏成熟技术系列；（3）海域特有的高成本特点，导致勘探开发经济门槛高，只有规模型岩性地层油气藏发现才有经济效益。面对上述挑战，加强岩性地层油气藏成藏规律认识，建立规模型岩性地层油气藏识别与预测技术，才能满足岩性地层油气藏勘探的需要。目前亟待解决的技术难点有以下三个方面：

（1）走滑—伸展复合区古近系岩性地层圈闭发育模式及分布规律不清。渤海走滑—伸展复合区物源体系发育，沉积体系类型多样，受大物源、局部物源、断裂活动的影响，砂体发育的沉积体系较为复杂，相、亚相、微相变化快，储层分布层系难以预测，岩性地层圈闭的发育模式和分布规律不清，制约了勘探方向的优选。目前高分辨率层序地层研究相关技术方法对于古近系岩性地层圈闭分布规律研究有较好的指导作用，相应的关键技术创新及应用是主要难点。岩性地层油气藏已成为渤海油田未来重要的勘探对象，但对其发育规律的认识还有待总结和提高。

（2）地层岩性圈闭识别刻画难度大。地层超覆线和岩性尖灭线是落实岩性地层圈闭的核心问题。陆上油田因钻井数量多、井震标定程度高，能够比较准确地落实地层超覆线和岩性尖灭线。但在渤海油田，因勘探程度低、钻井数量少、中深层地震资料品质较差，并且相应的岩性地层圈闭识别技术方法少或者不够深入，导致该地区准确识别刻画地层岩性圈闭面临很大的挑战。例如，地震上正演反射同相轴尖灭点与储层尖灭点存在明显的差异，说明地震同相轴尖灭点与实际地层的超覆点或岩性尖灭点不一致，不能简单地根据砂组顶面反射同相轴的减弱或消失来准确判断地层超覆线、岩性尖灭线的位置。因此，需要在地震资料品质提高、叠前/叠后高分辨率处理、岩性地层圈闭要素识别等方面加强技术研发，探索建立起一套少井条件下以地质模式为指导的多种地球物理技术融合的识别描述地层岩性圈闭技术序列。

（3）古近系岩性地层圈闭优质储层识别难度大。中深层古近系的地震分辨率和信噪比低，缺乏钻井储层与地震的精细标定，在一定程度上也增加了地震相地质解释的多解性和沉积储层预测的难度，限制了沉积储层的精细刻画。同时，复杂岩性发育给测井和地震识别岩性带来挑战。因此，需要研究建立起一套复杂岩性储层解释技术来准确识别岩性，为古近系岩性地层圈闭内优质储层预测提供支持。

第三节　本章小节

本章节着重介绍了渤海海域走滑—伸展复合区地质概况，并对国内外岩性地层圈闭地震勘探现状及存在的技术难点进行了梳理和总结。将渤海湾盆地新生代伸展和走滑应力的叠加构造区域定义为走滑—伸展复合区。明确了新生代渤海湾盆地是受北北西—南南东向伸展作用和北东—南西向走滑作用的复合效应而形成的典型的“走滑—伸展”复合盆地。通过郯庐断裂辽东湾段走滑—伸展复合区断裂特征分析及对岩性地层圈闭形成的控制作用研究，明确了辽东湾坳陷走滑—伸展复合区的构造演化、沉积演化特征。在四级层序格架内开展高精度层序地层分析和岩相古地理研究，为辽东湾古近系岩性地层圈闭发育模式及分布规律研究奠定了基础。

在地震地质一体化研究思路下，结合地震资料保幅保真、高分辨率目标处理，通过区域地质综合分析，特别是对物源、坡折体系、古地貌精细研究，明确地层超覆带及岩性地层圈闭发育区带；开展主控因素约束下的主线式精细层序分析，建立高频等时地层格架，分析砂泥岩地震响应特征，综合利用相位分析、地震正演模拟、地震多属性分析、地震瞬时谱分析，极限高频谱分解等技术，以薄层调谐理论为依据，进行地层超覆线和岩性尖灭线的识别及刻画，落实古近系岩性地层圈闭。同时进一步深化反射系数反演、叠前迭代谱反演、相控地质统计学反演等技术，构建新型岩性识别因子，对其优质储层进行精细预测，并在辽东湾探区多个目标进行应用，取得了较好的勘探成效。

第二章　走滑—伸展复合区岩性地层圈闭地震响应模拟分析

近年来，渤海油田古近系的岩性地层勘探取得了一定的进展，但仍面临着很大的困难和挑战，如圈闭形态的精确描述、深部储层及其物性预测、岩性圈闭成藏机理、岩性圈闭的储量计算、深部地震资料的成像等。因此，随着渤海岩性圈闭勘探的逐步深入，需要不断地完善岩性勘探的理论和方法。而实际工区地震响应模拟与分析能帮助地球物理工作者测试新的算法和处理技术，进行更深入的研究和认识，解决目前地震勘探与开发中的新难题（郭涛等，2011）。

地震响应模拟是利用已有资料（测井、钻井等资料）建立地下地质模型，根据地震波在地下介质中的传播原理，通过一定的数学（如射线追踪或波动方程等）或物理方法，模拟所建立地质模型的地震记录。地震响应模拟在地震勘探和油藏地球物理中已被广泛应用，在实际生产和方法研究中都发挥了巨大作用。

在本章，针对渤海走滑—伸展复合区岩性地层圈闭勘探所面临的地震和地质问题，以渤海辽西凸起古近系岩性地层圈闭为研究背景，设计了相应的地震模拟比例和地质形态模型，分别进行二维模型地震数值模拟和三维模型地震物理模型制作与模拟，并对模型资料进行分析，为研究区地质地震问题分析、地震资料处理与解释提供支持。

第一节　岩性地层圈闭地震响应数值模拟与分析

由于储层的岩性在横向上发生变化或地层层序产生沉积中断被非渗透性岩层所封闭而形成的闭合油气低势区称为地层圈闭，在其中聚集了烃类之后则称为地层油气藏。地层圈闭的形成是由沉积条件的改变，储层岩性岩相的变化，或储层上、下不整合接触等因素导致的结果。这种变化可以是突变的，也可以是渐变的；可以是局限的，也可以是区域的。与构造因素有一定的联系，但是，控制地层圈闭形成的决定性因素仍然是沉积条件的改变。地层圈闭根据形成机理的不同可进一步分为岩性圈闭、不整合圈闭和礁型圈闭。

储层的岩性在横向上发生变化，四周或上倾方向为非渗透性岩层遮挡而形成的圈闭称为岩性圈闭，聚集油气之后形成岩性油气藏。岩性油气藏的基本特征是：储层的连续性差、多以碎屑岩为主、一般规模较小、多属自生自储原生油气藏，根据岩性油气藏的形成机理可将岩性油气藏分为两种类型（杨丽，2011）。储层的岩性变化是在沉积过程中形成的称为沉积圈闭，它包括透镜型岩性圈闭和上倾尖灭型岩性圈闭。若是储层岩性变化是在成岩后生过程中形成的，则称为成岩圈闭，它包括储层部分变为非渗透遮挡和非储层部分变为渗透性储集体而形成的圈闭。而不同岩性地层圈闭的地震响应通常可以通过数值模拟的方法来进行分析研究，这对岩性地层圈闭的综合解释具有重要意义（刘化清等，2021）。

一、地震相与地震相分析

（一）沉积体系

沉积体系指一个统一水流控制下形成的、物源基本相同、搬运距离和沉积过程不同的一组沉积体，它们的几何形态、内部结构和规模各有差异（黄馨瑶等，2016）。沉积体系是划分沉积相的骨架，应根据一些已知的沉积体系规律和本区的沉积特征，建立盆地的沉积模式，进而确定沉积相。河流—三角洲—沿岸沙坝体系、陆隆—海底扇体系、海底峡谷—浊积岩体系都属于海洋沉积体系，尤其是第一种类型，已发现了许多砂岩油藏。在碳酸盐岩中，构成油气藏的主要是礁和滩，它们一般位于陆棚的边缘。当前，可以根据地震地层参数，推测该沉积体系的类型和沉积相带的分布。

（二）地震相

在一定的沉积环境里形成一定的沉积物，沉积物的特征也反映了沉积环境的变化，地质上把沉积物特征的总和成为沉积相（薛良清，2002）。把沉积物在地震反射剖面上所反映的主要特征的总和叫作地震相。岩相的变化会引起反射波的一些物理参数的改变。因此，地震相可以一定程度地表现岩相的特征，从而把同一地震层序中，具有相似地震地层参数的单元，划为同一地震相。地震相单元和地质相的单元可以一致，也可以不同，其原因是：

（1）地震记录受到分辨率的限制，往往不能像地质上那样分辨出过细的变化特征。

（2）地质上相的变化因素，有些在地震上并不能反映出来，如岩石的颜色、所含的化石等。

（3）地震资料还会受到采集、处理和物理等非地质因素的影响，因此用于做地震相分析的地震剖面，还应做到信噪比高、分辨率高和保真度高。

二、地震相分析

地质上划分沉积相是根据沉积的物理、生物和化学等特征，地震上划分相主要是根据地震反射的参数。地震相分析是利用地震参数结合钻井、地面露头资料，进行地质综合解释，由测线到平面分析地震地层参数的变化，把同一地震层序中具有相似参数的地层单元连接起来，做出地震相的平面分布图，然后对它进行解释，并转化成沉积相，从而发现有意义的含油气沉积相带。为了减少人为因素，要全面利用地震参数和进行区域测网综合对比，对相交测线进行闭合检查。从常规的地震资料中，可以找到一些地震反射参数，人们称之为地震地层参数。在地震相分析中，最常用的地震相参数包括内部反射结构、外部几何形态、反射连续性、反射振幅、反射频率等（表 2-1-1）。

表 2-1-1　地震相参数与对应的地质解释

地震相参数	地质解释
内部反射结构	总的岩层模式、物源方向沉积过程、侵蚀作用、古地理及流体界面
外部几何形态	总的沉积过程、物源方向、地质背景
反射连续性	地层连续性、沉积过程
反射振幅	地层岩性、地层厚度、地层结构、流体成分
反射频率	地层厚度、流体成分

（一）内部反射结构

把地震剖面上层序内反射波之间的延伸情况和相互关系称为内部反射结构，它是鉴别沉积环境的最重要的地震参数。内部反射结构包括平行和亚平行反射结构、发散反射结构、前积反射结构、杂乱状反射结构及无反射（空白）结构。

（1）平行和亚平行反射结构：指反射层呈水平延伸或微微倾斜，又可分平坦和波状的，多见于席状、席状披盖和充填单元中。可据振幅、连续性或周期宽度，对这种简单的反射结构进一步划分。这种类型一般代表陆棚或平原地区的均速沉积作用。

（2）发散反射结构：往往出现在楔形单元中，相邻两个反射层的间距向同一方向逐渐倾斜，它反映在下陷中的不均衡沉积。大多数横向加厚是由于频变造成，少数则是由于加厚带侧向非系统性终止造成的。某些终止现象可能是由于地层逐渐减薄到低于分辨率而造成的。发散的地质意义是沉积速度的横向变化和古沉积表面的倾斜。

（3）前积反射结构：携带沉积物水流将沉积物依次向前堆积形成的一种反射结构。它反映了某种携带沉积物的水流，在向前推进过程中由前积作用产生的反射结构。一般可分为顶积层、前积层和底积层。前积层上部反射振幅很强，往往由砂岩组成，其每个反射都随着振幅的改变延伸到中间部分。在前积单元的下部，反射振幅较强，呈水平状态或微微下倾。每个反射都代表一个地质年代，并指示了前积的古地形。根据前积结构的内部形态又分为S形、斜交、S—斜交复合型，此外还有叠瓦形和乱岗状斜坡。S形结构代表陆块相或浊积相，叠瓦状界都代表薄的浅水沉积，乱岗状是由不规则、不连续、亚平行，无系统的反射终止和分裂。前三角洲、三角洲间，干旱扇中形成的指状交互的分散朵叶地层。

（4）杂乱状反射结构：不连续、不规则的反射结构，如滑塌岩块、河道切割与充填体、大断裂和地层褶皱等。

（5）无反射（空白）结构：反映了沉积的连续性，如厚度较大、快速和均匀的泥岩沉积，或均质的、无层理、非层状、高度扭曲的砂岩、泥岩、岩盐、礁和火成岩体等；或者倾角很陡的地质单位的反射，例如大型火成岩体、盐体、厚的地震上可认为均质的页岩或砂岩的反射。

（二）外部几何形态

外部几何形态指地震相单元的外形，它对了解单元的生成环境、沉积物源、地质背景及成因有着重要意义。地震相的外部几何形态可提供水流的方向、水动力条件、物源和古地理背景等。外部几何形态可分为以下几种类型。

（1）席状：一般出现在均匀、稳定、广泛的前三角洲、陆坡、半远洋和远洋沉积。

（2）席状披盖：是均一的、低能量的、与水底起伏无关的深海沉积作用造成的，一般沉积规模不大，往往出现在礁、盐丘、泥岩穿制、生长断块或其他古地貌单元之上。

（3）楔形：往往由超覆在海岸、海底峡谷侧壁、大陆斜坡侧壁的三角洲、浊积层、海底扇形成。

（4）滩状：一般出现在陆棚边角或地台边缘。

（5）透镜状：多为古河床沿岸砂体，在沉积斜坡上也可以见到。

（6）丘形：绝大多数丘形不是在碎屑或火山沉积过程中形成的，就是在有机物生长过程中形成的。

（7）充填型：主要充填在下伏地层的低凹部位，下切或者沿着充填基地的表面削蚀。

从各类岩性地层油气藏的地震成像特点、内部反射结构和外部几何形态、振幅、频率等地震相特点入手，从方便地震识别和研究的角度，将岩性地层油气藏划分为6种类型：（1）河道类型岩性地层油气藏；（2）（扇）三角洲类岩性地层油气藏；（3）湖底扇类岩性地层油气藏；（4）潜山类岩性油气藏；（5）碳酸盐岩岩溶、礁滩类岩性油气藏；（6）火山岩类岩性油气藏。它们的地震相特点见表2-1-2。

表2-1-2 油气藏储层分类及地震相特征

类型		外部几何形态	内部反射结构
河道类		顶平下凹充填型，透镜状	平行
（扇）三角洲类	河流三角洲	席状	斜交前积
	缓坡三角洲	小角度楔状	叠瓦状前积
	扇三角洲	大角度楔状	S形前积，发散结构
水下扇类	近岸水下扇	楔状，丘状	发散前积
	湖底扇	席状，丘状，透镜状，前积式充填	亚平行，发散
潜山类		丘状，垒状，斜坡状	无反射，杂乱
碳酸盐岩岩溶、礁滩类	风化壳	凹凸不平，扭曲	杂乱，不连续
	生物礁	底平上凹的丘状，塔状，柱状	无反射，杂乱状
	溶洞	“羊肉串”状	平行、亚平行强振幅短反射
火山岩型	爆发相	上部丘状	杂乱，破碎不连续
	喷溢相	楔状	杂乱，亚平行

（三）反射连续性

连续性直接与地层本身的连续性有关，连续性越好，沉积环境的能量越低，沉积条件就越稳定。按同相轴连续排列的长短为好、中、差三类：（1）连续性好，同相轴连续性长度大于一个叠加段；（2）连续性中等，同相轴连续长度接近1/2叠加段；（3）连续性差，同相轴连续性长度小于1/3叠加段。

（四）反射振幅

振幅直接与波阻抗差有关，因此振幅会随波阻抗差的大小而变化。根据振幅的大小可分为强、中、弱3级。振幅的快速变化说明两组地层之中的一组与另一组地层的性质发生了变化，它们往往发生在高能沉积环境中。相反，振幅在大面积内是稳定的，说明地层和上覆、下伏地层岩性之间连续性良好，往往产生在低能沉积环境中。

（五）波形（同相轴的形状）

按同相轴排列组合的形状分杂乱、波状、平行及复合波形：（1）杂乱波形，同相轴短而无规律；（2）波状波形，同相轴排列呈波状；（3）平行波形，相邻同相轴排列接近平行；（4）复合形波形，上部波状，下部平行。波形形状稳定或变化缓慢，说明地层稳定，往往产生在低能沉积环境之中；如果波形快速变化，说明地层变化迅速，往往产生在高能沉积环境中，如河道沉积，夹带“沙坝”和裂隙的三角洲平原沉积及接近于浊流和浊流中间的沉积都可以见到这种情况。

（六）频率

按相位排列稀疏程度分高、中、低 3 级。频率横向变化速度快说明岩性变化大，属高能沉积环境；频率变化不大，属低能沉积环境。

关于频率、振幅、连续性等各参数的分类等级，各地区可以根据本区特点确定其分类标准。根据以上几种主要标志给所研究的地震相单元命名，命名时为了避免繁杂冗长的弊病，一般采用突出主要特征的复合命名法，如强振幅连续反射相、斜层推进相、强振幅丘状地震相等。

上述几何和物理两类参数在划分地震相中的作用，在各地区可以是不同的：一般在斜坡和陆棚边缘地区，几何参数起主要作用；在平坦部位，物理参数起主要作用。通常应先分析地震相的几何参数，识别各地震相所处的不同沉积环境，弄清各时期沉积物的来源方向。在这个基础上，进一步分析各地震相的物理参数及其横向变化，把地震相的具体界限划分出来。

三、岩性地层油气藏地震相模拟与分析

地震相是由特定地震反射特征所限定的地震剖面上的反射单元，常常是特定的沉积相或地质异常体会有特定的地震响应（刘磊，2018）。因此，地震相经常被用来作为沉积相在地震剖面上的响应。研究岩性地层油气藏尤其需要了解其地震相的特点。

在沉积体规模比较大，或者其大小与地震数据的分辨率相当时，地震相和沉积相之间是相互对应的。但由于地震分辨率较低，有时一个地震相中常常包含有多个沉积相。

（一）沉积体地层厚度对地震响应的影响

地震子波由震源激发，薄互层的存在使两个反射界面信号相互干涉，在剖面上表现为一个同相轴，使地震资料解释人员难以分辨薄层，也影响地震波的动力学特征。同时薄层的概念又是相对的，地震勘探中的薄层定义是以它的纵向分辨率为依据。当地震子波无法分辨出顶底反射的地层时，这样的地层就叫作薄层。不同的地震子波具有不同的波长也有不同的延续度，所以薄层的厚度概念就是相对的，薄层的定义方式也就各不相同。

通常把地震薄层定义为地层厚度 Δh，满足下列不等式：

$$\Delta h<\frac{\lambda}{4} \text{或} 2\Delta h<\frac{\lambda}{2} \tag{2-1-1}$$

式中，λ 为简谐振动的波长或者脉冲波的视波长。

式（2-1-1）两边除以传播速度 v，则变为：

$$\frac{2\Delta h}{v}<\frac{\lambda}{2v} \text{或} \tau<\frac{T}{2} \tag{2-1-2}$$

式中，τ 为波在薄层内传播的双程旅行时；T 为简谐振动的周期或者脉冲波的视周期。

于是薄层也可以定义为地震波在该层内传播的双程旅行时小于波的半个周期或半个视周期的层。

因此，地震薄层的厚度一般以 $\lambda/4$ 作为限度，即当地层厚度小于 $\lambda/4$ 时，反射波的顶底面界就会叠加在一起，形成单一界面上的反射子波，振幅变化相对较大。

如图 2-1-1 所示，用来合成地震记录的地震子波是由一个主瓣及两个旁瓣构成。图 2-1-1（a）中，存在一正一负两个反射系数，当两个反射系数距离较远时，合成的地震记录中就可以完整地看到两个地震子波的形态。图 2-1-1（b）中，同样存在一正一负两个反射系数，由于二者距离太近，因此合成的地震记录上就难以分辨出完整的两个子波，这样就导致原先的两层在地震记录上只显示为一层。该类影响同样存在于尖灭点的识别当中。

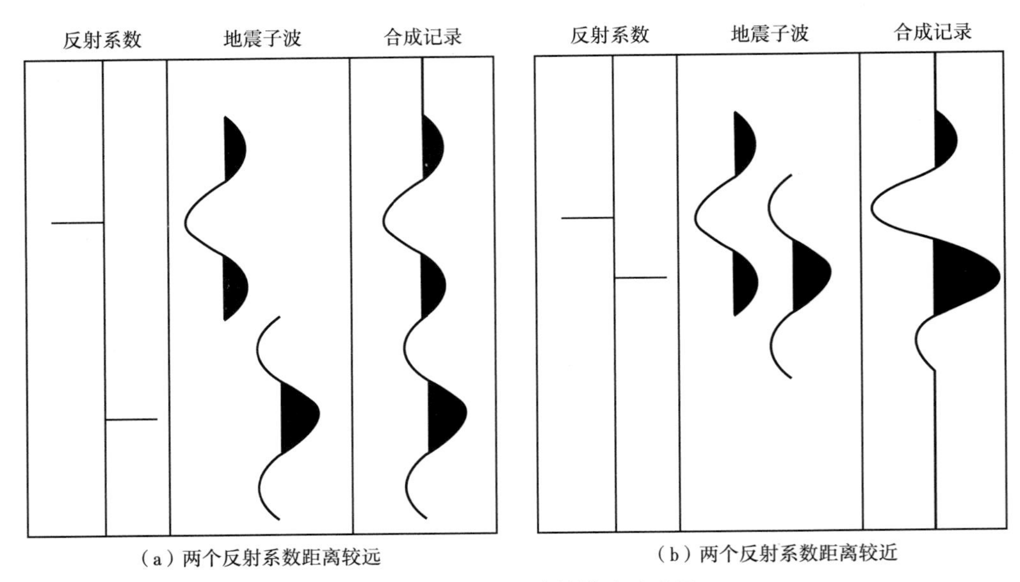

（a）两个反射系数距离较远　　（b）两个反射系数距离较近

图 2-1-1　地震子波的影响示意图

（二）沉积体类型对地震响应的影响

图 2-1-2 至图 2-1-5 分别模拟了上倾尖灭型、滩坝型、透镜体型、下超型四种沉积体的地震响应。

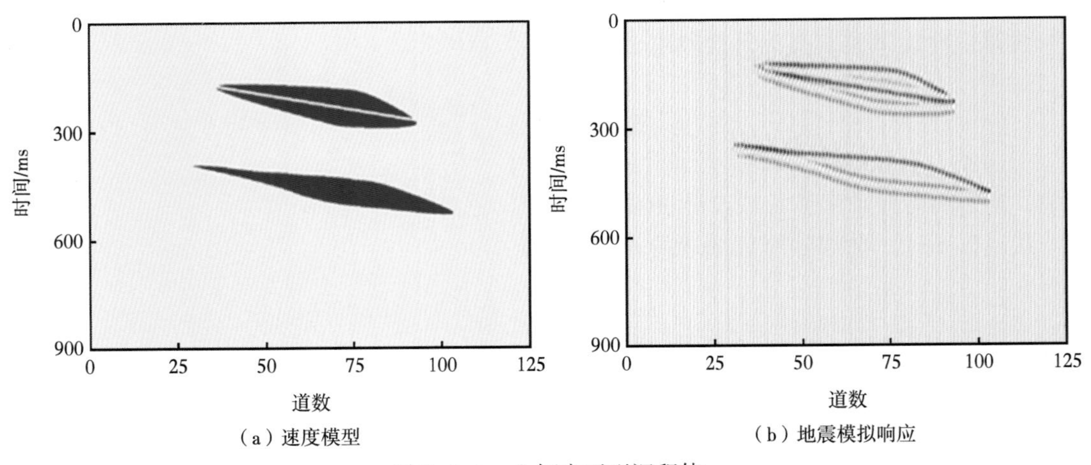

（a）速度模型　　（b）地震模拟响应

图 2-1-2　上倾尖灭型沉积体

图 2-1-2 为湖侵受泥湖改造的砂体上倾尖灭模型，其中浅部砂体被分割为两个相距很近的新砂体，从地震模拟响应中可以看出，深部砂体前缘由于厚度极薄，合成记录中识别的砂体尖灭点与实际尖灭点存在较大的误差；同样对于浅部的两个砂体，地震剖面上几乎难以分辨出两个砂体的分离情况，正负反射系数对地震子波的影响，使得地震剖面上看不出存在的四个反射界面，影响了对砂体接触情况的判断。

图 2-1-3 为滩坝型的速度模型及合成地震记录，由于模型的厚度很小，甚至小于 1/4 的子波长度，属于地震勘探纵向分辨率无法识别的厚度。地震记录上虽有两根反射同相轴，但却不能反映滩坝模型的反射界面，正反射系数子波的旁瓣与负反射系数的主瓣干涉叠加，在地震记录上无法表现出尖灭点，其产生原理与图 2-1-1（b）一致。

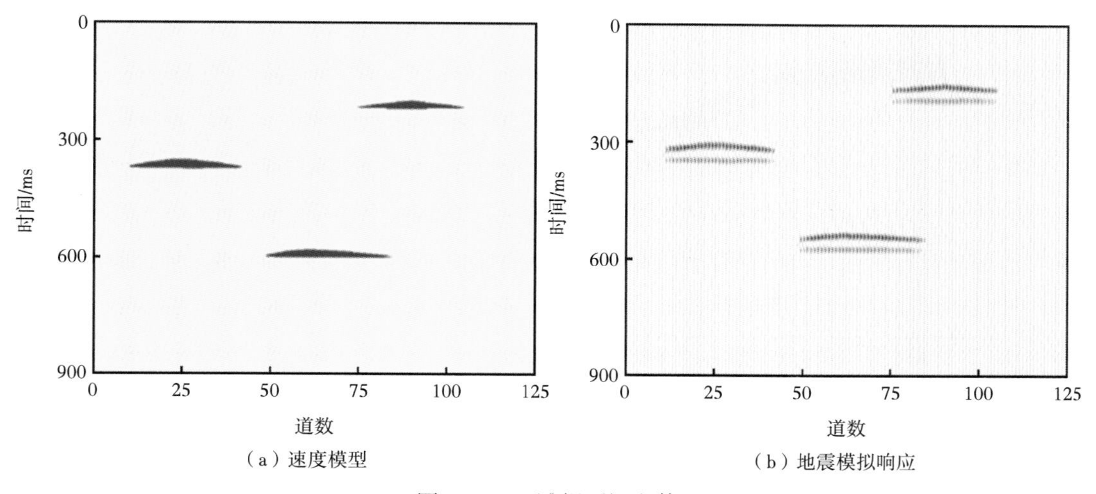

（a）速度模型　（b）地震模拟响应

图 2-1-3　滩坝型沉积体

图 2-1-4 为透镜体型的速度模型及合成地震记录，透镜体的最大厚度为 1/2 子波长度，地震勘探纵向分辨率可以识别该厚度的地质体。在地震剖面上识别的尖灭点与实际

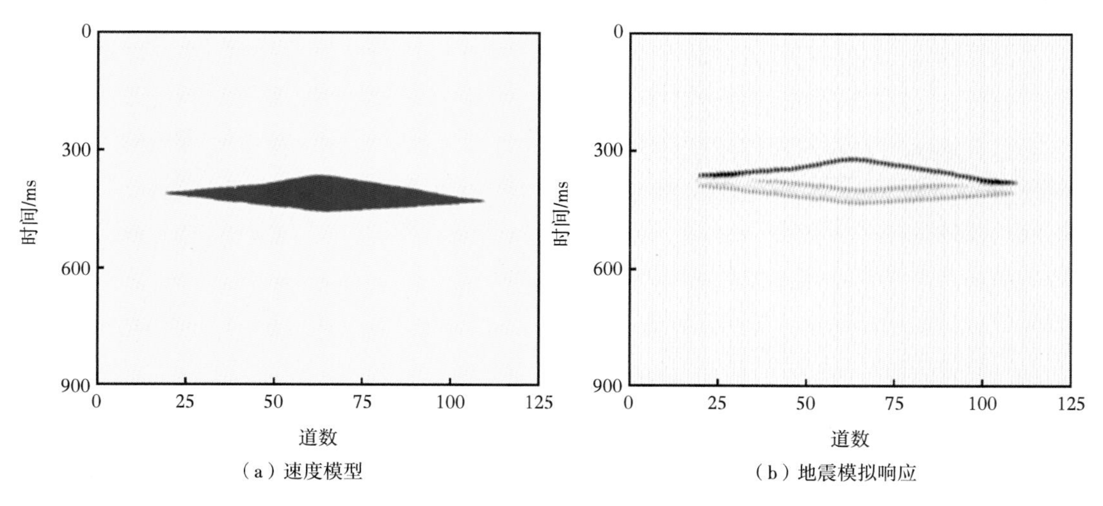

（a）速度模型　（b）地震模拟响应

图 2-1-4　透镜体型沉积体

尖灭点存在较大误差，其中透镜体左侧尖灭点的识别误差要大于右侧尖灭点的识别误差，原因在于透镜体左侧的夹角要小于右侧夹角，厚度的变化梯度也影响了尖灭点的识别精度。

图 2-1-5 为下超型尖灭沉积体的速度模型及合成地震记录。下超是原始倾斜地层对原始水平面（或倾斜面）在倾斜下方作底部超覆，也可定义为层序内地层对下界面的向盆地方向的超覆。如海侵体系域在向盆地方向下超于第一海泛面之上，而高位体系域前积层远端也下超于最大海泛面之上。下超型尖灭在地震剖面上也无法精确识别其尖灭点实际位置。

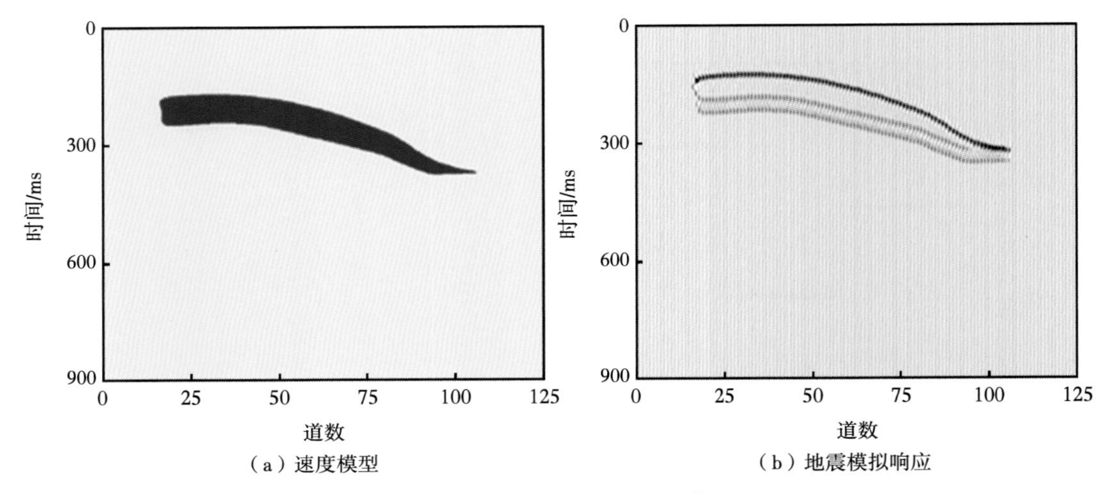

（a）速度模型　（b）地震模拟响应

图 2-1-5　下超型尖灭沉积体

（三）地层尖灭点地震响应模拟与影响因素分析

地层超覆油藏在地震剖面上由于地层超覆线附近砂层的厚度往往明显减薄，受地震资料分辨率的限制，地震反射往往提前变弱或消失，因而不能根据砂组顶面反射同相轴的特征来准确判断砂组超覆线的位置，但油气主要发育在各砂组地层超覆线附近，准确确定地层超覆线的位置对于指导勘探开发具有重要的意义（张福利，2008；张蕾等，2014；张军华等，2016）。充分利用正演模型技术的优势，分别设计了一系列地层尖灭模型和削截模型，通过大量的模型正演和地质统计方法，发现地层油藏尖灭线的误差与地层和不整合面的夹角有关。为模拟不同的地层夹角与不同的子波主频对地震响应特征的影响，分别设计了不同角度的地层尖灭模型，并用不同频率的子波进行褶积，对比地震剖面上识别的尖灭点的误差，为后面提高尖灭点的识别精度打下基础。

图 2-1-6、图 2-1-7、图 2-1-8 分别为夹角为 10°、15°、20°的模型及其正演结果。各图中的图（a）代表速度模型，图（b）代表主频为 30Hz 的子波正演记录，图（c）代表主频为 40Hz 的子波正演记录，图（d）代表主频为 60Hz 的子波正演记录；黑色线代表地震记录上可观察到调谐作用的位置。调谐作用影响了地震勘探的分辨率，使得相距很近的两套地层无法在地震记录上准确识别，同样也就影响了对尖灭点的识别效果。

综合对比分析图 2-1-6 至图 2-1-8 可以看出：当地层夹角较小时，地震剖面识别的尖灭点与实际的尖灭点之间的误差较大，随着角度的增大，误差逐渐减小；子波主频对尖

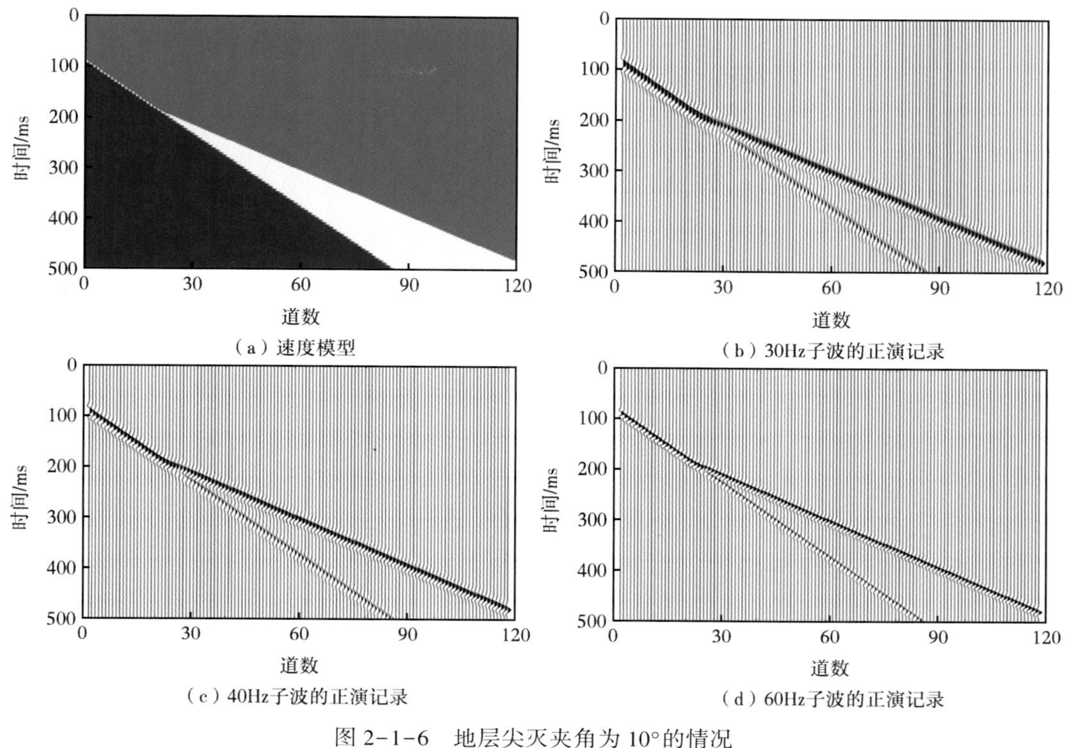

（a）速度模型
（b）30Hz子波的正演记录
（c）40Hz子波的正演记录
（d）60Hz子波的正演记录

图 2-1-6　地层尖灭夹角为 10°的情况

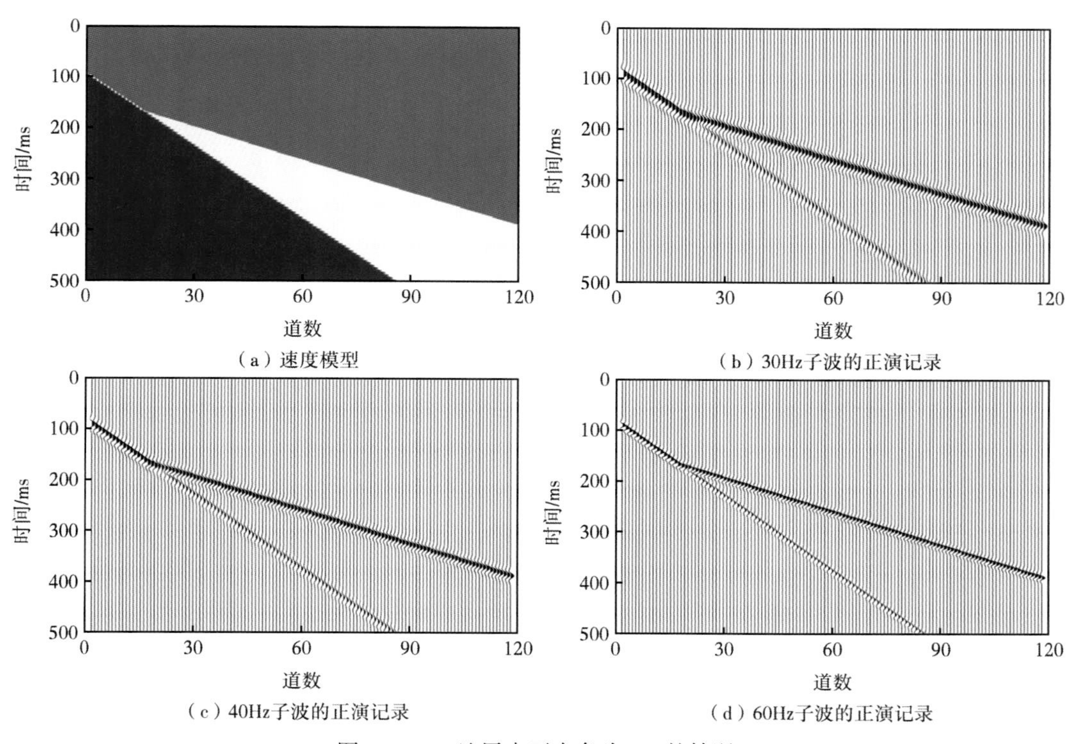

（a）速度模型
（b）30Hz子波的正演记录
（c）40Hz子波的正演记录
（d）60Hz子波的正演记录

图 2-1-7　地层尖灭夹角为 15°的情况

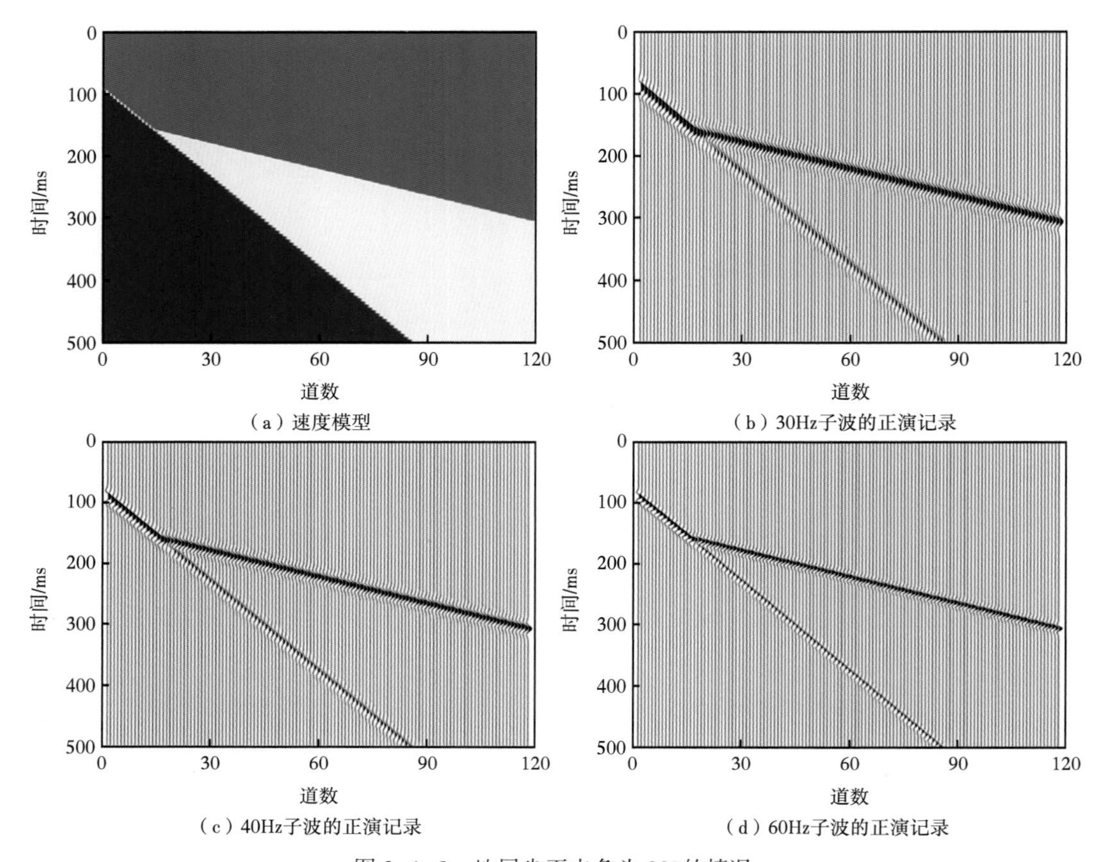

（a）速度模型
（b）30Hz子波的正演记录
（c）40Hz子波的正演记录
（d）60Hz子波的正演记录

图 2-1-8　地层尖灭夹角为 20°的情况

灭点的识别结果也存在较大影响，主频越高，识别的尖灭点与实际尖灭点之间的误差就越小，当主频达到 60Hz 时，地震剖面上识别的尖灭点与实际的尖灭点已十分接近。实际的地震资料中，地震数据的主频很难达到较高的数值，但提高地震记录的分辨率可以有效提高尖灭点的识别精度。使用高分辨处理之后的数据进行尖灭点的识别，可以获得更好的效果，也可以提取地震数据的某些单频数据体进行尖灭点的识别。

但受地震资料的品质不佳和地震波干涉相消的影响，仅根据砂体界面反射同相轴的减弱或消失不能准确判断地层尖灭线的位置。而地震资料的品质受多种因素的控制，因此地震波干涉相消现象的校正是本次研究的重点。通过离散合成记录可以较好地展示下伏高阻抗地层顶面反射对薄砂层地震波干涉现象。当薄砂层直接与下伏高阻抗地层顶面接触时，受频率（即分辨率）控制，薄砂层顶面反射与高阻抗地层顶面反射相叠加，形成同一反射轴，不能形成独立的反射同相轴，薄砂层在地震记录上无法识别。地震波干涉相消的误差主要是由地震波频率低导致的，为此建立一个地质模型，分别用频率为 30Hz、40Hz、60Hz 的地震子波开展正演模拟。

图 2-1-9 展示了薄砂体超覆模型及其正演模拟结果。当薄砂体与潜山的夹角较小时，地震记录上几乎无法识别超覆点，薄砂体的反射同相轴与潜山边界的反射同相轴互相干涉。由模拟结果可以看出，随着地层超覆油藏不整合面和地层之间夹角逐渐变大，地震反

射尖灭点与砂组实际尖灭点位置之间误差越来越小；采用不同主频的地震子波进行正演，随着主频的提高，砂体超覆点的识别越来越清晰。

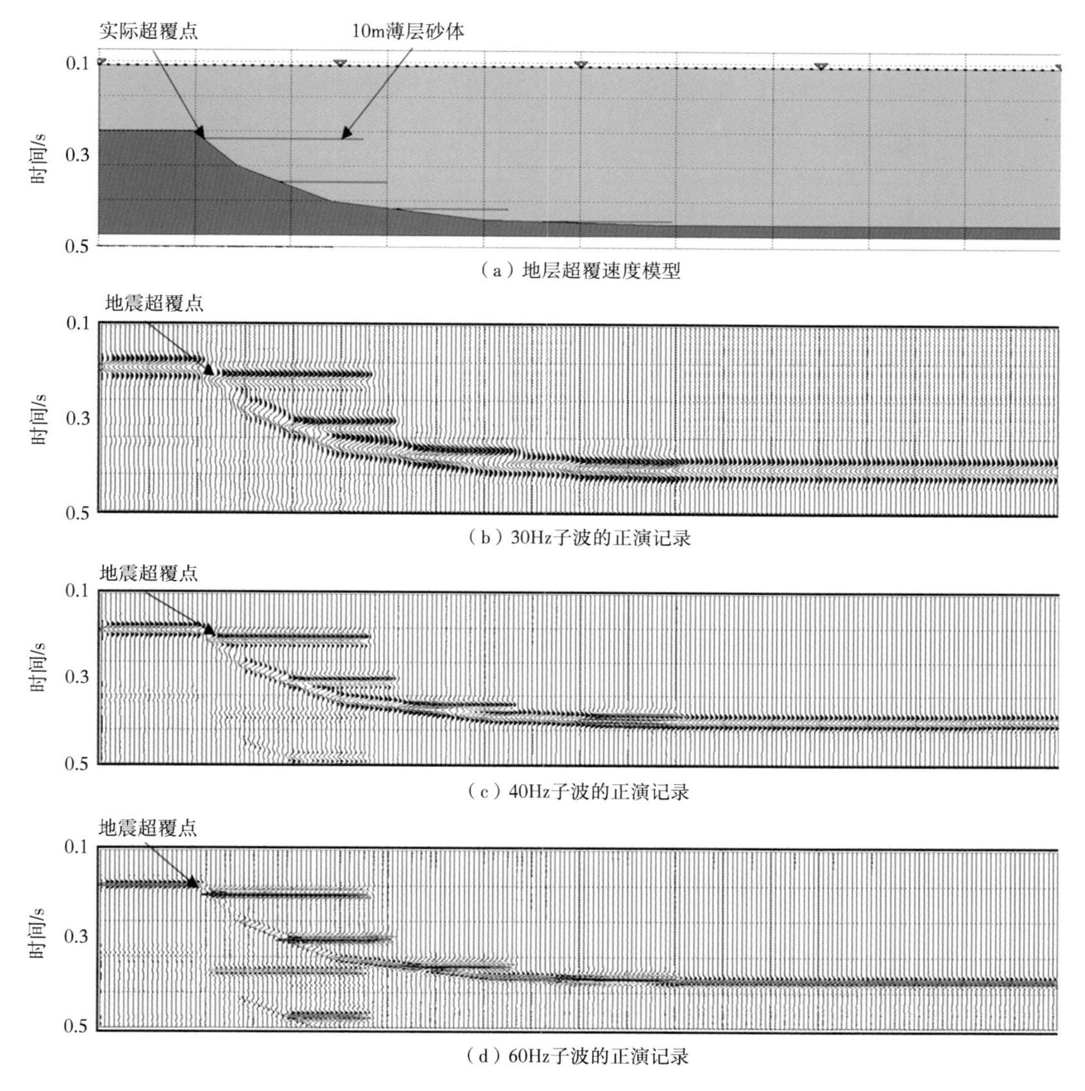

（a）地层超覆速度模型

（b）30Hz子波的正演记录

（c）40Hz子波的正演记录

（d）60Hz子波的正演记录

图 2-1-9　薄砂体超覆模型及其正演模拟结果

缓坡带整体属于发散反射结构，在陆相物源较充足条件下，在缓坡带入海处通常发育近岸三角洲以及扇三角洲。三角洲向陆方向超覆在基底之上，形成地层超覆圈闭。该类圈闭预测的核心在于地层超覆尖灭线的预测以及近岸富砂段分布的预测（徐长贵，2007）。缓坡型三角洲富砂段为靠近海岸附近的厚层三角洲前缘—平原砂体，模型正演（图 2-1-10）表明其在地震剖面上具有“近尖灭线的弱振幅不稳定”的反射特征。

进积型三角洲坡折带较陡，容易形成滑塌体/浊积体到深水区，形成深水浊积岩圈闭。模型正演结果（图 2-1-11）表明：S 型三角洲进积体远端的短轴强反射，通常是深水浊积体的地震响应特征。

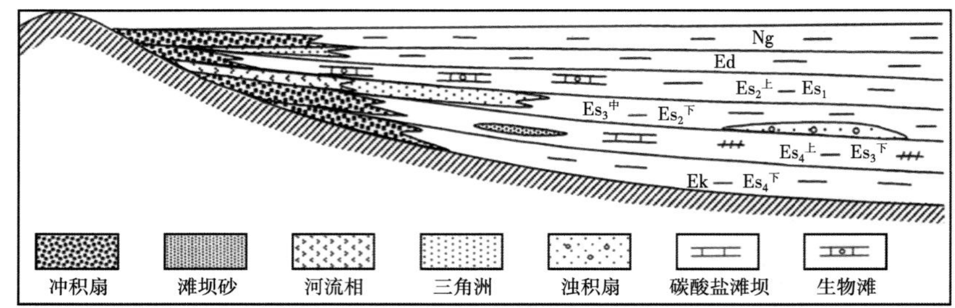

（a）缓坡带沉积体系模式图

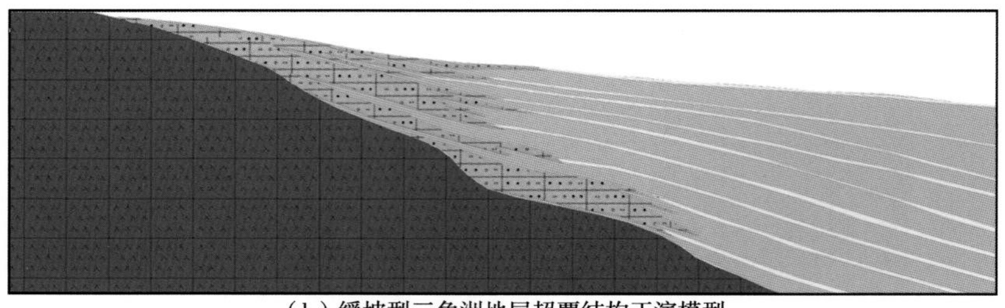

（b）缓坡型三角洲地层超覆结构正演模型

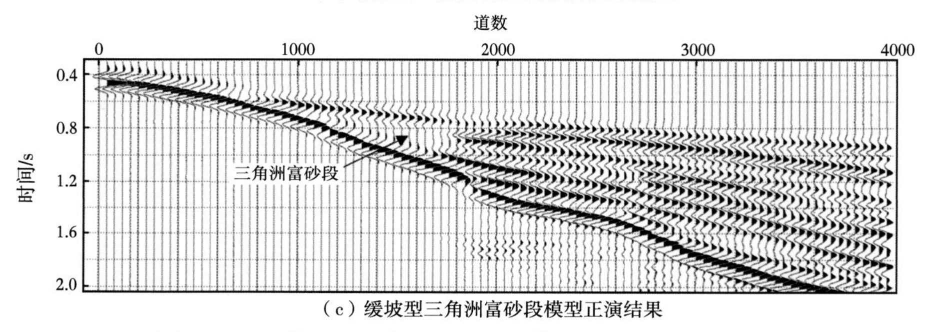

（c）缓坡型三角洲富砂段模型正演结果

图 2-1-10　缓坡型三角洲地层超覆模型及其正演模拟结果

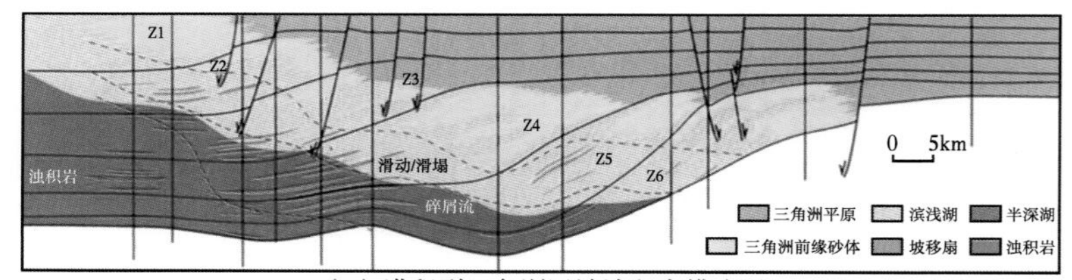

（a）进积型三角洲远端浊积扇模式图

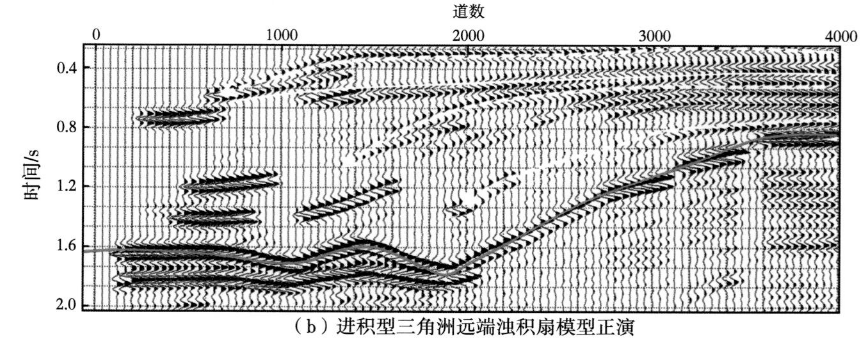

（b）进积型三角洲远端浊积扇模型正演

图 2-1-11　进积型三角洲模式图及正演模拟结果

第二节　岩性地层圈闭三维地震物理模拟

相对于构造勘探，岩性地层勘探需要成像精度、分辨率和保真度更高的地震资料作为支撑。渤海辽西凸起区块断层极为发育，断层及其下方地层成像难度大，其次储层叠置关系复杂，横向变化快。在二维物理模拟研究基础上，本节进一步展开勘探区块的地震物理三维模拟研究，从而提高对地下目标体的认识和勘探的成功率。

地震三维物理模拟是在地震二维物理模拟技术的基础上发展起来的（王韵致等，2017），主要是在实验室内将野外地震勘探目标区的地质构造和岩性按照一定的运动学（和动力学）模拟相似比制成相应三维地质模型，并在此模型上用超声波等测试技术模拟野外地震勘探中各种数据采集方法的一种地震正演模拟方法。

一、地震物理模型技术

（一）地震物理模拟基本原理

在室内模拟野外地震波传播特征时，首先必须满足运动学相似原理。地震波的运动学特征主要有速度、波长、频率等。地震波的频率较低（几赫兹至几十赫兹）而传播距离大，室内模型几何尺寸小就要求频率高（吴满生，2014；刘东方，2015）。由“连续介质力学”和“机械波振动理论”可知，在弹性介质中，无论在什么频段，只要它们各自传播距离和波长之比相等或近似相等，它们的传播规律和特性就相似。由此可以确定室内地震物理模型和野外地震勘探的运动学特征（速度、波长、频率）的相似比。

定义物理模型的比例因子，为野外实际地层地震波运动学和动力学参数与模拟介质超声波的运动学和动力学参数之比，用 γ 表示。

在地震勘探中速度是一个关键的参数，所以首先考虑速度相似比。在不同的理论和应用中速度有两种定义：

$$v=\frac{L}{T} \quad 和 \quad v=\lambda f \tag{2-2-1}$$

式中，L 为传播距离；T 为传播时间；λ 为波长；f 为频率。

式（2-2-1）各参数中用下标 M 和 R 分别表示模型和实际地层。各参量作比例因子下标时表示时，则有速度、空间尺度、时间、波长和频率等相似比因子：

$$\frac{v_R}{v_M}=\gamma_v,\ \frac{L_R}{L_M}=\gamma_L,\ \frac{T_R}{T_M}=\gamma_T,\ \frac{\lambda_R}{\lambda_M}=\gamma_\lambda,\ \frac{f_R}{f_M}=\gamma_f \tag{2-2-2}$$

由速度定义和速度相似比可推出速度、传播时间、波长、频率比例因子的相互关系：

$$\gamma_V=\frac{\gamma_L}{\gamma_T} \quad 和 \quad \gamma_V=\gamma_\lambda\cdot\gamma_f \tag{2-2-3}$$

在这些比例中最关键的是速度和波长。由于受模型材料和测试系统等条件的限制，模型比例并非是随意确定的。

（二）地震地质模型制作

地质模型的构建是依据其研究目的，在制作模型时首先依据研究目标、地质构造设计出相应的模拟比例和形态模型，确定模型材料和制作工艺（张福宏等，2018）。所以应有模拟区的地质构造或形态图，以及各地层的地震参数（如速度、密度和频率等）。

地质模型是严格按地震物理模型的相似比设计制作的。地质构造的形态可通过预先制作的模具得到保证。模型的三维形态正确性也是用模具保证的，模具是按目标区实际地质构造或岩性状态设计的。地质模型所使用的材料是一种树脂和橡胶组成的混合物，可以改变不同的速度，与实际地层的速度有一定差距，所以一般按比例放大，但一定要保证各层的放大倍数相近。一般在模型制作前首先要确定模型的材料。

（三）地震数据采集的模拟系统

室内产生地震波传播的方法是用超声代替，其频率依据模拟的相似比确定。图 2-2-1 给出了震源与接收器组成的测试系统的接收波形，接收波形的性质由使用的超声换能器性能确定。图 2-2-2 是模型的单炮记录。

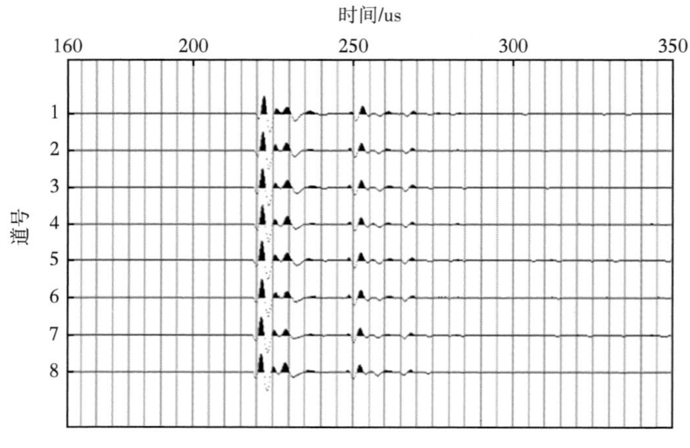

图 2-2-1　测试系统接收波形

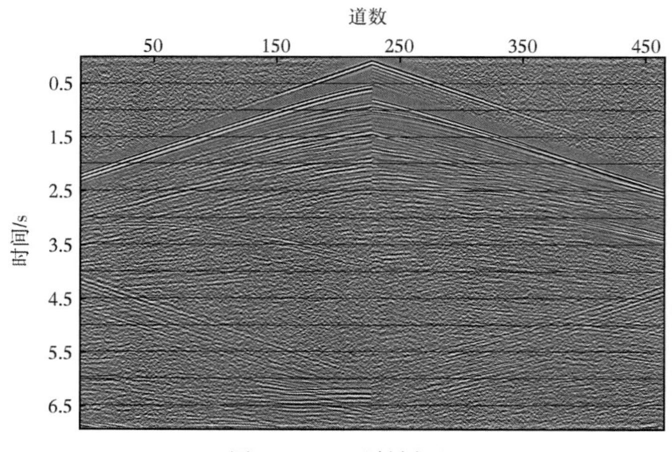

图 2-2-2　反射剖面

震源和接收器的安放由高精度大型的机械设备控制，并通过软件按野外地震采集的观测系统进行数据采集，最后以 SEG-Y 格式存储在磁盘上。图 2-2-3 为采集系统的照片。

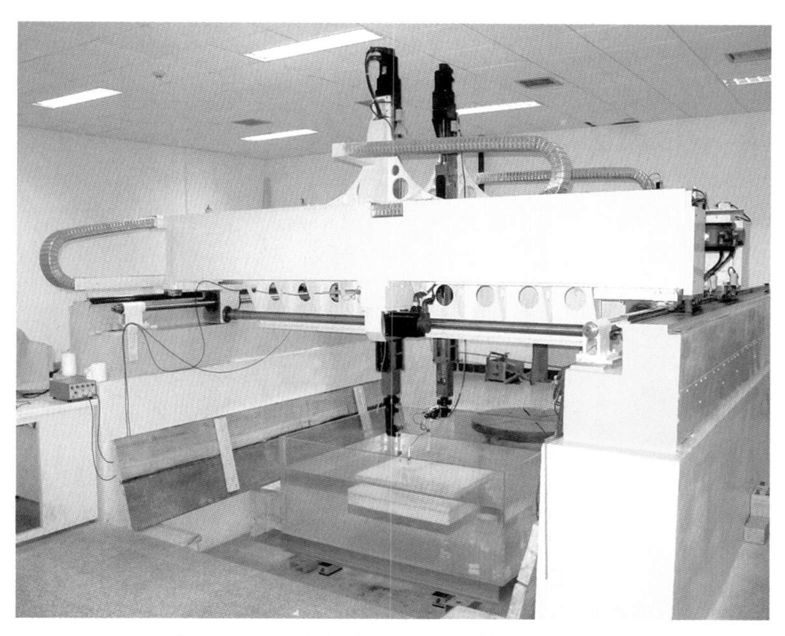

图 2-2-3　全自动三维地震数据采集系统

二、靶区地震物理模型设计与制作

（一）靶区地震物理模型设计

地震-地质模型设计制作时，根据提供的地震剖面和测井资料，结合渤海油田实际地质背景，确定最终模型。制作的模型具有一定的复杂程度，重点对低位体系域、湖侵体系域以及高位体系域的三角洲沉积模式进行地震特征分析。最终通过纵测线的 CDP 可计算出模型的模拟范围（长度为 10km，深度为 4km）

针对靶区设计的物理模型的垂向分布如图 2-2-4 所示，各体系域三角洲砂体的横向分布如图 2-2-5 所示。此模型是一个三维形态的模型，即在垂直于测线方向上的地质剖面形

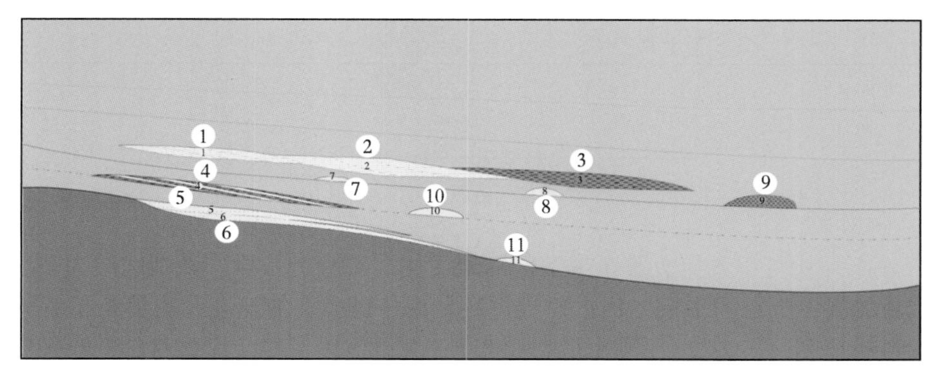

图 2-2-4　主测线方向垂直物理模型设计

态是不同的，尤其是各自体系域的砂体展布是变化的。图2-2-4为主测线的地质剖面，高位体系域有三个期次的砂体沉积，呈S状斜交，湖侵体系域为互层模式，低位体系域为在基底之上大型砂体沉积；图2-2-5各体系域的横向分布显示此次模型设计共分为11个砂体，其中富砂的有8个，富泥的有2个，砂泥互层有1个。各砂体之间黏合物质用低速物质；5号砂体里面有一条河道，河高2~5mm，完全埋在砂体中；6号砂体里面有多条河道，河高2~5mm，完全埋在在砂体中；4号砂体要求泥砂相间，分别为泥—砂—泥—砂—泥5层；7—11为浊积体，其中7号浊积体以砂为主，含有少量的泥，泥占20%~30%；8号浊积体为砂泥混合，泥砂比例1:1；9号浊积体为泥包砂，全是泥；10号浊积体是一个渐变的过程，从砂渐变到泥；11号浊积体为纯砂，粒径0.1~0.2mm近似纯砂，砂占80%~90%。

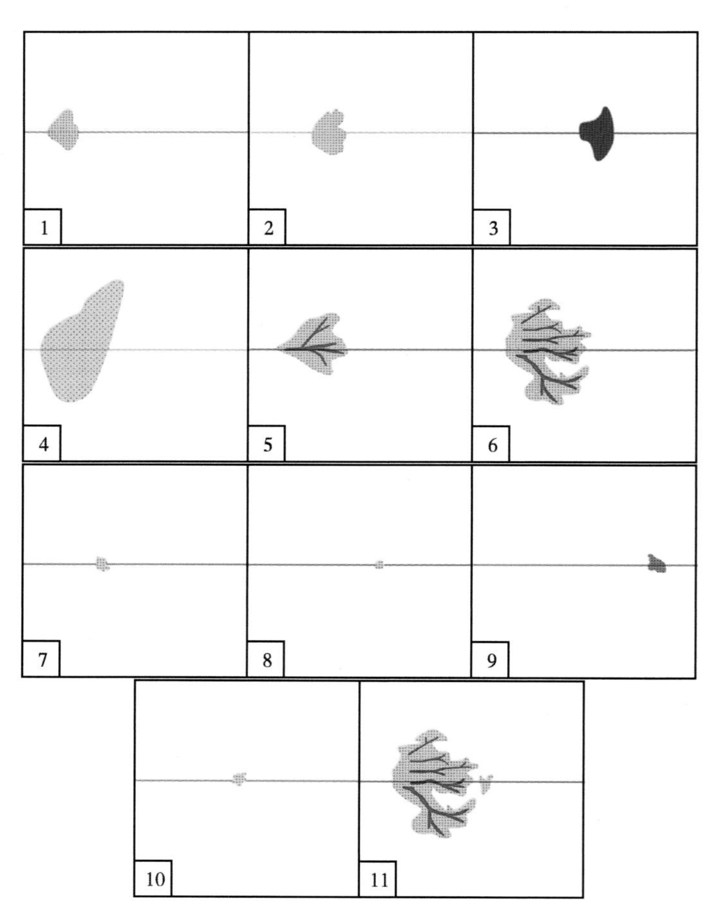

图2-2-5　各砂体横向分布

从图2-2-4中可以看出，整个模拟区的地质构造可分为三段，模型底层为基底，中间层为模拟目的层，上层为平层。根据井资料换算出各自模型的速度，为清楚了解模型模拟所使用的各层速度，表2-2-1列出了实际解释各个砂体以及相应模型材料的设计和制作使用的速度。

表 2-2-1 模型中各砂体的参数

参数	实测纵波速度/m/s	实测密度/g/cm^3	设计最大厚度/mm	实测最大厚度/mm	设计角度/(°)	实际角度/(°)	备注
砂 1	2904	1.644	11.9	12.5	9.2	9.1	整体测量
砂 2	2813	1.609	20	16.8	10.9	8.2	整体测量
砂 3	2708	1.591	17.5	12.4	8.8	8.6	整体测量
砂 4（砂）	2887	1.638	10.5	17.2	7.4	5.6	单层砂体 1~4mm
砂 4（泥）	2035	1.453					单层泥 0~3mm
砂 5	2613	1.564	8.2	8.1	10	7.7	在砂 6 浇注
砂 6	2689	1.590	7.5	7.4	12.3	7.6	在第 7 层上浇注
砂 7	2758	1.658	5.9	5.97	4	6.5	粒径 0.2~0.4mm
砂 8	2783	1.606	9.0	8.93	3	4.0	粒径 0.2~0.4mm
砂 9	2608	1.542	14.0	12.9	3	1	纯泥
砂 10-1	2797	1.594	9.3	11.4	4.9	6.5	粒径 0.6~0.8mm
砂 10-2	2735	1.580					粒径 0.4~0.6mm
砂 10-3	2620	1.557					粒径 0.2~0.4mm
砂 11	2556	1.521	6.9	7.0	10.3	7.6	整体测量

（二）靶区地震模型制作

设计的地震物理模型沿测线方向的地质结构可分三部分：基底、体系域分布、上覆地层。物理模型制作时，根据设计的地质速度模型，按层分段进行地球物理模型制作，单个砂体单独制作，最后将层与砂体结合起来。模型设计分为 7 层，模型尺寸比例为 1∶10000；密度比例为 1∶0.73。模型制作分为三步：第一步设计模型；第二步砂体浇注；第三步模型层浇注，模型形态测量采用先进的激光扫描和手动扫描两种方式，精度为 0.01mm；砂体速度使用自主研发的超声波换能器。

模型制作时，首先确定模型各地层速度，由于在此处制作的模型中考虑了密度参数，以前已成熟的模型材料配比已不适用，因密度不同，在已有的模型材料中没有适当的配比相符，必须重新想方法配制适当的材料。在该模型中使用了六七种材料混合方法来配制所需的材料。先用制作小试块的方法确定所需材料的配比，经多次调试后确定配比。需要注意的是，小试块与最后地层所用的材料在数量上有较大的差别，所以最后用在模型上的材料速度和密度与设计的数值有一些误差。模型地层的速度和密度的正确数据是通过用浇铸模型时预留试块得到的。

在模型的制作过程中，为了模拟各地层的速度和密度，其模型材料只能通过两三种不同性能混合而成，所需材料的速度和密度参数受混合工艺的影响，不可能完全得到所需的设计参数，制作好后的各地层的速度与设计速度有一定的差异，但这种差异不是很大。在制作物理模型中时，由于受诸多因素的影响，各地层的参数与设计参数有一定误差，但各层间波阻抗的相对关系和趋势是一致的。必须对物理模型材料的进行选择和调试。

三维地质模型的制作是分层逐步进行的，一般从模型的底层开始。将模型底层材料按配比调试好，获得与设计速度相近的混合材料。由于底层有较大的厚度，不可能一次把这一层浇注完成，模型材料混合搅拌机每次搅拌 5~6kg 为宜，每一层至少需要 20 多次。每层通过一次一次少量地浇入模型箱里，并随时注意每次搅拌混合时的温度变化，使每次的速度基本保持一致。待这层模具之中的模型浇铸完之后，材料初步固化后将模具取掉，这一过程至少需一周时间。

在设计好砂体的基础上，首先将环氧、硅橡胶、滑石粉按一定比例混合浇注而成，制作不同速度的砂体模型，按照要求打磨光滑。如图 2-2-6 所示，(a)、(b)、(c) 是高位体系域砂体叠合之后制作效果图；(d)、(e)、(f) 是高位体系域的各个浊积扇制作效果图；(g) 是高位体系域浊积扇整体效果图；(h) 是湖侵体系域的砂体制作效果图；(i)、(j) 是低位体系域砂体制作效果图，在砂体内部制作了河道。在模型制作过程中，对模型的每一层都进行了精确的速度测量，并对模型的轮廓线进行了精确测量，确定了模型轮廓，并根据测量结果，建立了相应的精度速度场模型，供模型数据处理分析应用。在模型浇筑过程中应当注意，此模型中间埋的砂体较多，浇注工艺比较复杂，具体的浇注过程在此不再赘述。

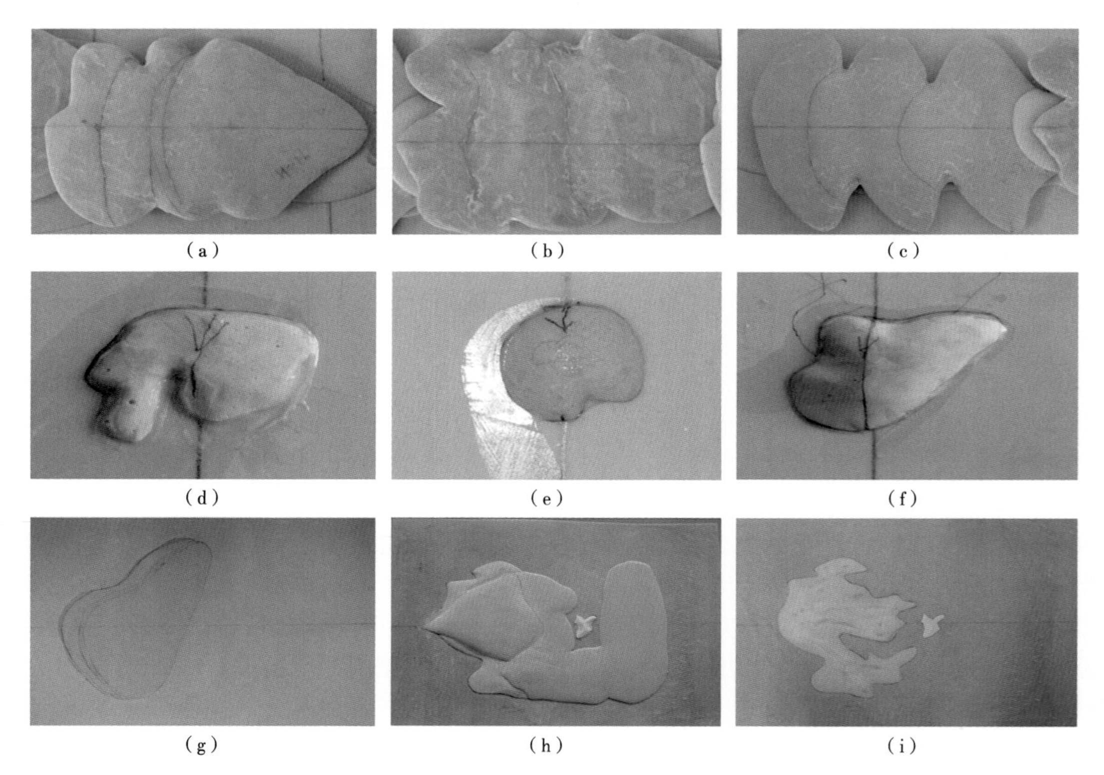

图 2-2-6　不同体系域三角洲储层和浊积扇储层模型的制作效果

(a)、(b)、(c) —高位体系域的砂体效果图；(d)、(e)、(f) —高位体系域的浊积扇效果图；(g) —湖侵体系域的砂体效果图；(h)、(i) —低位体系域砂体效果图

图 2-2-7 是制作完成后的模型照片。图 2-2-8 是基于中心测线模型实测速度与界面形态建立速度数据模型，对于目的层的制作，物理模型符合设计要求。

图 2-2-7　制作完成后的模型

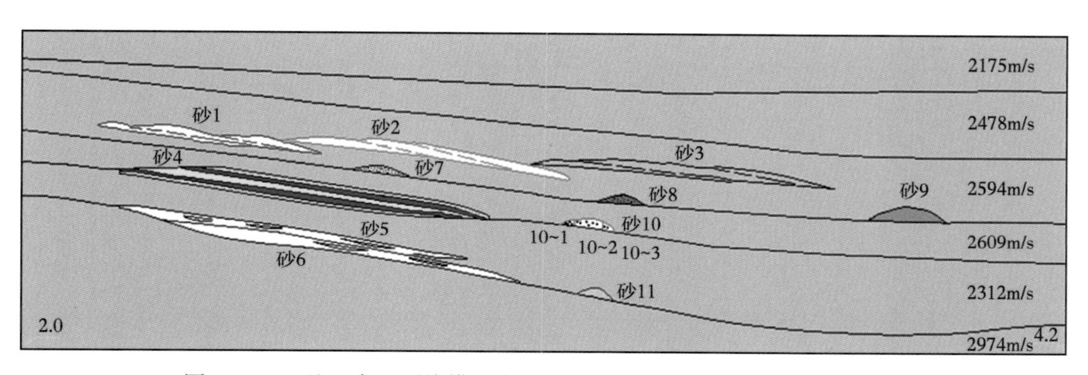

图 2-2-8　基于中心测线模型实测速度与界面形态建立速度数据模型

三、地震物理模型模拟数据采集

（一）地震物理模型数据采集试验设计

地震物理模型的地震数据采集是在水箱中进行的，采用全自动三维地震数据采集系统（图 2-2-9）对此模型进行了二维观测和三维观测。震源和接收器置于水面，水面至模型

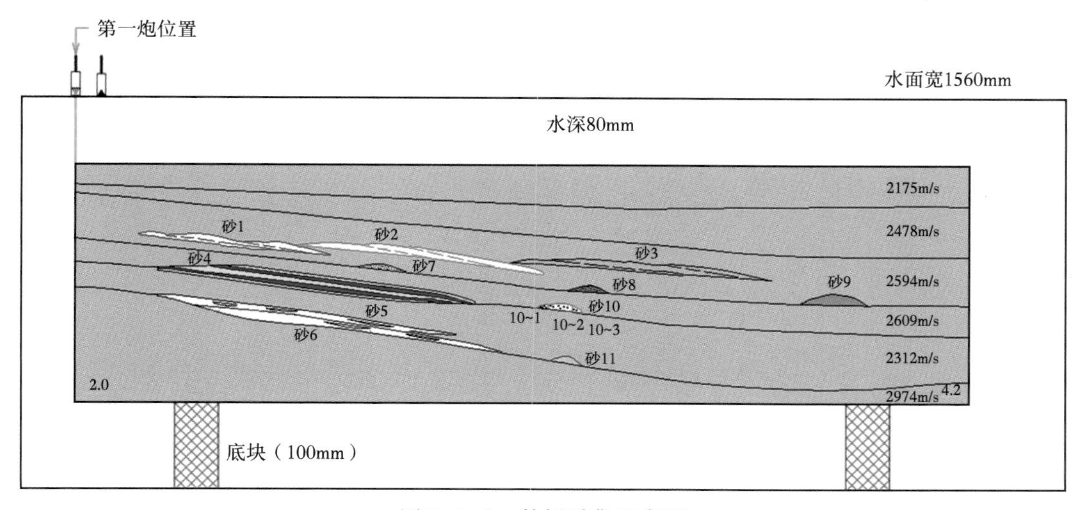

图 2-2-9　数据采集示意图

固体表面作为整个模型的第一层。

模型的尺度大小，即模型实物的尺寸，是根据实际按模型的比例尺度换算得到的。在模型底部有一块平整的厚板固定模型，可以作为一个水平层。图 2-2-9 为模型放入水中后数据采集的状态。测线第一个炮点放在固体模型左边缘。模型在水中观测，模型放入水中浸泡 2d，水深为 80mm，模型高 276.6mm。

物理模拟与实际地震观测数据有相应的换算关系，见表 2-2-2。室内模型与野外地层速度比为 1:1，采集时间比为 1:10000，模型的采样间隔为 0.1μs（相当于实际的 1ms），实际模型的底深为 3766m，采样长度为 10000μs，在处理时可以只截取其中的部分。

表 2-2-2　模型与实际间的换算关系

比例因子	室内	野外	固体模型大小（mm）		
尺度比	1	10000	长	宽	高
速度比	1	1	1000	1000	276.6
时间比	1	10000	实际模拟模型大小（m）		
频率比	10000	1	纵向	横向	底深
采样率比	1	10000	10000	8000	3566
采样长度比	10000	10000	4000		

（二）基于实际观测系统数据采集

常规采集数据观测系统是基于渤海油田提供的实际野外观测系统参数设计而成的。三维观测系统结构如图 2-2-10 所示，采用双排炮三线接收。放完一排炮后，测线移动 150m，经过计算，面元大小为 25m×12.5m。

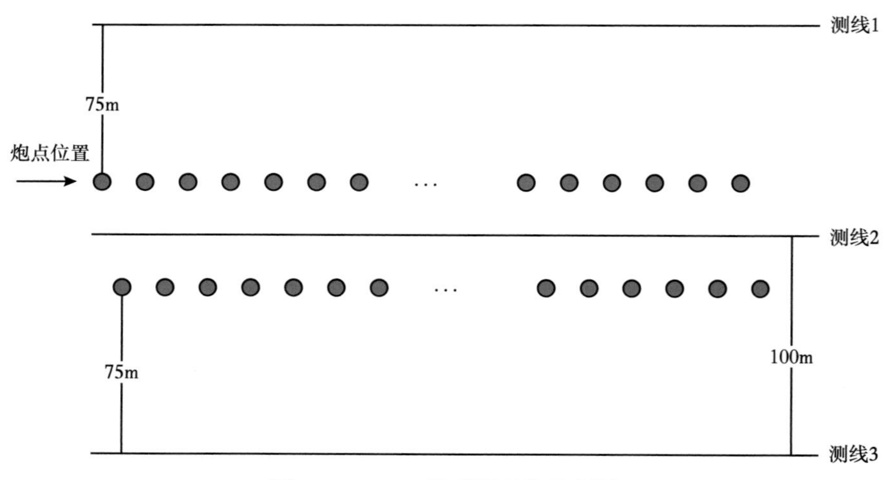

图 2-2-10　三维观测系统示意图

基于以上观测系统参数，设计观测系统为：最小炮检距为 200m；最大炮检距为 4675m；炮距为 50m；道距为 25m；覆盖次数为 45；接收道数为 180×3 道；采集炮数为

154 炮；采集样点数为 6000 点；采样间隔为 1ms。

四、物理模型地震数据处理

（一）物理模型地震数据处理流程

物理模型地震数据处理的主要流程如图 2-2-11 所示。在处理过程共进行四次速度分析，最后得到叠加和偏移剖面。

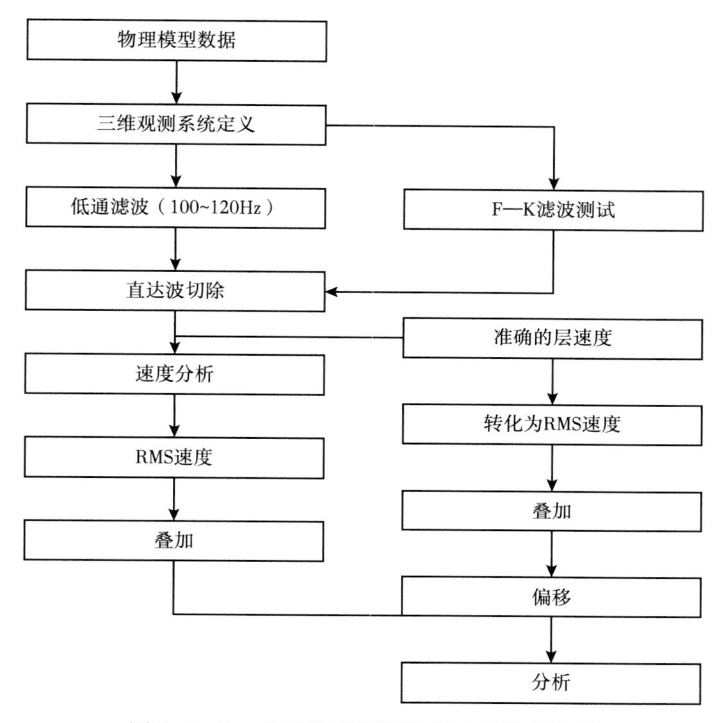

图 2-2-11　地震物理模型数据处理基本流程

（二）物理模型地震数据处理注意事项

1. 线性噪声压制问题

由于物理模型在进行数据采集时不可避免地会出现边界绕射，因此在初次叠加之后就会有明显的线性噪声。因此预处理之后，就要将线性噪声切除掉。另外，由于模型在制作过程中出现了异常体，在叠加剖面上出现了许多异常绕射，也需要将这些异常噪声切除掉，本次处理选择在共炮点和共接收点压制线性噪声。直达波切除后的原始炮集记录、去除线性噪声后的地震炮集记录以及去除的线性噪声如图 2-2-12、图 2-2-13 和图 2-2-14 所示。

2. 地表一致性处理问题

物理模型的共炮点和共检波点与实际采集地震资料的共炮点和共检波点是有区别的，只是几何意义上的相同道集，因此从理论上讲，实际地震记录时采用的地表一致性处理（能量补偿、区域异常压制、反褶积、静校正）不再完全适合于物理模型资料的处理。

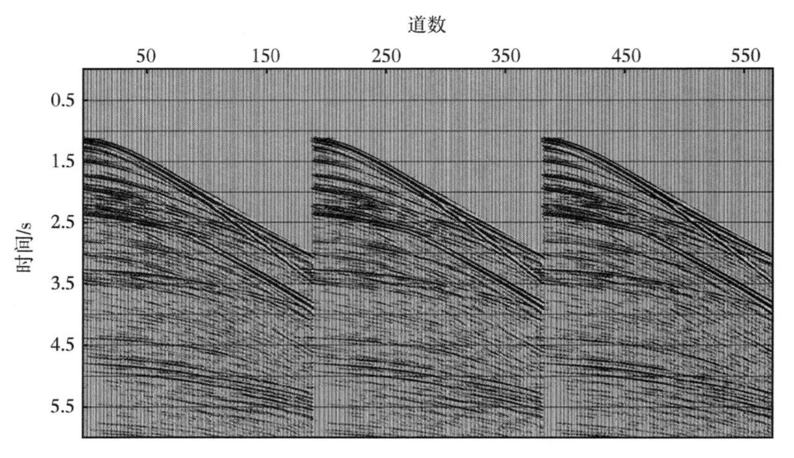

图 2-2-12　直达波切除后的原始炮集记录

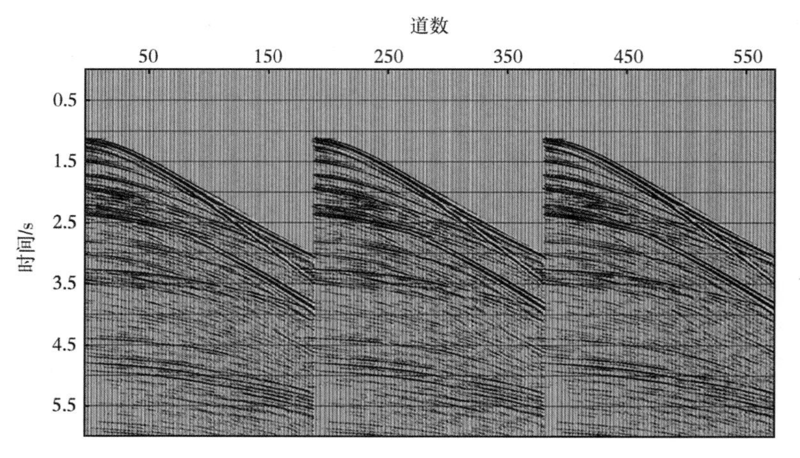

图 2-2-13　直达波切除+FK 域去噪后的炮集记录

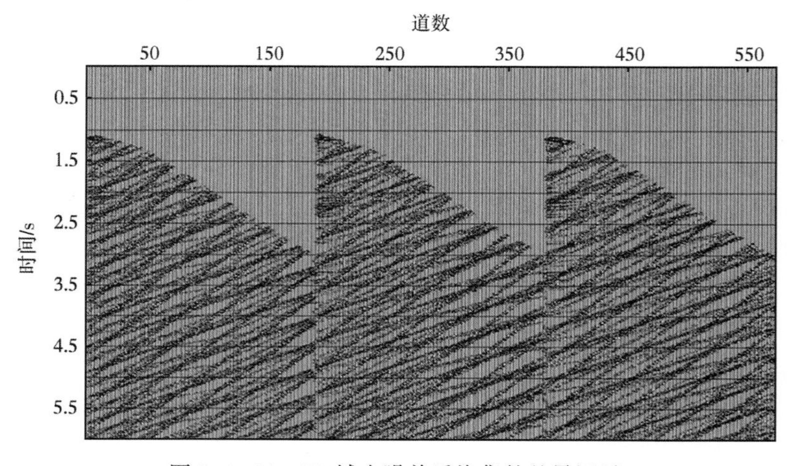

图 2-2-14　FK 域去噪前后炮集的差异记录

3. 静校正处理问题

一般而言，物理模型不会产生严重的静校正问题，因此，物理模型资料在数据处理时候，不必做静校正。

4. 偏移速度问题

物理模型的处理是严格已知模型结构和处理目的情况下进行的处理，此时应充分利用物理模型的已知性来指导速度分析和速度调整，明确叠加速度、均方根速度、DMO 速度、偏移速度的含义和在具体物理模型的表现形式。

（三）物理模型地震数据处理效果

由于物理模型数据信噪比较高，水面平坦，不存在静校正的问题。在处理中，首先进行常速叠加，检验得到的剖面形态与实际物理模型是否基本相同，确定物理模型数据的可靠性。由于物理模型在去除了高频干扰之后，其信噪比较高，但是实际资料的信噪比相对较低，为了验证处理对地震资料成像的影响，此处按常规处理步骤对模型数据进行了进一步处理，验证处理过程中速度分析得到的速度与真实速度对叠加的影响。

图 2-2-15 为速度分析得到的 RMS 速度，由此可见速度的差异不是很大，具有随着深度增加而增加的特征。图 2-2-16 为基于该速度的叠加剖面，图 2-2-17 为真实的模型层

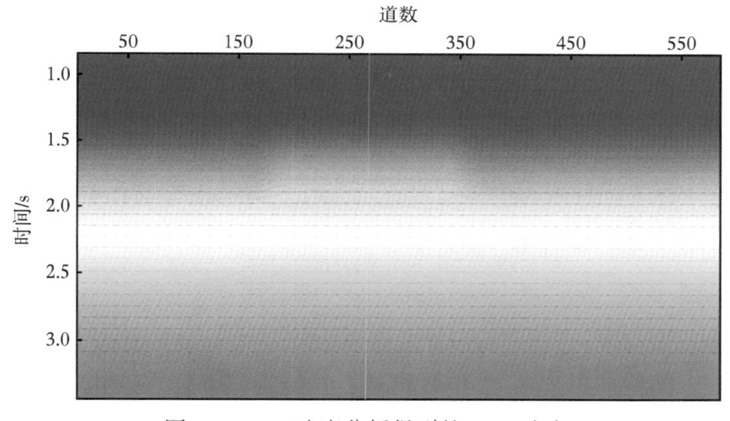

图 2-2-15　速度分析得到的 RMS 速度

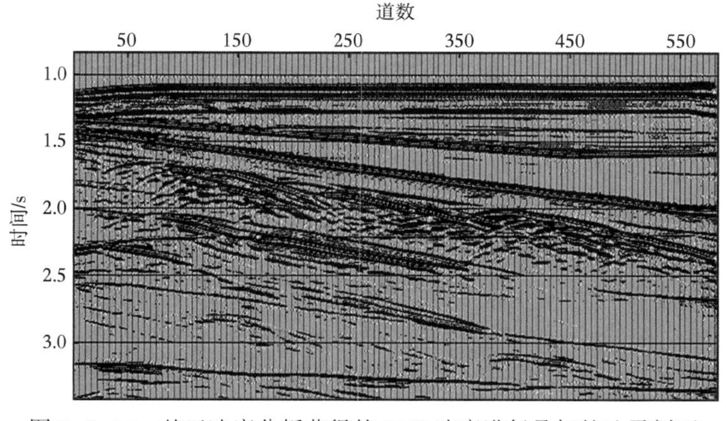

图 2-2-16　基于速度分析获得的 RMS 速度进行叠加的地震剖面

速度，图 2-2-18 为经过转化的 RMS 速度，图 2-2-19 为在该速度条件下的叠加剖面。通过比较图 2-2-16 和图 2-2-19 可以看出，基于准确速度叠加的地震剖面在砂体连续性的保持上要优于基于速度分析获得的 RMS 速度叠加的地震剖面，而对于地层界面的反映，速度影响较小；同时在两个剖面上，多次波得到了更大程度的压制，对于资料的后续分析影响较小。

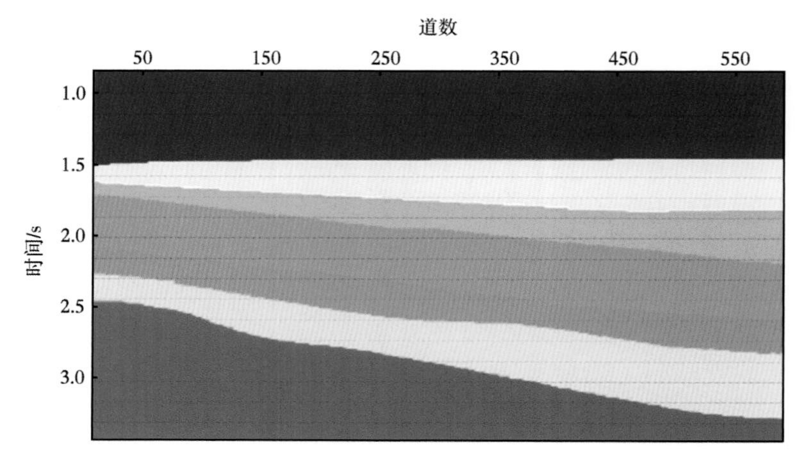

图 2-2-17　测线 120 处真实的模型层速度

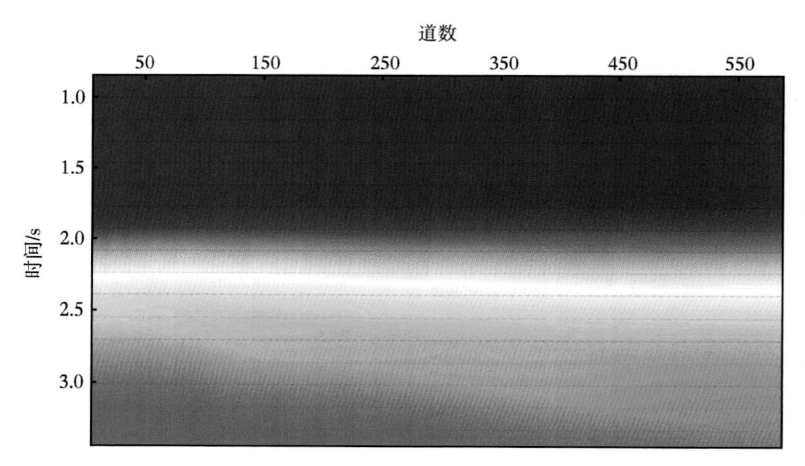

图 2-2-18　经过转化后的 RMS 速度

由于砂体是横向非均质性比较强的地质体，在叠加剖面中，其绕射能量很强，为了使得砂体准确地成像，需要做偏移处理，首先应得到三维的速度场。图 2-2-20 为不同方向的速度模型，（a）图是主测线方向的速度模型，（b）图则是联络测线方向的速度模型，其中黑线位置则是两个方向的交线处。图 2-2-21 为偏移后的地震剖面。图 2-2-21（a）为时间偏移剖面，可以看出：砂体处的收敛效果较好，高位体系域、湖侵体系域以及低位体系域的砂体有很好的成像；浊积扇体由于设计的相对较小，且离砂体过近，高位体系域的浊积扇很难成像。而湖侵体系域的砂体中在同一个砂体内加入了不同颗粒的砂，第一段 0.6~0.8mm，第二段 0.4~0.6mm，第三段 0.2~0.4mm，对应于模型比例各段对应的大小

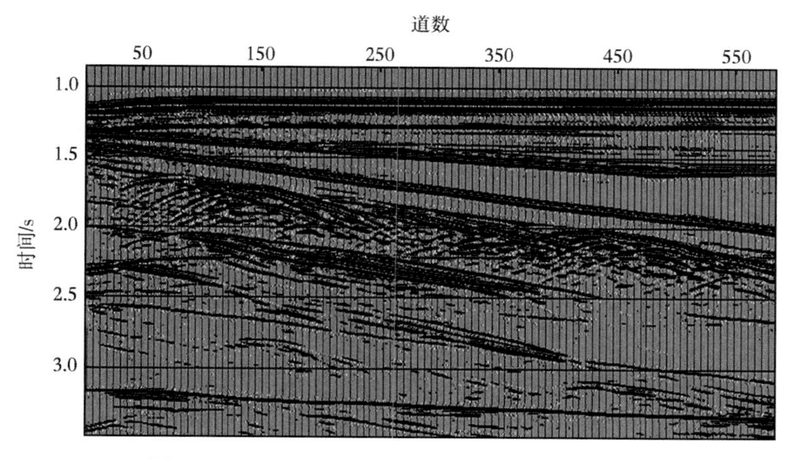

图 2-2-19 基于准确速度进行叠加的地震剖面

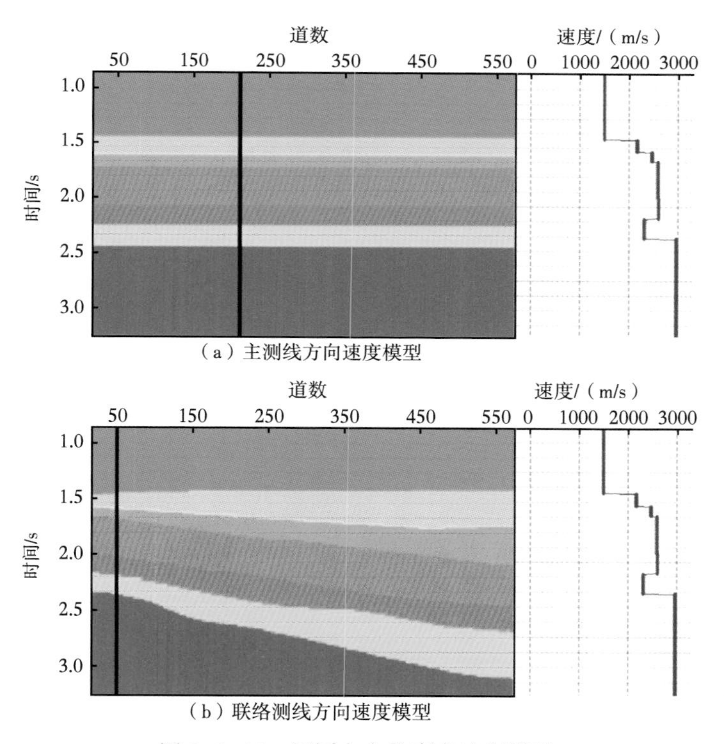

图 2-2-20 不同方向的真实速度模型

分别为 6~8m、4~6m 以及 2~4m，在实际剖面上，只有第二段成像，第一段与第三段反射特征不明显，究其原因可能与放置的颗粒大小、砂体界面的倾角以及波阻抗差异有关，小砂体的成像在处理时很难得到准确的像，尤其是带有倾角的小砂体，界面接近于水平的容易成像。第三段未有反射特征的原因在于，波阻抗差异较小，而第一段的颗粒大小对波的成像也有影响，所以浊积扇体的成像在中间部分有成像，而两边的成像则不理想。对于低位体系域富泥的浊积扇体由于埋深及波阻抗差异较小的原因，导致其反射特征不明显，从偏移剖面上可以看出，规模较大砂体的地震成像处理难度较小，在实际处理过程中，小砂体的倾角对小砂体的成像影响很大。湖侵体系域中互层在地震剖面上显示的比较清晰，虽然由于子波波长的影响，波组特征表现为干涉，但是该砂体的反射基本能反映互层的特征，利用振幅的差异，对互层不同岩性的识别有很大帮助。图 2-2-21（b）为深度剖面，可以看出地震剖面与实际地层对应关系较好，在湖侵体系域中浊积扇成像清晰，但是由于孔径选取的原因，高位体系域砂体的偏移很难归位，有少量的绕射能量存在。

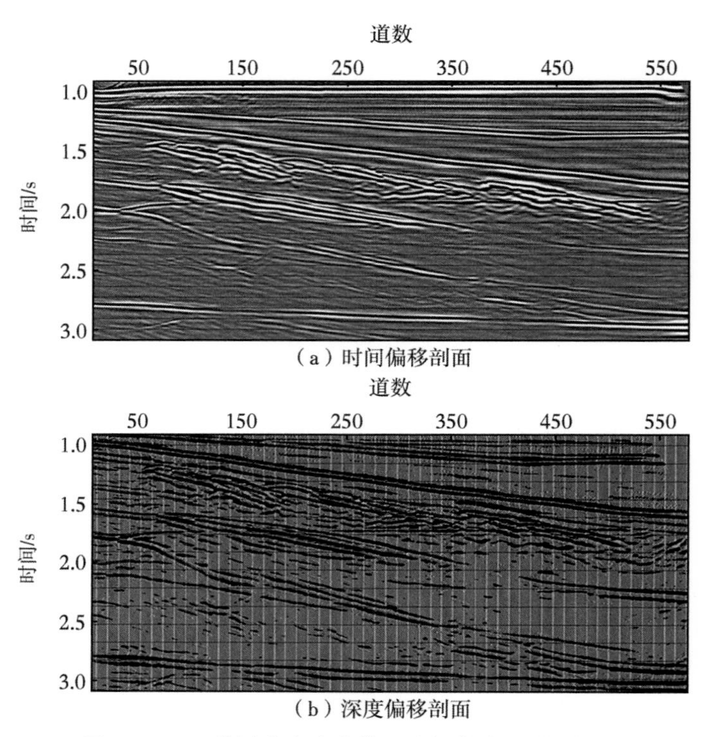

图 2-2-21　使用真实速度模型进行偏移得到的剖面

五、物理模型地震数据分析

（一）水平切片与沿层切片分析

众所周知，地质沉积是沿某个面沉积的，如果地层平坦，则等时切片反映了地质体沉积的过程。在解释过程中，振幅是一个很重要的属性，为了验证该属性对砂体的横向展布的影响以及如何利用该属性刻画砂体轮廓，拾取了砂体的时间厚度，以水平时间切片与沿砂体切片的方式，对两种切片进行了有益的比较，最后得出砂体振幅在砂体刻画方面需要注意的问题。图 2-2-22 为不同双程旅行时下的水平时间切片，从图中可以看出不同体系域的砂体的展布以及倾斜地层的界线。图 2-2-22（a）为高位体系域下第一个砂体的展布，随着时间深度的不断加深，高位体系域其他砂体的展布也被刻画出来，湖侵体系域的展布也渐渐清晰，但是低位体系域的轮廓不清晰。由于基底的倾角比较大，低位体系域的展布较大，波阻抗差异较小，因此在水平时间切片上低位体系域的展布不是很清晰。

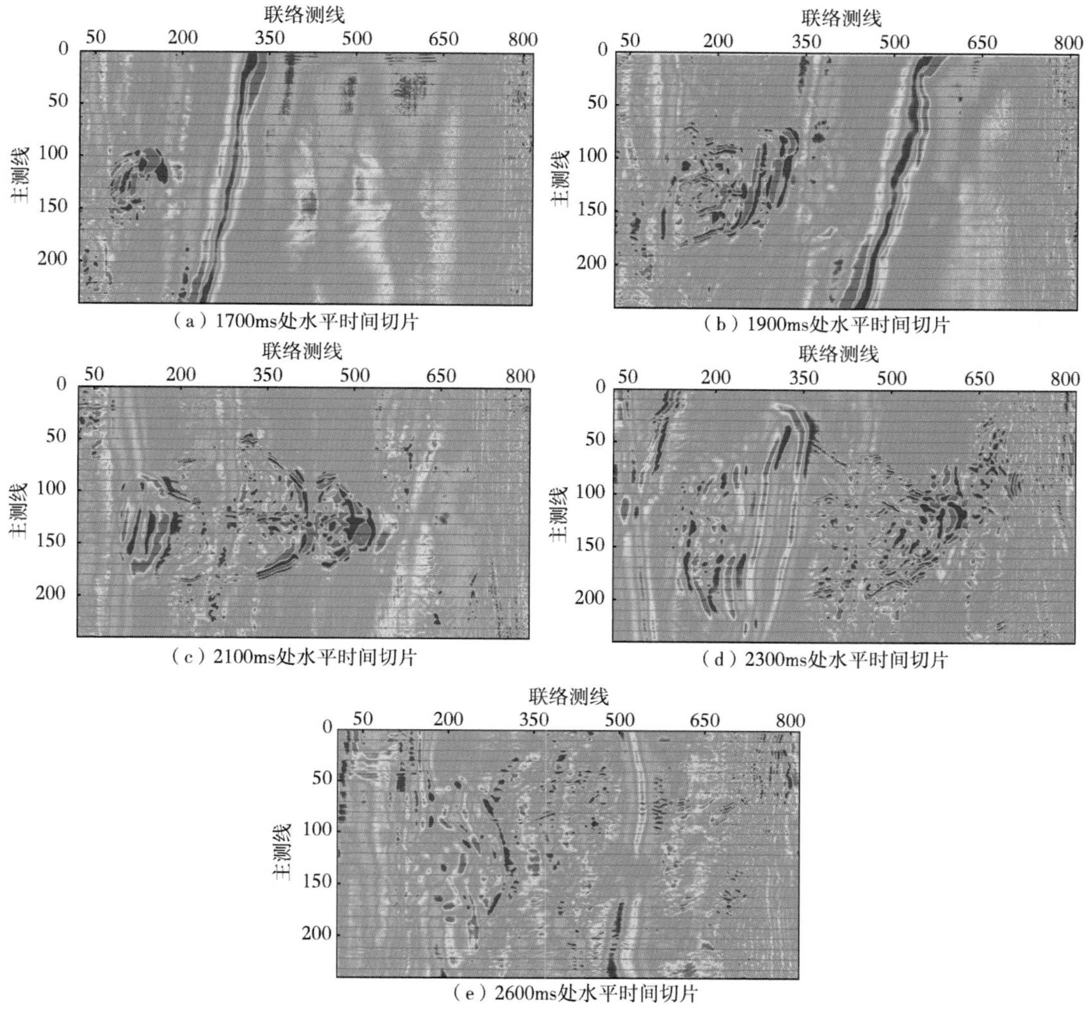

（a）1700ms处水平时间切片

（b）1900ms处水平时间切片

（c）2100ms处水平时间切片

（d）2300ms处水平时间切片

（e）2600ms处水平时间切片

图 2-2-22　不同双程旅行时下的水平时间切片

为了进一步了解砂体展布，拾取了沿通过不同体系域砂体的时间，从图 2-2-23 可以看出通过高位体系域砂体的时间。图 2-2-24 为沿高位体系域砂体拾取时间方向的切片。从切片中可以看出，高位体系域中的第一个砂体和第二个砂体的轮廓与实际设计的砂体轮廓相似，而第三个砂体与实际设计的相去甚远，造成此种现象的原因可能是提取的层的时间不准。因此，对于刻画体系域内每个砂体的轮廓，对沿砂体时间的拾取要求较高，沿不同时间切片会产生不同的效果，也就是说如何获得一个等时的沿砂体切片在砂体展布研究方面至关重要。砂体的展布在平面上厚度分布不均，由于干涉造成反射特征在横向上有所差异，刻画每个砂体准确的轮廓难度较大。当沿砂体时间的选取比较合适时，砂体最大轮廓可能被刻画出来，对于三角洲进积式的沉积，利用这样的解释结果进行后期储量的计算，误差比较大，只能估算一个大致的范围。三角洲储层物性、成藏条件以及储层的封堵性对三角洲储层的研究起着很关键的作用。

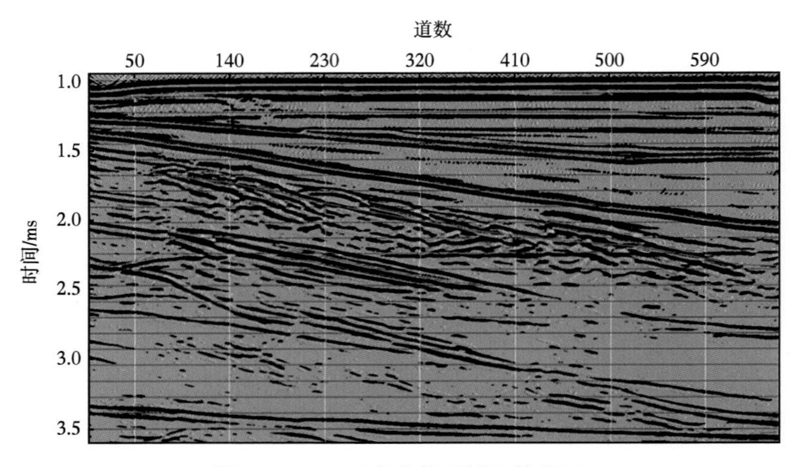

图 2-2-23　过高位体系域砂体剖面
图中红色线段表示沿高位体系域砂体拾取的时间

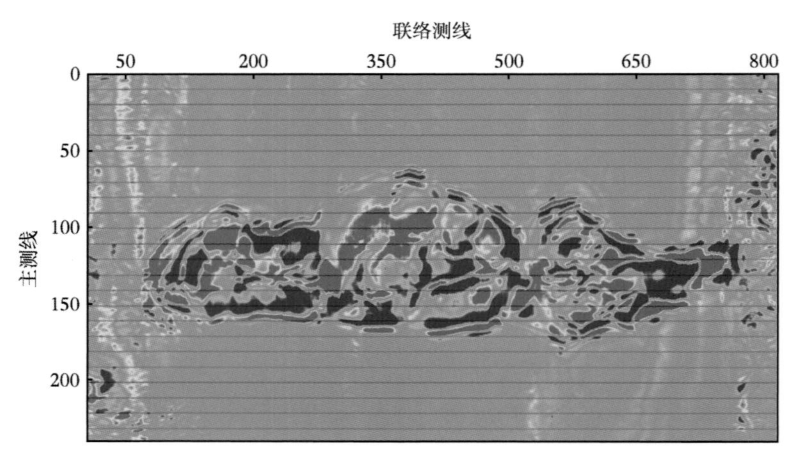

图 2-2-24　沿拾取时间提取的高位体系域砂体切片

图 2-2-25 中红线部分是湖侵体系域拾取的时间，从图中可以清楚看出湖侵体系域是一个互层模型，时间的拾取正好穿过互层。图 2-2-26 为沿拾取时间方向的切片，图 2-2-27 至图 2-2-29 分别为沿拾取时间下方 10ms、20ms 以及 30ms 的切片。从图中可以看出，由于互层的存在，振幅的属性对于不同岩性的砂体振幅差异比较明显，但是岩性的识别需要测井资料的佐证，通过沿砂体的切片可以清楚地看出整个砂体的轮廓，而对比于图 2-2-22（d）的水平时间切片，水平切片不易识别这种有角度砂体的轮廓。振幅属性对于砂体的轮廓识别有很大的影响，当沿砂体的时间点拾取准确时，通过资料刻画的轮廓与实际轮廓形态相似，只是范围较实际模型稍大，这是由于偏移方法的影响。图 2-2-30 和图 2-2-31 为沿低位体系域拾取的时间和沿该时间方向的切片。从图 2-2-30 可以看出，低位体系域由于埋深较深，波阻抗较低，反射能量不是很强，而图 2-2-31 中该体系域内能量强弱变化比较明显，这是由于在该砂体中设计了河道，在河道处的岩性与砂体的岩性不一致，因此储层中岩性的差异导致了振幅属性在切片上的差异。但是通过这个差异很难刻画河道的轮

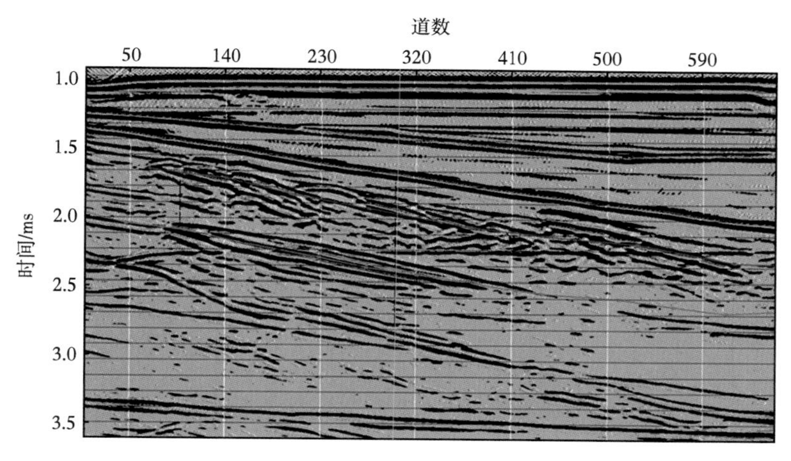

图 2-2-25 过湖侵体系域砂体剖面

图中红色线段表示沿湖侵体系域砂体拾取的时间

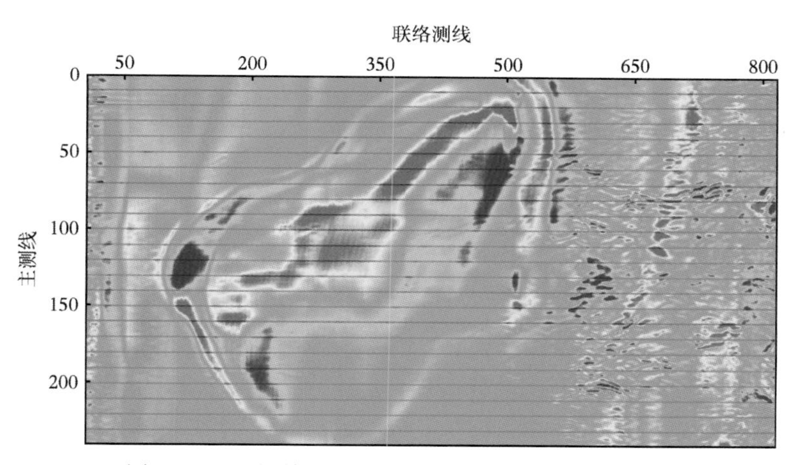

图 2-2-26 沿拾取时间提取的湖侵体系域砂体切片

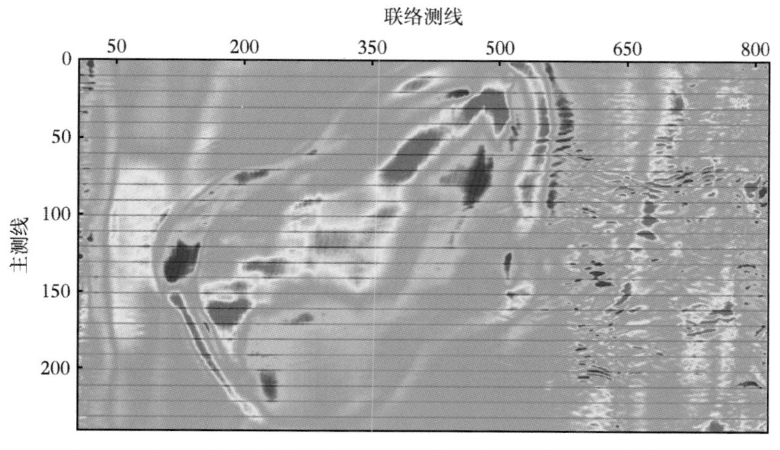

图 2-2-27 沿拾取时间下方 10ms 提取的湖侵体系域砂体切片

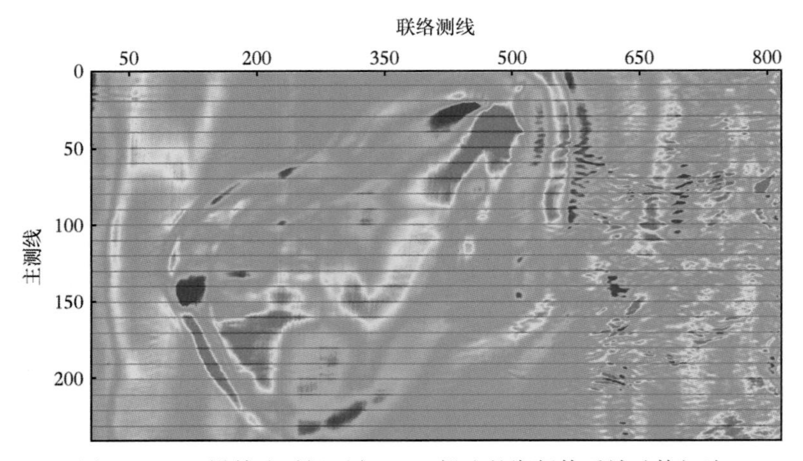

图 2-2-28　沿拾取时间下方 20ms 提取的湖侵体系域砂体切片

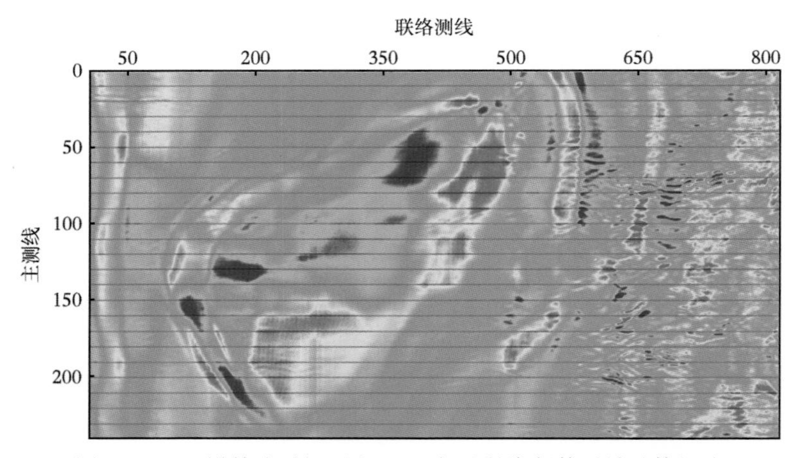

图 2-2-29　沿拾取时间下方 30ms 提取的湖侵体系域砂体切片

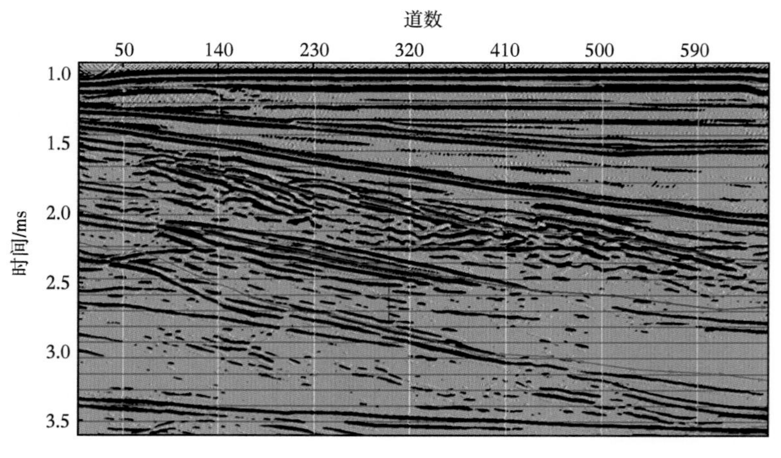

图 2-2-30　过低位体系域砂体剖面

图中红色线段表示沿低位体系域砂体拾取的时间

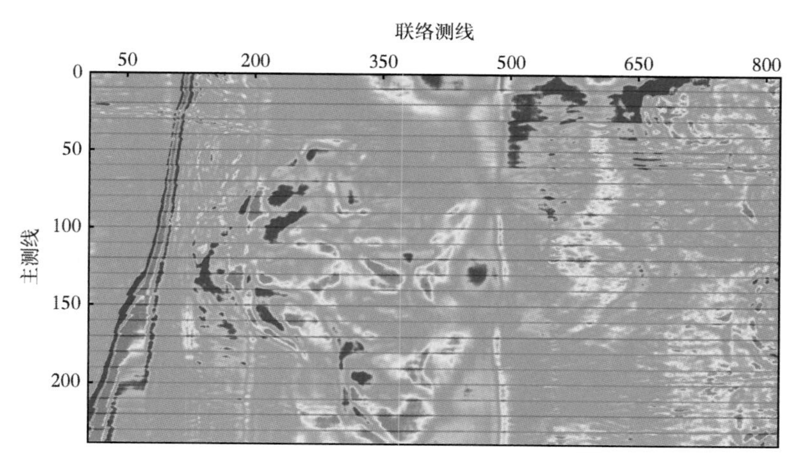

图 2-2-31　沿拾取时间提取的低位体系域砂体切片

廓，因为很难拾取沿河道方向的时间，考虑到前人有很多用谱分解识别河道的实际事例，为了验证谱分解识别河道的可靠性，进行了沿砂体方向的谱分解，利用不同频率的数据作切片。具体识别结果在谱分解结果测试中论述。

通过对比水平时间切片与沿砂体时间切片可以看出，水平时间切片与砂体所在的深度有较好的对应关系，可以理解沉积的过程，更容易识别物源的方向，但是倾角较大的水平时间切片很难把握砂体的全貌，对于同一时期沉积的砂体轮廓识别存在问题。当埋深较大、波阻抗差异小、横向变化剧烈时，往往很难识别砂体的位置，此时宜用沿砂体的切片。沿砂体的切片可以刻画同一时期的轮廓，有助于展现当时的沉积规模，但由于砂体的等时线很难准确拾取，有可能造成识别的假象，所以在做切片时需综合考虑水平时间切片与沿砂体切片的影响，分析得出砂体的展布以及岩性变化。

（二）谱分解技术原理及分析

1. 谱分解原理

在振幅类的切片分析中，发现低位体系域中有河道时，振幅有强弱变化，在此将该变化归结于河道的影响，但在实际处理分析过程中，很难将振幅的强弱变化解释为河道，甚至砂体的轮廓解释都存在问题。在实际应用过程中，谱分解技术常常用来识别河道，但实际地下情况很难验证，故在设计模型的时候考虑在砂体模型中加入河道，用来验证河道对地震资料解释的影响。同时可以试验谱分解技术对河道识别的准确性。

在怀德斯对薄层反射振幅特点研究的基础上，奈德尔等人在 1975 年明确提出了“调谐厚度”的概念。奈德尔注意到当层厚小于 $\lambda/4$ 时，合振动的形状没有变化，但合振动的振幅随厚度变化而不断变化。在厚度等于 $\lambda/4$ 时，振幅为极大。这就是说即使在不能把薄层顶底反射面分开的情况下，也能推断出底部反射面的存在，这时厚度信息包含在振幅里而不是在波形中。所以称出现振幅极大对应的厚度为调谐厚度。

薄层反射的频率特性的特点是：其波阻抗关系，在地震波脉冲、速度变化、所选用的滤波特性、薄层厚度等因素不同的条件下，观测到的复合反射波波形复杂化，有时高频分量加强，有时低频分量加强，有时某些频率被加强而另外一些频率被削弱。较厚的薄层波形的稳定性没有较薄的薄层好。合适地改变滤波通频率带会使记录上某些反射波变得清晰起来，也能增加或减少反射的数目。

谱分解解释处理技术是应用各种数学和物理方法将地震信号从时间域转化到频率域，由于分频处理后的结果每个单一频率对应的振幅都是调谐振幅。地层时间厚度根据 Rayleigh 准则，导出地层调谐厚度：

$$\Delta z=\lambda/4$$

式中，λ 为波长；Δz 为调谐厚度。

又

$$\Delta z=(T/2)\times v$$

其中

$$v=\lambda\cdot f$$

式中，T 为双程旅行时；v 为速度；f 为频率。

则地层的时间厚度为

$$T=1/(2\cdot f)$$

与众多地震反演方法类似，地层时间厚度的计算结果校验必须与已知井点数据标定方为有效。但相对厚度的确定，可根据频率的高低直接确定。

谱分解技术的理论基础是薄层反射系统可产生复杂的谐振反射。谱分解基于薄层的频率特征概念，即来自薄层的反射在频率域具有指示地层厚度的特征性质。谱分解方法可以在频率域分出各频带来自薄层顶底反射干涉中的虚反射信号，虚反射处的频率或陷频对应于薄层的双程时间厚度。地震子波包括了许多高于地震波主频的频率，那么，岩性地层的细微特征变化都可以通过频率中陷频信息计算出来。调谐反射的振幅谱模型确定了组成反射的单个地层特征之间的关系，反映薄层的变化。

薄地层反射在频率域中唯一特征表达可指示时间厚度变化。由薄层调谐反射得到的振幅谱可确定构成反射的单个地层的声波特性之间的关系，振幅谱通过陷频曲线确定薄地层变化情况。陷频曲线与局部岩体（如局部地质、流体、沉积学等）的变化情况有关。振幅谱陷频周期频率值可确定薄层厚度。相位谱通过局部相位的非稳定性反映地层的横向不连续性。

谱分解技术利用薄层调谐体离散频率特性，通过分析复杂岩层内陷频谱变化和局部相位的不稳定性，识别薄地层横向分布特征。三维地震数据体目的层时窗范围的选取十分重要，大时窗和小时窗振幅谱的频率响应差异是巨大的。大时窗振幅谱的频率响应近似于子波，往往可以引起白噪或拉平现象；小时窗时频转换地质体的作用就像一个反射子波上的滤波器，振幅谱不再白噪。小时窗谱分解可减少采样地层的地质随机性。小时窗三维地震数据体经过谱分解生成小时窗频率域调谐三维体。调谐三维体通常由薄层调谐、子波叠覆和噪声组成。假设谐振沿拉平层变化，通过对每一频率切片子波均衡，可使子波最小白噪化，从而消除子波影响。在主频范围内，相对高信噪比产生清晰的薄层调谐图像，可忽略噪声干扰。振幅与频率的调谐可以通过全频率范围生动地体现。解释人员通过分析感兴趣频率切片，在平面上观察调谐特性，识别地质体沉积过程中的结构和模式，从而预测地质体横向变化（李仁海等，2008）。非均质异常体纵向分布的预测，可在基于层位的调谐三维体确定后，经过计算得到纵向多个离散频率能量体，将谱分量分解成多个共频率分量数据体或共样点数据体，通过振幅和相位频率特性切片动画显示，观察分析目的体内不同频率在不同时间和空间上变化延伸情况，结合实际地震、测井、钻井、取心等资料综合分析标定，客观地预测非均质体纵横向展布（郭涛等，2012）。

2. 谱分解实例

地震谱分解解释技术是一项基于时频分析的地震属性分析技术，它提供了一种在频率域分析、解释地震数据的新途径。该技术源于 Widess 提出的利用地震振幅信息定量研究储层厚度的方法。对于地下地层而言，随其厚度的增加，地震反射振幅逐渐增大；当地层厚度增加至 1/4 波长的调谐厚度时，反射波振幅达到最大值；然后随地层厚度的增加，反射振幅反而逐渐减小。Partyka 等的研究表明，谱分解后某一厚度的薄互层调谐反射，在频率域某一频率的振幅谱干涉图中更加凸显，可依此定量刻画薄层的厚度。

如图 2-2-32 所示的楔状模型，在不同分频数据体中其最大振幅谱所对应的厚度不同，低频最大振幅谱为相对较厚层的调谐响应，高频最大振幅谱为相对较薄层的调谐响应。从图中可以看出，谱分解技术可在有效频带内分频解析地层时间厚度的变化，改变了以往以地震子波主频定义调谐厚度的单一做法。谱分解方法的流程是利用连续时频分析方法把地震数据体从时间域转到频率域，求取每个地震道时间样点的频谱（振幅谱或相位谱）；然后按照频率重排产生同频率的数据体、剖面、时间切片和层切片；再利用可视化及动画显示等解释工具对各单一频率的数据进行对比、分析和解释。通常，振幅谱用于描述储层的时间厚度变化，而相位谱用来指示地质体的横向不连续性。谱分解后地震记录的频谱主要由传播地震波的地层声学特性所决定，而且薄层厚度的变化（调谐效应）、地层界面特征的改变以及地层孔隙流体充填（尤其是气藏）都可能在不同频率的数据体中产生相应的响应。

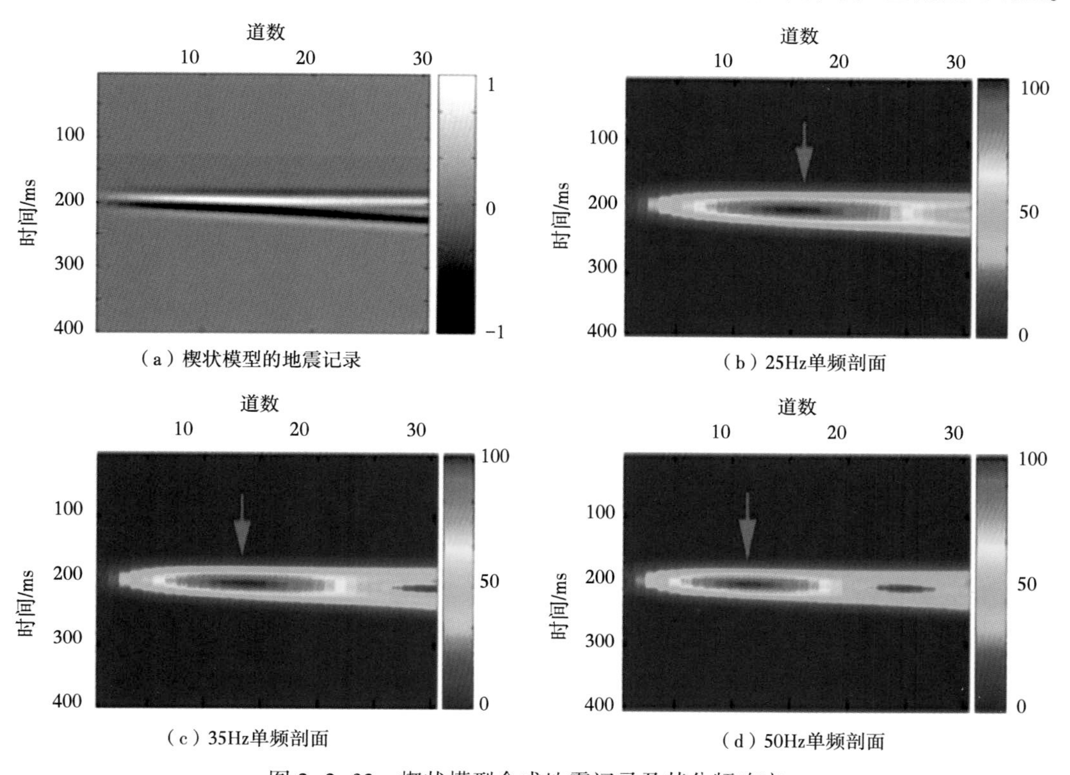

（a）楔状模型的地震记录　（b）25Hz单频剖面

（c）35Hz单频剖面　（d）50Hz单频剖面

图 2-2-32　楔状模型合成地震记录及其分频响应

因此，地震谱分解技术的应用主要集中在薄层厚度预测、特殊地层特征分析和直接烃类检测（龙丹，2019）。实际上，地震谱分解就是对地震道进行连续时频分析地震道每个时间样点都对应输出一个频谱。目前，地震谱分解的方法很多（李斌等，2017；刘晗等，2017；汪涛等，2017；汪瑞良等，2017；严海滔等，2019），归纳起来主要包括短时傅里叶变换（STFT）、最大熵法（MEM）、连续小波变换（CWT）、S 变换（ST）和匹配追踪法（MPD）等。从理论方法来说，这些方法各具特色和优点，但又都存在一定的局限或缺陷。同一地震道所用的谱分解方法不同，其分析结果也会出现一定差异，即地震谱分解是一种非唯一过程。在谱分解的过程采用的是短时傅里叶变化的方法。

短时傅里叶变换（STFT）计算公式（Mallat，1999）为：

$$S_{\mathrm{f}}(t,\ \omega)=\int f(t')\gamma(t'-\tau)\mathrm{e}^{-j\omega t'}\mathrm{d}t \tag{2-2-4}$$

式中，$S_{\mathrm{f}}(t,\omega)$为时频谱分布函数；$f(t')$为时域地震信号；τ 为窗口函数，$\gamma(t'-\tau)$的中心时；ω 为频率，在时刻 t 短时傅立叶变换是信号 $f(t')$ 通过加窗 $\gamma(t'-\tau)$ 后得到的，位于窗函数里的信号特征都会在 $STFT_{\mathrm{f}}(t,\omega)$ 上显示出来。自然地，人们希望使用短的时间窗函数，以获得好的时间分解率，另一方面，利用 Parseval 恒等式，可以将短时傅立叶变换的定义式（2-2-4）用频域表示：

$$STFT_{\mathrm{f}}(t,w)=\frac{1}{2\pi}\mathrm{e}^{-jwt}\int_{-\infty}^{\infty}\hat{f}(w)\hat{r}^{*}(w'-w)\mathrm{e}^{jw't}\mathrm{d}w' \tag{2-2-5}$$

式（2-2-5）表明，短时傅里叶变换可用加窗信号谱 $\hat{f}(w)\hat{r}^{*}(w'-w)$ 的傅里叶逆变换来求解，因此在频率 ω 处的短时傅里叶变换本质上是信号 $f(t')$ 通过带通滤波器 $\hat{r}(w'-w)$ 的滤波的结果，故为了获得高的频率分辨率，必须要求这个带通滤波器有窄的宽带。根据测不准原理，这显然与时间分辨率的提高相矛盾。这就意味着，只能牺牲时间分辨率以换取更高的频率分辨率，或反过来用频率分辨率的牺牲换取时间分辨率的提高。

设窗函数 $\gamma(t)$ 的时间中心位于 $t=0$，频率中心位于 $\omega=0$，时宽和带宽分别为 σ_t 和 σ_ω。令 $\gamma_{t,\omega}(t')=\mathrm{e}^{j\omega t'}\gamma(t'-t)$，则 $\hat{\gamma}_{t,\omega}=(w')\mathrm{e}^{-jt(w'-w)}\hat{\gamma}(w'-w)$。

$\gamma_{t,\omega}(t')$的时间中心为 t，频率中心为 ω，时宽和带宽分别为 σ_t 和 σ_ω。因此，据短时傅里叶变换的定义式（2-2-4）及其频域表示式（2-2-5）知，$STFT_{\mathrm{f}}(t,\omega)$反映了在时频平面窗口［$t-\sigma_t$，$t+\sigma_t$］×［$\omega-\sigma_\omega$，$\omega+\sigma_\omega$］内信号 $f(t')$的特性。

由上可见，短时傅里叶变换虽然在一定程度上克服了傅里叶变换不具有局部时域分析能力的缺陷，但它也存在着本身不可克服的缺陷，即当窗函数 $\gamma(t)$ 确定后，矩形窗口的大小和形状就随之确定，t 和 ω 只能改变窗口在时频平面上的位置，而不能改变窗口的大小和形状。可以说短时傅里叶变换实质上是具有单一时频分辨率的一种信号的时频分析方法，在对非稳定信号进行分析和处理时，对信号中的低频成分要用宽的窗函数，以提高频率分辨率，而对信号中的高频成分，则要用窄的窗函数，以提高时间分辨率。因此，难以找到一个合适的窗函数兼顾两者。

在实际应用中，希望选择的窗函数具有很好的时频聚集性，使得 $STFT_{\mathrm{f}}(t,\omega)$ 能够有效地反映信号在时频点(t,ω)附近的特性。常用的一种选择是取高斯函数：

$$\gamma(t) = (\pi\sigma^2)^{-\frac{1}{4}} e^{-\frac{t^2}{2\sigma^2}} \tag{2-2-6}$$

这时 Heisenberg 不等式（2-2-6）中等号成立。在此意义下，高斯窗函数为最佳窗函数。

为了将短时傅里叶变化应用于数字信号处理，类似于离散傅里叶变换的基本思想，可以定义离散短时傅里叶变换。

设$f[n]$是周期为 N 的离散时间信号，$\gamma[n]$是周期为 N 的实对称的窗序列，且$\|\gamma\|=1$，那么$f[n]$的离散短时傅里叶变换定义为：

$$STFT(m,k) = \sum_{n=0}^{N-1} f[n]\gamma[n-m]\exp\left(-j\frac{2\pi kn}{N}\right) \quad 0 \leqslant m,k < N \tag{2-2-7}$$

由离散短时傅里叶变换定义式（2-2-7）知，对于任意给定的$0\leqslant m<N$，$STFT(m,k)$是$f[n]\gamma[n-m]$的离散傅里叶变换。从而，可用 FFT 来计算 $STFT(m,k)$，这时运算工作量为 $O(N\log_2 N)$。

本章节中谱分解试验了沿不同体系域的频谱分解，首先对低位体系域的砂体进行了时间的拾取，如图 2-2-33 所示，低位体系域是建构在基底之上的，故主测线方向高差相对较大，而模型在设计之初，沿联络测线为水平层状介质，故时间拾取只需拾取主测线方向即可。此次谱分解试验了不同时窗的响应特征以及不同频率的响应特征。窗口选取的大小分别为沿拾取时间上下各 10ms、20ms 和 30ms。选取的频率是 20Hz，频谱分解结果如图 2-2-34 所示。从图中可以看出，当选取的时窗小于对应频率的一个周期时，其谱分解的结果能量相对较弱，识别砂体的范围不是很准确，对比图 2-2-34 和图 2-2-31 可以看出，由于谱分解技术综合了砂体上下某个时窗内的信息，考虑的是一个综合效应，且相对于地震切片分析技术，不需要特别精准的时间拾取，故对于砂体的范围识别优于沿砂体的振幅切片。为确保对应的频率至少包含一个周期，图 2-2-35 中选取的时窗为沿拾取时间上下各 25ms，不同频率的选取分别为 20Hz、30Hz 和 40Hz。谱分解结果表明，由于深层地震资料主频相对较低、界面波阻抗差异比较小等原因，导致谱分解结果只能识别多期叠合河道的大致区带，不能识别河道的具体形态。

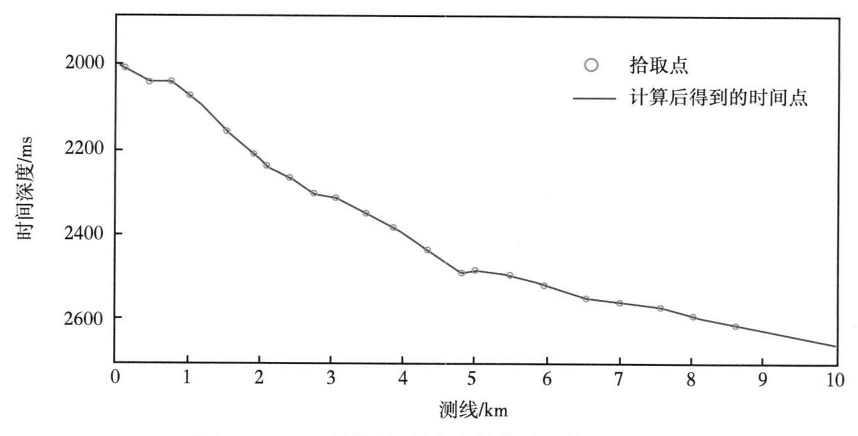

图 2-2-33　低位体系域砂体的时间拾取结果

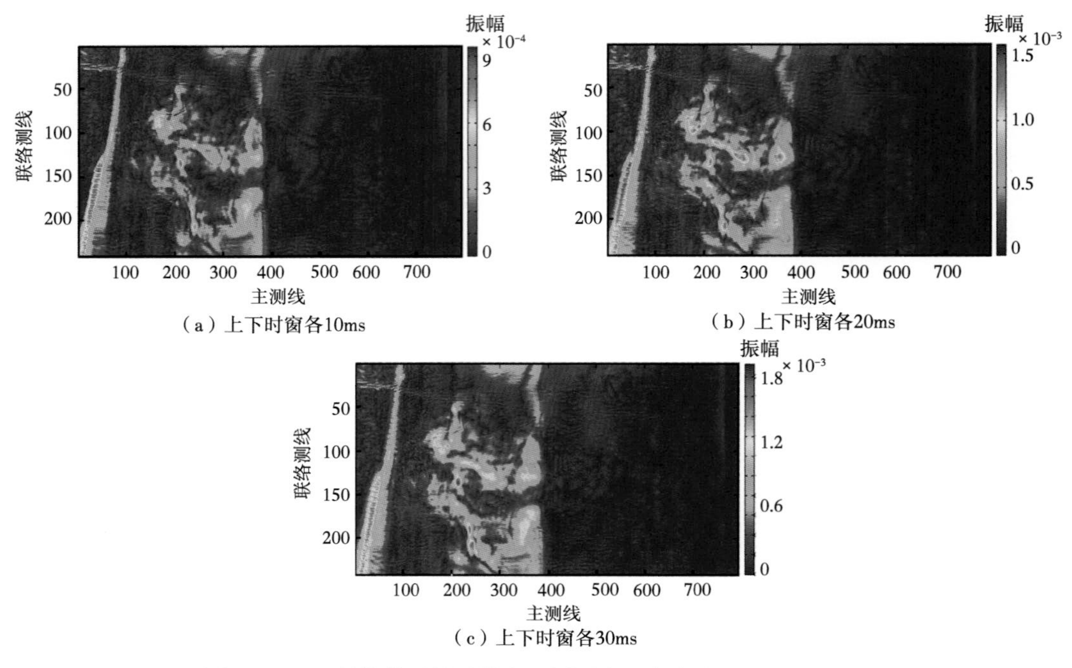

（a）上下时窗各10ms

（b）上下时窗各20ms

（c）上下时窗各30ms

图 2-2-34　低位体系域砂体在不同时窗下频率为 20Hz 时的振幅

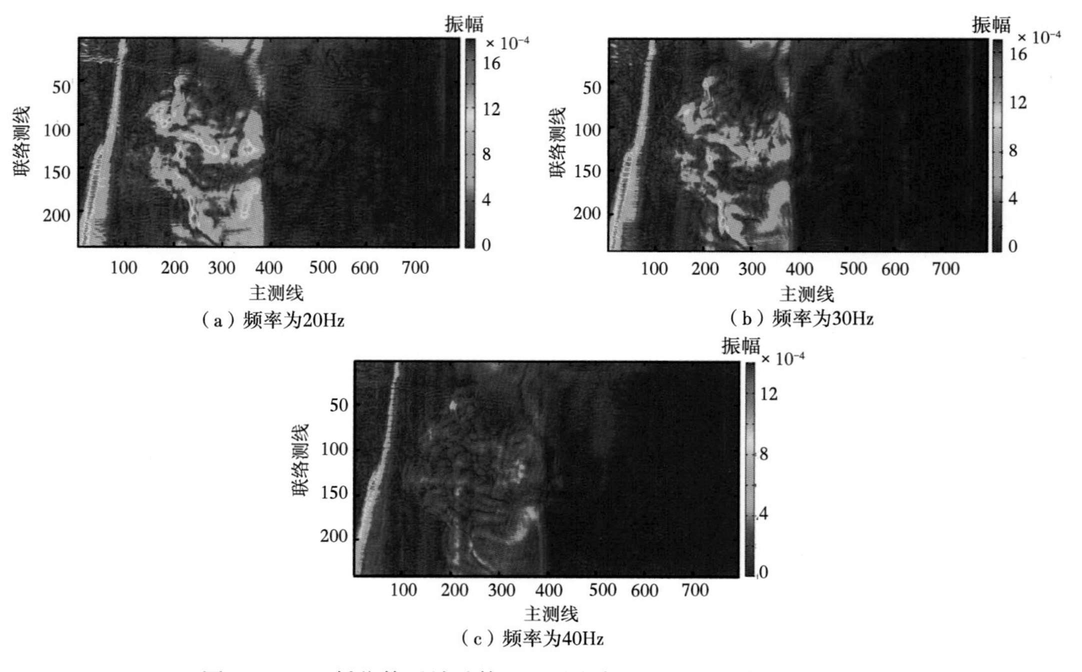

（a）频率为20Hz

（b）频率为30Hz

（c）频率为40Hz

图 2-2-35　低位体系域砂体上下时窗各 25ms 时不同频率的振幅

图 2-2-36 为湖侵体系域砂体时间拾取结果，蓝色的线是经过计算后得到的时间。通过对低位体系域谱分解发现，谱分解对于砂体的整体规模有很好的表征，在设计湖侵体系

域中，砂体的厚度较大，利用沿砂体的切片对于砂体边界的刻画不是很清晰，利用谱分解对于砂体范围的刻画应该是可行的。图 2-2-37 显示的是沿湖侵体系域不同频率（25Hz、35Hz、45Hz）的振幅能量，时窗长度为 50ms。从图中可以看出湖侵体系域的砂体形态比较清晰，但是对于互层的表征很难识别，只是在泥、砂交接处有能量强弱变化。信号的主频在 25Hz 左右，多次波的干扰对于砂体的识别影响较小，但是高频处信号能量的减小、多次波干扰的存在，砂体边界刻画变得模糊。岩性的变化需要沿砂体的振幅切片进行识别。

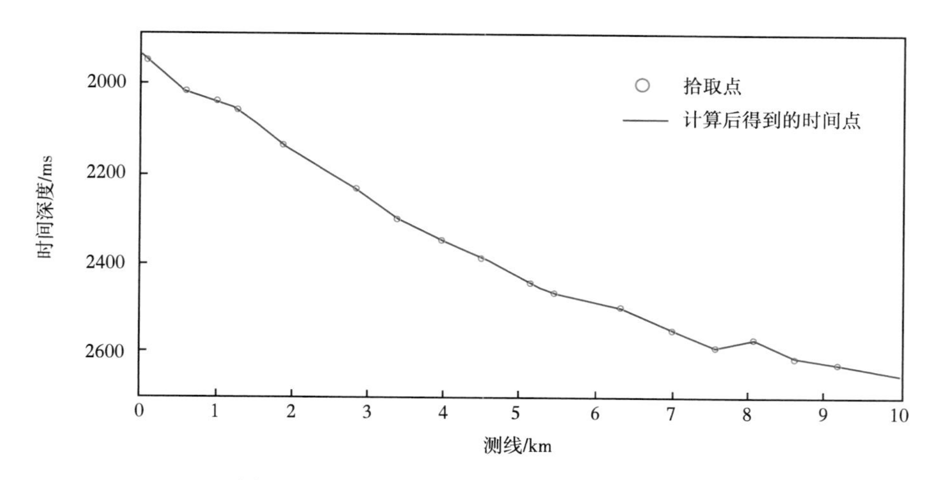

图 2-2-36　湖侵体系域砂体的时间拾取结果

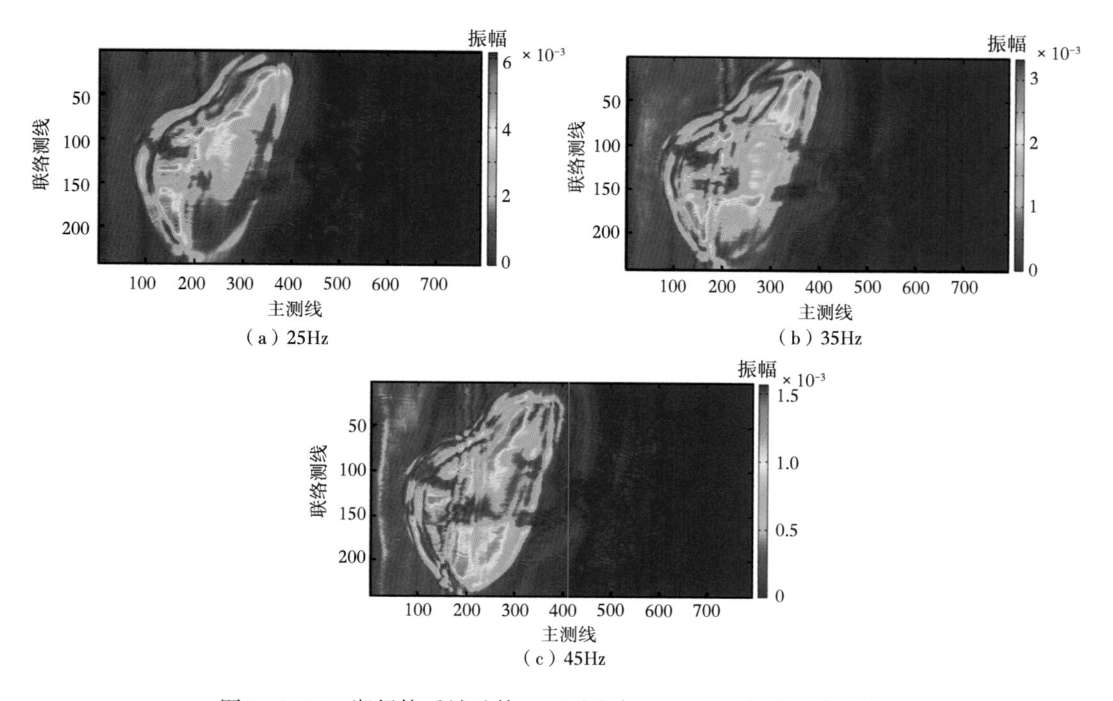

图 2-2-37　湖侵体系域砂体上下时窗各 25ms 时不同频率的振幅

图 2-2-38 为高位体系域砂体的时间拾取结果，蓝色的线是经过计算后得到的时间。在对湖侵体系域模拟数据开展了谱分解，对砂体边界刻画较为成功。湖侵体系域的砂体展布较大，能量集中，偏移成像难度小，而高位体系域的砂体展布较小，绕射能量的收敛是处理过程中的一个难点，为了检验谱分解砂体识别的有效性，对高位体系域的砂体成像同样使用了谱分解，以期达到识别砂体规模的目的。图 2-2-39 显示了高位体系域不同频率振幅能量，频率的选取分别为 15Hz、25Hz 和 45Hz。砂体的轮廓比沿层时间振幅切片清晰，但由于大值的存在，砂体的边缘不能准确定位，而多次波的存在则对高位体系域第三

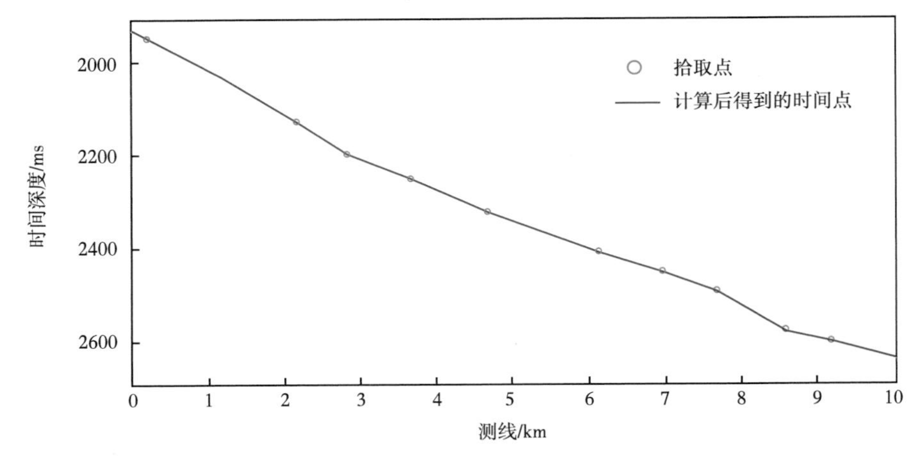

图 2-2-38　高位体系域砂体的时间拾取结果

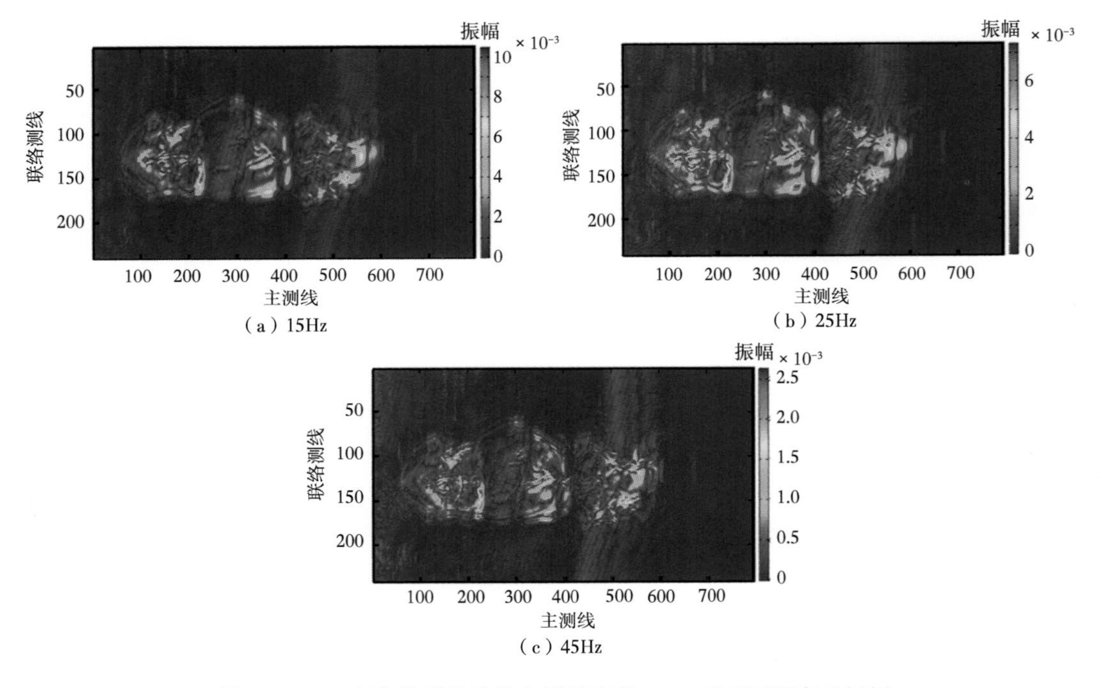

图 2-2-39　高位体系域砂体上下时窗各 25ms 时不同频率的振幅

个砂体的刻画有影响。考虑到大值影响了砂体的刻画，在此改变阈值的显示方法，即设定一个阈值，大于该阈值的值都赋值为该阈值。该方法的公式为：

$$f(x, y)=\begin{cases}F, & f(x, y) \geqslant F \\ f(x, y), & f(x, y)<F\end{cases} \tag{2-2-8}$$

式中，$f(x, y)$ 为各点的振幅能量，F 为阈值，当振幅能量大于阈值时，振幅能量的值就取为阈值。如图 2-2-40 所示，这种方法有助于消除大值对较小值的影响，对上述 15Hz 的振幅能量作阈值处理，可以看出，由于去除大值影响，砂体的轮廓变得清晰，多次波对第三个砂体的识别影响也较为明显，此种方法要求资料具有较高的信噪比，采用阈值处理，有助于砂体轮廓的识别，通过对不同体系域砂体的识别，谱分解有助于划分砂体的有利区带，但是对于岩性的变化，需要结合切片进行分析。

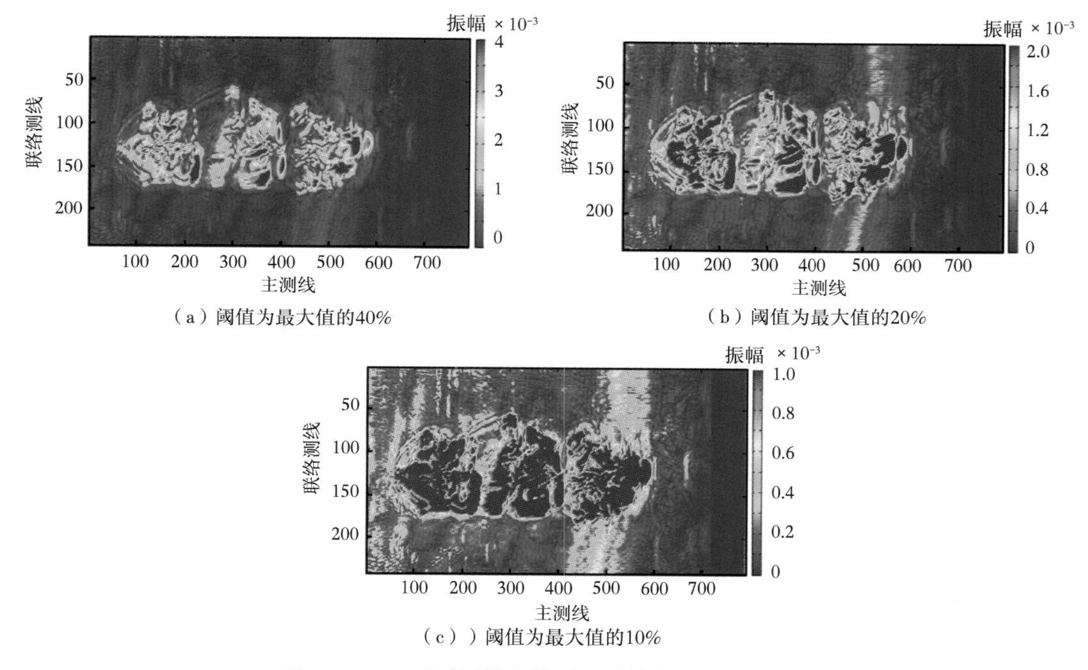

(a) 阈值为最大值的40%　(b) 阈值为最大值的20%

(c)) 阈值为最大值的10%

图 2-2-40　不同阈值条件下对砂体的平面刻画效果

通过对高位体系域、湖侵体系域以及高位体系域进行的谱分解，证实谱分解有助于砂体轮廓的识别，而采用阈值处理则可以消除大值对解释的影响，可以更清晰地识别砂体轮廓，但是对噪声比较敏感，当噪声较大时，还是需用原始的谱分解数据分析。无论水平时间切片还是沿层切片，都清楚地看出砂体岩性的变化，虽然无法识别砂体的岩性变化，但利用井资料信息可以将砂体的岩性很好地识别出来。

第三节　本 章 小 结

本章节围绕渤海走滑—伸展复合区岩性地层圈闭的特征，在沉积体系和地震相的分析基础上，提炼地震地质模型，分别采用数值模拟方法对上倾尖灭型、滩坝型、透镜体型、下超型四种沉积体的地震响应进行了分析 ，并针对不同地质条件下地层尖灭点的地震响应进行二维模型地震数值模拟，通过对比详细分析了其影响因素，为后续的地震综合解释及储层描述提供了认识。

在二维模型地震数值模拟基础上，本章还结合辽西凸起实际地质条件，从地震剖面简化、地质模型设计，到物理模型实现、观测系统设计、地震物理模型模拟数据采集，详细阐述了基于超声波测试技术的三维地质模型野外地震数据采集模拟全过程，并采用了海上实际地震资料处理过程的技术方法分别对去噪、速度分析、偏移成像、叠加关键处理环节进行了分析，然后通过水平切片、沿层切片、谱分解的手段对不同体系域的砂体成像规律和影响因素进行了分析，为古近系复杂地质体的地震资料处理及精细解释奠定了基础。

第三章　走滑—伸展复合区岩性地层圈闭发育区地震资料处理关键技术

岩性地层圈闭在渤海油田大范围分布，截至目前仅辽西凸起未钻岩性地层圈闭面积近 230km^2，资源量总计约为 2.7×10^{8}m^3，勘探潜力巨大，具有重要的现实意义。

岩性地层勘探的突破首先必须要有高品质地震资料的支持（周心怀等，2012）。相对于构造勘探，岩性地层勘探对地震资料的成像精度、分辨率、保真度等提出了更高要求，而辽西凸起中南段的地震资料品质尚不能满足岩性地层勘探需求，是制约该区古近系岩性地层圈闭勘探的主要原因。首先，该区断层极为发育，断层及其下方地层成像难度大；其次，储层叠置关系复杂，横向变化快，地震资料分辨率无法满足高精度地层层序研究需求；此外，地层超覆线、岩性尖灭点的刻画需要地震资料具备更高的成像精度和保真度，而地震资料速度建模和保真成像难度大。

针对辽西凸起古近系岩性地层圈闭发育区特殊的地震和地质问题，地震数据处理需要有针对性的方法和技术。在前面章节中对走滑—伸展复合区岩性地层圈闭的沉积背景、圈闭特征以及控制因素等进行了分析，对岩性地层圈闭的发育模式和展布规律有了清晰的认识；在此基础上结合钻井获得的岩性参数，完成了地震波数值和物理正演模拟，分析总结了不同岩性模式下地震波传播的响应特征。这些工作为处理流程的构建和关键技术的研发和应用奠定了理论基础。基于前述两章的认识，针对岩性地层勘探面临的地震资料难点，首先研发并应用了弱振幅地震响应区数据规则化处理技术以提高弱信号区资料保真度；其次，通过地层超覆及岩性尖灭圈闭地震拓频处理提高地震资料分辨率；最后通过走滑—伸展复合区复杂构造速度建模及偏移成像研究提高岩性地层的成像精度。

第一节　研究区地震资料处理难点分析及对策

根据辽西凸起走滑—伸展复合区岩性地层圈闭发育情况，将岩性地层圈闭分为 3 种类型，主要包括沟谷填充型、超覆尖灭型和滑塌型，如图 3-1-1 所示。不同岩性地层类型的地震反射特征存在较大的差异。沟谷填充型沉积体由于构造起伏大，沟谷轮廓凹凸不平，尺度小，地震波场散射严重，沟谷内部地层反射能量弱，同相轴连续性差，地层反射特征不明确。超覆型地层一般由凹陷区沉积地层上超至潜山顶面或者较老地层，其尖灭点的识别是影响岩性圈闭规模的主要因素，由于尖灭点处地层变薄、多期地层相互叠置等因素影响，其地震反射普遍较弱。孤立发育的滑塌型地质体厚度薄，且受中深层地震资料分辨率低等因素影响，其顶底面反射不清楚，且滑塌体与围岩阻抗小，岩性体边界反射相对较弱，是影响其展布范围研究的主要原因。岩性地层尖灭点和岩性地质体规模尺度的快速变化以及空间上相互叠置造成地震波场复杂，地震资料单炮中双曲线特征不明显，不规则同相轴发育，反射波能量差异大，给地震资料精确成像带来很大挑战。主要表现在以下四个方面：

（1）岩性地层超覆点地层变薄，且一般与低频强反射的潜山顶面接触，潜山反射淹没了尖灭点反射，进一步加剧了岩性尖灭点的识别难度。因此提高地震资料分辨率是精细刻画地层尖灭点和岩性边界的重要攻关方向之一。

（2）地层尖灭点、岩性边界等地震反射能量弱，加之渤海水深较浅，鬼波、浅水多次波等噪声类型多样，原始采集资料信噪比低，是影响边界成像的另一重要原因。因此如何提高地震资料保真度，提高弱信号的成像精度是地震资料处理需要攻关的另一个重要方向。

（3）古近系沉积地层超覆于潜山地层之上，且古近系多期地层相互叠置，沉积年代变化快，地层速度纵横向变化大，加之古近系低速泥岩、常规泥岩、钙质泥岩、砂岩、砂砾岩等多种岩性发育，不同岩性速度差异大，规模普遍较小，且分布不均匀，如何建立高精度速度场是影响岩性地层成像的重要内容。

（4）岩性地层相带变化快。不同岩性地层空间变化快，常规基于射线的克希霍夫偏移方法无法适应速度的快速变化，成像射线在岩性尖灭处畸变严重，是影响其精确成像的关键。此外，古近系断层发育，不同类型不同尺度断层相互交切，进一步加剧了成像难度。因此研发针对岩性地层的偏移方法对于提高岩性地层地震资料品质尤为重要。

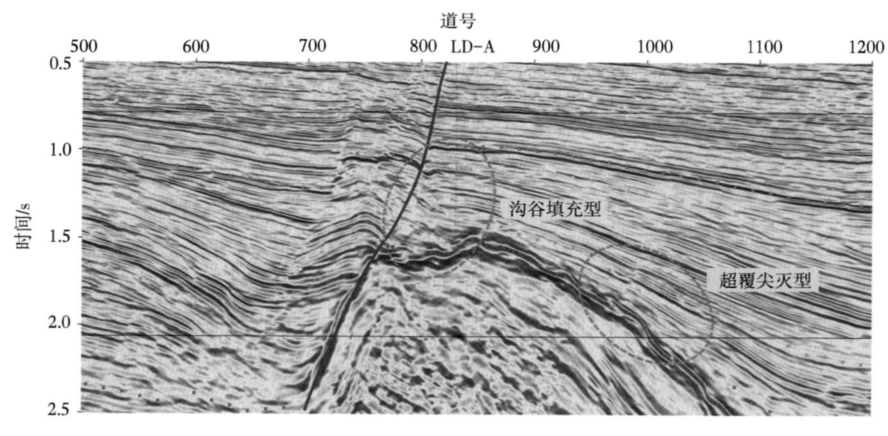

图 3-1-1　辽西凸起走滑—伸展复合区岩性地层圈闭典型地震剖面

针对岩性地层圈闭地震反射能量弱，信噪比、分辨率低，断层阴影严重等问题，在现有处理技术和流程基础上，根据研究区实际资料特点开发了鬼波和浅水多次波压制技术、弱地震振幅区能量补偿与数据规则化技术、高分辨率处理技术、高精度速度建模与偏移成像技术等，这些技术与现有技术结合形成了渤海油田岩性地层圈闭地震资料处理关键技术系列，在研究区地震资料的实际处理过程中获得了较好的效果。

第二节　研究区鬼波与浅水多次波影响分析与衰减技术

海洋地震资料中多次波异常发育，特别是与水层相关的鬼波（虚反射）及多次波尤为明显（Verschuur 等，1992）。鬼波是地震波与地下介质相互作用后上行至海面反射一次，再传至检波点的波，以缆鬼波为例，其传播路径如图 3-2-1（a）所示。浅水多次波是地震波穿过地层介质后，最终被检波器接收之前，在海面—海底间反射所形成的波，一阶浅水多次波的传播路径如图 3-2-1（b）所示。

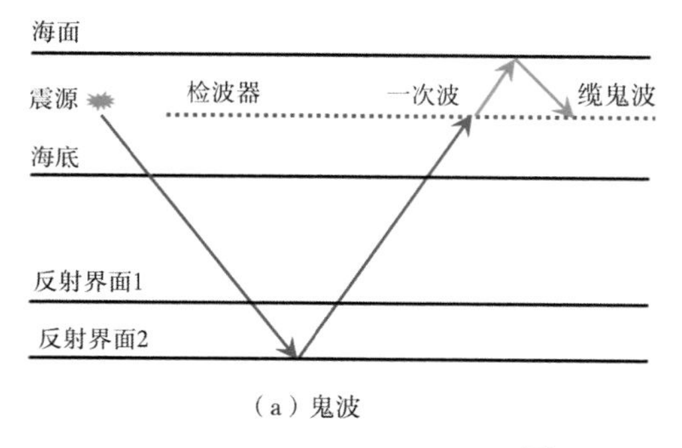

（a）鬼波

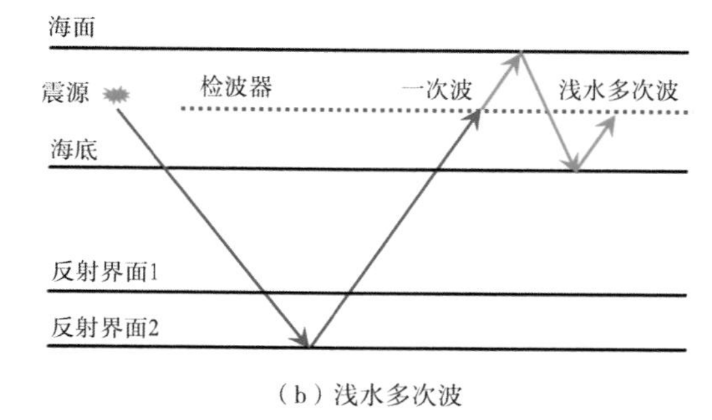

（b）浅水多次波

图 3-2-1　地震波传播路径

多次波衰减是海洋地震资料处理流程中的重要环节之一，能为后续处理和解释工作奠定良好的基础（张志军等，2013）。渤海油田平均水深仅 18m，最大水深约 40m，属于极浅水环境。常规拖缆采集电缆沉放深度一般在 6m 左右，震源沉放深度多为 5m，因此常规拖缆采集地震资料带有先天性的鬼波干扰和浅水多次波干扰。但是鬼波和浅水多次波对激发子波、储层以及流体识别的影响缺乏系统性研究。因此，如何认识渤海实际采集情况下鬼波和浅水多次波对储层响应特征及地震振幅的影响，并研发针对性压制技术，是提高地震资料保幅性，开展储层预测和流体检测的关键。

一、鬼波及浅水多次波对地震振幅影响分析

（一）鬼波对地震振幅影响分析

根据鬼波产生机理的差异，其类型可以分为三种，其中仅与震源端相关的鬼波称为震源鬼波，仅与接收点端相关的鬼波称为电缆鬼波，而同时与震源端和接收点端相关的鬼波称为源缆鬼波。渤海油田常规拖缆采集电缆沉放深度一般在 6m 左右，震源沉放深度多为 5m，模拟鬼波时，震源和电缆的沉放深度参考渤海拖缆采集实际情况。

首先分析鬼波对地震子波的影响。不同类型的鬼波对子波相位的影响不同，如图 3-2-2（a）所示，当只含有震源鬼波时子波主能量部分接近 90°相位，而当含有源缆鬼波时子波接近 180°相位。震源、电缆沉放深度不同，对子波相位的影响也不同，如图 3-2-2（b）所示，以震源鬼波为例，震源沉放越深，子波越接近 90°相位。震源和电缆沉放深度差越大，子波越接近 180°相位，如图 3-2-2（c）所示。总之，鬼波对地震子波形态和相位的影响较大（王冲，2019）。

进一步分析鬼波对合成记录的影响，由于不同情况下子波相位的差异，采用不同子波制作的合成记录存在时移。为了研究含不同鬼波情况下对地震振幅的影响，将三种合成记录进行平移，如图 3-2-3 所示，使标志层处于同一深度。通过标定后发现，不同类型鬼波的合成记录存在差异，通过提取蓝色箭头处三种合成记录的振幅值，如图 3-2-4 所示，鬼波的存在改变了振幅之间的相对能量关系，严重影响砂体识别模式和厚度的判别。另外，

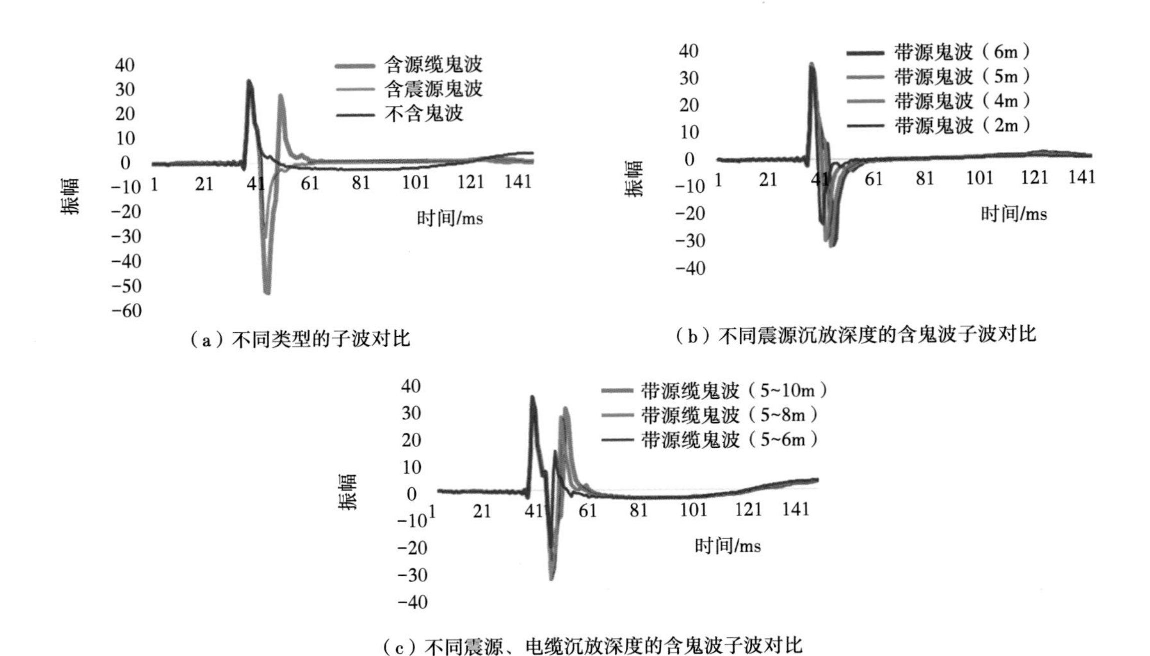

（a）不同类型的子波对比

（b）不同震源沉放深度的含鬼波子波对比

（c）不同震源、电缆沉放深度的含鬼波子波对比

图 3-2-2　不同形式鬼波对地震激发子波影响示意图

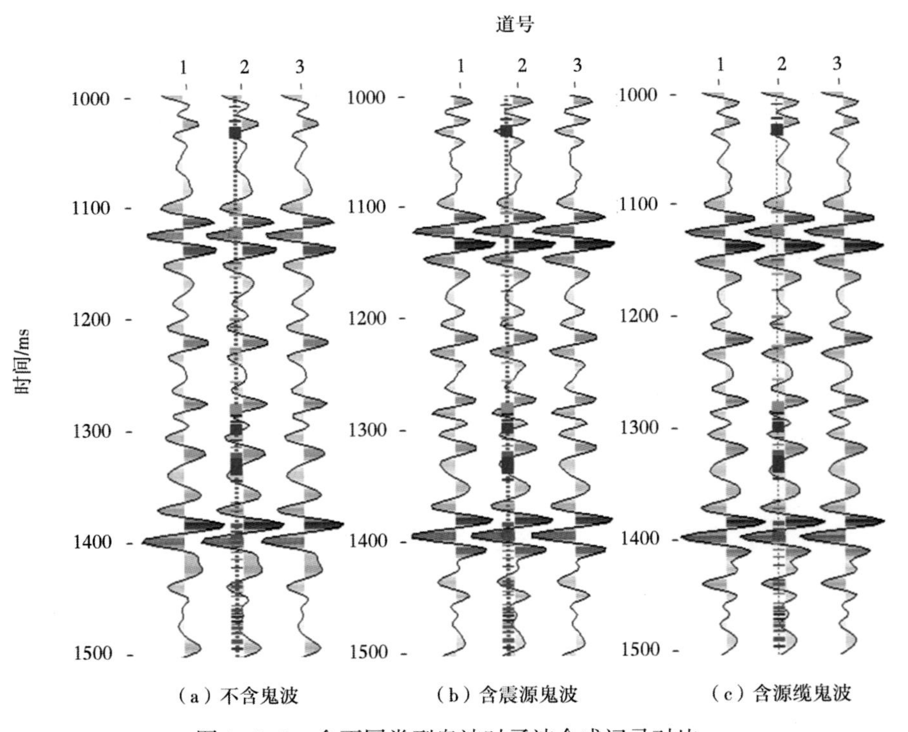

（a）不含鬼波　（b）含震源鬼波　（c）含源缆鬼波

图 3-2-3　含不同类型鬼波时子波合成记录对比

通过对不同类型鬼波的合成记录进行频谱分析（图 3-2-5）发现鬼波的存在减弱了低频能量，频率向高频移动造成高分辨率的假象。

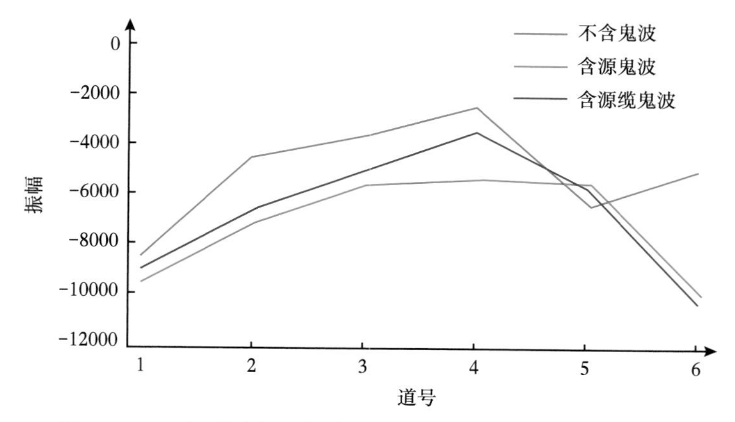

图 3-2-4　含不同类型鬼波的合成记录标志点振幅曲线对比

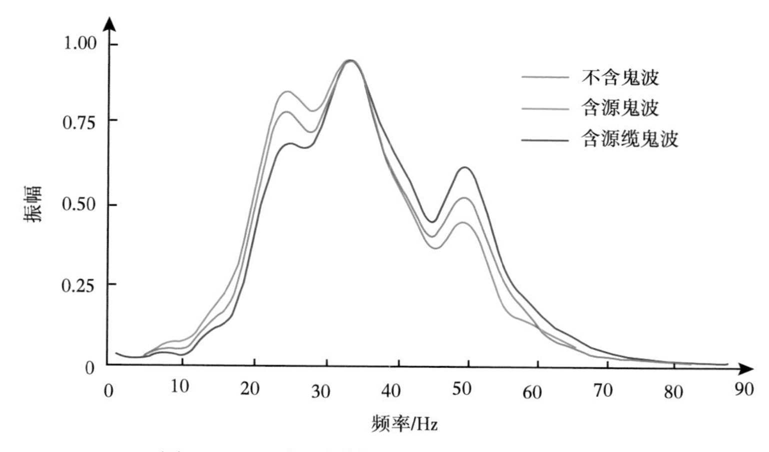

图 3-2-5　含不同类型鬼波的合成记录频谱

通过上述鬼波对地震子波以及合成记录的影响分析可知鬼波的存在改变了地震子波的形态和相位，改变了地震振幅之间的相对能量关系，也改变了地震频谱（Robert，2010），严重影响地震资料的保幅性。

（二）　浅水多次波对地震振幅影响分析

海洋采集环境下，由于海面是一个强反射界面，反射系数接近-1，使得多次波在海面和海底之间发生强烈的多次反射，且多次波与一次波耦合在一起，不易分离（王艳冬等，2020）。渤海油田平均水深仅 18m，最大水深约 40m，属于极浅水环境，浅水多次波异常发育，是影响地震资料品质的一个关键因素。研究过程中模拟浅水多次波时，水深参考渤海油田实际水深情况。

首先分析浅水多次波对地震激发子波的影响。假设海底反射系数为 0.4，在原始子波中分别加入 12m 水深和 18m 水深的多次波，如图 3-2-6 所示，通过比较激发子波形态发现，12m 水深的多次波与原始子波耦合在一起，而 18m 水深的常规多次波与原始子波分离，多次波形态更加明显。进一步比较其频谱发现水深越大，陷波频率越向低频端移动。如图 3-2-7 所示，进一步研究地震频带下浅水多次波对子波的影响，水深一定的前提下，相对于原始 Ricker 子波，在多次波的影响下，主频 30Hz 的子波相比主频 15Hz 的子波形态畸变更为严重。总而言之，随着水深及子波主频的变化，浅水多次波对子波的影响程度存在较大差异。

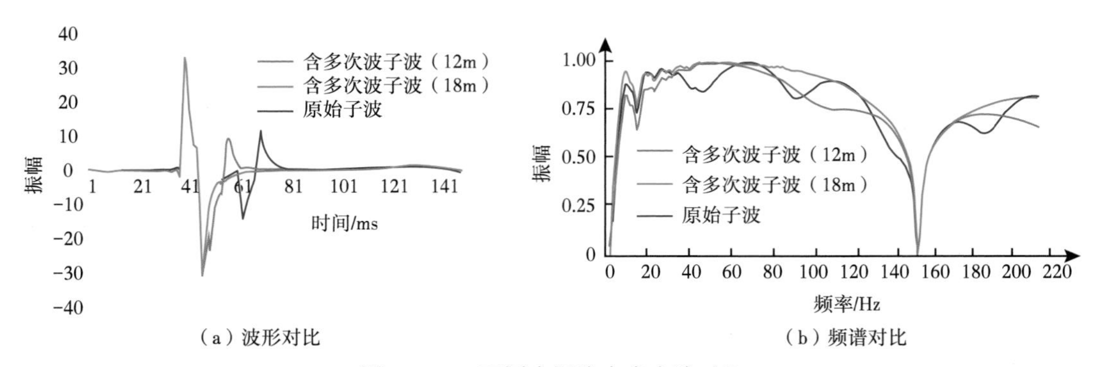

（a）波形对比　（b）频谱对比

图 3-2-6　不同水深浅水多次波对比

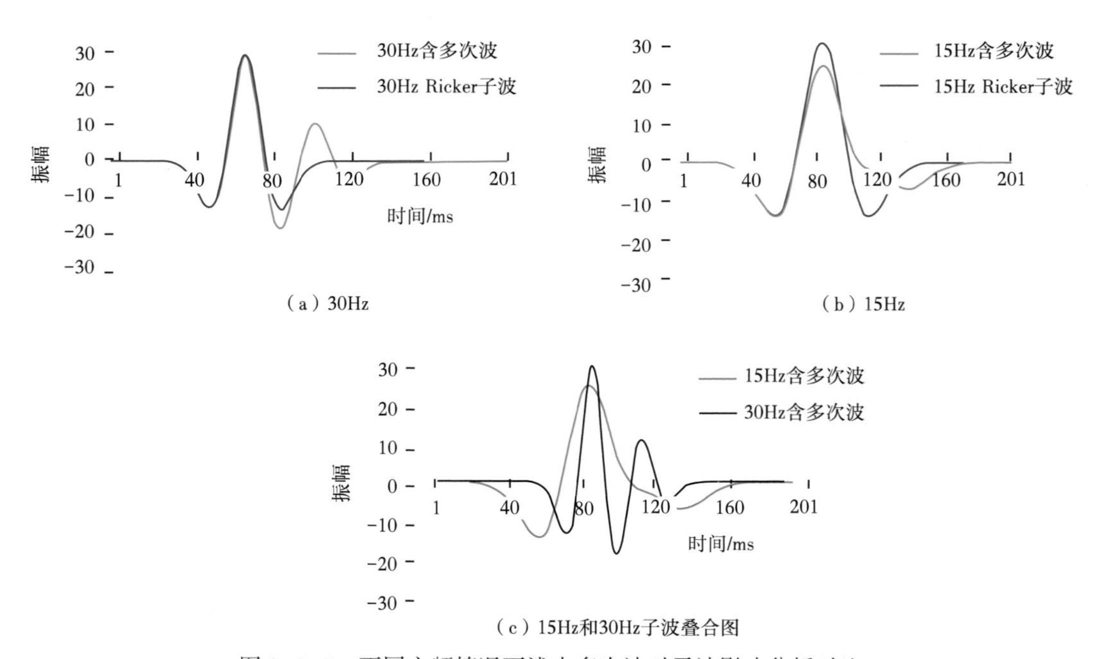

（a）30Hz　（b）15Hz

（c）15Hz和30Hz子波叠合图

图 3-2-7　不同主频情况下浅水多次波对子波影响分析对比

进一步分析浅水多次波对合成记录的影响，如图 3-2-8 所示，建立四个不同地层结构及含油气性的砂体模型，然后分别用 Ricker 子波和带有浅水多次波的子波进行正演。通过对比不同模型的合成记录，发现浅水多次波对孤立型砂体的识别影响较小，但严重影响垂向叠置型砂体模式的识别，并且其影响程度与地层结构和含油气性均有较大关系，有可能使下伏地层振幅响应增强，也可能使其振幅响应变弱。

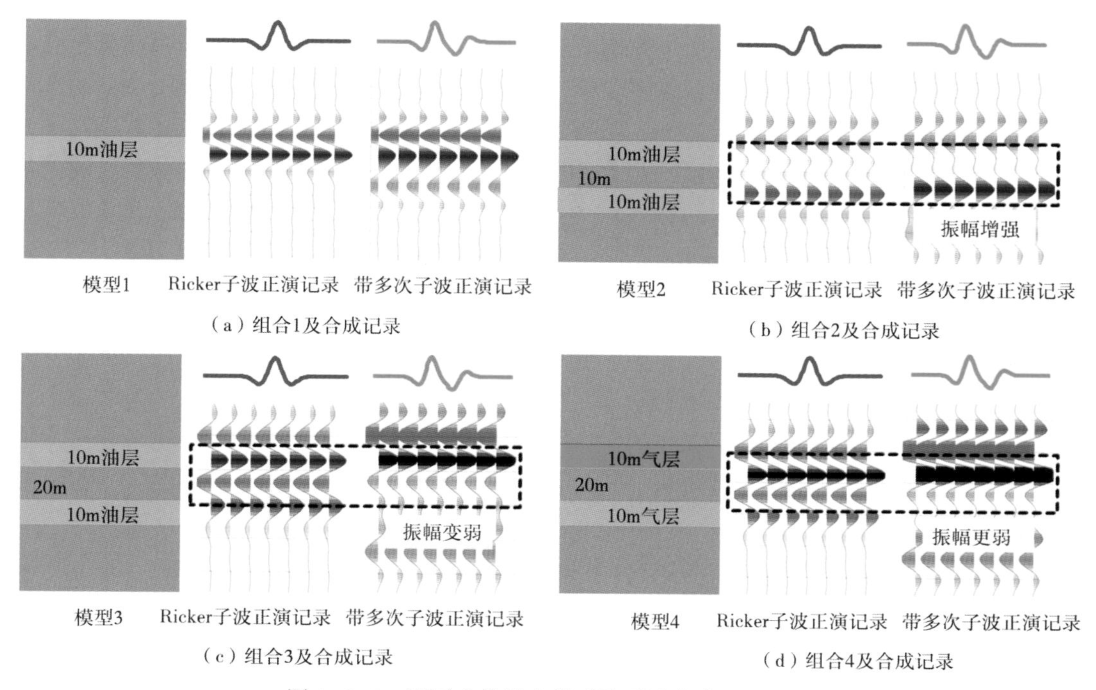

图 3-2-8　不同砂体组合模型及子波合成记录对比

为深入分析浅水多次波对实际地震资料的影响，根据实际地震剖面建立二维等效模型，如图 3-2-9 所示，分别用 Ricker 子波和含浅水多次波的子波进行正演。通过比较其

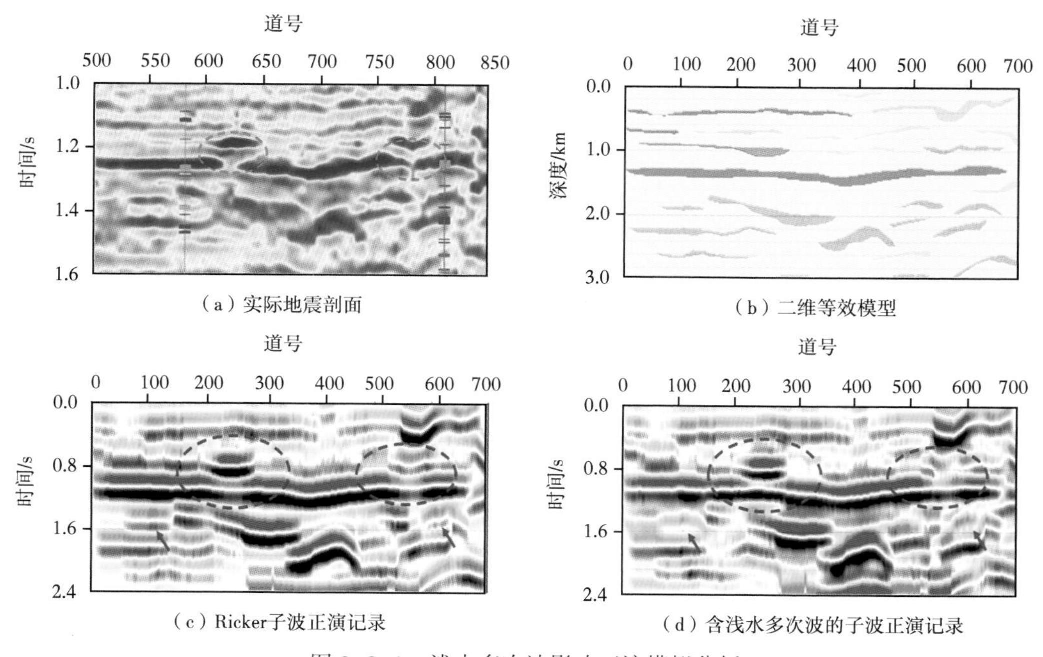

图 3-2-9　浅水多次波影响正演模拟分析

正演结果可以看到，浅水多次波的存在使得地震剖面中复波峰现象明显，波组关系不清晰，难以准确反映砂体的发育情况，如图中蓝色箭头所示。另外，浅水多次波对孤立砂体和叠置砂体中上覆砂体的地震响应影响较小，而对下伏砂体的地震响应影响较大，如图中蓝色框所示。

通过上述浅水多次波对地震激发子波以及合成记录的影响分析可知，浅水多次波的存在使地震子波复杂化（周小鹏等，2019），并改变了地震波组关系，影响纵向叠置型储层的地震响应，严重影响地震资料的保幅性。

二、鬼波及浅水多次波衰减技术

在深入分析渤海实际采集情况下鬼波和浅水多次波对地震振幅影响机理的基础上，分别针对鬼波和浅水多次波对地震资料的影响提出了基于 L2 范数的 f–k 域鬼波压制技术和基于格林函数的浅水多次波压制技术，通过对地震记录中的鬼波和浅水多次波进行压制，提高地震资料的保幅性。

（一）基于 L_2 范数的 f–k 域鬼波压制技术

当地震波场出射角为 θ 时，鬼波波场相对于一次波波场的延迟时可以表示为：

$$\Delta t = 2h\cos\theta / v \tag{3-2-1}$$

式中，h 为检波器沉放深度；v 为地震波在海水中的传播速度。

由式（3–2–1）可知，不同偏移距以及不同地震波出射角均会导致鬼波延迟时发生变化。考虑到在 f–k 域拖缆地震数据具有时不变的鬼波滤波器的特点，可以有效避免偏移距以及地震波出射角变化对鬼波参数选取带来的影响。

对于拖缆数据，相同出射角的地震波对应的鬼波延迟时相同。f–k 变换将地震数据分解为不同频率和倾角的平面波，对于其中任意一组平面波，其鬼波延迟时是一个常数。利用这一关系可以得到含鬼波的地震数据与不含鬼波的地震数据之间的关系表达式：

$$\begin{aligned} P(k_x,\ h,\ \omega) &= U(k_x,\ h,\ \omega) + D(k_x,\ h,\ w) \\ &= U(k_x,\ h,\ \omega)(1 + R\mathrm{e}^{-jk_x 2h}) \end{aligned} \tag{3-2-2}$$

式中，P 为含鬼波的全波场；U 为不含鬼波的波场；D 为鬼波波场；R 为海面对地震波的反射系数；h 为检波器沉放深度；ω 为角频率。

利用式（3–2–2）即可求得反鬼波算子。

由于受海浪、潮汐等影响，实际拖缆采集过程中记录的检波器沉放深度存在较大误差，导致鬼波压制后出现明显的噪声干扰。为此采用基于 L_2 范数的鬼波压制技术。通过鬼波压制前后残差能量最小准则，求取准确的检波器沉放深度和海水反射系数，进而求取准确的反鬼波算子，其目标函数为：

$$E(k_x,\ \omega) = \frac{1}{2}\sum\int \| P(k_x,\ \omega) - U(k_x,\ \omega) - D(k_x,\ \omega) \|_2 \mathrm{d}k_x \mathrm{d}\omega \tag{3-2-3}$$

通过正演模型测试发现，基于 L_2 范数的鬼波压制技术可以较好地压制地震记录中的鬼波干扰，如图 3–2–10 所示。鬼波压制后低频能量得到有效恢复，使得受鬼波影响造成的高频假象得以消除，如图 3-2-11 所示。

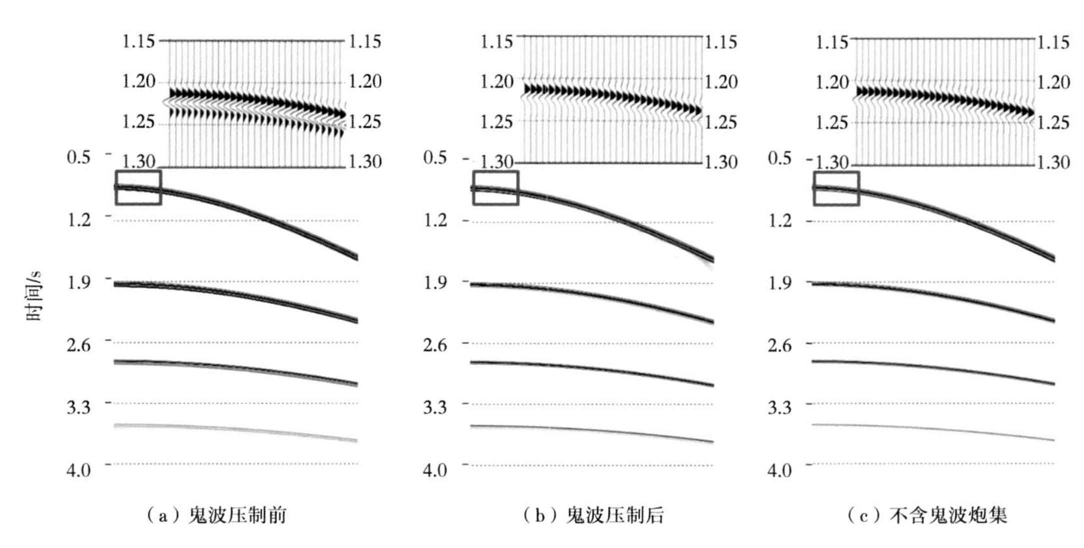

（a）鬼波压制前　（b）鬼波压制后　（c）不含鬼波炮集

图 3-2-10　基于模型数据的鬼波压制前后炮集对比

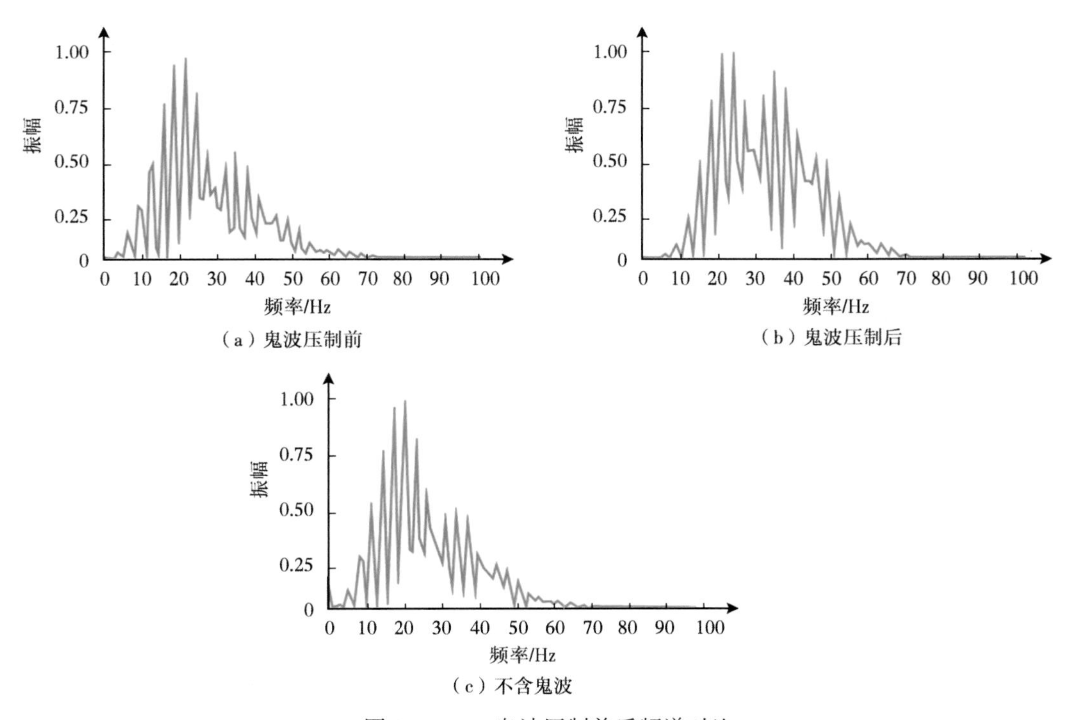

（a）鬼波压制前　（b）鬼波压制后

（c）不含鬼波

图 3-2-11　鬼波压制前后频谱对比

将该技术应用于油田实际地震资料处理，从处理前后的炮记录上（图 3-2-12）可以看到鬼波压制后地震波组特征得到明显改善。另外，从鬼波压制前后的自相关谱及频谱对比可以发现，鬼波压制后子波主能量更加集中，地震低频成分更为丰富，而高频能量则相对降低，如图 3-2-13 和图 3-2-14 所示。

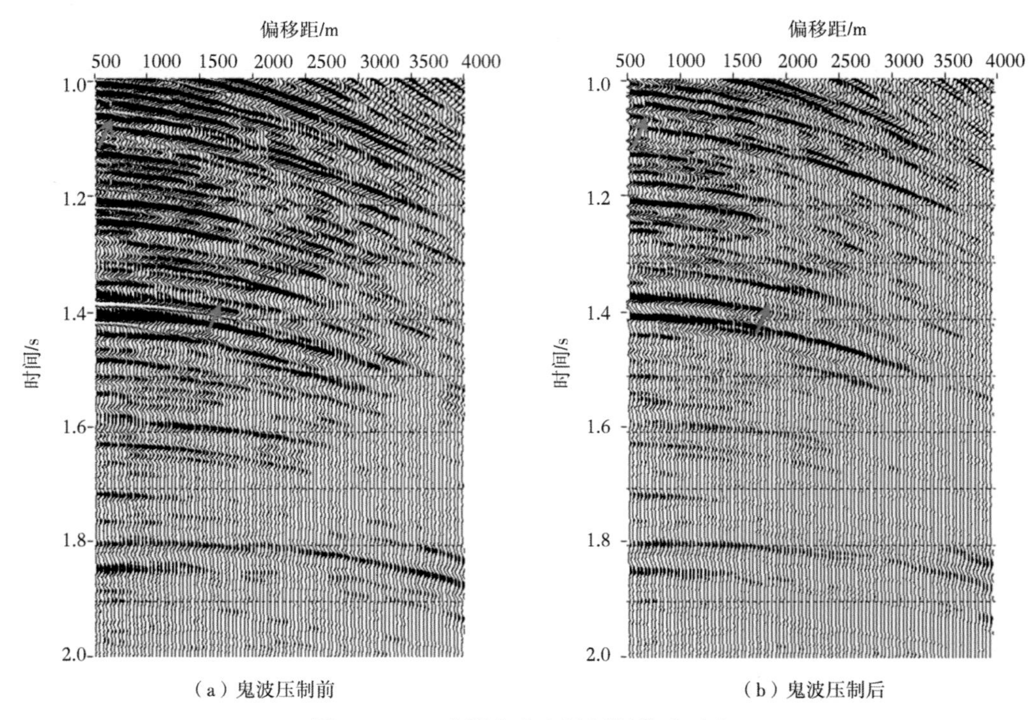

图 3-2-12　实际炮集鬼波压制前后对比

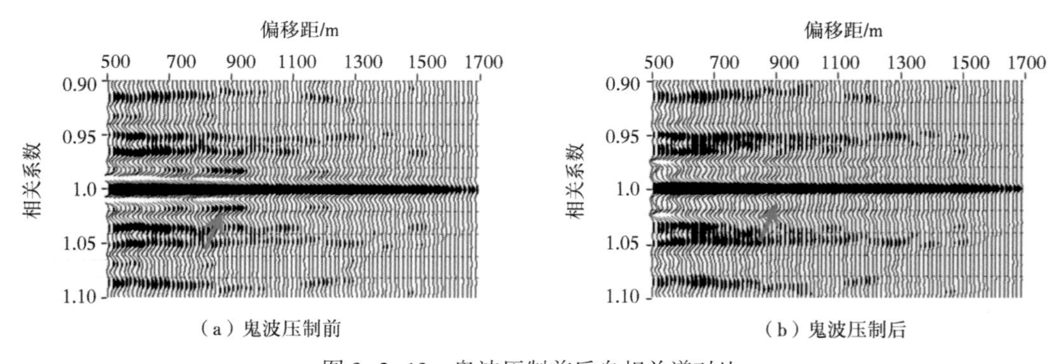

图 3-2-13　鬼波压制前后自相关谱对比

（二）基于格林函数的浅水多次波压制技术

渤海油田极浅水环境下，地震记录中海底反射波与直达波相互干涉，难以准确提取海底反射波，上述问题也是当前在深水区广泛应用的自由表面多次波消除（SRME）、逆散射级数法多次波压制等在渤海极浅水环境下无法取得较好应用效果的主要原因。

对于浅水环境下多次波衰减，以往通常采用波场延拓方法，如图 3-2-15 所示，通过对原始地震记录分别进行水层深度的正向延拓和反向延拓，再对两者进行相减，最终实现多次波的预测和消除。基于波场延拓的浅水多次波衰减方法计算效率较低，而且多次迭代后的累计误差影响最终预测结果的精度。

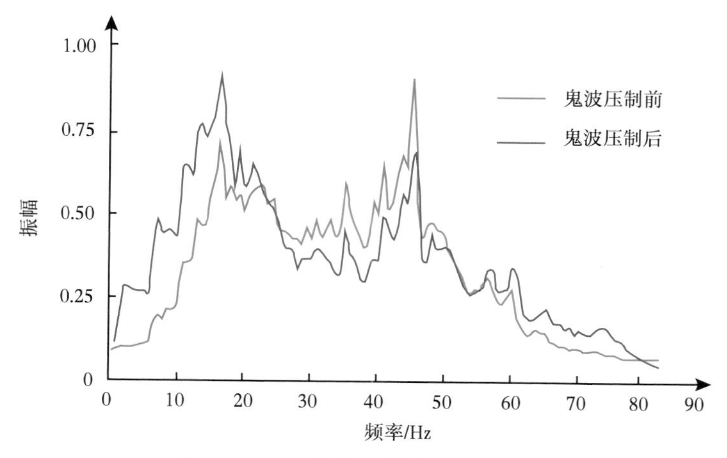

图 3-2-14　鬼波压制前后频谱对比

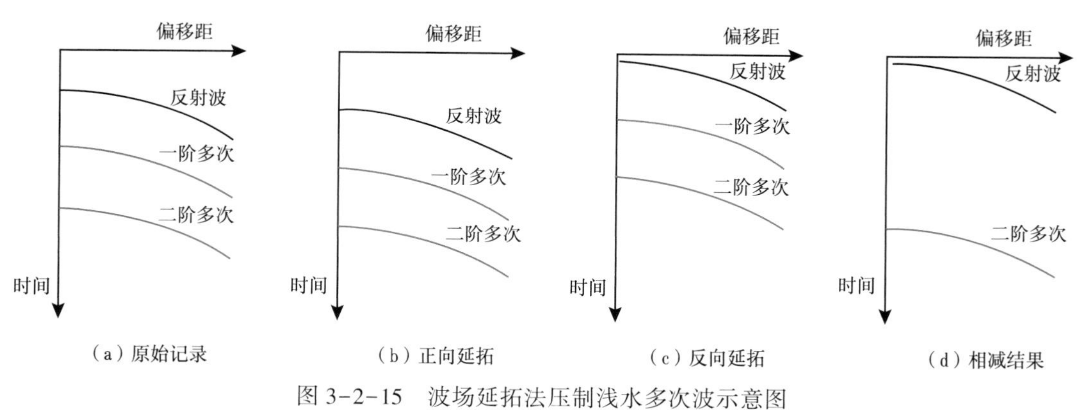

图 3-2-15　波场延拓法压制浅水多次波示意图

针对常规波场延拓方法的缺陷，提出了基于格林函数的浅水多次波压制技术，其原理如图 3-2-16 所示（其中 A 为点源示意图，G 为格林函数示意图），将海底每一个反射点看作新的震源，通过直接构建表征浅水多次波在水层中传播的格林函数，与原始地震记录进行褶积求取水层多次波，从而实现浅水多次波的预测，其计算公式如下：

$$M(x_r, x_s; \omega) = \sum_{x_r} G_0(x_r, x_k; \omega) D(x_k, x_s; \omega) \qquad (3-2-4)$$

式中，M 为预测的水层多次波，G_0 为格林函数，D 为地震记录，x_r 为上行波记录，x_s 为下行波记录，ω 为角频率。

在此基础上进一步通过自适应相减即可实现浅水多次波的消除。与常规基于波场延拓的方法相比，基于格林函数的浅水多次波压制技术避免了多次延拓引起的误差和瑞利积分对波场延拓的假设，能够模拟出所有水层相关多次波，其预测精度和计算效率都得到有效提升。

为了验证该方法的有效性，通过五层水平层状介质模型正演得到含有浅水多次波的单炮记录（水深为 18m），如图 3-2-17（a）所示，由于浅水多次波与一次波之间的时差小，

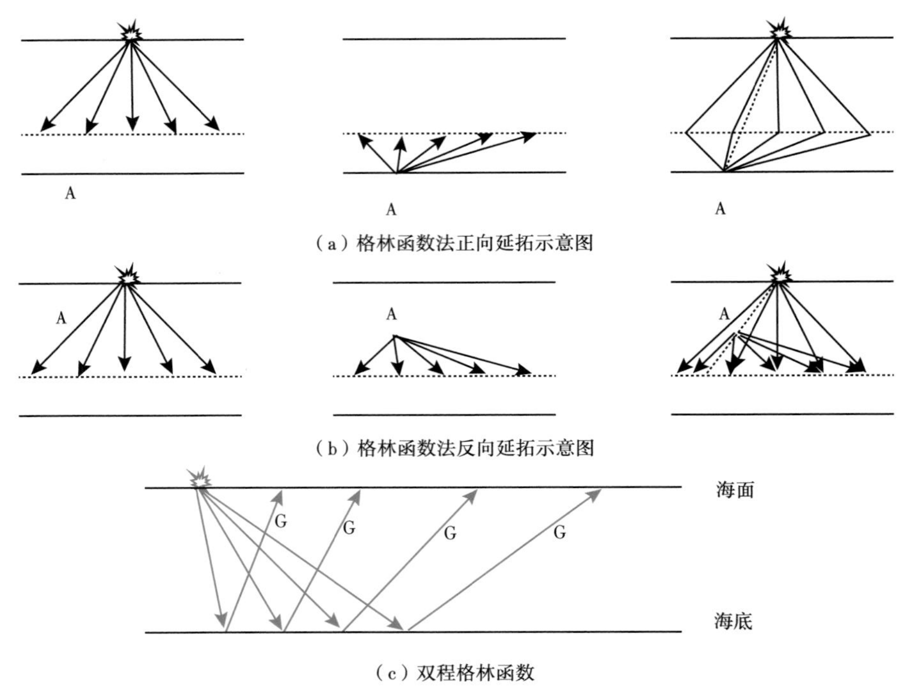

（a）格林函数法正向延拓示意图

（b）格林函数法反向延拓示意图

（c）双程格林函数

图 3-2-16 基于格林函数的水层反射重构示意图

浅水多次波紧跟在一次波之后，与一次波耦合在一起。采用基于格林函数的浅水多次波压制技术对正演记录中的浅水多次波进行压制，如图 3-2-17（b）所示，紧跟在一次波之后的浅水多次波得到了较好的压制。

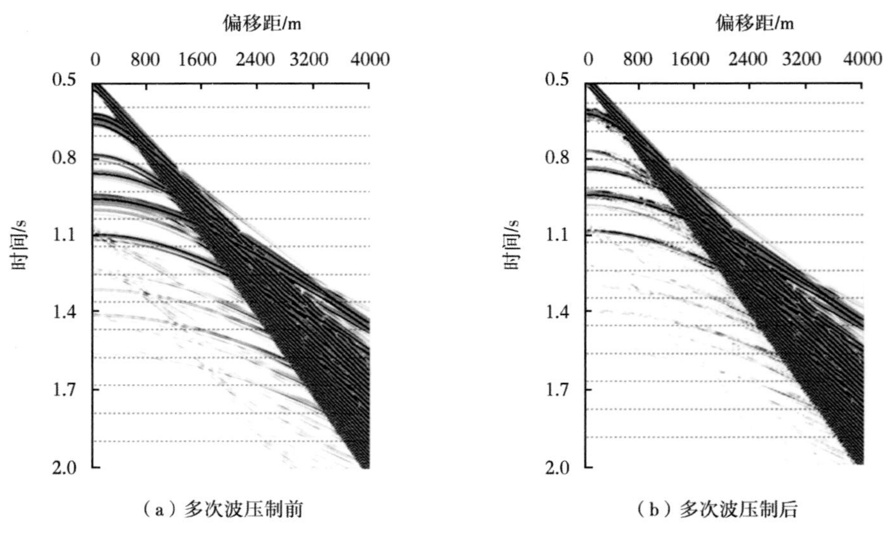

（a）多次波压制前

（b）多次波压制后

图 3-2-17 正演记录多次波压制前后单炮记录对比

将该技术应用于油田实际地震资料处理，从炮记录上可以看到浅水多次波压制后进一步改善了地震波组特征，如图 3-2-18 所示。从浅水多次波压制前后的自相关谱及频谱对比发现，浅水多次波压制后自相关周期现象得到明显压制，如图 3-2-19 所示，且有效补偿了频率为 40Hz 左右浅水多次波导致的陷波，有效拓宽了地震频带，如图 3-2-20 所示。

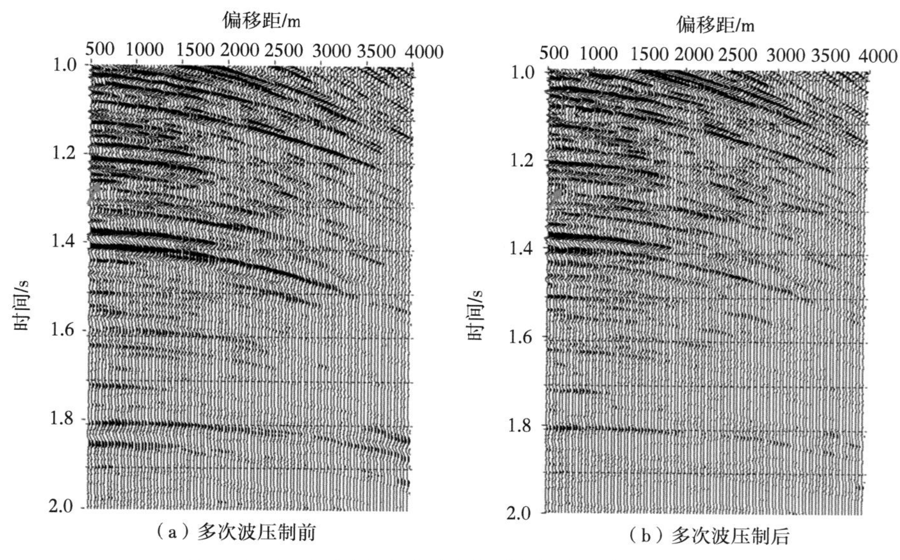

图 3-2-18　实际炮集多次波压制前后单炮记录对比

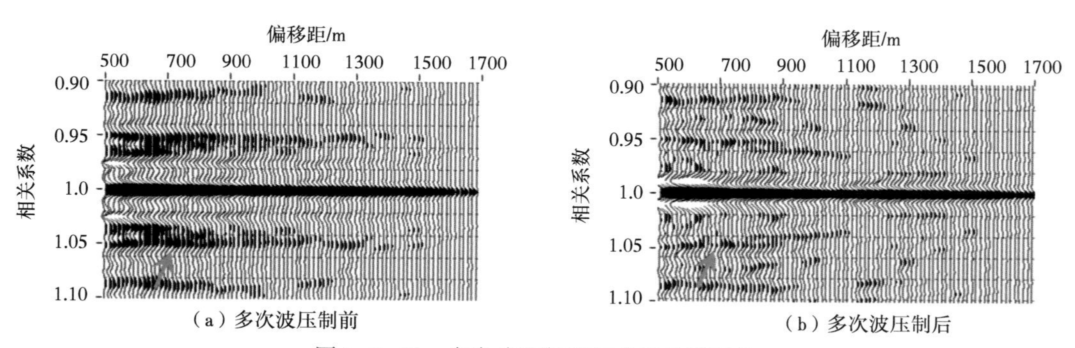

图 3-2-19　多次波压制前后自相关谱对比

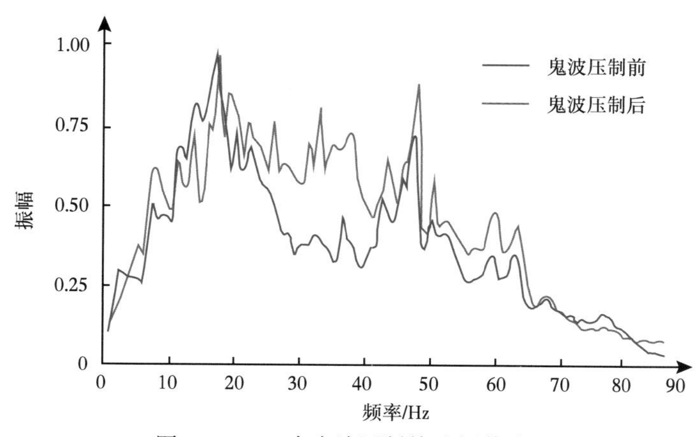

图 3-2-20　多次波压制前后频谱对比

第三节　弱振幅响应区振幅补偿及数据规则化技术

一、弱振幅响应区噪声压制及振幅补偿技术

噪声压制及振幅补偿是地震资料预处理的主要内容，也是影响弱振幅响应区保幅性的关键步骤（张志军等，2016）。目前渤海油田围绕弱振幅响应区叠前预处理阶段的保幅处理工作研究较少，也未形成完整的技术体系。通过对辽西凸起中南段古近系岩性地层圈闭发育区地震振幅频率变化进行分析，发现影响地震波振幅的主控因素主要有两个方面：（1）高能噪声、线性噪声、外源干扰等广泛发育，影响中深层弱信号的真实地震响应；（2）古近系地层和构造起伏明显，速度存在较大横向变化，导致波前剧烈变化，振幅需要根据实际路径精细补偿。针对上述主控因素，结合本工区具体的地质条件和勘探目标，在噪声压制和振幅补偿两方面形成了针对性技术。

（一）弱地震振幅区多域串联组合压噪技术

叠前去噪的原则是针对不同类型的噪声，采用不同的方法进行分类消除，去噪过程中遵循循序渐进、逐级去噪、逐步提高信噪比的规律，在剔除和衰减噪声的同时，尽量多地压制噪声，同时避免对有效信号造成损伤（陆基孟等，2009）。对于高能噪声（声波与野值）、面波、线性噪声、随机干扰、外源干扰等五种类型的噪声，分别采用自适应高能噪声衰减、内切滤波、差分方程滤波、叠前随机噪声衰减的方法有针对性地进行去噪处理。图 3-3-1 是采用多域串联组合压噪提高地震弱反射信号振幅前后效果对比，地震道集的信噪比得到了较大幅度提高，地震弱响应的横向连续性增强，反射特征更为明显。

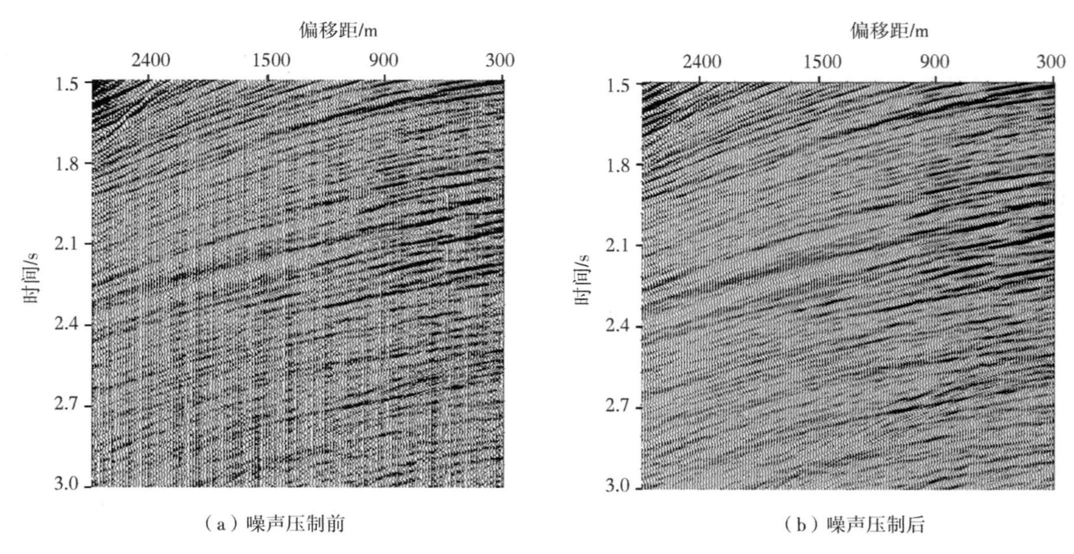

图 3-3-1　多域串联组合压噪处理前后单炮记录对比

（二）高精确振幅补偿处理技术

常见的叠前振幅补偿方法有球面扩散补偿和地表一致性振幅补偿（王靖等，2016）。

当地震波在弹性且均匀介质中传播时，波前面是以震源为中心的球面，由于从震源处激发的脉冲能量是一定的，随着传播距离的增加，波前面不断地向四周空间扩张，造成波前面单位面积的能量密度逐渐降低（Yilmaz，2001）。球面扩散补偿的目的是补偿由于传播路径或传播时间造成的波前面能量衰减，保持只与地下反射界面反射系数有关的振幅值（张志军等，2015）。此外地震资料采集时，炮点或检波点的激发或接收条件不能完全一致，造成炮间或道间存在较大的能量差异，这些差异与地下地质信息无关，容易使解释陷入误区。地表一致性振幅补偿通过对共炮点、共检波点、共中心点道集和共偏移距面的振幅进行统计分析，计算各自的补偿系数，能基本消除地表条件、激发接收的空间变化对地震波振幅的影响，使振幅能量分布均匀合理（孟松岭，2010）。常规球面扩散补偿采用经验参数模型，且未考虑构造的横向变化，因而补偿效果有所不足；而常规地表一致性补偿未考虑海上覆盖次数不均和特殊噪声类型的影响，因而适用程度不高。因此需要更为有效的高精确振幅补偿处理技术。

1. 基于检波点羽化校正的地表一致性振幅补偿处理技术

常规地表一致性振幅补偿与地表一致性反褶积具有相同的数学模型。在给定的时窗内计算全测线所有数据道的能量，采用高斯—塞德尔迭代法求出各炮集、接收道集、炮检距道集上的补偿系数，然后将这三个系数同时应用于各数据道进行补偿。但由于海洋拖缆采集受海况及施工效率等因素影响，检波器羽角问题不可避免地出现在地震记录中，造成数据炮检距分布不均和覆盖次数不均匀等问题，没有严格意义上的共检波点数据集。

因此，通过对检波点进行一定的羽角校正，获得了一种带加权处理的共检波点数据集，进行地表一致性振幅补偿处理。然后，通过与舍弃检波点项的地表一致性振幅补偿处理结果进行融合，获得古近系岩性地层圈闭发育区弱振幅补偿后的地震资料。图 3-3-2 是检波点羽角校正地表一致性振幅补偿处理结果比较，地震断续反射特征得到改善，能量的一致性得到增强，波组的层次感更符合地下的实际反射模式。

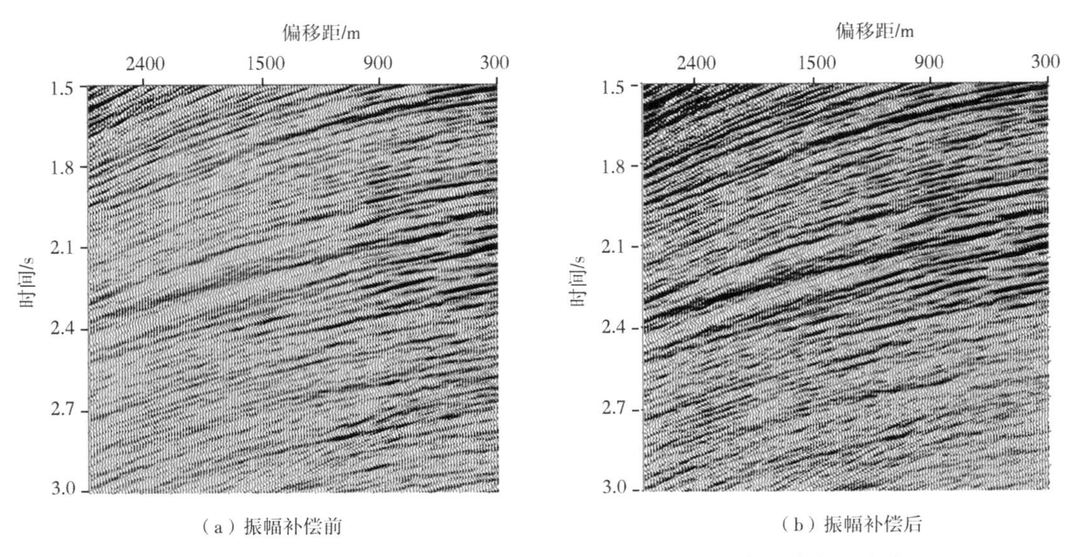

图 3-3-2　检波点羽角校正的地表一致性振幅补偿处理前后单炮记录对比

2. 基于高精度速度场球面扩散补偿处理技术

地震记录是波的传播时间和反射强度的载体，其运动学特征主要表现为传播速度和传播时间，而球面扩散又是速度和时间的函数。在连续介质中波前发散对反射波振幅的衰减因子为：

$$D=v_0/(v_R^2 t) \tag{3-3-1}$$

式中，D 为衰减因子；v_0 为初始速度；v_R 为均方根速度；t 为双程旅行时。

由式（3-3-1）可知，衰减量与地震波速度以及传播时间有直接关系，而常规球面扩散中采用内置速度函数，无法适应中深层振幅补偿的需要，为此在球面扩散补偿过程中采用了相对精确的叠加速度，每个炮点根据其实际位置计算参考速度，使中深层的补偿效果更为合理。图 3-3-3 是精准速度球面扩散补偿处理前后的效果对比，可以看到：在速度横向变化较大的地区，均一速度无法有效补偿几何扩散衰减的地震波场，采用精确的叠加速度可以更好反映地下地层的变化，恢复真实的地震振幅响应。

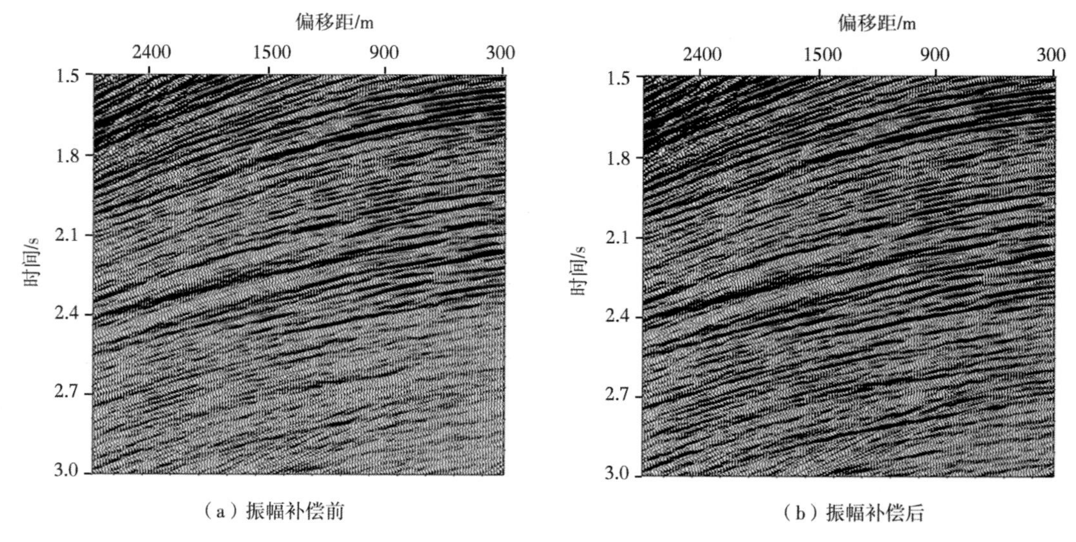

图 3-3-3　精准速度球面扩散补偿处理前后单炮记录对比

3. 分频能量补偿技术

由于弱振幅地震响应区的地震波场复杂，地震波透射下传能量受上覆特殊岩性体屏蔽和吸收的影响衰减严重，从而影响了弱振幅地震响应区岩性圈闭地层的成像质量，因此对上覆特殊岩性体下方有效反射波的识别、恢复与增强技术的研究显得尤为重要（周东红，2019）。

由分析可知，高阻抗上覆特殊岩性体的屏蔽作用对地震的低频分量影响较小，而对地震的中高频分量影响较大。因此，可以将地震的低频分量作为参考，对地震中高频分量进行补偿。在上覆特殊岩性体发育区，由于地震低频分量和高频分量的能量差异较大，从而得到较大的补偿因子；在非上覆特殊岩性体发育区，地震低频分量和高频分量的能量差异相对较小，补偿因子因此较小，从而实现上覆特殊岩性体屏蔽的补偿。该方法为纯数据驱动，无需上覆特殊岩性体的先验分布信息。

利用合成地震记录基于理想化模型的特点，寻找上覆特殊岩性体地层能量屏蔽和吸收的规律，尽可能做到或接近定量化补偿。为后续储层研究提供高品质（尤其振幅高保真）的地震资料，具体步骤如下。

首先，做好上覆特殊岩性体地层的解释和标定工作，根据井旁地震道求取时变地震子波。

在做好各项井曲线校正后，利用井声波时差曲线与密度曲线求得波阻抗曲线，进而求得准确的反射系数，从而制作比较精确的合成地震记录。

接着分别对上覆特殊岩性体地层及下伏地层进行合成地震记录的绝对振幅能量分析。将其能量比值作为理想状况下，下伏地层对上覆特殊岩性体地层的理论上的振幅上限阈值。考虑到不同主频子波对合成地震记录振幅大小变化的影响，可以采用不同主频的雷克子波，制作一系列的合成地震记录，采用同样的分析时窗长度获得上覆特殊岩性体及下伏地层的振幅比值，进一步将能量比值表达为频率因子的函数。

通过对实际地震记录的时频分解，通过互相关运算确立符合测井合成地震记录振幅特征的低频地震分量参考地震道。

利用五参数广义 S 变换技术，具体流程如图 3-3-4 所示。该技术首先对地震数据进行分频，得到多个频率切片，以地震中低频分量地震信号振幅纵向分布形态为参考，对地震中高频分量进行补偿，分频能量补偿因子为：

$$g(t, f_{\mathrm{i}})=\frac{RMS[D(\gamma, t, f_{\mathrm{r}})]}{RMS[D(\gamma, t, f_{\mathrm{i}})]} \tag{3-3-2}$$

式中，RMS 为均方根振幅函数；γ 为时频尺度因子；f_{r} 为参考频带；D 为广义 S 变换结果。

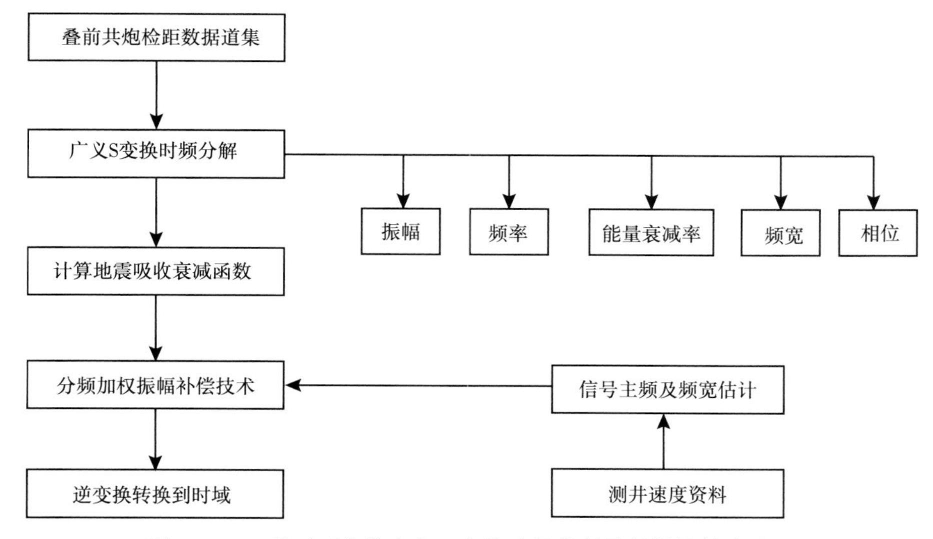

图 3-3-4　基于五参数广义 S 变换地震分频能量补偿技术流程

对于补偿后的频率切片，利用广义 S 变换的反变换，从频率域变换到时间域，最终得到能量补偿（中、高频补偿）后的地震数据体。图 3-3-5 是分频振幅补偿前后的单炮记录，中间偏移距和近远偏移距端能量关系有明显变化，补偿后的单炮记录振幅随偏移距的变化更为自然。图 3-3-6 是分频振幅补偿前后的地震剖面，圆圈内受断层遮挡造成的地震弱振幅响应得到较好的改善，有利于中深层地层岩性圈闭的精细解释和储层预测。

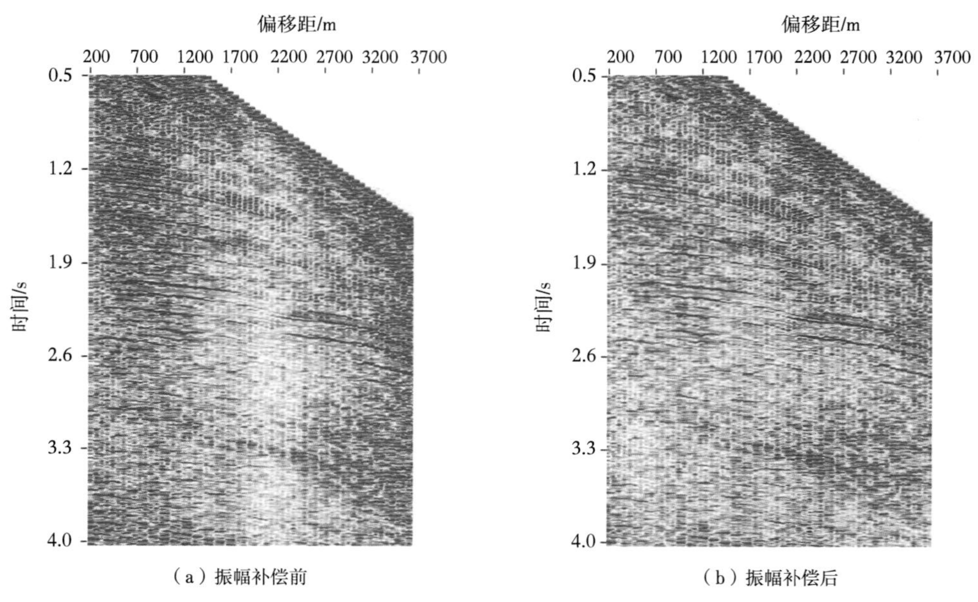

（a）振幅补偿前　（b）振幅补偿后

图 3-3-5　基于五参数广义 S 变换地震分频能量补偿前后单炮记录对比

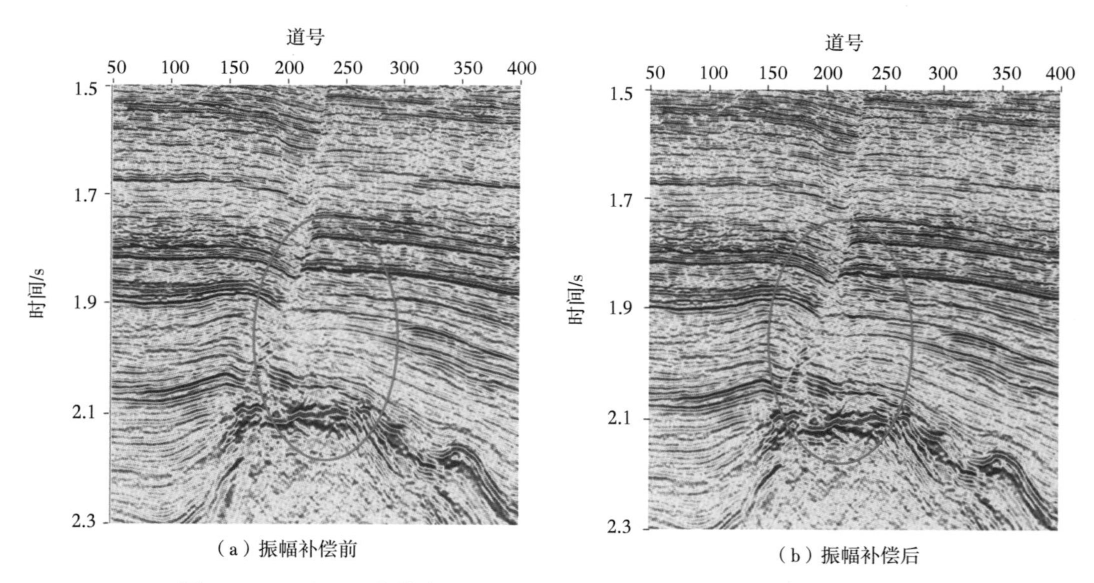

（a）振幅补偿前　（b）振幅补偿后

图 3-3-6　基于五参数广义 S 变换地震分频能量补偿处理前后剖面对比

二、弱地震振幅响应区叠前地震资料规则化技术

（一）常规地震资料规则化技术介绍

对于部分关键处理技术，如 SRME（刘战等，2019）、Random 去多次波（王保丽等，2014），Kirchhoff 偏移（李振春，2011）等都要求覆盖次数及偏移距分布均匀。受羽角、检波线、电缆弯曲、采样稀疏及坏道等因素影响，海上三维拖缆地震资料数据分布极不规

则，三维拖缆地震数据冗余、缺失现象共同存在，这种空间不规则采样在处理的过程中容易出现空间假频、采集脚印、偏移画弧等问题，同时也会直接导致地震波照明不均匀，严重影响成像振幅的可信度和保真度。因此在实际生产中需要在叠前进行数据规则化处理（辛可锋等，2002），尤其针对弱振幅响应区，叠前地震资料规则化处理是必备手段。

叠前地震数据规则化方法可分为三大类。

第一类是基于速度模型的规则化方法，包括反动校正方法、逆 Random 变换法、反偏移方法等。此类方法核心思想是借助速度模型或速度假设条件将非规则数据体映射到规则的数据体，模型的正确性对地震数据映射的精度影响比较大。

第二类方法为基于信号分析的规则化方法，其思路是通过非规则数据采用多种约束条件下的反演方法重建规则数据的傅里叶频谱，此类方法频谱恢复的精度对于输入数据的不规则性依赖较强，由于输入数据采样密度的限制经常导致高频、高波数数据难以有效恢复。

第三类规则化方法是稀疏域特征波压缩感知的方法，其核心思想是利用非规则采集数据的随机性和冗余性，选择合理的稀疏域表达，获得信号的压缩识别，然后进行稀疏反变换实现信号的感知插值，同时实现噪声压制，但是变换域的选择、随机采样的方式和冗余度的设定存在潜在风险性，这些因素有可能损失有效信息和增加错误信息。

常规的数据规则化方法在共炮检距域进行，其流程如图 3-3-7 所示，对任一组炮检距数据体进行加权叠加或空间插值，这里采用的 f–k 域规则化处理，将时空域内不规则数据转换到 f–k 域后降维插值，然后反变换到时空域，这样处理后没有此组炮检距的面元覆盖次数得到补充，多次覆盖的面元只保留一次有效覆盖，对所有炮检距数据体重复上述操作，即可达到叠前数据规则化的目的。常规数据规则化主要在炮检域或偏移距域进行重构，只能针对炮检距和方位角中的一个维度进行处理，而五维插值技术则是同时利用炮检距和方位角信息，当某个维度信息分布不均时，可以用另一个维度信息进行约束处理，因此具有更好的保真度和补缺口能力。但无论是常规的规则化处理还是五维插值技术，它们在实现面元规则化过程中，无差别看待所有偏移距信息，虽然对于大部分地震资料是适用的，但对于弱信号地区，由于没有考虑到地震数据信噪比的影响，使得插值或五维加密重构后的数据空间信噪比也受影响，不利于低信噪比弱信号区域的保幅成像。

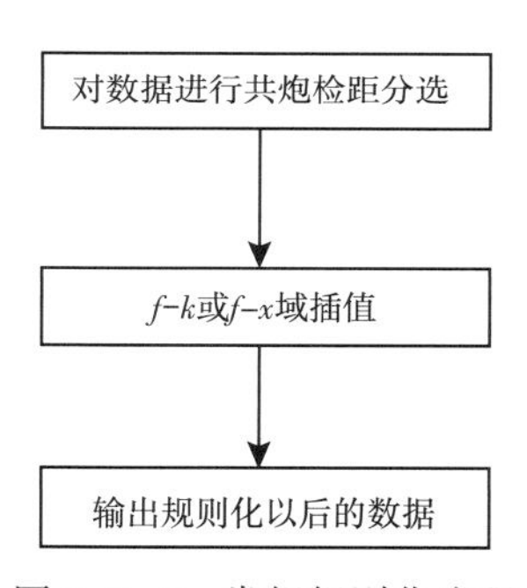

图 3-3-7 常规规则化流程

（二）弱振幅地震响应区规则化技术及流程

基于采集地震资料特点，本区针对弱振幅响应区地震资料规则化提出了基于信号优选的反泄露傅里叶变换技术。基本实现步骤是：第一步，依据地震资料的信噪比筛选参与规则化的地震数据；第二步，利用非均匀傅里叶变换得到不规则数据的频谱；第三步，利用加权最小二乘法频率域迭代求解规则化反演问题，这样重建的时空域数据体在有限频宽内充分尊重原始数据，且规则化效果较好。

依据地震资料的信噪比筛选参与规则化的地震数据的研究思路为：

（1）对同一面元内不同炮检距的数据进行空间时差校正时，精细准确的速度有利于改善地震信号的同相性，为后期地震信号的同相叠加、提高信噪比打下基础。

（2）对经过空间时差校正的地震信号进行信号优选，保留信噪比较高的地震道，舍去信噪比较低的地震道，不让其参加后期的信号加权或插值处理，以此提高规则化数据的地震信噪比。这一做法旨在较好解决古近系岩性地层圈闭地震弱振幅响应的信噪比问题。

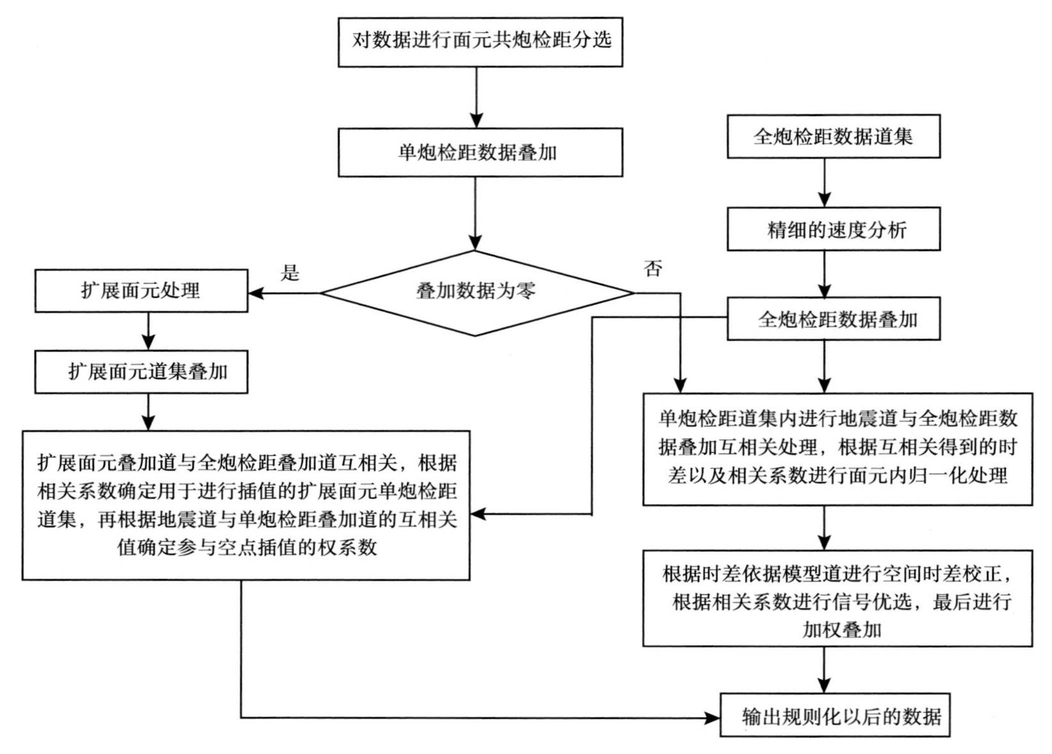

图 3-3-8　基于信号优选的数据规则化流程图

图 3-3-8 是面向弱信号地区地震资料的叠前数据规则化流程，包括以下关键环节：

（1）精细密点速度分析获得精细准确的速度。

（2）输入叠前地震数据并进行单炮检距分选。

（3）当面元内没有数据时可以使用插值方法进行补洞处理，此时可同样应用信号优选的方法，提高信噪比。

（4）对每个单炮检距数据，计算地震道与模型道之间的互相关，求得两者的时移以及相关系数：

$$f_t = \sum_{\tau=-\infty}^{\tau=+\infty} x_i h_{t+\tau} \tag{3-3-3}$$

需要注意以下两点。第一，模型道选取。对于一个面元来说，这里产生两个模型道，分别是单炮检距内道的常规叠加以及全炮检距的常规叠加。要研究某一个记录道的时移时，就以其所在的 CDP 点上的叠加道（不包括它本身的其他道的选加）作为模型，进行相关，得到这一道相对于模型道的时移值以及道相关系数。第二，互相关计算时窗的选择。这里的互相关，需要在一定的时窗范围内进行。时窗可以选择目的层段或者数据质量较好段。时窗提供的方式可以人工指定，即事先对时窗位置、长度做出明确的规定。

（5）信号优选：在同一面元内，对经过空间时差校正的地震信号进行信号优选，保留信噪比较高的地震道，舍去信噪比较低的地震道，不让其参加后期的信号加权或插值处理。信号优选的原则是参与道与模型道之间互相关系数的高低。图 3-3-9 为信号优选过程示意图。图 3-3-9（a）为输入地震道，其中有两道地震数据（红框所示）受噪声等其他因素影响，其品质相对较低，与模型道互相关系数（图 3-3-9b）较低，经信号优选后，品质较低的两道被踢出（图 3-3-9d），高品质地震道被保留（图 3-3-9c）。

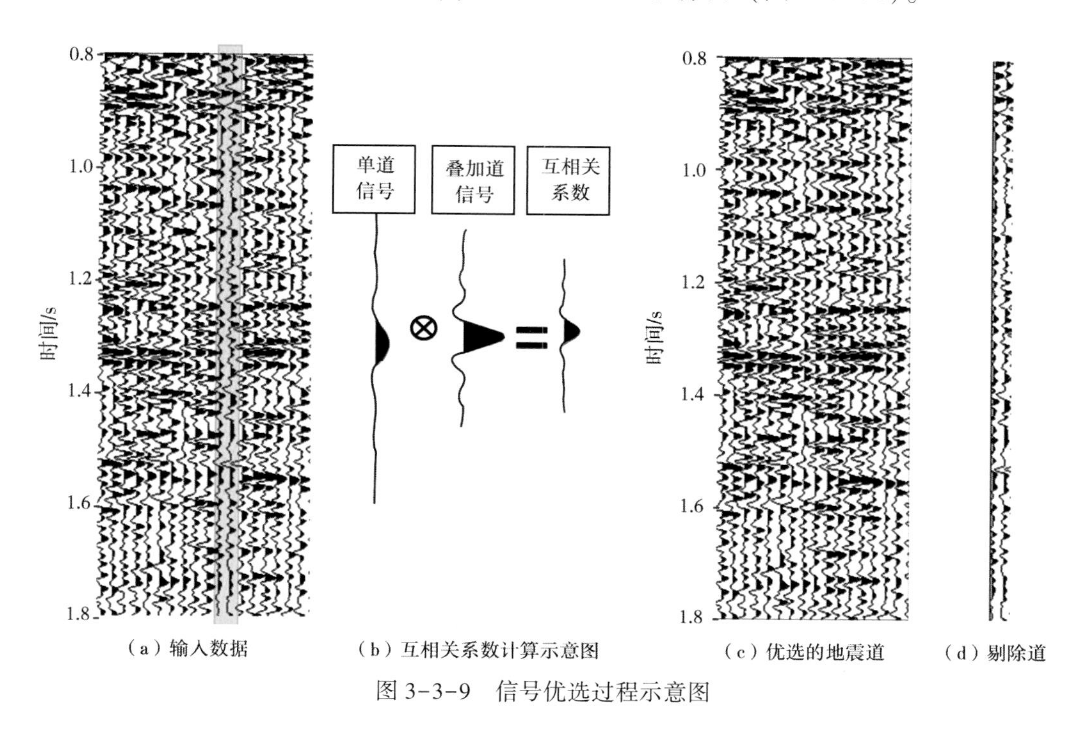

（a）输入数据　（b）互相关系数计算示意图　（c）优选的地震道　（d）剔除道

图 3-3-9　信号优选过程示意图

（6）根据时移以及相关系数，决定目标道求和的权重因子 w_i：

$$r = \sum_{i=1}^{N} w_i d_i \tag{3-3-4}$$

式中，面元中心道输出 r，依赖于来自不同方向的地震输入 d_i，输出 r 是输入 d_i 的加权求和，w_i 是加权因子。该过程中两个关键点为：①面元内时移的处理，根据当前道与模型道互相关得到时差以及总体时差分布，结合相关系数决定时移量；②权重因子的求取，根据上述时移后的资料以及相关系数结合道在面元中的位置，这里利用反距离加权结合相关系数分析，求取权重因子 w_i：

$$w_i = \frac{1}{d_i} C_i \tag{3-3-5}$$

式中，d_i 为地震道在面元内距离面元中心点的距离；C_i 为与相关系数有关的量。

（三）弱振幅地震响应区规则化技术优点

采取以上技术方案，弱振幅地震响应区规则化技术具有以下优点：

（1）在模型道选取时，对于一个面元来说，综合利用两个模型道，分别是单炮检距内的道的常规叠加以及全炮检距的常规叠加，这使得结果稳健可靠。

（2）在地震道规则化的加权和舍取时在反距离加权的基础上考虑时移以及相关系数，使得弱信号能量得以合理恢复与增强。

（3）本方法特别适用于弱反射信号区域能量恢复处理，效果见图 3-3-10 和图 3-3-11。

如图 3-3-10 所示，对比常规数据规则化后叠加剖面和规则化前叠加剖面，信号优选规则化后叠加剖面浅层数据缺失部分均得到较好的补充，且常规数据规则化过程中产生的干扰信号，在新方法中没有出现（图中蓝圈所示）。因此，新方法相对传统数据规则化后地震资料信噪比更高。

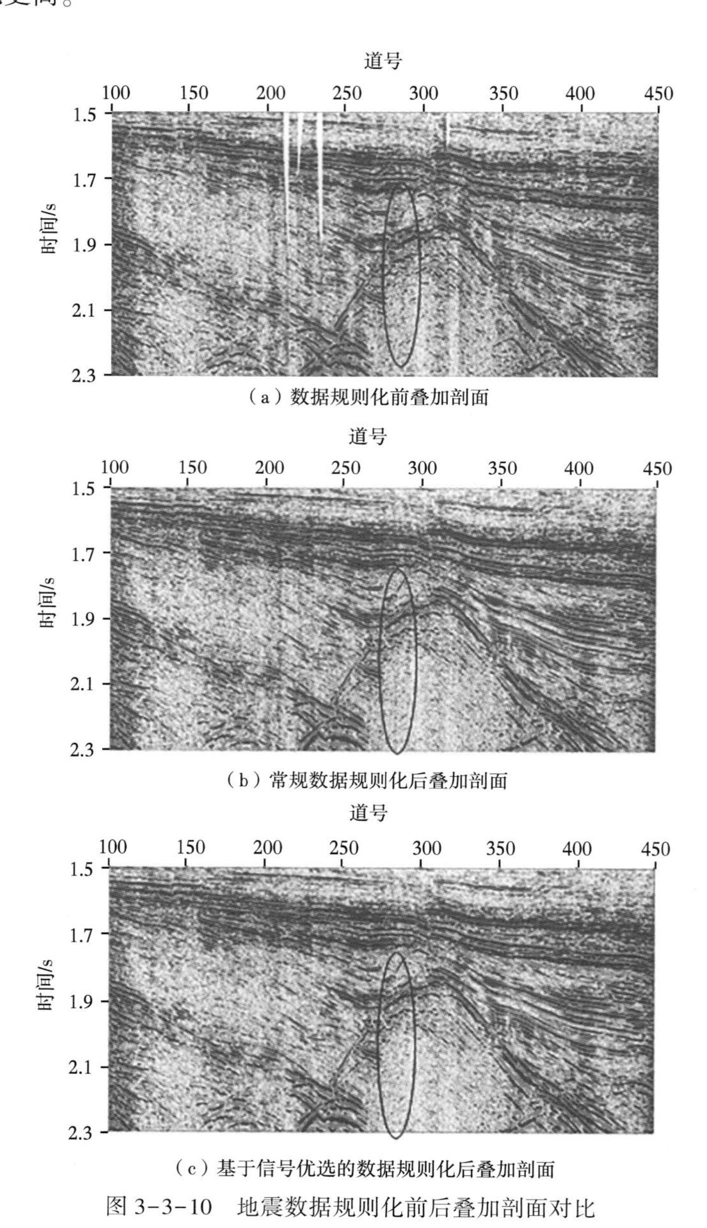

图 3-3-10　地震数据规则化前后叠加剖面对比

如图 3-3-11 所示，通过对比信号优选规则化方法叠前时间偏移剖面与常规数据规则化方法叠前时间偏移剖面，上述方法潜山面以上目的层弱反射信号有较明显的改善，地层与潜山面的接触关系更为清晰，目的层的波组特征更符合已钻井的地质认识，为后续岩性地层圈闭的勘探评价提供了较好的资料基础。

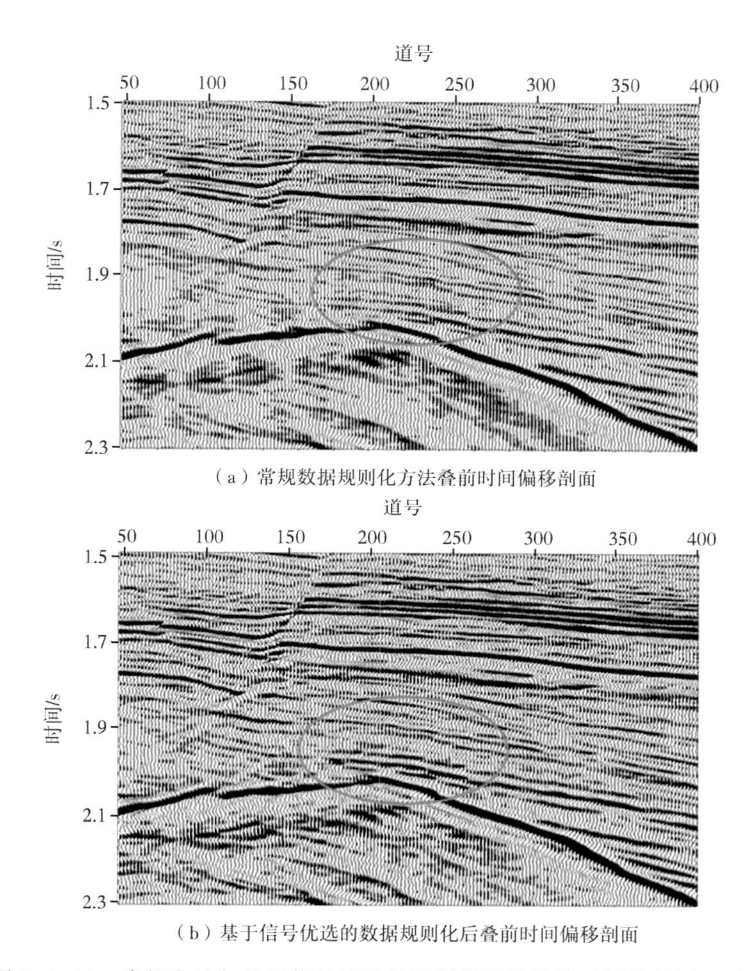

图 3-3-11　常规方法与基于信号优选的数据规则化叠前时间偏移剖面对比

第四节　地层超覆及岩性尖灭圈闭地震资料高分辨率处理技术

辽东湾古近系水系复杂，物源分布复杂，加之强烈的断陷作用，形成的箕状半地堑与基底掀斜断块构成古近系的“盆—岭”结构，这种复杂的地质背景不利于形成大规模的沉积体。且持续的走滑、多期反转造成了本来规模不大的沉积体进一步复杂化，储层横向变化大。甚至将物源区和汇聚区平移几十千米，增加了“源—汇”体系寻找优质储层的难度。中深层地层受复杂的构造和沉积演化影响，储层发育于同期异相或同相异期，从而造成储层的厚度不均，横向变化较快，不同期次的沉积体相互叠置严重。原始地震资料品质差，难以满足高分辨地层层序和精细储层研究，严重制约着该区古近系岩性地层圈闭的勘探研究。针对地震弱振幅区信噪比低、岩性尖灭点不易识别的问题，开展了面向岩性地层圈闭地震响应特征研究的技术研发及实验工作，并开发了基于低频约束的叠前道集优化处理和相位校正 S 域反褶积技术。

一、基于低频约束的叠前道集优化处理技术

由于偏移算法要求地层速度相对稳定，不能剧烈变化，因此，对于非均质性强、纵横向速度变化快的中深层地层而言，常规叠前道集容易出现同向轴不平和远道能量补偿不足的问题（图 3-4-1），从而影响全叠加结果的保幅性和分辨率，进而影响后续构造解释和储层预测效果（李国发等，2014）。针对上述问题，通过将高分辨率分频技术与 AVO 技术有机结合，提出了一种基于低频约束的叠前道集优化处理方法。

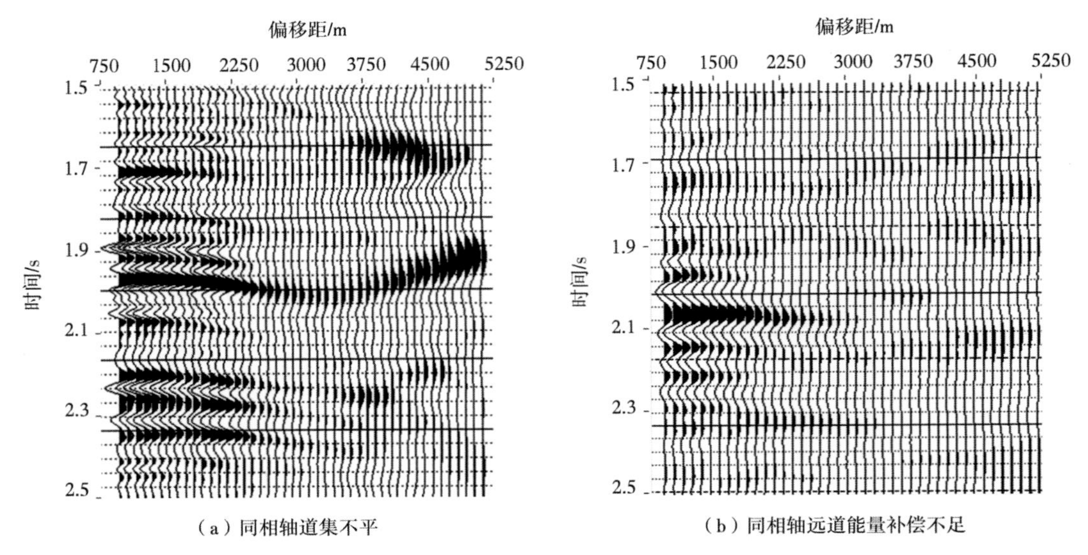

（a）同相轴道集不平　　（b）同相轴远道能量补偿不足

图 3-4-1　常规叠前道集问题

由于地震波在地下介质中传播时会发生衰减，而且地震波的高频成分衰减要比低频成分衰减快，导致相对高频成分 AVO 响应特征与正演道集 AVO 响应特征不一致；而低频成分 AVO 响应特征仍与正演道集 AVO 响应特征保持一致，即低频信号更容易保持住 AVO 响应特征（段新意等，2018）。同时，对于同一深度，偏移距越大衰减越大；对于相同偏移距，传播的深度越深，衰减越大。因此，在进行道集优化时要同时考虑频率、偏移距和深度对校正因子的影响。本书提出的基于低频约束的叠前道集优化处理方法就是同时考虑了频率、偏移距和深度因素对 AVO 响应的影响，计算得到三维 AVO 响应校正因子，从而有效提高原始叠前道集的 AVO 相对保幅性。

如图 3-4-2 所示，基于低频约束的叠前道集优化处理方法的主要实现步骤如下：

第一步，在研究区叠前时间偏移成像处理后得到的叠前共反射点道集（CRP）$g(x, t)$ 基础上，根据叠前 CRP 道集中测量出的偏移距、振幅以及地震资料对应的均方根速度，计算出对应的入射角和反射系数，得到叠前角度道集（CAG）$d(\theta, t)$。叠前共反射点道

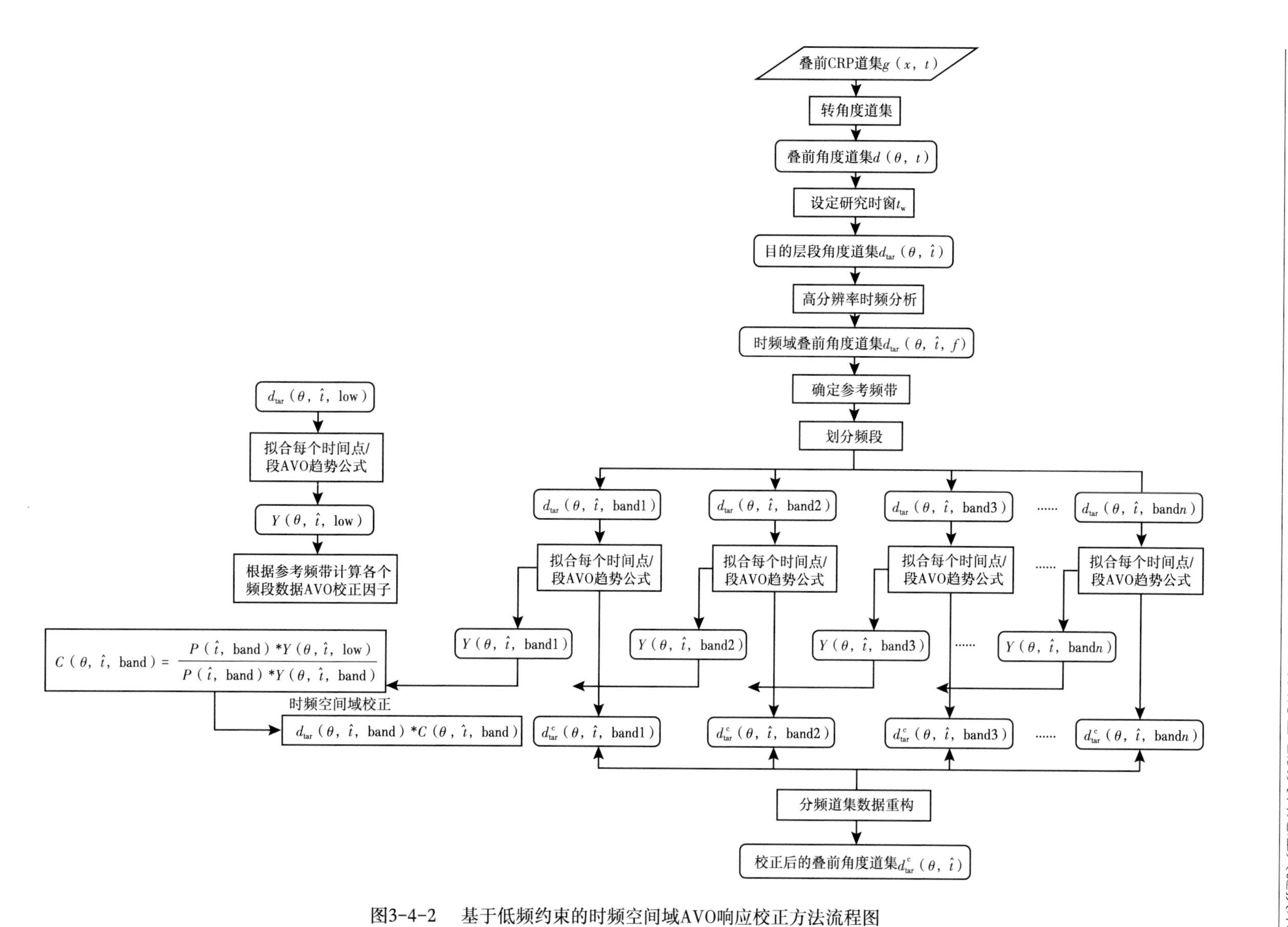

图3-4-2　基于低频约束的时频空间域AVO响应校正方法流程图

集向叠前角度道集转换时，采用的是射线参数法，即：

$$\theta = \sin^{-1}\left(\frac{v_{\mathrm{int}}x}{v_{\mathrm{rms}}^{2}t}\right) \tag{3-4-1}$$

式中，θ 为入射射线与时间轴之间的夹角；v_{rms} 为均方根速度；v_{int} 为层速度，可以利用 Dix 公式通过均方根速度求取层速度；x 为偏移距；t 为地震波双程走时。

第二步，从叠前角度道集 d（θ，t）中选取研究时窗为 t_{w} 的目的层段角度道集 d_{tar}（θ，$\hat{t}$）。

第三步，采用高分辨率复谱分解方法对时窗 t_{w} 内目的层段角度道集 d_{tar}（θ，$\hat{t}$）的每一道数据进行时频分析，得到对应的时频域叠前角度道集 d_{tar}（θ，$\hat{t}$，f）。

高分辨率复谱分解方法是一种高精度的地震信号分解与重构算法，它的主要思想是将谱分解描述为一个线性反演问题，然后采用稀疏约束正则化策略求解该线性反演问题，最终得到一个具有高时频分辨率的时频谱。高分辨率复谱分解方法的数学模型为：

$$\boldsymbol{Ax}+\boldsymbol{n}=\begin{pmatrix}\boldsymbol{W}_1 & \boldsymbol{W}_2 & \cdots & \boldsymbol{W}_N\end{pmatrix}\begin{pmatrix}\boldsymbol{r}_1\\ \boldsymbol{r}_2\\ \vdots\\ \boldsymbol{r}_N\end{pmatrix}+\boldsymbol{n}=\boldsymbol{b} \tag{3-4-2}$$

式中，$\boldsymbol{b}$ 代表地震信号；$\boldsymbol{W}_i$ 表示以频率 f_i 为主频的与频率相关的复子波卷积矩阵；$\boldsymbol{r}_i$ 表示与相对应的与 $\boldsymbol{W}_i$ 频率相关的复反射系数；N 代表参与计算的频率个数，且 $i=1$，2，…，N；$\boldsymbol{A}$ 表示复子波卷积矩阵；$\boldsymbol{x}$ 表示与频率相关的复反射系数矩阵；$\boldsymbol{n}$ 表示随机噪声。

在求解线性反演问题［式（3-4-2）］后，得到与频率相关的复反射系数矩阵 $\boldsymbol{x}$，将 $\boldsymbol{x}=(\boldsymbol{r}_1 \quad \boldsymbol{r}_2 \quad \cdots \quad \boldsymbol{r}_N)^{\mathrm{T}}$进行转置运算变为（$\boldsymbol{r}_1 \quad \boldsymbol{r}_2 \quad \cdots \quad \boldsymbol{r}_N$）的形式，即可以看作是通过反演得到的时频谱。在地球物理反演中，线性反演问题通常是一个欠定问题，为了降低解的不确定性并获得稀疏的时频谱，就需要 $\boldsymbol{x}$ 对执行稀疏约束，进而将线性反演问题转化为基追踪去噪问题进行求解，即：

$$\min_{x\in\mathbb{C}^n}\|x\|_1+\frac{1}{2\mu}\|\boldsymbol{Ax}-\boldsymbol{b}\|_2^2 \tag{3-4-3}$$

式中，权重参数 $\mu>0$，用于在最小化过程中控制式（3-4-3）中前后两项的相对权重；$\|\cdot\|_2^2$ 表示 L_2 范数的平方；$\mathbb{C}$ 代表复数集；$\|\cdot\|_1$ 表示 L_1 范数。

通过求解无约束基追踪去噪问题［式（3-4-3）］后，便可得到高分辨率时频谱 $\boldsymbol{x}$。近年来，学者们开发了各种先进的快速算法来求解基追踪去噪问题，其中交替方向算法是一种高效且鲁棒的重构算法，具有更好的数值计算性能。因此，采用交替方向优化算法求解问题（3-4-3）来实现高分辨率复谱分解方法。

第四步，对时窗 t_{w}内目的层段时频域叠前角度道集 d_{tar}（θ，$\hat{t}$，f）的不同角度数据进行频谱分析，并对不同角度数据的频谱进行叠加显示，从中选择 AVO 趋势正确的相对低频段作为参考频带。

导致叠前 CRP 道集 AVO 保幅性差的主要原因是吸收衰减作用使 CRP 道集中远偏移距的振幅迅速减弱。同时，由于吸收衰减作用的存在，地震波的高频成分衰减要比低频成分快，进而高频数据保幅性更差。在明确吸收衰减作用是导致AVO保幅性差的主要原因之后，进一步通过正演分析其机理，尝试寻找解决方法。在弹性假设下，含油气层一般表现为三类AVO特征；但考虑吸收衰减影响时，数据整体AVO趋势多呈现四类AVO特征，而在分频AVO分析中发现在相对高频段AVO趋势受衰减影响严重，表现为四类AVO；而在相对低频段受衰减影响较小，保存着正确的三类AVO趋势。通过上述分析可知：低频信号AVO趋势更易于保持。该认识为后续开展基于低频AVO趋势校正高频AVO趋势奠定了理论基础。

第五步，在得到时频域叠前角度道集 $d_{tar}(\theta,\hat{t},f)$ 的基础上，根据参考频带的频率范围代入式(3-4-2)中，利用高分辨率复谱分解方法重构生成参考频段对应的角度道集 $d_{tar}(\theta,\hat{t},\mathrm{low})$ 数据。

第六步，在得到时频域叠前角度道集 $d_{tar}(\theta,\hat{t},f)$ 的基础上，根据实际需求将其划分为若干个频段，并利用高分辨率复谱分解方法重构生成不同频段对应的角度道集 $d_{tar}(\theta,\hat{t},\mathrm{band})$。

在实际应用中，首先对叠前角度道集 $d_{tar}(\theta,\hat{t})$ 数据进行频谱分析和确定有效频带范围，然后根据地震信号在有效频带内的能量分布，确定分频方案。此过程需要经过实验测试，选择合适的分频方案，才能得到较好的校正补偿结果。通常情况下，根据实际需求一般可将原始角度道集 $d_{tar}(\theta,\hat{t})$ 数据划分为5~8个频段，再代入式（3-4-2）中，利用高分辨率复谱分解方法重构生成不同频段对应的角度道集 $d_{tar}(\theta,\hat{t},\mathrm{band})$ 数据。

第七步，对步骤五和步骤六得到的参考频段角度道集 $d_{tar}(\theta,\hat{t},\mathrm{low})$ 和不同频段角度道集 $d_{tar}(\theta,\hat{t},\mathrm{band})$ 的每一道数据进行拟合求取AVO趋势公式 $Y(\theta,\hat{t})$。

实际研究表明，Aki-Richards三项近似式的数值计算性能一般都不稳定，为了减少参数的维数使计算结果更加稳健，本书基于叠前道集符合Shuey二项近似式的假设对叠前道集进行AVO趋势拟合。Shuey二项近似式为：

$$Y(\theta,\hat{t})=P(\hat{t})+G(\hat{t})\sin^2\theta \tag{3-4-4}$$

式中，$Y(\theta,\hat{t})$ 表示反射波振幅，$P(\hat{t})$ 为截距，$G(\hat{t})$ 为梯度，θ 为入射角。

利用步骤五和步骤六中得到的参考频段角度道集 $d_{tar}(\theta,\hat{t},\mathrm{low})$ 和不同频段角度道集 $d_{tar}(\theta,\hat{t},\mathrm{band})$ 以及入射角 θ，代入式（3-4-4）中，分别对式（3-4-4）中的截距 $P(\hat{t})$ 和梯度 $G(\hat{t})$ 进行拟合，得到对应的参考频段角度道集 $d_{tar}(\theta,\hat{t},\mathrm{low})$ 的AVO趋势公式 $Y(\theta,\hat{t},\mathrm{low})$ 和不同频段角度道集 $d_{tar}(\theta,\hat{t},\mathrm{band})$ 的AVO趋势公式 $Y(\theta,\hat{t},\mathrm{band})$。

第八步，根据步骤七得到的参考频段角度道集 $d_{tar}(\theta,\hat{t},\mathrm{low})$ 的AVO趋势公式 $Y(\theta,\hat{t},\mathrm{low})$ 及不同频段角度道集 $d_{tar}(\theta,\hat{t},\mathrm{band})$ 的AVO趋势公式 $Y(\theta,\hat{t},\mathrm{band})$，利用式（3-4-5）计算各个频段角度道集 $d_{tar}(\theta,\hat{t},\mathrm{band})$ 的时频空间域AVO校正因子 $C(\theta,\hat{t},\mathrm{band})$。计算公式为：

$$C(\theta,\ \hat{t},\ \text{band})=\frac{P(\hat{t},\ \text{band})*Y(\theta,\ \hat{t},\ \text{low})}{P(\hat{t},\ \text{low})*Y(\theta,\ \hat{t},\ \text{band})} \tag{3-4-5}$$

式中，P（$\hat{t}$，band）表示不同频段角度道集 d_{tar}（θ，$\hat{t}$，band）的 AVO 趋势公式 Y（θ，$\hat{t}$，band）对应的截距；P（$\hat{t}$，low）表示参考频段角度道集 d_{tar}（θ，$\hat{t}$，low）的 AVO 趋势公式 $Y(\theta,\hat{t},\text{low})$ 对应的截距。截距 $P(\hat{t},\text{band})$ 和 $P(\hat{t},\text{low})$ 用于在计算 AVO 校正因子过程中控制式（3-4-5）中参考频段角度道集反射波振幅和不同频段角度道集反射波振幅的相对权重，目的是保证校正补偿后的叠前道集的反射波振幅更加客观合理。

第九步，利用步骤八计算得到的 AVO 校正因子 C（θ，$\hat{t}$，band）在时间、频率和空间域中对不同频段角度道集 d_{tar}（θ，$\hat{t}$，band）数据进行 AVO 校正补偿，得到校正补偿后的不同频段角度道集 $d_{\text{tar}}^{\text{c}}$（$\theta$，$\hat{t}$，band）数据。时频空间域 AVO 校正表达式为：

$$d_{\text{tar}}^{\text{c}}(\theta,\ \hat{t},\ \text{band})=d_{\text{tar}}(\theta,\ \hat{t},\ \text{band})*C(\theta,\ \hat{t},\ \text{band}) \tag{3-4-6}$$

第十步，对步骤九计算得到的校正后的不同频段角度道集 $d_{\text{tar}}^{\text{c}}$（$\theta$，$\hat{t}$，band）进行数据重构得到最终 AVO 相对保幅性较好的时域叠前角度道集 $d_{\text{tar}}^{\text{c}}$（$\theta$，$\hat{t}$）数据。数据重构过程可表达为：

$$d_{\text{tar}}^{\text{c}}(\theta,\ \hat{t})=\sum_{band=1}^{N}d_{\text{tar}}^{\text{c}}(\theta,\ \hat{t},\ \text{band}) \tag{3-4-7}$$

采用基于低频约束的叠前道集优化处理方法对辽西凸起实际地震道集进行处理，图 3-4-3 展示的是优化处理前后的叠前道集对比结果。在原始叠前道集（图 3-4-3a）中，存在明显的噪声干扰、同相轴扭曲现象，严重影响后续的道集叠加质量。采用基于低频约束的叠

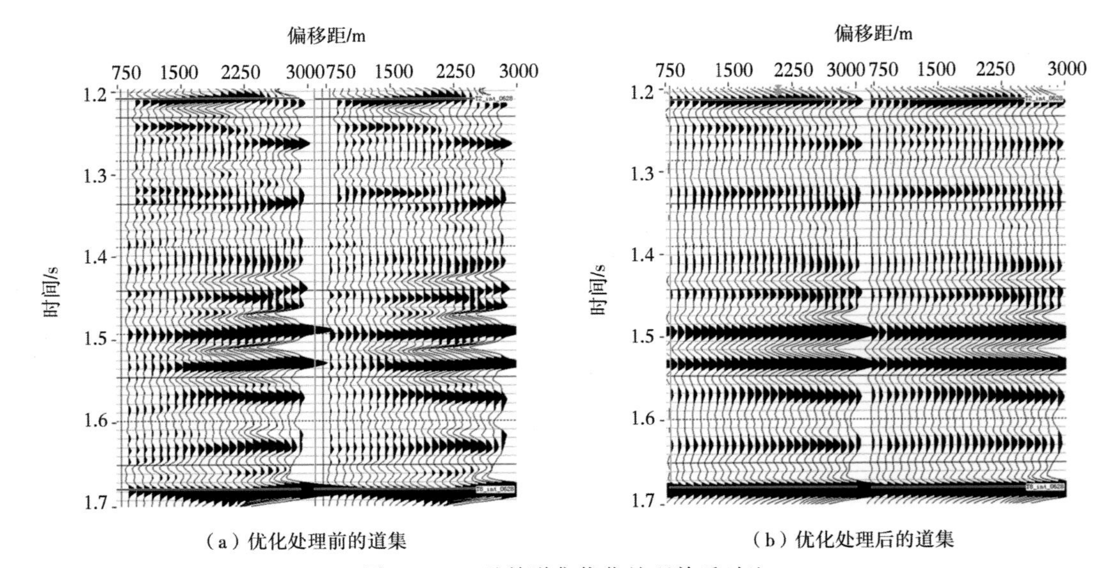

（a）优化处理前的道集　（b）优化处理后的道集

图 3-4-3　叠前道集优化处理前后对比

前道集优化处理方法对原始道集进行优化处理，得到优化处理后的叠前道集（图 3-4-3b），经过优化处理后的叠前道集中同相轴更加平直，并有效去除了近道随机噪声，显著提高了道集资料的信噪比。

在叠前道集优化处理的基础上，进一步对处理前后的叠前道集进行叠加得到地震剖面，如图 3-4-4 所示。对比图 3-4-4（a）和图 3-4-4（b）可以看到，优化处理后的道集叠加剖面分辨率和信噪比均得到一定程度的提升，这也为后续处理工作奠定了坚实的资料基础。

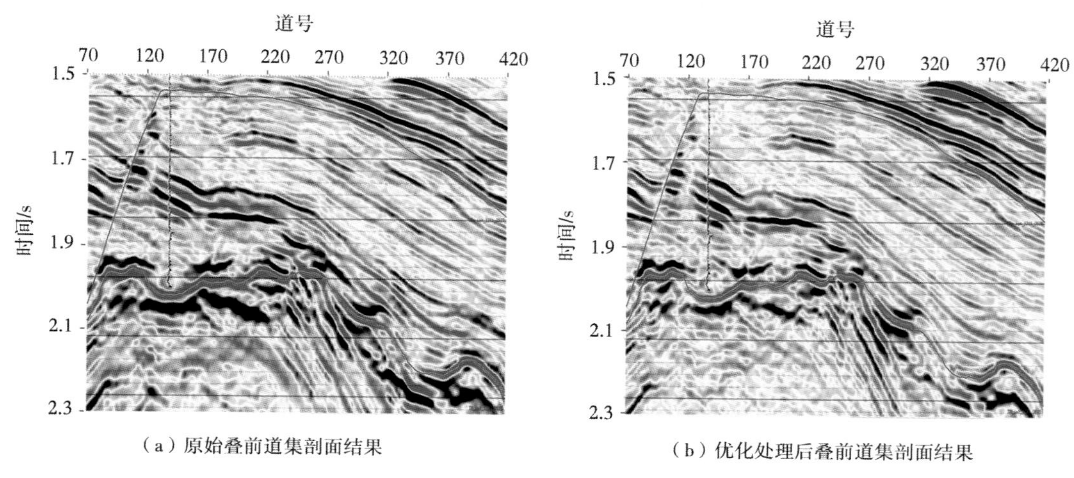

（a）原始叠前道集剖面结果

（b）优化处理后叠前道集剖面结果

图 3-4-4　叠前道集优化处理前后叠加剖面对比

二、基于相位校正广义 S 变换反褶积技术

由于存在地震波传播过程中存在球面扩散，透射损失（张固澜等，2010），以及采集过程中检波器对低频信号的压制，地震资料处理过程中信号频带的损失，从而导致了地震波振幅的减弱，也造成地震波波形的畸变和主频的降低，严重影响地震资料的信噪比和分辨率（Wang 等，2003）。辽西凸起目的层位于潜山上方，有效地层圈闭发育在不整合面附近。潜山不整合面整体上地震反射较强、连续性较好，下伏地层削截明显，同相轴能量减弱，上覆地层同相轴具有上超的特征，地层圈闭识别困难。如何有效提高该地区的地震剖面分辨率、准确识别地层尖灭点，是描述和刻画该区地层圈闭的关键。

时频域的拓频方法是目前高分辨率处理常用的手段，其中 S 变换（邓攻等，2015）是应用最为广泛的分频算法。常规 S 变换基函数固定，高频信号识别能力低，不能达到精细时频分析的要求。为此，本书对 S 变换窗函数进行扩展，提出改进的广义 S 变换。调节改进广义 S 变换参数，可获取非平稳地震记录的精细时频谱，有效地提高时频聚焦度，达到对信号的高频成分进行精确分析的目的。

（一）改进广义 S 变换

Stockwell 在短时傅里叶变换和小波变换的基础上提出了 S 变换，基于高斯窗能量归一以及其在时域和频域形态相同的优点（陈学华等，2008），实现了无损的 S 正、反变换，提高了信号时频分析过程中精度。信号 $x(t)$ 的 S 变换为：

$$S(\tau,\ f)=\int_{-\infty}^{\infty}x(t)\left\{\frac{|f|}{\sqrt{2\pi}}\exp\left[\frac{-f^2(\tau-t)^2}{2}\right]\exp(-i2\pi ft)\right\}\mathrm{d}t \tag{3-4-8}$$

式中，τ 为变换域时间。

S 变换的基本小波函数定义为：

$$h(t)=\frac{|f|}{\sqrt{2\pi}}\exp\left(\frac{-t^2f^2}{2}-i2\pi ft\right)=g(t)\exp(-i2\pi ft) \tag{3-4-9}$$

其中

$$g(t)=\frac{|f|}{\sqrt{2\pi}}\exp\left(-\frac{t^2f^2}{2}\right) \tag{3-4-10}$$

式中，$g(t)$ 为高斯窗函数。

由上式可知，S 变换将窗函数与信号的频率建立起直接联系，因此可根据信号频率变化调节窗函数的宽窄，提高时频分辨率。但 S 变换窗函数对信号频率变化不够敏感，在实际处理的过程中缺乏灵活性。为了适应海上宽频地震数据，对 S 变换的窗函数进行改进，提高了高斯窗函数对频率的敏感程度。即令 $\sigma=\lambda/|f|r$，则信号 $x(t)$ 的改进的广义 S 变换为：

$$G(\tau,\ f)=\int_{-\infty}^{+\infty}x(t)\ \frac{|f|^r}{\lambda\sqrt{2\pi}}\times\exp\left[\frac{-(\tau-t)^2|f|^{2r}}{2\lambda^2}\right]\exp(-i2\pi ft)\mathrm{d}t \tag{3-4-11}$$

式中，λ、r 为窗口调节参数。

（二）相位校正 S 域反褶积

Futterman（1962）基于 Q 与频率无关的假设和一维波动方程，提出了描述地震波振幅衰减和速度频散的方程。基于 Futterman 模型的地震波吸收衰减方程为：

$$S(\tau+\Delta t,\ f)=S(\tau,\ f)\exp\left[i\varphi(f)+\frac{\varphi(f)}{2Q}\right] \tag{3-4-12}$$

其中

$$\varphi(f)=-\left(\frac{f}{f_{\mathrm{h}}}\right)^{-\gamma}f\Delta t\ ;\ \gamma=1/(\pi Q) \tag{3-4-13}$$

式中，$S(\tau,\ f)$ 为时频域 τ 时刻的地震波波场；Q 为品质因子；$\varphi(f)$ 为频率域的衰减函数；Δt 为时窗长度；f_{h} 为有效频带的最高频率。

由式（3-4-13）可以看出，Futterman 的衰减模型表现为，随着传播时间的增加信号的振幅衰减和相位产生畸变。为了消除这种影响，一般对信号进行反 Q 滤波（李雪英等，2016）处理实现相位校正和振幅补偿。针对反 Q 滤波的优缺点，将稳定的相位校正算法与时频域反褶积算法进行结合。时频域反褶积的精度主要是取决于精细的时频谱分析以及时频域子波谱的准确提取。S 域子波谱一般利用多项式平滑的方式进行提取，即：

$$|W(t,\ f)|=|f|^k\exp\left[\sum_{n=0}^{N}a_n(t)f^n\right] \tag{3-4-14}$$

式中，k、N 为正整数，一般 $1<k<3$，$2<N<7$。

利用式（3-4-14）提取子波谱均基于子波是零相位的假设，当子波不满足该假设时，会导致时频域反褶积结果从 S 域转换到时间域产生误差。

根据式（3-4-12），信号相位校正可表示为：

$$S(\tau+\Delta t, f)=S(\tau, f)\exp[-i\varphi(f)] \tag{3-4-15}$$

对 $S(\tau+\Delta t, f)$ 进行逆傅里叶变换可得相位校正后的信号：

$$x_{\mathrm{p}}=IFFTS(\tau+\Delta t) \tag{3-4-16}$$

对校正相位后的地震信号 x_{p} 进行改进的广义 S 变换到 S 域，实现 S 域反褶积。在 S 域中地震信号 x_{p} 的时频振幅谱等于子波的时频振幅谱与反射系数时频振幅谱之间的乘积，即：

$$|G_{x_{\mathrm{p}}}(f, \tau)| \approx |G_{\mathrm{w}}(f, \tau)| \cdot |G_{\mathrm{R}}(f, \tau)| \tag{3-4-17}$$

假设反射系数满足白谱特性，地震记录振幅谱的锯齿波动是反射系数引起的，利用式（3-4-13）平滑每个时间点 τ 处的非平稳地震记录时频振幅谱值 $|G_{x_{\mathrm{p}}}(f, \tau)|$（Milton，1998），可估计子波时频振幅谱 $|G_{\mathrm{w}}(f, \tau)|$，则在 S 域估计的反射系数时频振幅谱为：

$$|G_{\mathrm{R}}(f, \tau)|=\frac{|G_{x_{\mathrm{p}}}(f, \tau)|}{|G_{\mathrm{w}}(f, \tau)|+u(\tau)} \tag{3-4-18}$$

式中，$u(\tau)$ 为引入的调谐参数，防止分母出现零值。

最终的时间域反射系数可表示为

$$R(t)=\sum_{\tau} \underset{t \leftarrow f}{IFT}[G_{\mathrm{R}}(f, \tau)] \tag{3-4-19}$$

式中，$\underset{t \leftarrow f}{IFT}$ 表示逆 S 变换。

为了验证该算法的正确性，采用如图 3-4-5（a）所示的 Chirp 信号（邹锋等，2018）进行测试。该信号频率在 30~75Hz 呈二次函数递增变化；图 3-4-5（b）至图 3-4-5（d）分别为短时傅里叶变换、S 变换和改进的广义 S 变换（$\lambda=1.5$、$r=0.8$）的时频分析的结果。可见，短时傅里叶变换存在整体频率分辨率低的问题；S 变换改善了短时傅里叶变换的时频分辨率，但是随着频率的升高，其高频分辨能力明显降低；改进的广义 S 变换在信号处于低频和高频时，都体现出较高的时频分辨能力，且能量更聚焦，可为后续时频域反褶积奠定良好的基础。

模拟单道衰减地震记录验证相位校正对地震波形的影响以及其抗噪性能。图 3-4-6（a）为 $Q=30$ 时用零相位 Ricker 子波合成的衰减地震记录，随着传播时间的增大，子波波形发生畸变。对图 3-4-6（a）记录应用式（3-4-11）进行相位校正，结果如图 3-4-6（b）所示，可见相位校正后，衰减地震记录子波零已相位化，基本消除波形畸变。图 3-4-6（c）和图 3-4-6（d）分别为图 3-4-6（a）、图 3-4-6（b）记录的瞬时相位谱，校正后相位谱得以归位，且更精确地描述了地震信号随时间的突然相位变化关系。向图 3-4-6（a）记录中加入信噪比为 35dB 的随机噪声，如图 3-4-6（e）所示，图 3-4-6（f）是其相位校正结果。图 3-4-6（g）和图 3-4-6（h）分别为图 3-4-6（e）和图 3-4-6（f）记录的瞬时

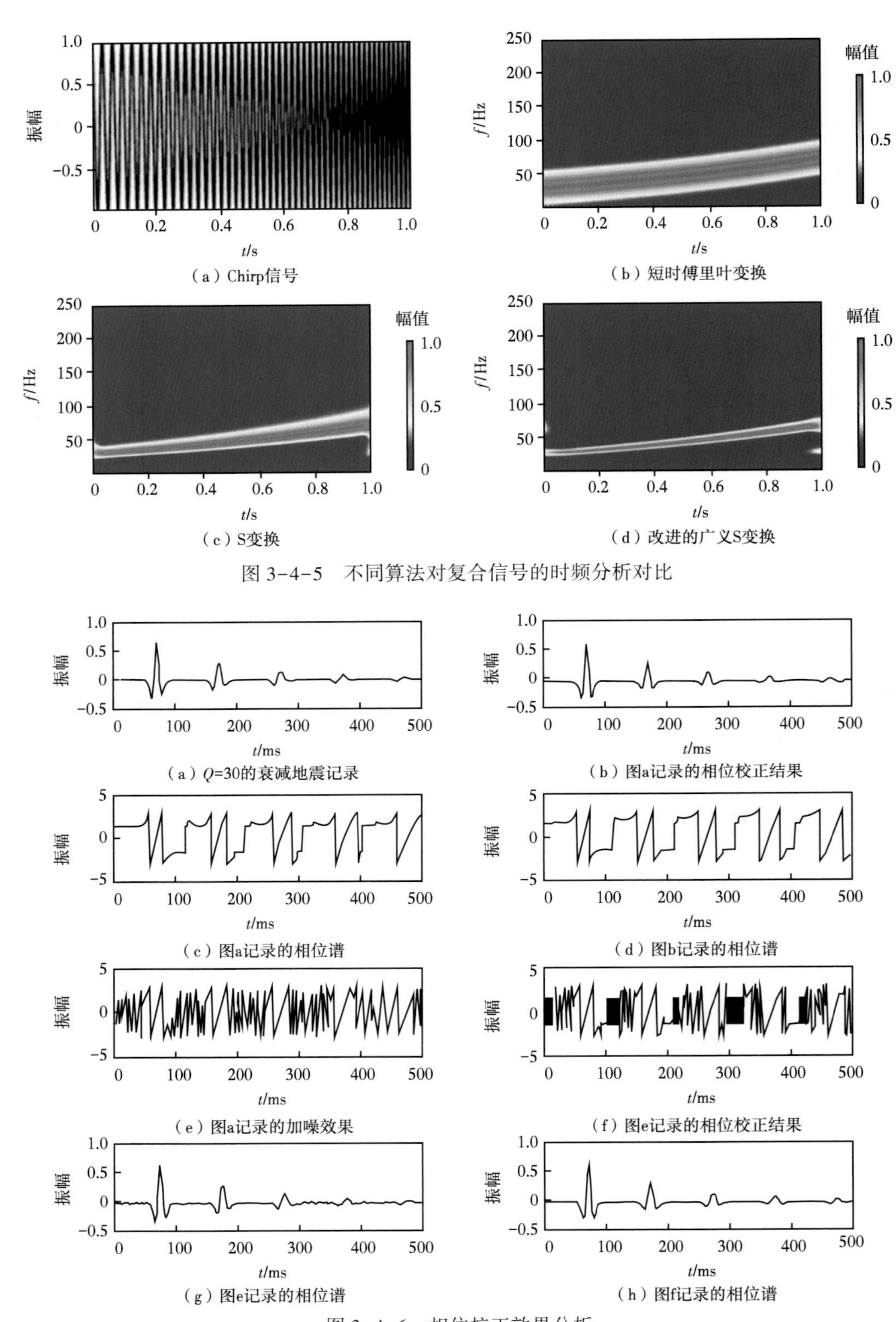

（a）Chirp信号

（b）短时傅里叶变换

（c）S变换

（d）改进的广义S变换

图 3-4-5　不同算法对复合信号的时频分析对比

（a）Q=30的衰减地震记录

（b）图a记录的相位校正结果

（c）图a记录的相位谱

（d）图b记录的相位谱

（e）图a记录的加噪效果

（f）图e记录的相位校正结果

（g）图e记录的相位谱

（h）图f记录的相位谱

图 3-4-6　相位校正效果分析

相位谱。对比图 3-4-6（e）和图 3-4-6（f）可以看出，噪声对相位校正的过程影响不大，基本不影响相位校正的稳定性。对比图 3-4-6（g）和图 3-4-6（h）可以看出，该相位校正算法抗噪能力强，但噪声无法通过相位校正去除。

通过建立简单模型验证该方法的有效性。图 3-4-7（a）为反射系数序列，用主频为 35Hz 的 Ricker 子波与其合成的地震记录如图 3-4-7（b）所示，波形和相位不随时间变化。$Q=40$ 的衰减记录如图 3-4-7（c）所示，随着传播时间的增长，能量衰减、波形畸变（曹鹏涛等，2018）。图 3-4-7（c）的衰减地震记录的相位校正结果如图 3-4-7（d）所示。对比图 3-4-7（c）和图 3-4-7（d）可以看出，相位校正成功地消除了地震记录传播过程中的相位畸变。分别对相位校正前、后的地震记录进行 S 域反褶积，结果如图 3-4-7（e）、图 3-4-7（f）所示。在图 3-4-7（e）内，由于没有校正相位，反褶积结果出现两个不正确的尖脉冲，这是由于地震子波在传播过程中相位发生畸变，而 S 域反褶积算法无法准确提取子波的相位谱，导致信号从 S 域转换到时间域出现了误差。对相位校正后的地震记录进行 S 域反褶积，能够很好地压缩子波旁瓣，能获取准确的反射系数，与真实的反射系数具有很好地对应关系（图 3-4-7f）。单道模型试算结果表明，将相位校正与 S 域反褶积相结合能够得到更加准确的反褶积结果，避免了子波相位谱提取不准的缺陷。

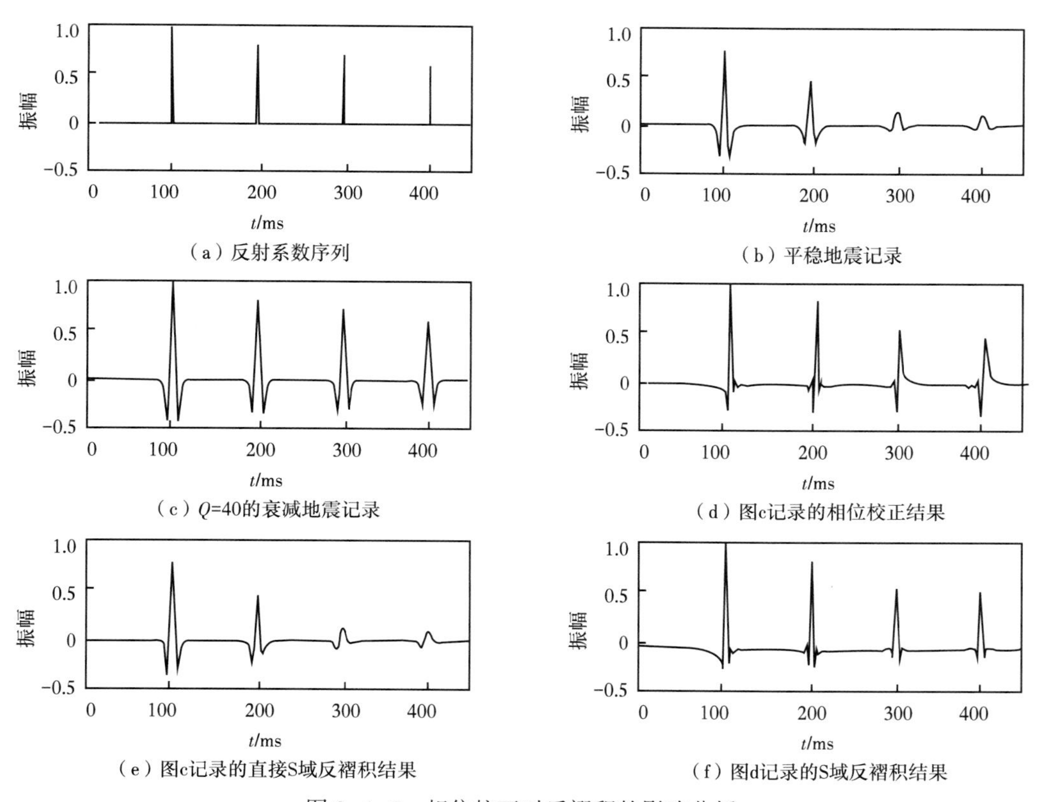

图 3-4-7 相位校正对反褶积的影响分析

为了进一步分析该方法的有效性，建立二维地震模型［图 3-4-8（a）］，验证相位校正 S 域反褶积的正确性。该模型在浅部存在一个较小的超覆体，深部存在一个薄层。对图 3-4-8（a）的速度模型进行正演获得衰减地震剖面（图 3-4-8b），其中 Q 从上至下依次为 30、35、50、60、80，随着传播时间的增大，地震记录的能量发生衰减，振幅能量减弱，薄层不清晰。对图 3-4-8（b）的正演记录分别进行传统的反褶积和相位校正 S 域反褶积处理，结果如图 3-4-8（c）和图 3-4-8（d）所示。传统的反褶积有效地补偿了深层地震波能量，同时一定程度上提高了剖面的分辨率，但整体效果不明显。相位校正 S 域反褶积算法可以有效地压缩地震记录旁瓣，获得分辨率更高的地震剖面。从正演剖面识别的超覆体尖灭点位于第 14 道；传统反褶积处理后，可在第 11 道识别出尖灭点位置［图 3-4-8（c）］，且不能识别出深部的薄层；而经过相位校正 S 域反褶积处理后，在第 4 道就可以识别出尖灭点（箭头所示），与真实的尖灭点更接近，能识别出深部薄层的顶、底反射［图 3-4-8（d）］。

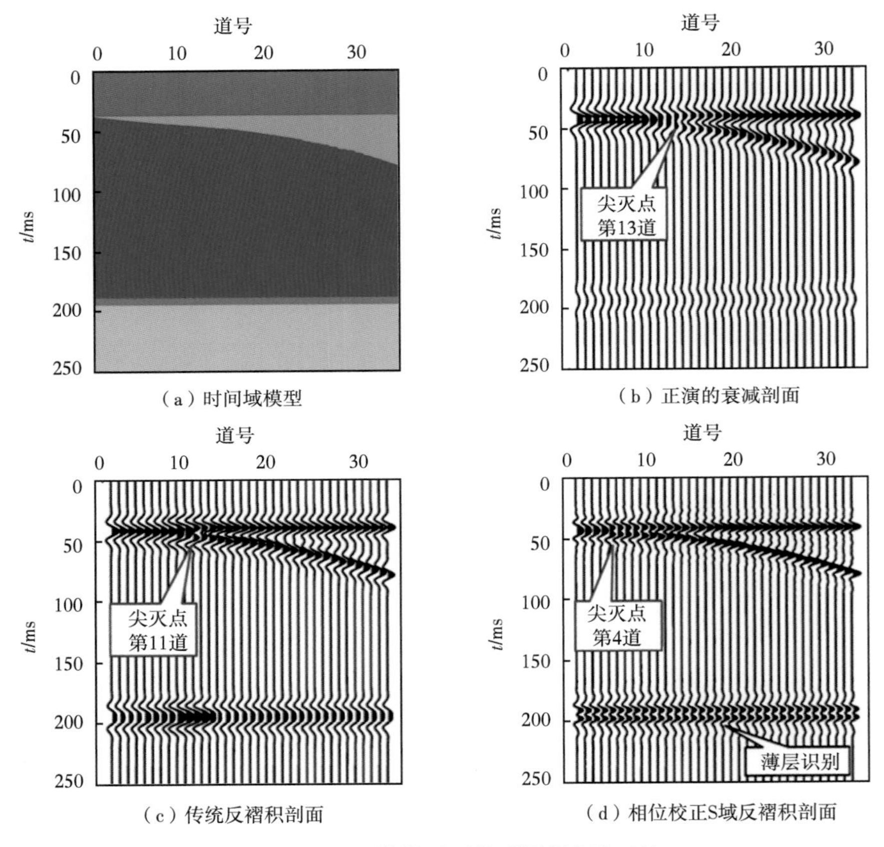

图 3-4-8　二维模型两种反褶积方法对比

对辽西凸起地震资料进行相位校正 S 域反褶积提高其分辨率。该区目的层位于潜山顶上覆的沙河街地层上，砂岩超覆现象明显，多处砂岩受潜山隆起影响，出现了同相轴能量减弱层位消失的现象，导致后期井位设计难度大。如何有效地识别该地区地层实际尖灭位置，刻画地层尖灭线是亟需解决的问题。因此，将相位校正 S 域反褶积应用该工区，以恢复该地区地震波能量，提高地震剖面分辨率，达到识别该地区地层尖灭点和薄互层的目的。分别对原始数据使用传统反褶积和相位校正 S 域反褶积处理，结果如图 3-4-9（b）和图 3-4-9（c）所示。传统反褶积处理后，整个剖面的能量更强，改善了同相轴连续性，潜山上覆地层的弱反射能量得到了一定的恢复［图 3-4-9（b）中箭头所示］，提高了原始地震剖面的分辨率。与传统反褶积方法处理结果［图 3-4-9（b）］相比，相位校正 S 域反褶积更好地恢复了潜山上覆地层反射波组的能量，且层间连续性要优于传统反褶积处理结果（图 3-4-9c 中箭头所示）。

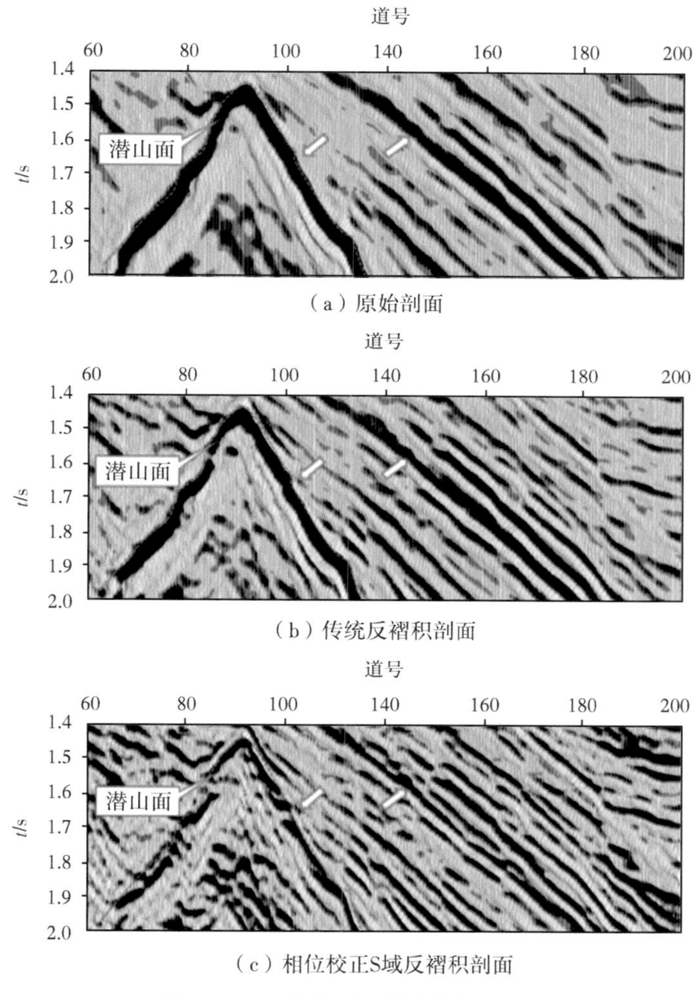

图 3-4-9　两种方法反褶积剖面对比

为了突显处理结果的细节部分，将图 3-4-9 中的箭头处放大显示，如图 3-4-10 所示。在图中红色虚线框处，原始剖面上为一套厚层，经传统反褶积处理后，压缩了该处的同相轴，但并没有识别出薄层，而相位校正 S 域反褶积处理后，能有效地识别出该处的薄互层，地震剖面分辨率明显更高。在原始地震剖面上，储层弱反射在第 130 道消失，出现地层尖灭（红色虚线处箭头所示）。经过传统的反褶积处理后，将该地层尖灭点前推至第

118 道处，而经过相位校正 S 域反褶积后，在 108 道可见该地层反射，能更精确地识别出地层尖灭点。可见，相位校正 S 域反褶积方法能有效提高地震资料纵、横向分辨率，为精确刻画岩性圈闭提供有力支撑。

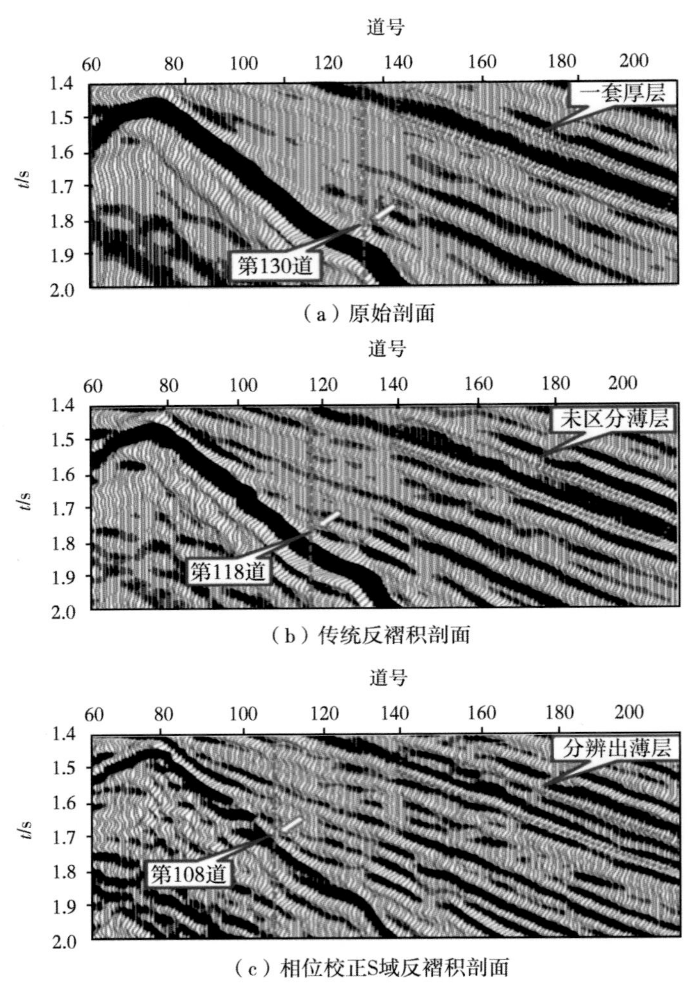

图 3-4-10　两种方法反褶积剖面对比（放大显示）

为了展示高分辨处理前、后时频能量变化，分别从图 3-4-10 中抽取的第 120 道地震记录进行时频分析，结果如图 3-4-11 所示。对比原始信号［图 3-4-11（a）］与两种反褶积方法处理结果时频谱［图 3-4-11（b）和图 3-4-11（c）］可见，相位校正 S 域反褶积处理效果好，在保持强信号能量的基础上恢复了弱信号的能量（红色箭头所示）；主频（图中白线为主频随时间的变化）明显抬升，大幅提高了地震记录分辨率。图 3-4-12 为图 3-4-10 剖面的振幅谱，原始数据、传统方法反褶积和相位校正 S 域反褶积处理结果的有效频带范围分别为 4～50Hz［图 3-4-12（a）］、10～100Hz［图 3-4-12（b）］和 1～145Hz［图 3-4-12（c）］，可见相位校正 S 域反褶积处理后，在保留原始数据的低频信息基础上，有效拓宽了地震资料的频带宽度，结果更优。

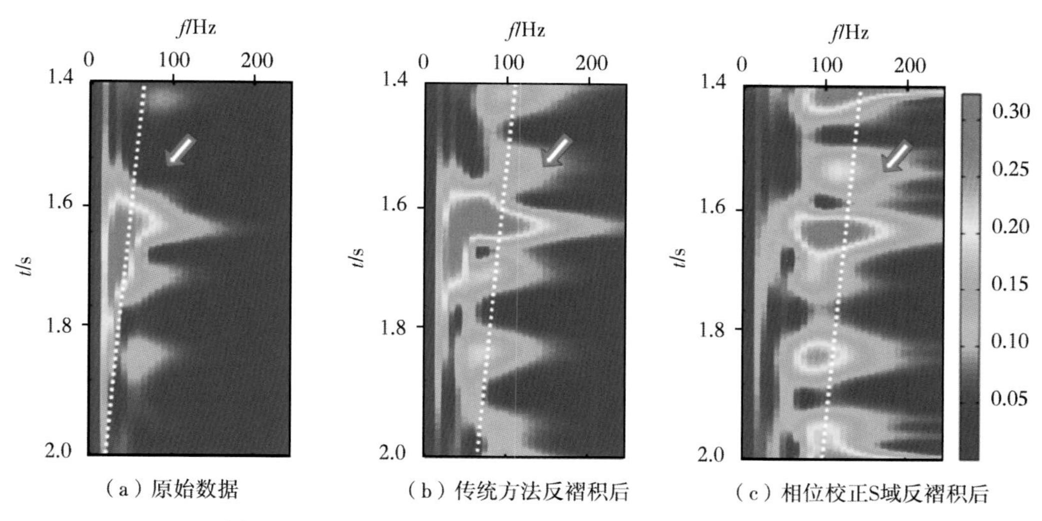

（a）原始数据　（b）传统方法反褶积后　（c）相位校正S域反褶积后

图 3-4-11　两种方法反褶积前、后第 120 道时频谱对比

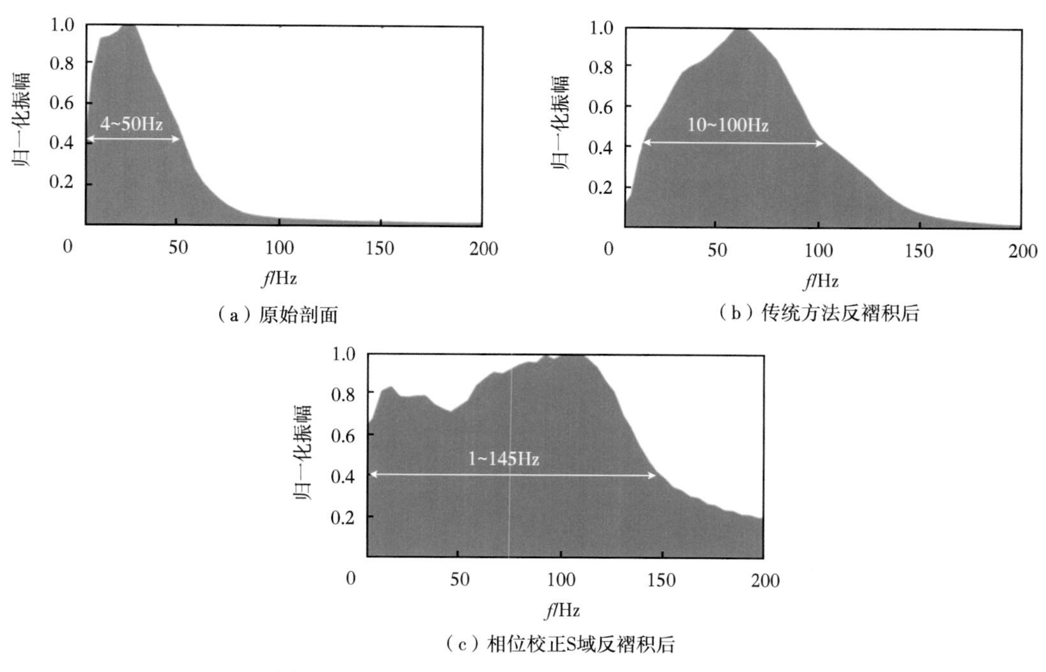

（a）原始剖面　（b）传统方法反褶积后

（c）相位校正S域反褶积后

图 3-4-12　两种方法反褶积前、后振幅谱对比

在目标区叠前道集优化处理后的叠加剖面上，进一步开展相位校正 S 域反褶积处理。图 3-4-13 为相位校正 S 域反褶积处理前后剖面对比，相较于原始地震资料，相位校正 S 域反褶积处理后的地震剖面分辨率得到有效提升，沟谷成像更加清晰（图中红圈所示），地层超覆点更加清晰。图 3-4-14 为该技术处理前后地震频谱对比，反褶积处理后地震频带由 7~30Hz（蓝线）拓宽至 3~41Hz（红线），处理后地震资料为后续地层层序和精细储层研究提供了重要的资料基础。

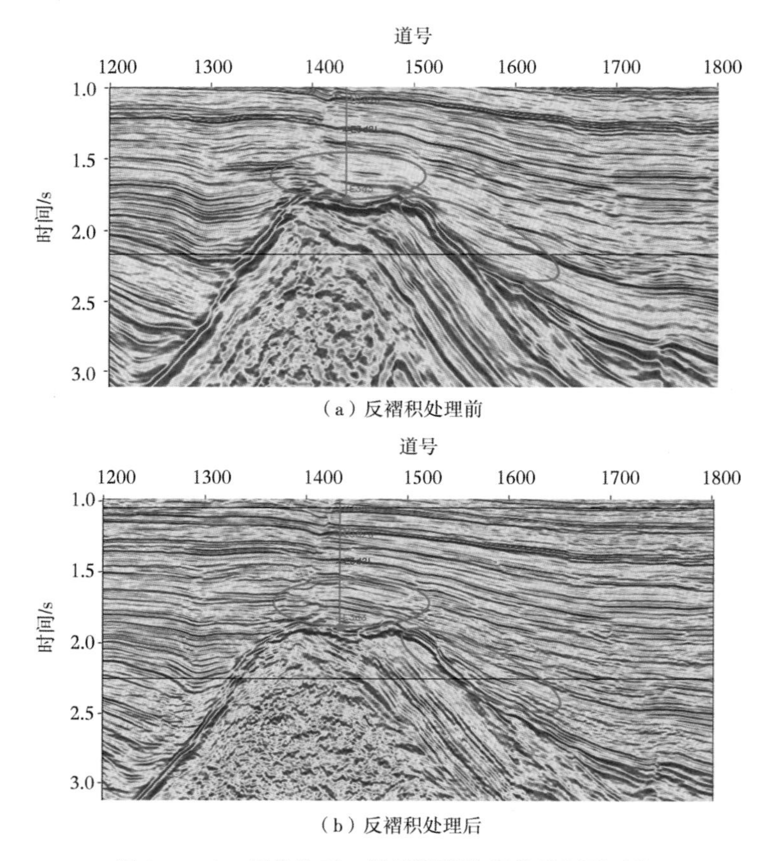

（a）反褶积处理前

（b）反褶积处理后

图 3-4-13 相位校正 S 域反褶积处理前后剖面对比

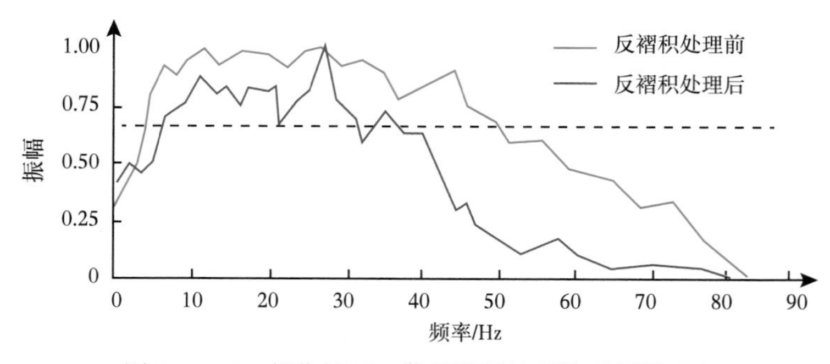

图 3-4-14 相位校正 S 域反褶积处理前后频谱对比

第五节 复杂构造区高精度速度建模及偏移成像技术

郯庐断裂贯穿辽东湾坳陷，主要表现为多条北东走向大型走滑断裂体系，对辽东湾整体构造演化和沉积储层发育的控制。对古近系而言，郯庐断裂持续活动，既有伸展，又有走滑，造成了古近系构造复杂、沉积体类型多样，断裂相互切割进而造成沉积体的破碎，且古近系多期地层相互叠置，地层速度纵横向变化快，加之古近系低速泥岩、常规泥岩、钙质泥岩、砂岩、砂砾岩等多种岩性发育，不同岩性速度差异大，地震速度建模难度大。同时，不同岩性地层空间变化快，常规基于射线的克希霍夫偏移方法无法适应速度的快速变化，成像射线在岩性尖灭处畸变严重，是影响其精确成像的关键。因此，研发针对岩性地层的偏移方法对于提高岩性地层地震资料品质尤为重要。针对走滑—伸展复合区复杂构造区的速度建模和成像问题，研发了角度域不规则网格层析成像的速度建模和全三维双平方根方程叠前深度偏移技术，从而为后续研究提供准确可靠的地震资料基础。

一、角度域不规则网格层析成像技术

地震速度场是地震勘探中最重要的参数之一，在地震数据采集、处理和解释中都具有重要的意义，在常规叠加处理、偏移成像，时深转换、地层压力预测以及岩性与储层刻画等方面都需要速度资料。速度分析精度不仅影响地震资料的成像品质，同时对地震资料解释精度和储层综合评价的可靠性也起着关键作用（马彦彦等，2014）。

速度分析工作是地震数据处理中的最重要环节之一，其目的是通过地面采集到的地震数据获得地下三维速度模型（徐嘉亮等，2021）。速度建模分为速度拾取和速度反演两个阶段，其手段主要有三种方法：叠加速度分析建模方法（吴国忱等，2003）、偏移速度分析建模方法（李振春等，2000）和层析成像速度建模方法（雷栋等，2006），三种速度建模方法的精确度依次增高。叠加速度分析建模方法主要指动校叠加速度分析，其理论简单、易于实现，在地震勘探中得到了广泛的应用。但要求地质模型非常简单，其重要假设是水平层状介质，因此不适合处理横向速度变化和复杂构造的情况。随着地震勘探解决问题难度的增加，叠加速度分析建模方法已经不能满足需要，偏移速度分析建模方法和层析速度建模方法则可以适应更复杂的地质条件。就精度而言，层析成像比偏移速度分析的反演精度高，对于解决中等到复杂程度的地质体偏移成像更为可靠。

（一）层析成像基本原理

常规叠前时间域偏移速度分析方法基于小排列、水平层状及速度横向变化小的假设条件下，而在复杂火成岩发育区这种假设条件很难满足（徐嘉亮等，2018）。层析成像是利用旅行时优化速度误差的全局寻优方法，主要利用偏移和层析交替迭代的方法进行速度反演，能够恢复速度场中的高波数信息和低波数信息，反演的精度较高，且具有计算稳定的特点，是高精度速度模型建立的一种有效方法。

反射波地震勘探速度分析从基于水平层状介质假设的 NMO 速度分析向更精细、更准确的方向发展，在地层倾角较大及速度横向变化强烈的情况下，时间域速度分析手段难以得到准确的速度分析结果，因此利用叠前深度偏移与层析成像方法反演速度模型成为更精确的必要手段。

自 20 世纪 80 年代医学层析引入地球物理领域以来，层析成像逐渐成为研究热点，其研究内容主要集中在五个方面：（1）层析成像中的不确定性分析；（2）层析方程组的求解；（3）反射深度域速度的耦合性分析；（4）速度建模中的约束条件；（5）射线路径。

层析反演方法主要有射线类（Moser，1991）与波形类（Shin 等，2008），其中波形类反演主要为全波形反演，该方法需要较好的资料基础和庞大的计算能力支持，其应用相对较少。

射线类的层析反演方法前期为基于层位（layer-based）的反演，该方法假设每层的速度在纵向上一致或以一定的梯度关系变化，速度的变化表现在沿层的变化关系上。基于层位的层析反演在初期的深度域速度建模中发挥了重要作用，在地质结构相对比较简单、层位易于解释及层内速度变化较小的情况下能求解较高精度的背景速度模型，但其缺点是层位解释的主观因素影响较大，速度模型与处理人员的主观认识有较大关系。另外，该方法在选择层位时不能过密，过密的层位解释工作量非常大且会导致反演结果的不收敛，因此基于层位的层析反演精度受到很大限制。

射线类层析反演为近年来被广泛应用的网格层析反演方法，该方法是基于网格（grid-based）的速度反演。相对于基于层位的层析反演，网格层析反演将地下介质剖分为不同的矩形网格，可以沿着网格点的方向在任意采样点进行剩余速度的更新迭代，与地质构造形态无关，可以达到较高的速度精度。

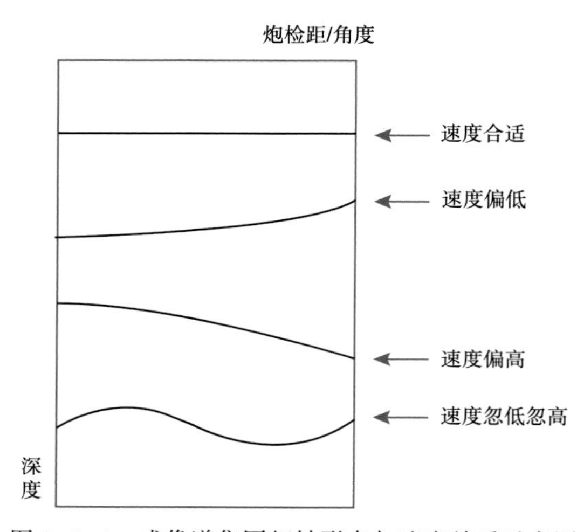

图 3-5-1　成像道集同相轴形态与速度关系示意图

叠前深度偏移的成像道集含有地下速度的变化信息，如果速度模型准确，则叠前深度偏移成像道集中的同相轴应全部被校平，如果速度不准确，叠前深度偏移成像道集中的同相轴存在剩余延迟，其在克希霍夫偏移成像道集中表现为不同偏移距，在波动方程成像道集中表现为不同张角。以克希霍夫偏移的共成像点道集为例，如图 3-5-1 所示，CIP 道集中同相轴上翘时，上覆地层速度偏低；CIP 道集中同相轴向下弯曲时，上覆地层速度偏高；而 CIP 道集中同相轴出现扭动弯曲，则上覆地层部分区域速度偏高，部分区域速度偏低。分析拾取的深度偏移成像道集中的剩余延迟，利用射线追踪确定速度模型中要优化的部分，使成像道集中的同相轴校平并提高成像聚焦程度。

首先对模型进行网格细分，每个网格上都有速度值，如图 3-5-2 所示。

根据激发点与接收点及地下地层产状，进行射线追踪计算剩余走时深度：

$$z'_h = z_h + \Delta z = z_h - \sum_i \left(\frac{\partial t}{\partial \alpha_i}\Delta\alpha_i\right)\frac{v}{2\cos\theta\cos\phi} \tag{3-5-1}$$

式中，z_h 为深度关于偏移距 h 的函数；i 为速度网格的网格单元；θ 为射线在反射界面的入射角；ϕ 为反射界面的倾角；v 为反射界面的有效速度；$\frac{\partial t}{\partial \alpha_i}$为第 i 个网格的旅行时变化，即速度或慢度，在各向异性的情况下，α 可以为 σ 或 ε。

层析反演的目标是求解最佳速度的变化量 $\Delta\alpha$，使剩余延迟 RMO 的深度拾取与射线追踪的深度扰动差异达到最小，也就是使 $z'_h - z'_0$达到最小，其中 z'_0为近偏移距的拾取量，z'_h为远偏移距的拾取量。

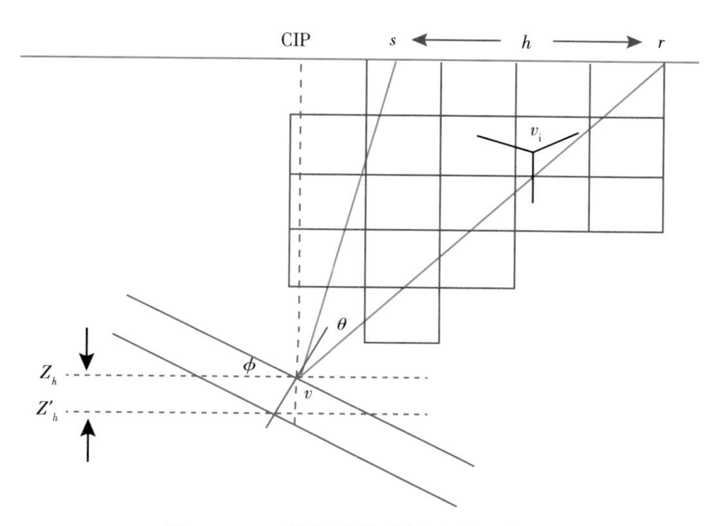

图 3-5-2 层析成像射线追踪示意图

对地下介质进行离散，沿射线的旅行时残差可以表示为：

$$
\begin{bmatrix} z_1 \\ z_2 \\ z_3 \\ \vdots \\ z_n \end{bmatrix} = \begin{bmatrix} l_1^1 & l_1^2 & l_1^3 & \cdots & l_1^m \\ l_2^1 & l_2^2 & l_2^3 & \cdots & l_2^m \\ l_3^1 & l_3^2 & l_3^3 & \cdots & l_3^m \\ \cdots & \cdots & \cdots & \cdots & \cdots \\ \cdots & \cdots & \cdots & \cdots & \cdots \\ l_n^1 & l_n^2 & l_n^3 & \cdots & l_n^m \end{bmatrix} \begin{bmatrix} \alpha_1 \\ \alpha_2 \\ \alpha_3 \\ \vdots \\ \alpha_n \end{bmatrix} \tag{3-5-2}
$$

式中，l_j^i 为第 i 条射线在网格 j 中的射线长度；α_j 为网格点 j 的慢度；m 为模型的网格点数；z_i 为第 i 条射线的旅行时残差；n 为射线总条数。

一般来说上述方程为超定方程，常常用阻尼最小二乘法求解矩阵：

$$
\alpha_j = (\boldsymbol{A}^{\mathrm{T}}\boldsymbol{A} + \lambda^2\boldsymbol{l})^{-1}\boldsymbol{A}^{\mathrm{T}}z \tag{3-5-3}
$$

式中，λ 为阻尼因子；$\boldsymbol{A}$ 为矩阵（3-5-2）的系数矩阵。

层析成像目标函数为线性方程组，每次迭代过程的解为线性解，在迭代过程中应先求解长波长的解，并逐步向短波长的解迭代，在每次迭代中控制剩余速度变化量不超出射线追踪层析反演的线性限定。因此，剩余速度要有一定平滑度。

通常来讲，速度优化是向正确速度模型逐渐逼近的过程，每次迭代优化后的速度模型要通过深度偏移成像、成像道集质量控制以及与地下地质规律吻合度等进行确认，并通过再次偏移的成像道集的剩余延迟 RMO 拾取及层析反演进行下一轮的优化迭代。

针对渤海油田新生界火成岩发育的特点，采用全局自动剩余时差拾取与地质构造形态约束相结合的高精度层析反演速度建模方法，并通过多次迭代提高最终速度模型精度。

全局最优自动剩余时差拾取方法充分利用所采集的地震资料，可以实现在每个 CMP 偏移道集上进行剩余时差自动拾取，并根据给定的准则，通过反演方法完成全局自动拾取的进一步优化。该方法有一定的抗噪声干扰能力，在保证全局最优的情况下，实现高分辨率自动剩余时差拾取。

（二）角度域共成像点道集层析成像方法

在常规共反射点道集中，构建道集的参数包括入射射线参数 P_s 及出射射线参数 P_r，偏移距 r 以及射线走时 t。当地下存在低速体时，如图 3-5-3 所示，实线与虚线的射线走时相等，即 $t_1=t_2$，且射线参数相等，即 $P_{s1}+P_{r1}=P_{s2}+P_{r2}$，从而形成射线多路径的假象，这种假象将会对层速度求取造成很大的误差。

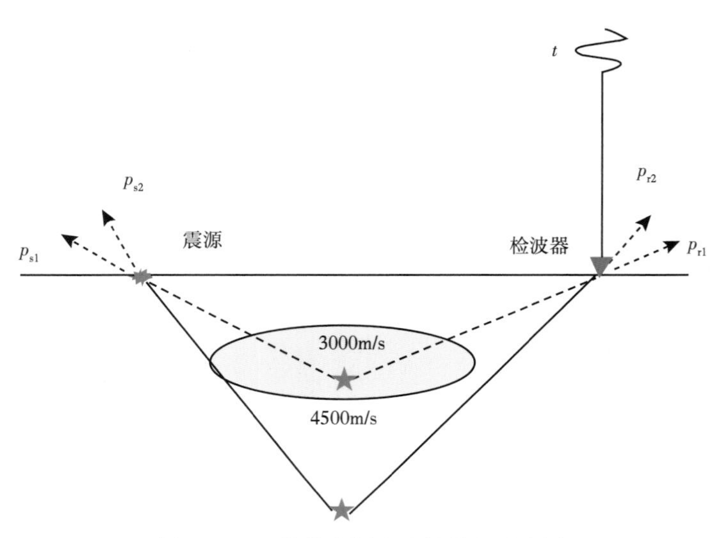

图 3-5-3　共偏移距多路径假象示意图

与偏移距道集不同，角道集是波场延拓到地下目标区域之后，从部分成像数据中按深度域的入射角排列生成。给定反射倾角、反射点位置及入射角度，射线路径是唯一的，如图 3-5-4 所示。因此，从深度域成像数据中输出的角道集不会受低速异常体的影响，从而

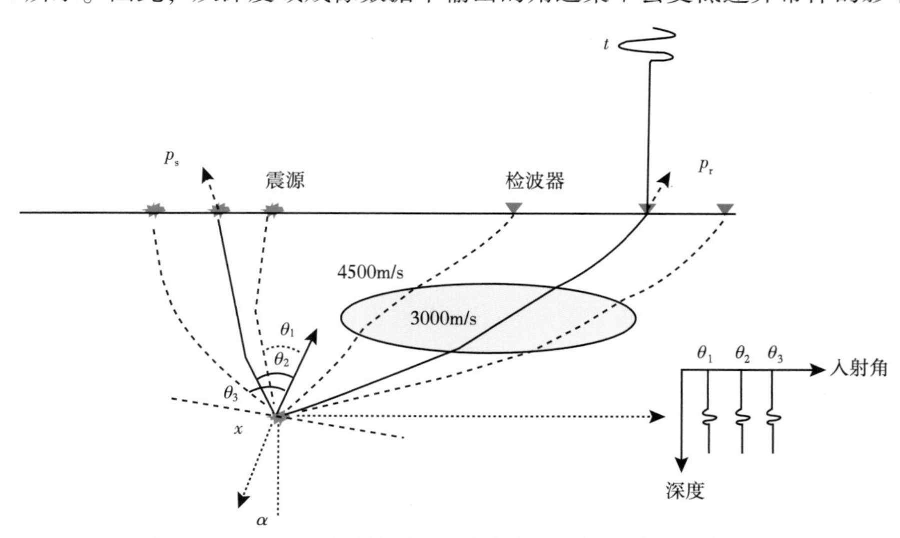

图 3-5-4　角度域成像对多路径假象问题的适应性示意图

提高层速度场求取精度。

下面根据图 3-5-5 所示的观测系统推导公式。真实反射界面为 Z_0，实际的聚焦深度为 Z_w，真实目标层速度为 v_0，地面偏移距为 h_0，零偏移距旅行时为 t_0，波场向下延拓的局部偏移距为 h。速度正确时，时距曲线关系式为：

$$t^2 = t_0^2 + \frac{4h_0^2}{v_0^2} \tag{3-5-4}$$

利用正常压实速度时，即局部偏移速度大于地层速度时，由式（3-5-4）可推出其时距曲线关系式为：

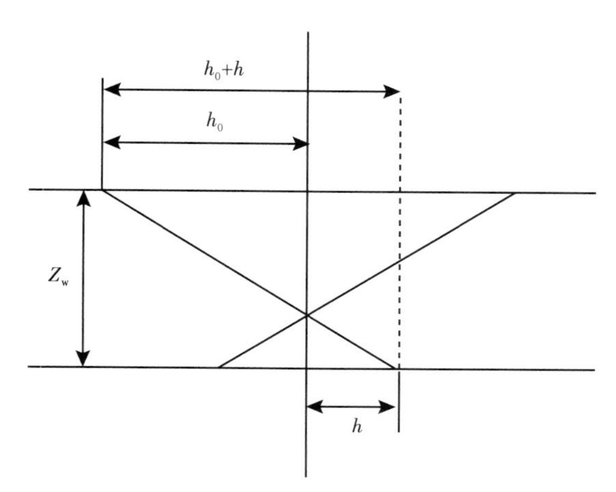

图 3-5-5　角度域局部观测系统示意图

$$t^2 = \frac{4Z_w}{v^2} + \frac{4(h_0 - h)}{v^2} \tag{3-5-5}$$

设偏移速度与真实速度误差为 Δv。结合式（3-5-4）和式（3-5-5），可得剩余速度与偏移深度之间的关系式为：

$$Z_w = \sqrt{\frac{(Z_0^2 + h_0^2)(v_0 + \Delta v)^2}{v_0^2} - (h_0 - h)^2} \tag{3-5-6}$$

因为地表偏移距不随偏移深度变化，所以式（3-5-6）两边对 h_0 求导，等式依然成立，得到地表偏移距与局部偏移距的关系式为：

$$h_0 = -\frac{hv_0^2}{\Delta v^2 + 2v_0\Delta v} \tag{3-5-7}$$

把式（3-5-7）代入式（3-5-6）可以消除地表偏移距，得到：

$$Z_w = \sqrt{\left(\frac{Z_0^2}{v_0^2} - \frac{h}{\Delta v^2 + 2v_0\Delta v}\right)(v_0 + \Delta v)^2} \tag{3-5-8}$$

引入角度的概念，把抽取角道集的倾斜叠加公式变形并且代入式（3-5-8）可得：

$$Z(\beta) + h\tan\beta = \sqrt{\left(\frac{Z_0^2}{v_0^2} - \frac{h}{\Delta v^2 + 2v_0\Delta v}\right)(v_0 + \Delta v)^2} \tag{3-5-9}$$

式（3-5-9）两边对 h 求导，并反代入式（3-4-9），整理之后得：

$$Z(\beta) = Z_0\sqrt{(\frac{\Delta v + v_0}{v_0})^2(1 + \tan^2\beta) - \tan^2\beta} \tag{3-5-10}$$

式（3-5-10）以剩余曲率为自变量，剩余速度为目标函数建立，利用式（3-5-10）就可以对初始层速度模型进行迭代更新。

（三）基于层位约束的不规则网格层析方法

常规网格层析利用规则矩形网格对地下构造进行剖分，利用离散的网格点代替地下连续的介质。该方法虽然实现了小尺度范围速度修正迭代，但是没有充分考虑地层的分布规律，在复杂构造地层网格分布不能完全表征地层分布的特点，从而降低了层速度模型反演的精度和效率，如图 3-5-6 所示。

基于层位约束的网格层析速度建模方法精度更高，该方法利用层位信息控制网格分布，在对地下地层进行均匀网格剖分的同时对有层位及特殊地质体的地层进行网格剖分，如图 3-5-7 所示。在有反射层位的地层加密网格，从而实现真正小尺度的精细层速度修饰，如图 3-5-8 所示。

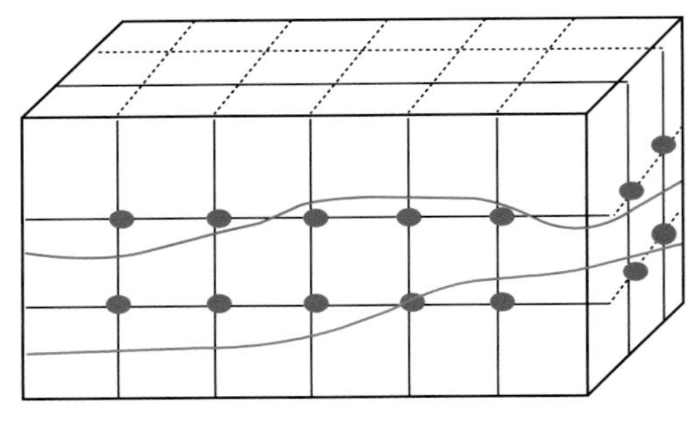

图 3-5-6　均匀网格层析示意图

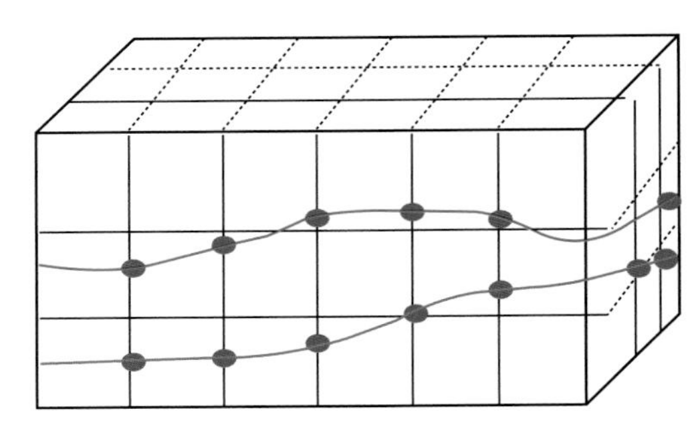

图 3-5-7　层位约束网格层析示意图

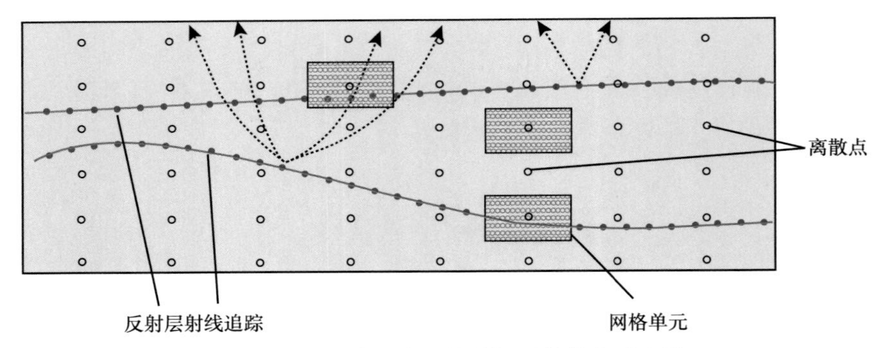

图 3-5-8　层位约束网格层析网格分布示意图

令拾取的道集剩余延迟量为自变量，层速度为目标函数，利用地层倾角、方位角、地层连续性的信息对网格剖分进行控制，公式 3-5-11 为：

$$\delta m = \delta t + \gamma\delta t + \beta\delta t \tag{3-5-11}$$

式中，δt 为深度延迟时差；δm 为网格层析结果；γ 为敏感因子，敏感因子控制拾取剩余延迟的大小，可以根据道集质量及偏移效果进行人为给定；β 为平滑因子，平滑因子控制网格层析的平滑参数，因为网格层析要对网格矩阵进行求解，会产生局部极值的现象，通过平滑因子的平滑作用，可对局部极值进行有效修正。

三项层速度建模技术有效改进常规层速度流程，常规层速度建模流程及改进后的流程如图 3-5-9 和图 3-5-10 所示。

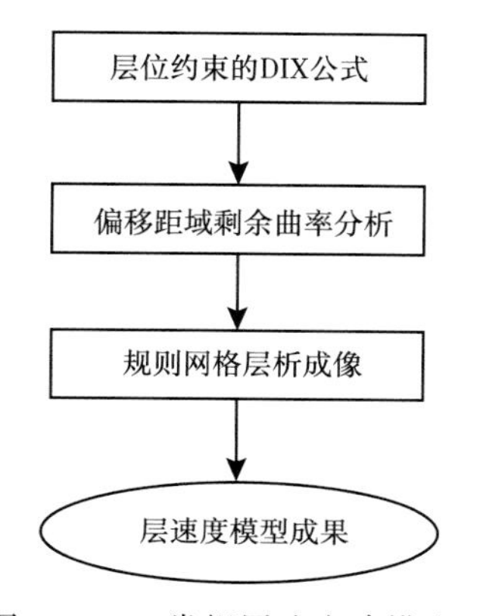

图 3-5-9 常规层速度建模流程

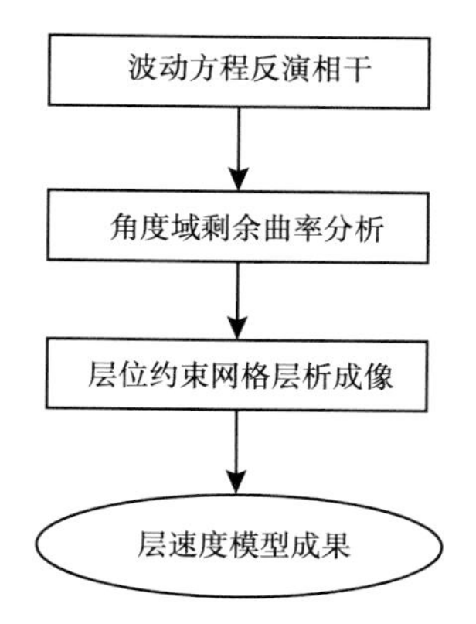

图 3-5-10 改进层速度建模流程

图 3-5-12 为层析反演速度建模获得的最终层速度剖面，速度变化特征与构造更为吻合，中生界高速地层刻画更加明显，与初始速度模型（图 3-5-11）相比，速度建模精度得到有效提高。如图 3-5-13 所示，层析反演获得的速度模型（红线）在井口处变化特征与滤波后测井纵波曲线（黑线）变化规律具有很好的相似性，比常规技术得到的速度（蓝线）精度更高。

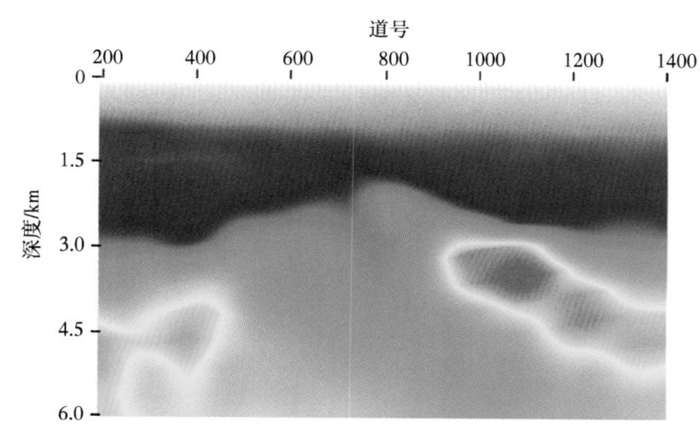

图 3-5-11 初始深度速度模型

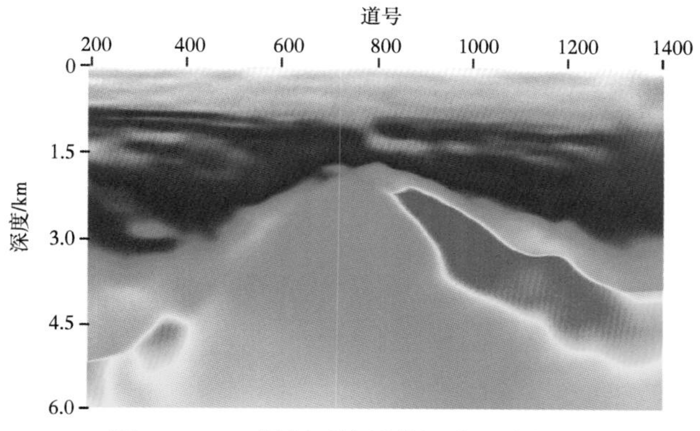

图 3-5-12 层析反演最终深度速度模型

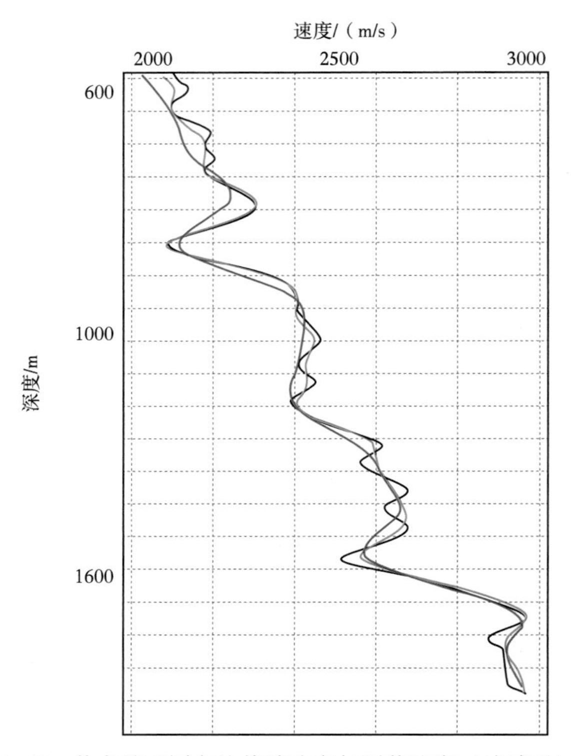

图 3-5-13　井点处不同方法偏移速度与测井速度（滤波后）对比

在速度更新前后的基础上分别开展了偏移处理，得到的结果如图 3-5-14 所示，对比两个地震剖面可以看出，速度更新后的地震剖面中地层连续性更好，断层成像更加清晰，如图中红色箭头所示。

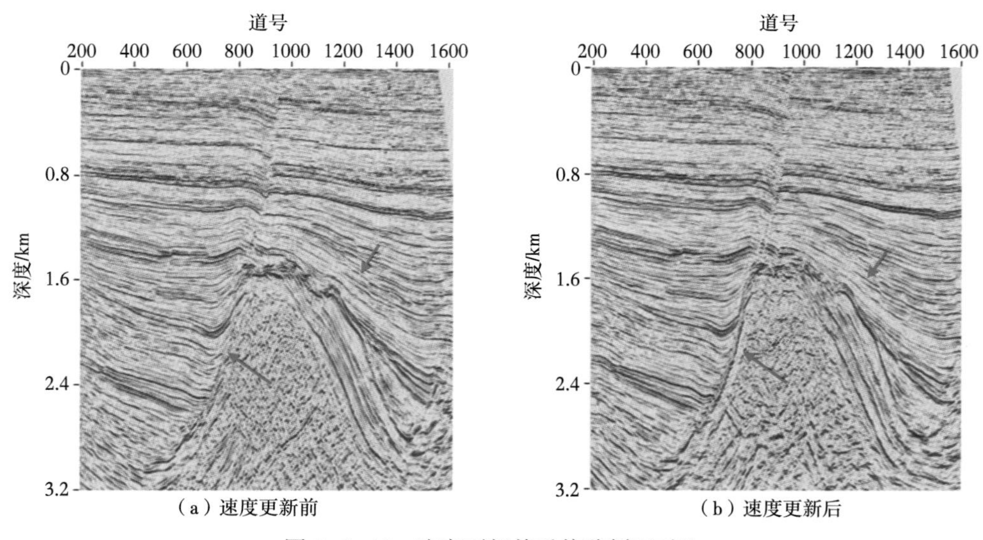

图 3-5-14　速度更新前后偏移剖面对比

二、全三维双平方根波动方程叠前深度偏移技术

对于复杂构造，叠前时间偏移已不能满足勘探需要，而叠前深度偏移能够实现共反射点的叠加和绕射点的准确归位，使复杂构造或速度横向变化较大的地震资料精确成像。已知精确速度模型的情况下，叠前深度偏移成像精度高，能还原复杂构造内部真实地质情况。其中，波动方程叠前深度偏移具有成像精度高、波形特征保持好等优点，尤其适用于精细地震勘探的成像（Han，1998）。根据所用的波场外推算子，可分为单程波方程（范廷恩，2016）和双程波方程（尤加春，2020）叠前深度偏移，前者又分为适用于炮集的单平方根算子（高国超等，2016）叠前深度偏移和适用于CMP集的双平方根算子（张敏等，2011）叠前深度偏移。

单平方根算子炮域叠前深度偏移将炮点和检波点分别向下外推，考虑到波可能来自一个炮集最大偏移距覆盖的范围之外，无论对炮点或是对检波点进行向下外推，都需要扩展一定的边道，加大了计算工作量。此外，扩展道数需要根据构造起伏程度确定，难以定量化。单平方根算子炮域叠前深度偏移在炮点向下外推时需要人为地给定子波作为震源函数，该函数的形态直接影响偏移成像结果，该过程中合适子波的选择难度较大。单平方根算子炮域叠前深度偏移的优势在于：首先所有能用来描述波在复杂介质中传播的算子均可用于外推成像过程，其次对野外观测方式要求低，仅需要规则的单炮道集。

双平方根算子共中心点域叠前深度偏移是把炮点和检波点同时向下外推，无论对何种道集进行偏移，每一个道集均覆盖整个成像范围，因此不需要考虑偏移孔径问题。完整意义上的双平方根算子共中心点域叠前深度偏移是一个典型的五维问题，每一个外推步都涉及三维测区的所有叠前数据，计算量大。另一个重要的原因是野外观测方式决定了纵测线（cross-line）方向具有很少的偏移距，采样也较为稀疏，在纵测线方向的偏移计算过程中带来较大误差。

全三维双平方根方程叠前深度偏移的实现过程为：首先从双平方根波场外推方程推导出共中心点域分步Fourier叠前深度（时间）偏移方法和广义屏叠前深度（时间）偏移方法，然后利用稳相法推导出共偏移距道集叠前深度（时间）偏移算法和共方位角道集叠前深度（时间）偏移算法。

（一）双平方根波动方程叠前深度偏移方法

1. 炮点—全偏移距域波动方程叠前深度偏移方法

在横向变速情况下，双平方根波场外推方程为：

$$\frac{\partial P(t,\ \vec{X}_s,\ \vec{X}_g,\ z)}{\partial z}=\left\{\left[\frac{1}{v^2(\vec{X}_s,\ z)}-\left(\frac{\partial t}{\partial \vec{X}_s}\right)^2\right]^{1/2}+\left[\frac{1}{v^2(\vec{X}_g,\ z)}-\left(\frac{\partial t}{\partial \vec{X}_g}\right)^2\right]^{1/2}\right\}\frac{\partial P(t,\ \vec{X}_s,\ \vec{X}_g,\ z)}{\partial t} \tag{3-5-12}$$

式中，$\vec{X}_s=(x_s,\ y_s)$，$\vec{X}_g=(x_g,\ y_g)$，分别为炮点和检波点坐标。利用如下坐标变换把式（3-5-12）从炮点和检波点坐标系（$\vec{X}_s$，$\vec{X}_g$）变换到炮点和全偏移距坐标系（$\vec{X}_{s'}$，$\vec{X}_o$）：

$$\begin{cases}\vec{X}_{s'}=(x_{s'},\ y_{s'})=\vec{X}_s\\ \vec{X}_o=(x_o,\ y_o)=\vec{X}_g-\vec{X}_s\end{cases} \tag{3-5-13}$$

式（3-5-13）的微分关系为：

$$\begin{cases}\dfrac{\partial}{\partial \vec{X}_s}=\dfrac{\partial}{\partial \vec{X}_{s'}}-\dfrac{\partial}{\partial \vec{X}_o}\\[2ex]\dfrac{\partial}{\partial \vec{X}_g}=\dfrac{\partial}{\partial \vec{X}_o}\end{cases}\tag{3-5-14}$$

将式（3-5-14）代入任意变速介质中的外推关系式（3-5-12），并舍弃坐标变量及波场变量符号的右上标，得到：

$$\frac{\partial P(t,\vec{X}_s,\vec{X}_g,z)}{\partial z}=\left\{\left[\frac{1}{v^2(\vec{X}_s,z)}-\left(\frac{\partial t}{\partial \vec{X}_s}-\frac{\partial t}{\partial \vec{X}_o}\right)^2\right]^{½}+\left[\frac{1}{v^2(\vec{X}_s+\vec{X}_o,z)}-\left(\frac{\partial t}{\partial \vec{X}_o}\right)^2\right]^{½}\right\}\frac{\partial P(t,\vec{X}_s,\vec{X}_o,z)}{\partial t}\tag{3-5-15}$$

对式（3-5-15）中的慢度场（速度场的倒数）进行分解，每一外推层中的慢度分为背景慢度和慢度摄动量。在一个外推层内背景慢度是常数，取其为每一层慢度的平均值：

$$S(\vec{X}_s,z)=\frac{1}{v(\vec{X}_s,z)}=\frac{1}{v(z)}+\Delta S(\vec{X}_s,z)=S_0(z)+\Delta S(\vec{X}_s,z)\tag{3-5-16a}$$

$$S(\vec{X}_s+\vec{X}_o,z)=\frac{1}{v(\vec{X}_s+\vec{X}_o,z)}=\frac{1}{v(z)}+\Delta S(\vec{X}_s+\vec{X}_o,z)=S_0(z)+\Delta S(\vec{X}_s+\vec{X}_o,z)\tag{3-5-16b}$$

式中，$S(\vec{X}_s, z)$ 和 $S(\vec{X}_s+\vec{X}_o, z)$ 分别为炮点和检波点对应的慢度值；$S_0(z)$ 为背景慢度；$\Delta S(\vec{X}_s, z)$ 和 $\Delta S(\vec{X}_s+\vec{X}_o, z)$ 分别为炮点和检波点处的慢度摄动量。

炮点和检波点的背景慢度相同，而两点的慢度摄动量不同。把定义的慢度分解式（3-5-16）代入外推关系式（3-5-15），并舍弃慢度摄动的二阶项，得到：

$$\frac{\partial P(t,\vec{X}_s,\vec{X}_o,z)}{\partial z}=\left\{\left[\frac{1}{v^2(z)}+2S_0\Delta S(\vec{X}_s,z)-\left(\frac{\partial t}{\partial \vec{X}_s}-\frac{\partial t}{\partial \vec{X}_o}\right)^2\right]^{1/2}+\left[\frac{1}{v^2(z)}+2S_0\Delta S(\vec{X}_s+\vec{X}_o,z)-\left(\frac{\partial t}{\partial \vec{X}_o}\right)^2\right]^{1/2}\right\}\frac{\partial P(t,\vec{X}_s,\vec{X}_o,z)}{\partial t}\tag{3-5-17}$$

式（3-5-17）也可以表示为：

$$\frac{\partial P(t,\vec{X}_s,\vec{X}_o,z)}{\partial z}=\left\{\sqrt{\frac{1}{v^2(z)}-\left(\frac{\partial t}{\partial \vec{X}_s}-\frac{\partial t}{\partial \vec{X}_o}\right)^2}\sqrt{1+\frac{2S_0\Delta S(\vec{X}_s,z)}{\frac{1}{v^2(z)}-\frac{1}{4}\left(\frac{\partial t}{\partial \vec{X}_s}-\frac{\partial t}{\partial \vec{X}_o}\right)^2}}+\sqrt{\frac{1}{v^2(z)}-\left(\frac{\partial t}{\partial \vec{X}_o}\right)^2}\sqrt{1+\frac{2S_0\Delta S(\vec{X}_s+\vec{X}_o,z)}{\frac{1}{v^2(z)}-\left(\frac{\partial t}{\partial \vec{X}_o}\right)^2}}\right\}\frac{\partial P(t,\vec{X}_s,\vec{X}_o,z)}{\partial t}\tag{3-5-18}$$

对式（3-5-18）中的根式作 Taylor 展开，并舍弃二阶以上的展开项得到：

$$\frac{\partial P(t,\vec{X}_s,\vec{X}_o,z)}{\partial z}=\left\{\sqrt{\frac{1}{v^2(z)}-\left(\frac{\partial t}{\partial\vec{X}_s}-\frac{\partial t}{\partial\vec{X}_o}\right)^2}+\frac{2S_0\Delta S(\vec{X}_s,z)}{\sqrt{\frac{1}{v^2(z)}-\frac{1}{4}\left(\frac{\partial t}{\partial\vec{X}_s}-\frac{\partial t}{\partial\vec{X}_o}\right)^2}}+\right.$$

$$\left.\sqrt{\frac{1}{v^2(z)}-\left(\frac{\partial t}{\partial\vec{X}_o}\right)^2}+\frac{2S_0\Delta S(\vec{X}_s+\vec{X}_o,z)}{\sqrt{\frac{1}{v^2(z)}-\left(\frac{\partial t}{\partial\vec{X}_o}\right)^2}}\right\}\frac{\partial P(t,\vec{X}_s,\vec{X}_o,z)}{\partial t} \tag{3-5-19}$$

整理式（3-5-19），得：

$$\frac{\partial P(t,\vec{X}_s,\vec{X}_o,z)}{\partial z}=\left[\sqrt{\frac{1}{v^2(z)}-\left(\frac{\partial t}{\partial\vec{x}_s}-\frac{\partial t}{\partial\vec{X}_o}\right)^2}+\sqrt{\frac{1}{v^2(z)}-\left(\frac{\partial t}{\partial\vec{X}_o}\right)}\right]\frac{\partial P(t,\vec{X}_s,\vec{X}_o,z)}{\partial t}+$$

$$\frac{S_0}{\sqrt{\frac{1}{v^2(z)}-\left(\frac{\partial t}{\partial\vec{X}_s}-\frac{\partial t}{\partial\vec{X}_o}\right)^2}}\frac{\partial[\Delta S(\vec{X}_s,z)P(t,\vec{X}_s,\vec{X}_o,z)]}{\partial t}+$$

$$\frac{S_0}{\sqrt{\frac{1}{v^2(z)}-\left(\frac{\partial t}{\partial\vec{X}_o}\right)^2}}\frac{\partial[\Delta S(\vec{X}_s+\vec{X}_o,z)P(t,\vec{X}_s,\vec{X}_o,z)]}{\partial t} \tag{3-5-20}$$

将式（3-5-20）变换到频率波数域：

$$\frac{\partial\widetilde{P}(\omega,\vec{K}x_s,\vec{K}x_o;z)}{\partial z}=-ik_z\widetilde{P}(\omega,\vec{K}x_s,\vec{K}x_o;z)-\frac{ik_0}{k_{z_s}}FT_{\vec{X}_s,\vec{X}_o}[\omega\Delta S(\vec{X}_s,z)$$

$$P(\omega,\vec{X}_s,\vec{X}_o,z)]-\frac{ik_0}{k_{z_g}}FT_{\vec{X}_s,\vec{X}_o}[\omega\Delta S(\vec{X}_s+\vec{X}_o,z)P(\omega,\vec{X}_s,\vec{X}_o,z)] \tag{3-5-21}$$

其中

$$\begin{cases}k_0=\dfrac{\omega}{v(z)}\quad \vec{K}x_s=(kx_s,ky_s)\quad \vec{K}x_o=(kx_o,ky_o)\\ k_{z_s}=\sqrt{\left(\dfrac{\omega}{v(z)}\right)^2-(\vec{K}x_s-\vec{K}x_o)^2}\quad k_{z_s}=\sqrt{\left(\dfrac{\omega}{v(z)}\right)^2-(\vec{K}x_o)^2}\\ k_z\equiv-\mathrm{sign}(\omega)\left[\sqrt{\left(\dfrac{\omega}{v}\right)^2-(\vec{K}x_s+\vec{K}x_o)^2}+\sqrt{\left(\dfrac{\omega}{v}\right)^2-(\vec{K}x_o)^2}\right]\end{cases}$$

对式（3-5-21）进行分解：

$$\frac{\partial\widetilde{P}(\omega,\vec{K}x_s,\vec{K}x_o;z)}{\partial z}=-\mathrm{i}k_z\widetilde{P}(\omega,\vec{K}x_s,\vec{K}s_o;z) \tag{3-5-22a}$$

$$\frac{\partial\vec{P}(\omega,\vec{K}x_s,\vec{K}x_o;z)}{\partial z}=-\frac{\mathrm{i}k_0}{k_{z_s}}FT_{\vec{X}_s,\vec{X}_o}[\Delta S(\vec{X}_s,z)P(t,\vec{X}_s,\vec{X}_o;z)]$$

$$-\frac{\mathrm{i}k_0}{k_{z_g}}FT_{\vec{X}_s,\vec{X}_o}[\Delta S(\vec{X}_s+\vec{X}_o,z)P(t,\vec{X}_s,\vec{X}_o;z)] \tag{3-5-22b}$$

式（3-5-22a）是背景介质中的波场外推方程，为双平方根算子相移偏移方程，式（3-5-22b）描述慢度摄动引起的散射场。背景场和散射场的和构成总场。

事实上，式（3-5-22）是广义屏方法（Wu，1996 和 Huang，1999）在炮点—全偏移距域中的波场外推公式。当传播角度较小时，$k_0/k_z \approx 1$ 成立，可以得到分步 Fourier 偏移方法。当传播角度较大时，可以导出广义屏偏移方法。在仅考虑小角度传播的情况时，式（3-5-22b）可最终简化为：

$$\frac{\partial \widetilde{P}(\omega, \vec{X}_s, \vec{X}_o, z)}{\partial z} = -\mathrm{i}\omega[\Delta S(\vec{X}_s, z) + \Delta S(\vec{X}_s + \vec{X}_o, z)]\widetilde{P}(\omega, \vec{X}_s, \vec{X}_o, z) \quad (3\text{-}5\text{-}23)$$

式（3-5-22a）和式（3-5-23）结合，即为分步 Fourier 方法在炮点—全偏移距域中的波场外推方程。

在炮点-全偏移距道集中，用双平方根算子将激发点和接收点同时向下外推进行波动方程叠前深度偏移。外推及成像公式为：

$$P\ (t=0, \vec{K}x_s, \vec{X}_o=0, z+\Delta z) = \int \mathrm{d}w \int \mathrm{d}\vec{K}x_o \mathrm{e}^{\mathrm{i}K_z(\omega, \vec{K}x_s, \vec{K}x_o)^2(\omega, \vec{K}x_s, \vec{K}x_o, z)} \quad (3\text{-}5\text{-}24)$$

其中 $$P(\omega, \vec{K}x_s, \vec{K}x_o) = \int \mathrm{d}t\mathrm{e}^{i\omega t}\int \mathrm{d}\vec{X}_s \mathrm{e}^{-\mathrm{i}\vec{K}x_s, \vec{X}_s}\int \mathrm{d}\vec{X}_o \mathrm{e}^{-\mathrm{i}\vec{K}x_o\vec{X}_o} P(t, \vec{X}_s, \vec{X}_o, z) \quad (3\text{-}5\text{-}25)$$

上述三维偏移是在五维空间中进行的，为三维全偏移，使用所有的观测数据，不对双平方根算子做近似处理，其计算量巨大。另外，目前的海上观测方式，由于垂直纵测线方向的偏移距较少，不宜直接利用上述方法进行三维偏移。为了减少计算量，便于在不同的道集中进行叠前偏移，可以利用稳相法导出共偏移距道集叠前偏移、共方位角道集叠前偏移算法。

2. 共偏移距道集 3D 叠前深度偏移方法

共偏移距道集叠前深度偏移是对单个偏移距道集进行偏移成像，涉及的计算量较小。共偏移距道集偏移结果可以用于速度分析、AVO 分析等。为了导出单个偏移距的波场外推公式，定义如下的 Fourier 变换：

$$P(\omega, \vec{K}x_s, \vec{K}x_o; z) = \int \mathrm{d}\vec{X}_o \mathrm{e}^{-\mathrm{i}\vec{K}x_o\vec{X}_o} P(\omega, \vec{K}x_s, \vec{X}_o; z) \quad (3\text{-}5\text{-}26)$$

将式（3-5-26）代入式（3-5-24），得：

$$\begin{aligned} P(t=0, \vec{K}x_s, \vec{X}_o=0, z+\Delta z) &= \int \mathrm{d}\omega \int \mathrm{d}\vec{K}x_o \mathrm{e}^{\mathrm{i}K_z(\omega, \vec{K}x_s, \vec{K}x_o)z}\int \mathrm{d}\vec{X}_o \mathrm{e}^{-\mathrm{i}\vec{K}x_o\vec{X}_o} P(\omega, \vec{K}x_s, \vec{X}_o, z) \\ &= \int \mathrm{d}\vec{X}_o \int \mathrm{d}\omega P(\omega, \vec{K}x_s, \vec{X}_o, z)\int \mathrm{d}\vec{K}x_o \mathrm{e}^{\mathrm{i}(k_z z - \vec{k}x_o\vec{X}_o)} \end{aligned} \quad (3\text{-}5\text{-}27)$$

式（3-5-27）表示所有单个偏移距剖面偏移结果的叠加。显然，单个偏移距剖面的波场外推公式为：

$$P(t=0, \vec{K}x_s, \vec{X}_o^0=0, z+\Delta z) = \int \mathrm{d}\omega P(\omega, \vec{K}x_s, \vec{X}_o^0, z)\int \mathrm{d}\vec{K}x_s \mathrm{e}^{-\mathrm{i}(k_z z - \vec{k}x_o\vec{X}_o^0)} \quad (3\text{-}5\text{-}28)$$

式（3-5-28）中的积分和如果按五维问题计算的，计算量大。为此，定义相位：

$$\Phi(\vec{K}x_o) = k_z(\omega,\ \vec{K}x_s,\ \vec{K}x_o)z - \vec{K}x_o\vec{X}_o \tag{3-5-29}$$

利用稳相法消除 $\vec{K}x_o$，可以大幅度地降低运算量。令 $\dfrac{\partial \Phi}{\partial \vec{K}x_o} = 0$，可以得到：

$$\frac{(\vec{K}x_s - \vec{K}x_o)z}{\sqrt{\left(\dfrac{\omega}{v}\right)^2 - (\vec{K}x_s - \vec{K}x_o)^2}} - \frac{(\vec{K}x_o)z}{\sqrt{\left(\dfrac{\omega}{v}\right)^2 - (\vec{K}x_o)^2}} = \vec{X}_o^0 \tag{3-5-30}$$

将式（3-5-30）写成：

$$F[(\vec{K}x_s - \vec{K}x_o)] - F[\vec{K}x_o] = 2\vec{X}_o^0 \tag{3-5-31}$$

Taylor 展开式（3-5-31）得：

$$2\vec{X}_0 \approx [F_{01} - \hat{\vec{K}}x_o F'_{01} + \frac{1}{2}(\hat{\vec{K}}x_o)^2 F''_{01}] - [F_{02} + \frac{1}{2}\hat{\vec{K}}_h F'_{02} + \frac{1}{2}(\hat{\vec{K}}x_o)^2 F''_{02}] \tag{3-5-32}$$

整理式（3-5-32）得出：

$$\hat{\vec{K}}x_o = -\frac{2h\omega}{vz}\left(1 - \left(\frac{v\vec{K}x_s}{2\omega}\right)^2\right)^{3/2} \tag{3-5-33}$$

此时，共偏移距道集的波场外推公式为：

$$P(t=0,\ \vec{K}x_s,\ \vec{X}_o = 0, z + \Delta z) = \int \mathrm{d}\omega P(\omega,\ \vec{K}x_s,\ \vec{X}_o, z)\,\mathrm{e}^{\mathrm{i}\phi(\omega, \vec{k}x_o, \vec{K}x_s, \vec{X}_o^0)} \tag{3-5-34}$$

其中，式（3-5-34）仅考虑了稳相法应用后的相位变化，振幅变化被忽略。

$$\Phi(\omega,\ \vec{K}x_s,\ \hat{\vec{K}}x_o,\ \vec{X}_o^0) = k_z(\omega,\ \vec{K}x_o,\ \hat{\vec{K}}x_o)z - \hat{\vec{K}}x_o\vec{X}_o^0 \tag{3-5-35}$$

式（3-5-35）和式（3-5-33）组成分步 Fourier 共偏移距道集叠前深度偏移方法；式（3-5-35）和式（3-5-22b）组成广义屏共偏移距道集叠前深度偏移方法。

3. 共方位角道集 3D 叠前深度偏移

为导出共偏移距道集 3D 偏移公式，利用稳相法消掉了 kx_o 和 ky_o，认为波的主要能量沿式（3-5-31）定义的路线传播。为了提高偏移成像的精度，同时考虑海上观测方式与共方位角道集比较接近，同样利用稳相法仅消掉 ky_o，可以导出共方位角道集 3D 偏移公式。所谓共方位角道集，就是炮点和检波点在同一个方位角上观测形成的道集。共方位角道集 3D 偏移是一个四维问题。

炮点—全偏移距域双平方根算子波场外推方程为：

$$P(\omega,\ \vec{K}x_s,\ \vec{K}x_o;\ z + \Delta z) = P(\omega,\ \vec{K}s_s,\ \vec{K}x_o;\ z)\,\mathrm{e}^{\mathrm{i}k_z\Delta z} \tag{3-5-36}$$

其中 $k_z = \dfrac{\omega}{v}\left\{\sqrt{1 - \dfrac{v^2}{\omega^2}[(kx_s - kx_o)^2 + (ky_s - ky_o)^2]} + \sqrt{1 - \dfrac{v^2}{\omega^2}[(kx_o)^2 + (ky_o)^2]}\right\}$

（3-5-37）

利用稳相法消掉 ky_o 的影响，重写式（3-5-37）为：

$$
\begin{aligned}
P(\omega, \vec{K}x_s, kx_o, 0; z+\Delta z) &= \int_{-\infty}^{+\infty} P(\omega, \vec{K}x_s, kx_o, ky_o; z)\mathrm{e}^{ik_z\Delta z}\mathrm{d}ky_o \\
&= P(\omega, \vec{K}x_s, kx_o, z)\int_{-\infty}^{+\infty} \mathrm{e}^{ik_z\Delta z}\mathrm{d}ky_o
\end{aligned}
\quad (3-5-38)
$$

为找到稳相点 $\bar{k}y_o$，令，$\dfrac{\mathrm{d}k_z}{\mathrm{d}ky_o}=0$ 可以导出：

$$
\bar{k}y_o = ky_s\gamma = ky_s\frac{\sqrt{1-\dfrac{v^2}{\omega^2}(kx_o)^2}}{\sqrt{1-\dfrac{v^2}{\omega^2}(kx_o)^2}\pm\sqrt{1-\dfrac{v^2}{\omega^2}(kx_s-kx_o)^2}} \quad (3-5-39)
$$

稳相点处的 $\bar{k}_z$ 为：

$$
\bar{k}_z=\frac{\omega}{v}\left\{\sqrt{1-\frac{v^2}{\omega^2}[(kx_s-kx_o)^2+ky_s^2(1-\gamma)^2]}+\sqrt{1-\frac{v^2}{\omega^2}[(kx_o)^2+ky_s^2(\gamma)^2]}\right\} \quad (3-5-40)
$$

最终的共方位角道集波场外推公式为：

$$
P(\omega, \vec{K}x_s, kx_o, z+\Delta z)=P(\omega, \vec{K}x_s, kx_o, z)\frac{\sqrt{2\pi}}{\sqrt{\left|\dfrac{\mathrm{d}^2k_z\Delta z}{\mathrm{d}k_{hy}^2}\right|}}\mathrm{e}^{i\left(\bar{k}_z\Delta z+\frac{\pi}{4}\right)} \quad (3-5-41)
$$

如果不考虑振幅变化，式（3-5-41）可写为：

$$
P(\omega, \vec{K}x_s, kx_o, z+\Delta z)=P(\omega, \vec{K}x_s, kx_o, z)\mathrm{e}^{i\vec{k}_z\Delta z} \quad (3-5-42)
$$

式（3-5-42）和式（3-5-23）组成分步 Fourier 共方位角道集叠前深度偏移方法；式（3-5-42）和式（3-5-22b）组成广义屏共方位角道集叠前深度偏移方法。

（二）理论数据试验

关于共方位角数据的偏移，采用中点—半偏移距域和炮点—全偏移距域共方位角道集进行叠前深度偏移。

国外共方位角三维盐丘模型数据的叠前深度偏移基本都是在方位角校正之后的盐丘模型数据上进行的。由于没有方位角校正之后的三维盐丘模型数据，在原三维盐丘数据中抽取近似零方位角的地震道近似作为共方位角数据，便可以检验三维共方位角叠前深度偏移算法的实用性。

首先，选择 6G 左右的窄方位角三维盐丘数据中紧邻炮线的地震道（cross-line 方向偏移距为 20m），组成了 cross-line 方向、ln-line 方向中心点间距分别为 160m、20m，In-line 方向有 17 次覆盖的“伪共方位角”数据。图 3-5-15 为三维共方位角叠前深度偏移得到的一条 in-line 方向成像剖面。图中盐体外部边界成像较清楚，盐外各个层界面归位准确，但盐体上边界与下边界分辨率存在差异。原因是输入数据本身就为非共方位角数据。另外，由于仅利用了整个数据八分之一的信息，cross-line 方向空间采样间隔大，也给成像精度与信噪比带来了负面影响。

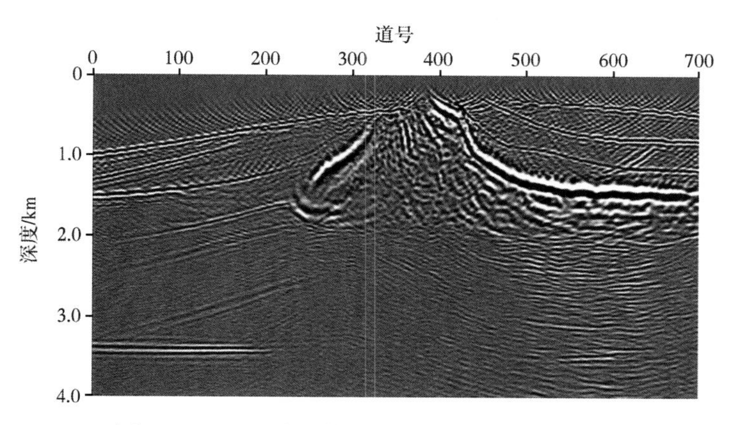

图 3-5-15　近线“伪共方位角”数据偏移剖面

其次，将各炮数据作为三维共方位角数据，对三维共方位角叠前深度偏移算法进行测试。图 3-5-16 是近似把整个窄方位角炮集数据作为三维共方位角数据得到的成像剖面，相较于上一种近似办法，利用的信息增多，因此盐体下边界成像更清晰，但浅层盐顶成像质量下降。其原因是第一种近似数据道集纵测线方向偏移距近乎为零，近似当成零方位角数据的误差较小，但其利用信息少，覆盖次数少。而第二种近似数据虽增加了覆盖，但忽略纵测线方向较大的偏移距，浅层目标误差变大。图 3-5-17 为经三维共方位角偏移之后某一主测线的成像与速度的切片，成像结果基本与理论分析吻合。图 3-5-18 与图 3-5-19 分别为成像结果深度切片与相应速度切片。用非共方位角数据（cross-line 方向偏移距不大）近似作为共方位角数据，进行三维共方位角叠前深度偏移，成像结果基本准确，盐丘的外部轮廓较为清楚，盐体内外的层位或断层的成像与速度场吻合得比较好。

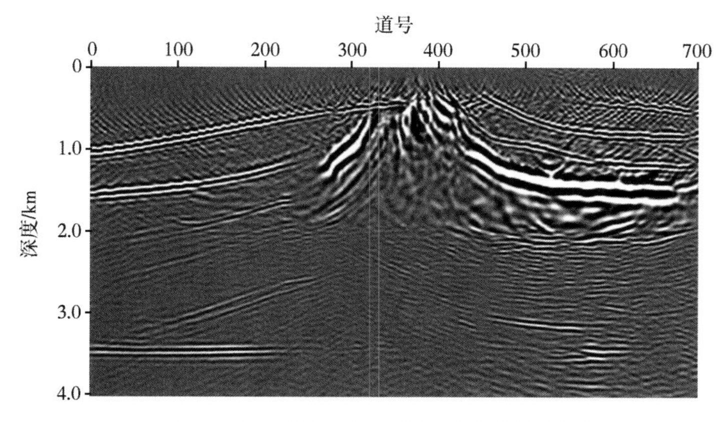

图 3-5-16　窄方位共方位角数据偏移剖面

输入真正的共方位角数据，三维共方位角叠前深度偏移的结果会更好。这就要求能对非共方位角的叠前数据进行方位角校正（Biondi，1998）。

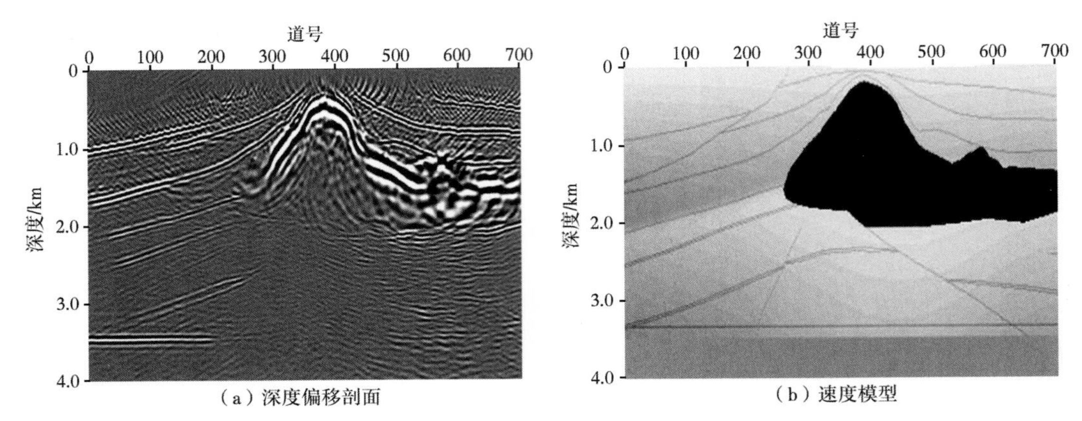

图 3-5-17　三维共方位角偏移剖面及对应速度模型

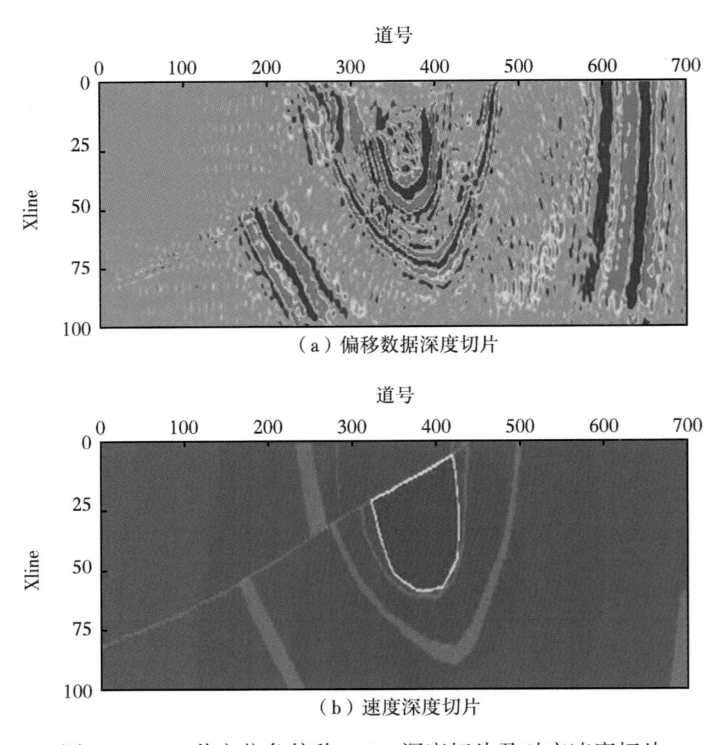

图 3-5-18　共方位角偏移 700m 深度切片及对应速度切片

将上述模型应用于全方位角中点—半偏移距叠前深度全偏移进行测试，图 3-5-20 是其三维盐丘模型测试的结果。虽然窄方位角数据并不能完全发挥全偏移方法的优势，但是从偏移结果看，盐丘体成像较为清楚，而且盐丘模型的断层成像也较为清晰。

图 3-5-21 为全三维偏移的剖面及与剖面上黑线所对应位置的角度道集。由于所用的偏移速度为模型的真实速度，偏移得到的角度成像道集较平，同时，此方法得出的角度道集质量较高。

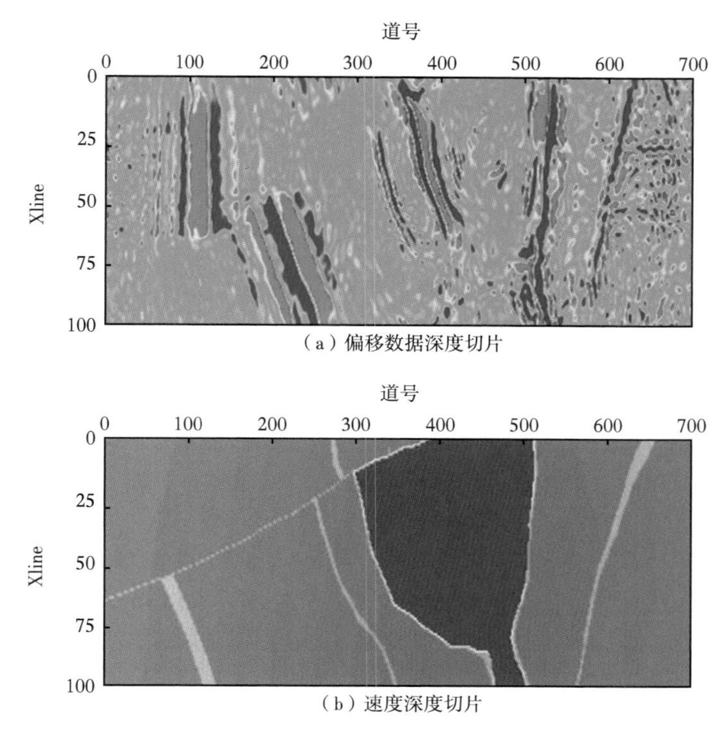

图 3-5-19　共方位角偏移 1500m 深度切片及对应速度切片

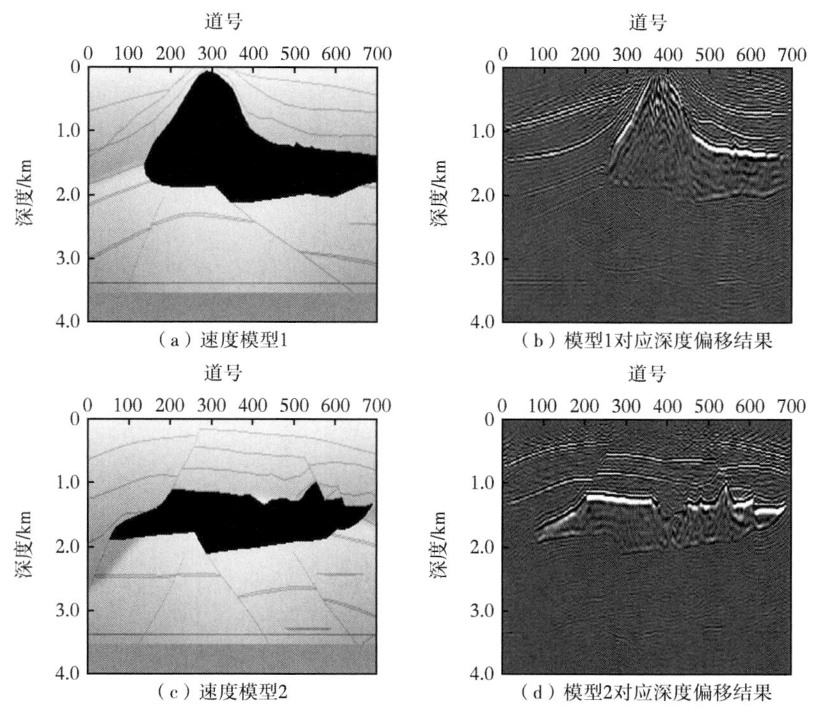

图 3-5-20　中点—半偏移距叠前深度全偏移结果及对应的速度模型

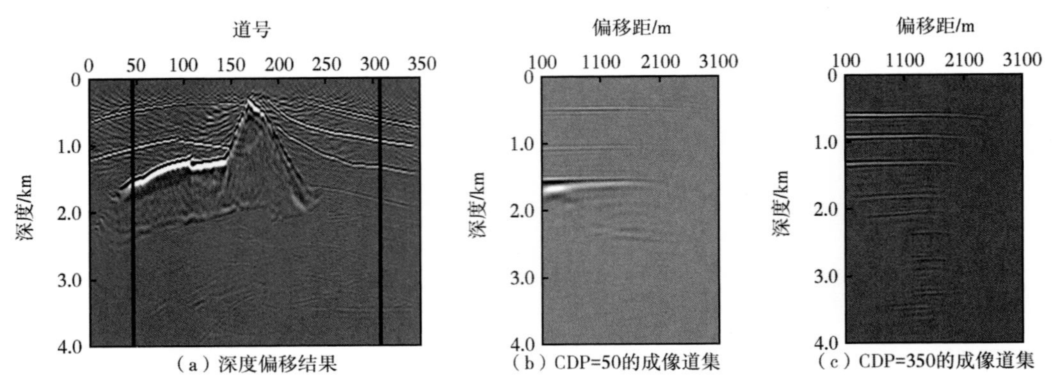

（a）深度偏移结果　（b）CDP=50的成像道集　（c）CDP=350的成像道集

图 3-5-21　中点—半偏移距叠前深度全偏移结果及两个成像道集

（三）实际数据处理

在模型测试结果的基础上，结合角度域不规则网格层析方法得到的高精度速度场，对目标区开展了全三维双平方根方程叠前深度偏移，从而得到最终的偏移结果如图 3-5-22 所示，相对老资料新处理地震资料信噪比得到明显改善，潜山面及断层成像更加清晰，受断层影响导致的弱反射现象得到有效改善。图 3-5-23 为新方法与传统方法偏移数据的方差切片对比，新的偏移方法对断层归位更加准确，并在一定程度上压制了背景噪声的干扰，方差切片在整体上能更加清晰地展示断裂的平面展布，断层更加明显，断层组合关系更加清晰。

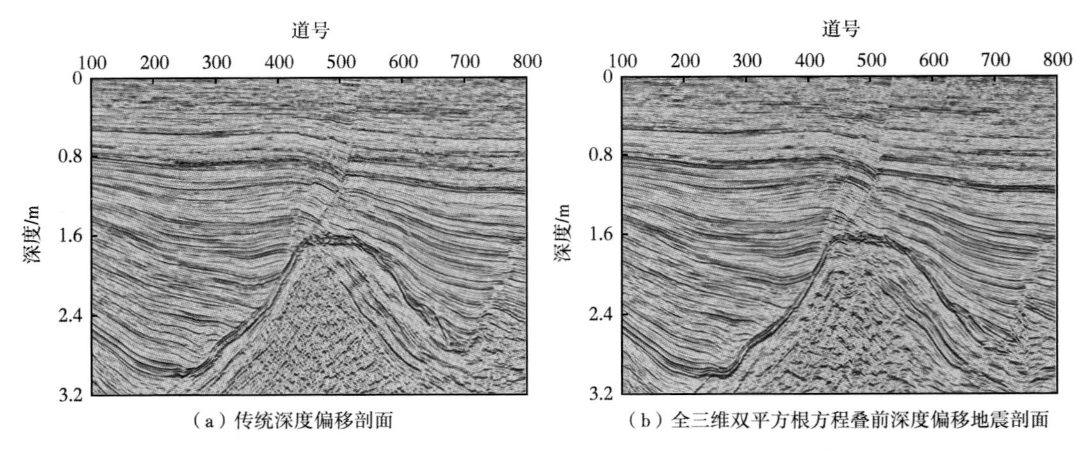

（a）传统深度偏移剖面　（b）全三维双平方根方程叠前深度偏移地震剖面

图 3-5-22　辽西凸起全三维双平方根方程叠前深度偏移与传统深度偏移地震剖面对比图

通过前面的理论分析和模型测试可知，基于平面波道集的深度偏移由于在平面波数据合成过程中会引入误差导致偏移结果保幅性差，而全三维偏移（中点—半偏移距数据体或炮点全偏移距数据体）可以同时对全工区数据偏移，没有偏移孔径问题，采集脚印的影响较小，可以输出任意方位角上的成像结果，为后续储层预测提供多种类型数据，具有较大保幅优势。通过对辽西凸起实际资料偏移，证实了上述观点，改善了沟谷区和岩性超覆点的成像质量，为构造的精细落实和储层预测奠定了资料基础。

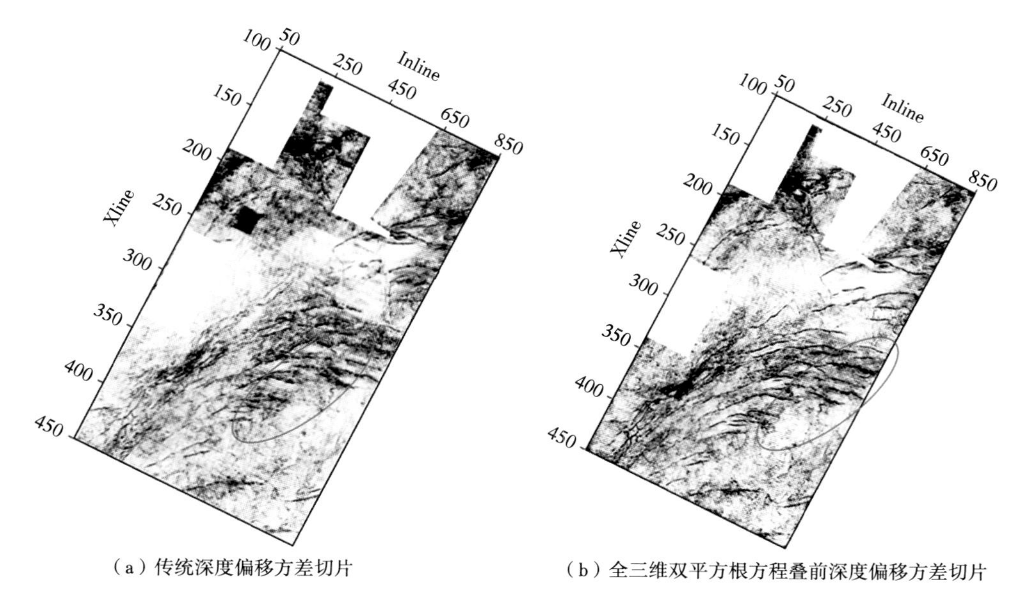

（a）传统深度偏移方差切片　　（b）全三维双平方根方程叠前深度偏移方差切片

图 3-5-23　辽西凸起全三维双平方根方程叠前深度偏移与传统深度偏移 1500ms 方差切片对比

第六节　本 章 小 结

岩性地层圈闭发育区地震资料的问题始终是困扰岩性地震勘探的核心问题，是造成岩性圈闭钻井成功率低下的主要原因，严重制约了岩性圈闭油气藏的勘探成效。针对地震资料问题，本章首先系统分析总结了岩性圈闭地震资料处理面临的主要难点，然后在地质模式和正演模拟指导下开展了针对性的技术研发，最后通过实际资料的处理应用验证了开发技术方法的可行性和适用性，形成了针对渤海油田岩性地层的地震资料处理技术系列。本章形成的主要技术如下：

（1）针对海洋地震资料存在的鬼波、浅水多次波发育的问题，通过激发子波以及正演模拟分析基础上，形成了鬼波、多次波是影响储层地震响应的重要因素的认识，在此基础上形成鬼波、浅水多次波压制技术研究，并进行了实际资料应用，拓展了地震资料的频带宽度，提高了保幅性；

（2）针对岩性地层发育区地震资料信噪比低、反射能量弱的问题，形成了面向弱信号的能量补偿处理技术，消除了激发震源能量差异、球面扩散以及上覆地层影响等因素造成的局部能量失真、反射能量弱的问题；

（3）针对海洋采集造成的覆盖次数不均匀、常规面元均化保幅性差的问题，形成了面向弱信号的地震信号优选数据规则化方法，提高了弱信号响应区地震资料信噪比和保幅性，为岩性地层地震资料的偏移成像奠定了良好的信号基础；

（4）针对地层埋藏深、资料分辨率低、岩性尖灭点识别难度大的问题，首先基于叠前道集形成了基于低频约束的 AVO 趋势校正技术，提高了道集 AVO 保真度，为叠前反演奠定了技术和资料基础，在此基础上形成了相位校正 S 域反褶积拓频方法，进一步提高了地震资料分辨率；

（5）针对岩性地层相带变化快、常规基于射线的克希霍夫偏移方法保真度低的问题，开发了基于角度域不规则网格层析成像技术，建立了高精度的速度模型，在此基础上利用全三维双平方根方程叠前深度偏移技术改善断层、尖灭点等地质体的成像品质。

关键技术的应用有效提高了岩性地层圈闭发育区地震资料品质，处理后边界断层、小断层、地层尖灭点成像明显改善，受断层阴影影响区域面积明显减小，为岩性地层圈闭发育区的构造落实和储层预测提供了高品质的资料基础。

第四章　走滑—伸展复合区岩性地层圈闭地震解释技术

渤海油田经过近半个世纪勘探实践，基本实现全三维地震资料覆盖，通过对三维地震资料的识别与解释，对北北东向纵贯渤海海域的郯庐走滑断裂的认识由简单的单条纵贯南北走滑转变为多条近乎平行的分段走滑再到现今多支走滑转换带。围绕郯庐走滑断裂带，越来越多的大中型油气田浮出水面，迄今为止，渤海油田近70%的油气均为郯庐走滑断裂带附近发现。

郯庐走滑断裂带呈北北东向穿过渤海海域，是重要的油气富集带。经过多年勘探，依托“强走滑断裂带”新增解释所落实的构造圈闭越来越少，极大制约了勘探进程。随着对郯庐走滑断裂带勘探研究的深入，逐渐明确“弱走滑断裂带”同样是构造圈闭的发育区及勘探的重要靶区，围绕其展开精细研究是拓展渤海油田勘探局面、增储上产 4000×10^4t 的重要基础。因此，对弱走滑断裂带及走滑—伸展复合区进行持续深入的地震解释工作具有重要意义。

本章节针对辽西凸起古近系岩性地层圈闭发育区存在的复杂岩性地层圈闭边界的精确落实以及砂泥岩尖灭线刻画问题，开展适合古近系岩性地层圈闭精细刻画和储层定量描述的技术，获得能够满足地质条件下的岩性地层圈闭高精度解释成果，为今后渤海油田类似地区地震解释研究提供指导。本章节的研究不仅能够促进辽西凸起中勘探目标的发现，为该区寻找储量接替新领域，也能为渤海古近系其他隐蔽油气藏精细勘探提供技术储备。

第一节　解释模式分析

随着渤海区域勘探研究的深入，对地震资料解释精度要求也日益提高。如何高效地从地震数据中识别规模较小地质构造成为亟需解决的问题。本节在渤海走滑—伸展复合区岩性地层圈闭的地质背景下，选择高频层序格架分析技术和岩性地层圈闭反射特征研究作为主要解释模式及分析手段，进而指导渤海油田走滑—伸展复合区岩性地层圈闭地震解释工作。

一、高频层序格架建立

层序地层学是对沉积岩划分、对比和分析的方法，是岩性油气藏勘探的核心技术之一。它指出了构造沉降、全球海平面变化、沉积物供应、气候等四个层序形成的控制变量，它们影响着地层单元基础组成。层序是层序地层学研究的核心，是指一套相对整一的、在成因上有联系、其顶底是以区域不整合面或与之相当的整合面为界的相对整合的地层序列。Van Wagoner（1989）首次提出了高频层序地层学这一概念，高频层序地层学属于高分辨率层序地层学，指的是四级以上海平面变化旋回产生的沉积响应，即在三级层序级别内划分的层序。层序级别的划分依据不是唯一的：如 Van Wagoner 等（1990）根据界面性质、地层单元特征和成因将层序划分为9个级别，即巨层序、超层序、层序、准层序组、准层序、岩层组、岩层、纹层组和纹层；Mitehumhe 和 Van Wagoner（1991）按层序的时间跨度将层序划分为五级，即大于50Ma（一级层序）、5~50Ma（二级层序）、0.5~3Ma（三级层序）、0.1~0.5Ma（四级层序）、0.01~0.15Ma（五级层序）。但受勘探程度、资料分辨率和研究对象的限制，高频层序多数仅划至准层序组、准层序的级别，即四级和五级层序，因此准层序组和准层序是高频层序的基本建造单元。传统的地震层序界面识别与格架建立主要以井—震匹配为纽带，首先通过露头、岩心观察，录井岩性、组构与沉积旋回变化，测井曲线形态变化等识别并确定不同级别的井层序界面；然后通过井震标定，结合地震反射终止关系及结构变化特征等对同相轴进行横向追踪来建立空间层序格架。但由于地震资料相对录井、测井等来说纵向分辨率较低，主要用来识别大的层序界面并划分中长期旋回（三级层序），而根据录井、测井等资料识别出的小级别层序界面（四—五级层序）在地震上往往难以准确标定或标定后不能有效进行横向追踪。常规技术建立的三级层序格架难以满足复合区岩性圈闭识别、描述、评价与优选层序格架精度的要求，岩性圈闭的层圈闭属性决定了单一圈闭的发育与小级别层序界面关系更为密切，所以需要级别更小的层序界面（高频层序格架）的约束，高精度层序地层学的研究对岩性油气藏等复杂油气藏的勘探开发至关重要，也是现阶段层序地层学的研究热点。

层序的划分对比是层序分析的基础，三级层序界面主要为不整合面和与之可以清晰对比的整合面，四级和五级层序界面主要为海泛面和与之可对比的界面，不同来源的资料从不同角度提供了盆地沉积盖层多类型的层序界面识别标志，见表4-1-1。

表4-1-1　层序边界识别标志（据邓述全，2005）

资料类别	层序界面识别标志
构造资料	构造运动界面、构造应力场转换界面、大面积侵蚀不整合界面、大面积超覆界面
古生物资料	古生物组合类型和含量的突变、古生物的断带
岩心资料	古土壤层或根土层、颜色和岩性突变界面、底砾岩、湖泛滞留沉积、沉积旋回类型的转化界面、深水沉积相突然上覆浅水沉积相、煤层、准层序组或体系域突变、有机质类型和含量突变、地球化学指标的突变
测井资料	自然电位和自然伽马测井曲线突变接触界面、视电阻率的突然增大或降低、地层倾角测井的杂乱模式、密度测井的突变界面
地震资料	地震反射终止现象、剥蚀、顶超、上超和下超、地震反射波组的产状、不同的地震反射的动力学特征和旋回特点

目前常用的层序界面识别标志主要有沉积学、古生物学、元素地球化学和地球物理学等四种类型。

（1）沉积学标志。沉积学标志是高频层序界面识别及短期沉积旋回划分的有效方法之一，主要包括野外露头和钻井岩心观察两种资料来源，其层序界面识别标志基本相同，主要包括古暴露面（剥蚀面）、冲刷面及河床滞留沉积、岩性或岩相突变面、岩石组构变化面、特殊化学沉积等标志。它们在识别局部层序界面和划分层序时的精度虽高，但空间上数据零散，主要起局部标定的作用。地震隐性层序界面主要对应于沉积学标志中的岩性变化面。

（2）古生物学标志。古生物学标志主要来源于野外露头和钻井岩心两种资料。地层沉积所包含古生物组合（生物种群、空间分布和生物丰度等）的变化反映了沉积环境的不同，古生物标志确定的层序界面和划分的层序级别一般较大，主要在超层序到三级层序之间变化，其中指代、指相和局限地质时期发育的古生物种属更有利于层序的划分与对比。古生物标志所确定的层序界面大多属于盆地沉积盖层层序划分的显性界面标志。

（3）元素地球化学标志。元素地球化学标志包括野外露头、钻井岩心和针对性的元素测井等资料。主要标志有元素含量的突变面或集中赋存段，其所能识别的层序界面级别跨度较大，可以在超层序到五级层序之间变化，但由于空间数据少，在地震层序界面识别和层序划分中主要起标定和横向对比的作用。元素地球化学标志大多用于标识显性层序界面。

（4）地球物理学标志。地球物理学标志主要包括测井和地震反射两种。测井资料由于纵向连续分布而具有较高的纵向分辨率，是纵向层序格架建立的必备资料。主要标志包括测井曲线形态、幅度及其反映的短期旋回叠加样式等，测井资料识别的层序界面级别跨度很大，可以在超层序到五级层序之间变化，甚至在更小级别之间变化。理论上讲，测井资料的高分辨率决定了各级别的层序界面在测井资料上都应是显性的。地震反射界面基本是等时的或平行于地层的时间面，因而可以利用地震反射终止关系和地震波组反射形态等进行层序界面的识别与基准面旋回分析。主要标志有区域性分布的不整合面或者反映地层不协调关系的地震反射结构，如上超、下超、顶超和削截现象等，它们构成地震层序界面识别的主要显性标志。相较于测井数据，直接观察的地震反射剖面通常只能识别较大级别的层序界面和中长期旋回（通常在超层序到三级层序之间变化），但地震数据在二维方向和三维空间的连续分布更有利于进行平面沉积相、沉积体系的界限确定、空间层序界面的识别、追踪及层序格架的建立，是空间层序格架建立的必备资料。

（一）基于时频分析的高频层序地层格架建立

时频分析法是将时间域的地震数据通过短时 Fourier 变换转换到频率域，把地震记录分解成不同的频率成分，利用不同频段对地震的响应差异来区分不同尺度的地质体，从而进行基于频率域的储层解释。相比于其他层序地层格架的建立方法，基于时频分析的高频层序地层格架研究（吴淑玉等，2015）可以排除时间域内不同频率成分的相互干扰，提高地震资料对薄储层的预测能力，从常规地震数据体中提取出更丰富的地质信息，提高地震资料对特殊地质体的解释与识别能力。

若直接针对地震资料开展时频分析，即通过对频率域每个频段所对应的振幅变化特征进行比较进而划分层序，会给岩性圈闭评价带来不确定性，这是因为该方法划分的小级别层序与沉积旋回之间的归属关系有时不清楚，预测得到的薄储层的层序级别不明确。通过井—震时频分析的有效耦合与联动可以有效解决这一问题（张婷，2013；宁琴琴，2000），使利用测井曲线划分的层序界面与层序体等信息传递给地震数据，并结合地震数据的时频特征，开展不同级别层序界面的识别和层序解释与划分，进而有效建立高频层序格架。井—震时频匹配分析的优势在于：测井时频分析主要反映沉积层序的岩性、物性和含油气性等物质组成信息（殷文，2015）。而地震时频分析除了反映地下地质体的物质组成，同时也揭示了岩石组构和构造等结构信息，二者的结合更有利于全面反映地下地质体的沉积环境全貌。井—震相结合的时频分析应是提高地震层序地层学研究精度的主要技术发展方向。

在以三级层序界面识别和层序划分为主的显性层序格架建立后，首先以井—震时频匹配分析为基础，通过逐级细化的测井时频分析，结合测井首先识别出不同级别的井层序界面并建立级别从大到小的井层序格架。随后通过层位（层序）—储层的逐步标定，结合小时窗地震时频分析，在地震层序或地震沉积旋回数据体上，采用地震全反射追踪技术来建立以五级层序为主的地震高频层序格架，以期为空间精细沉积体系研究提供相对应的层序约束单元。最后在地震高频层序格架控制下进行沉积体系平面变化与纵向演化分析，为宏观层序地层学研究中确定的岩性油气藏有利勘探区带和层系中具体岩性圈闭的识别和描述等提供可靠评价依据。

（二）层序界面的标定

1. 测井时频分析

测井时频分析的主要目的是利用测井信息的旋回变化来识别层序界面、确定层序界面级别、明确所划分层序在沉积旋回中的归属等。在高频层序格架建立过程中，逐级细化的分阶段测井时频分析具有良好的运用效果。首先针对盆地沉积盖层开展全井段的时频分析，主要提取反映盆地沉积背景且具有较强时间意义的长旋回信息，得到以三级层序界面与长期旋回为主的层序格架；再针对有利目的层序开展时频分析，主要提取反映沉积环境变化的中期旋回信息，得到以四级层序界面与中期旋回为主的层序格架；最后针对有利于岩性圈闭发育的四级层序开展时频分析，主要提取反映较小水深变化的岩性变化信息，得到以五级层序界面与短期旋回为主的层序格架。逐级细化的分阶段测井时频分析可以在一定程度上减弱相邻层序对目的层序时频分析结果的干扰和压制，一方面充分利用测井资料的纵向高分辨率，另一方面所识别出的层序界面和划分的层序具有明确的级别和沉积旋回归属，其所代表的地质含义更明确。

2. 井震标定

将测井资料制作成合成记录，并与井旁地震道进行同相轴匹配，建立起层序界面地震响应与测井响应之间的对应关系，将深度域采样的测井资料与时间域采样的中低频地震剖面准确匹配，使合成地震记录与井旁地震道在反射时间上一致，从而为地震同相轴赋予与测井资料相匹配的地质含义，这对于小时窗尺度的高频层序划分至关重要。实际工作中，往往在传统层位标定的基础上进一步开展目的层序内储层的精细标定，即层位（层序）—储层两步标定，精确建立测井与地震的匹配关系，以明确不同级别沉积旋回之间及其与储层的隶属关系，为后续层序界面级别确定和层序沉积旋回归属奠定可靠的井—震标定与对比关系。

综上所述，井—震时频匹配分析与地震全反射追踪相结合的隐性层序界面识别和层序划分是建立高频空间层序格架的有效方法；逐级细化的测井时频分析、层位（层序）—储层两步标定、井—震时频匹配分析和地震全反射追踪等是该技术有效应用的关键点；地震显性层序地层格架适用于岩性油气藏有利勘探区带与层系的宏观评价，显性与隐性层序界面共存的高频层序格架有利于岩性地层圈闭的识别、描述、评价与优选；地震隐性层序界面识别与高频层序划分均是岩性油气藏勘探急需攻关的关键技术，也是现阶段地震层序地层学研究的主攻方向。

二、典型岩性地层圈闭地震反射特征

不同岩相之间从成因、空间产出位置到岩石学特征等都存在着差异，即它们的内部结构和构造、纵向序列以及空间叠置关系不同，地震上表现为速度、密度、层形态和层结构、界面属性和终止方式等方面的差异，从而使得各岩相在地震剖面上呈现出不同的地震反射特征。

研究区主要发育构造—岩性、上倾尖灭、岩性和地层超覆等地层—岩性圈闭类型。构造—岩性圈闭主要在低位域较为发育，因此研究区北侧低位域是构造—岩性圈闭发育的有利场所。其成藏模式为：西侧高部位靠边界断层遮挡，南北两侧靠三角洲朵体侧向尖灭。上倾尖灭圈闭主要发育在水进域，水进域砂体受湖水改造强烈，形成叠瓦状砂体，孤立的砂体向西侧构造高部位尖灭易形成上倾尖灭型圈闭。

岩性圈闭在 3 个体系域都有发育。低位域浊积扇发育；水进域三角洲前缘砂体受湖浪改造，在斜坡滑塌堆积，其物性较好；高位域大型三角洲由于缺乏盖层，成藏条件差，但其前方发育大型浊积扇，处于厚层泥岩包裹之中，成藏条件优越。

地层超覆圈闭发育在水进域，由于湖水的多期次水进，使得砂体向缓坡背景的辽西低凸起逐层超覆，加之低位域砂体不发育，水进域砂体底面接触的多为低位域泥岩，顶面覆盖最大湖泛期泥岩，顶底封盖形成地层超覆圈闭。

（一）地震反射结构特征分析

反射结构是指层序内部反射同相轴的横向变化情况及同相轴之间的关系。不同沉积环境具有不同结构形态。比如陆相断陷湖盆沉积相中，常见有平行、发散、杂乱和前积 S 形等。根据内部反射结构的形态可以分为平行与亚平行、发散或收敛、前积、乱岗、叠瓦状、杂乱反射结构以及无反射等。

（二）沉积扇体非均质建模及其地震响应模拟分析

旅大地区浊积扇体在沉积过程中受到水动力环境以及物源所携带的物质的影响，表现出很强的非均质性。针对旅大地区的沉积特征，引入了随机介质建模理论，对储层内部非均质性进行了有效表征。

为了了解旅大地区浊积扇体中极富砂、砂包泥、泥包砂等模式的地震响应特征，建立以下三种扇体模型：

（1）扇体中以砂岩为主，含有微量泥岩；

（2）砂包泥扇体；

（3）泥包砂扇体。

为了分析砂体内含有泥质时的地震响应特征，建立了扇体中以砂岩为主，含有微量泥岩的速度模型（图 4-1-1a），其中砂岩的速度比围岩速度高，泥岩的速度比围岩速度低，上覆地层为 2 个平层，从炮集记录上看，由于泥质含量较少，绕射波能量较弱，从 Kirch-

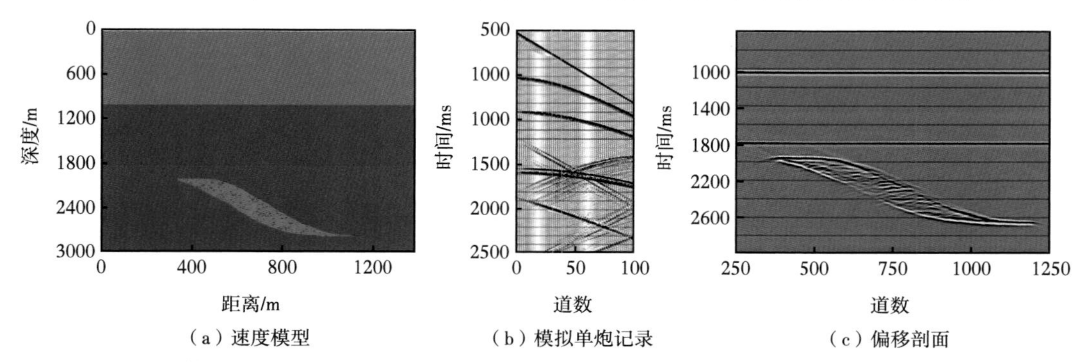

（a）速度模型　（b）模拟单炮记录　（c）偏移剖面

图 4-1-1　扇体中以砂岩为主，含有微量泥岩的模型、对应单炮记录以及 Kirchhoff 深度偏移剖面

hoff 深度偏移剖面（图 4-1-1c）上可以看出，砂体边界刻画得比较清晰，由于照明能量原因，在倾角较大处振幅有所减弱。由此得出，当砂体中泥质含量较少时，对于砂岩储层的成像影响较小，储层内部有较弱的反射振幅特征。

图 4-1-2（a）建立了水动力较强条件下的砂包泥扇体速度模型，其中砂岩的速度比围岩速度高，泥岩速度与围岩速度相同，上覆地层同样为 2 个平层，建立此模型主要分析当靠近物源的沉积环境下，扇体的地震响应特征。从图 4-1-2（b）的炮集记录上看，由于储层非均质性强，孤立的点比较多，其绕射波能量很强，经过 Kirchhoff 深度偏移成像得到图 4-1-2（c）所示的偏移剖面，从偏移剖面上可以看出，砂体的边界刻画的模糊，内部的“蠕虫状”反射增强，砂体的边缘刻画较纯砂岩储层困难。由此得出，当从极富砂模式扇体向砂包泥模式扇体过渡后，由于储层非均质的进一步增强，对于砂岩储层的成像影响较大，砂体边界识别困难，不利于地震资料的解释和分析。

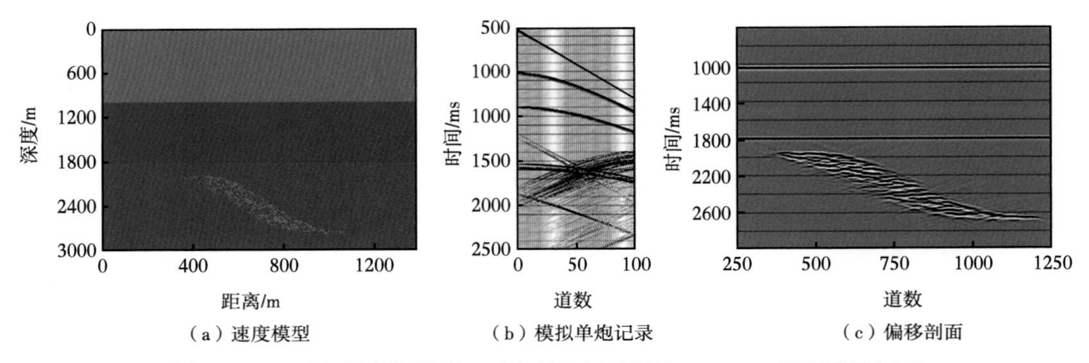

（a）速度模型　（b）模拟单炮记录　（c）偏移剖面

图 4-1-2　砂包泥扇体模型、对应单炮记录以及 Kirchhoff 深度偏移剖面

图 4-1-3（a）建立了水动力较弱条件下的泥包砂扇体速度模型，泥质含量比较多，含有少量的砂，上覆地层为两个平层，建立此模型主要分析当远离物源的沉积环境下，扇体的地震响应特征。从图 4-1-3（b）的炮集记录上可以看出，由于储层非均质性一般，其绕射波能量变弱，从 Kirchhoff 深度偏移剖面上（图 4-1-3c）可以看出，随着砂含量的减少，内部的“蠕虫状”反射减弱，泥岩层由于波阻抗差异较小，且含有少量的砂，内部反射振幅强于外部反射，使得边界难以刻画。由此得出，当水动力较弱时，由于储层非均质的减弱，泥岩层中砂的含量对成像影响较大。

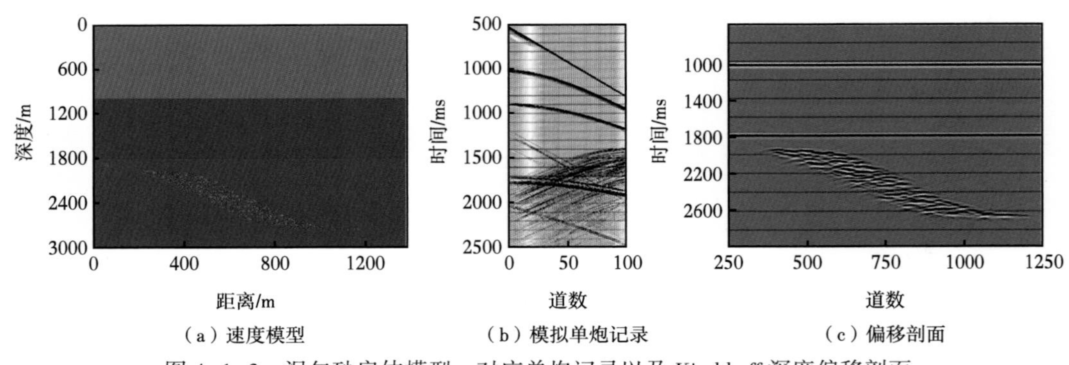

（a）速度模型　（b）模拟单炮记录　（c）偏移剖面

图 4-1-3　泥包砂扇体模型、对应单炮记录以及 Kirchhoff 深度偏移剖面

通过上述三个模型的地震正演模拟，可以看出砂体中泥质含量影响着地震成像的效果，极富砂模型条件下，界面的刻画最为清晰。当泥质含量增多时，由于与沉积环境的波阻抗差异减小，边界的刻画变得复杂，而内部砂使得内部反射能量强于边界处的反射，表现为泥包砂模式。正常情况下，在三角洲沉积过程中，物源的距离及水动力环境直接影响砂的含量与粒径。当粒径较细的颗粒在远离物源区沉积时，其内部的非均质性较弱，而当离物源方向近且水动力条件强的情况下，内部的反射特征比较明显。

第二节　岩性地层圈闭尖灭点精细刻画技术

随着勘探形势的日益复杂，复杂岩性地层圈闭边界的精确落实以及砂泥岩尖灭线检测已经成为国内、外研究难点。由于地震信号是一个带限信号，其在地下复杂介质传播过程中受到大地滤波作用，因此地震资料的垂直分辨率较低。当储层厚度小于调谐厚度（约1/4 波长）时，干涉作用会导致相邻地层界面的有效反射形成单个复合波，因此，时间域振幅信息难以准确有效地识别薄砂储层的空间尖灭位置。为了克服地震资料分辨率的局限性，高分辨率地震采集和处理方法被不断提出并得到了广泛应用（如宽频地震采集、时频谱白化、吸收衰减补偿以及稀疏反褶积等），这为利用地震资料识别薄层提供了较好的数据基础。基于地震属性的薄层分析方法在地震解释领域发展迅速，主要包括振幅类、频率类、相位类、相干类以及几何类等属性。作为一种数据驱动的解释手段，地震属性薄层分析需明确属性与薄层结构之间的映射关系。薄层调谐能量对应的位置十分接近真正的尖灭点，且此位置在瞬时谱剖面会形成亮点，容易被识别和追踪。

薄层地层尖灭线识别方法常采用地震属性优选、井控阻抗反演以及地层倾角外推等方法。另外，地层尖灭线识别误差的主要来自地震资料分辨率，理论上如果地震资料分辨率足够高，尖灭线地震预测结果与实际钻井结果应该有完全一致的特征。因此，有必要开展以提高地震资料分辨率为目标的尖灭线识别研究。下面将详细介绍几种常用的尖灭点识别方法。

一、基于广义 S 变换谱分解尖灭点分频刻画技术

由于地震资料垂向分辨率的限制，利用地震资料本身并不能识别地层真正尖灭点的位置，根据 Chuang 等（1995）对薄层响应的研究可知，薄层调谐能量处对应的位置已十分接近真正尖灭点，而且此位置在瞬时谱剖面会形成亮点，容易识别和追踪，因此可以利用瞬时谱分量来指示尖灭的位置。

频谱分解基于薄层的频率特征，即来自薄层的反射在频率域具有指示时间地层厚度的特性（魏志平，2009）。例如，一个各向同性的薄层反射的振幅谱具有周期性的陷频特性。然而，地震子波的长度一般都跨越多个薄层，这个层状系统导致了复杂的调谐反射，而这种调谐反射具有独特的频率域响应。调谐反射的振幅谱特征确定了组成反射的单个地层声学特性之间的关系，通过与局部岩性变化有关的振幅谱陷频特征分析就可以描绘薄层的横向时间厚度变化。相位谱的横向变化，反映了地层的横向不连续性。将振幅谱和相位谱结合在一起，可使解释人员快捷有效地描述局部岩性的变化。频谱分解技术是通过短时窗离

散傅里叶变换（DFT），将地震资料 $g(t)$ 从时间域转换到频率域：

$$G(f)=\int_{-\infty}^{\infty}g(t)\mathrm{e}^{\mathrm{i}2\pi ft}\mathrm{d}t \tag{4-2-1}$$

其离散表达式为

$$\begin{aligned}A(k)&=\sum_{j=0}^{N-1}a(j)\mathrm{e}^{\mathrm{i}2\pi jk/N}\\&=\sum_{j=0}^{N-1}a(j)\left[\cos\left(2\pi j\frac{k}{N}\right)+\mathrm{i}\sin\left(2\pi j\frac{k}{N}\right)\right]\end{aligned} \tag{4-2-2}$$

式中，$a(j)$ 为地震时间道在采样点 j 处的振幅值；$A(k)$ 为经过傅里叶变换后数据道在频率 k 处的频谱；N 为时间窗内的样点数。

显然，其振幅谱为：

$$|A(k)|=\sqrt{A_R(k)^2+A_1(k)^2} \tag{4-2-3}$$

时窗的长短对振幅谱的影响非常大。在通常情况下，地震波 S 被看作是子波 W 与反射系数序列 R_t 的褶积再加上噪声 n，即：

$$S=W*R_t+n \tag{4-2-4}$$

在地震数据分析过程中，传统频谱分析方法与谱分解技术的差别之一是数据分析时窗的长短。

频谱分解技术（spectral decomposition）的理论基础是基于薄层反射系统可以产生谐振反射，薄层反射在频率域中唯一表征厚度变化，由薄层调谐反射得到的振幅谱可以确定反射地层的特征。频谱分解技术就是利用薄层的调谐体离散频率特征，通过分析复杂岩层内部频率变化和局部相位特征的不稳定性，识别薄层的分布特征。特定的频率调谐立方体可以刻画和表征特定的地质体，有助于薄层岩性的识别，可以在频率域突破地震分辨率小于传统的1/4波长的限制。

谱分解算法中，时窗的选取在很大程度上影响着振幅谱的频率响应，本节采用的谱分解技术主要以前面论述的广义S变换为基础。对地震数据开展小时窗频谱分解技术，生成具有调谐效应的频率域三维数据体，可以识别薄层，分析和认识地质体内部特征。基于薄层调谐的离散频率特征，以不同频带分量为基础可以得到相应的分频振幅谱能量体，从而可以分析各个不同频率的振幅响应特征。在对目的层段内薄层的识别中，不同的频率切片可以反映出不同特征的地震信息，选取工区数据对应主频范围内的高频信息，有利于得到清晰、易于识别的薄层调谐图件。解释人员通过分析整个频带，重点研究主频范围内不同频段频率切片特征，从而有效识别薄层的空间展布特征及其内部的时空变化规律。

通过测试发现，高频段谱分解地震剖面薄层信息非常丰富，低频段的空白反射段在高频谱分解剖面上可识别多个反射波组，有利于地层尖灭点的识别（图4-2-1）。

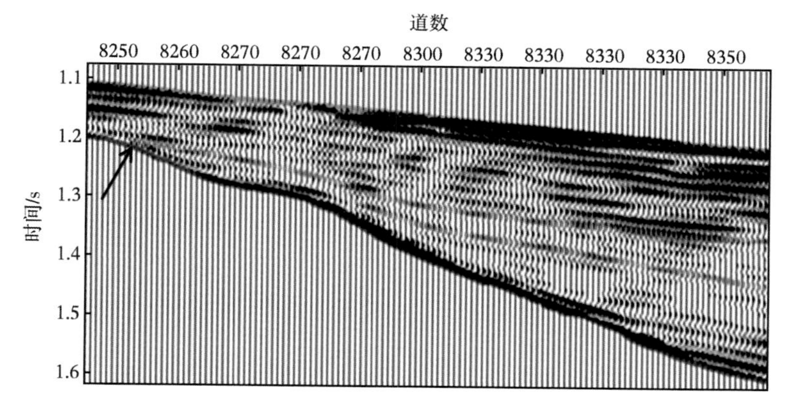

图 4-2-1 50Hz 振幅谱分解剖面（黑色箭头指示为尖灭点位置）

二、基于 VMD 相位谱地层尖灭点识别技术

变分模态分解（variational mode decomposition）作为一种信号分解方法，具有自适应、非递归的性质（Dragomiretskiy 和 Zosso，2014）。该方法首先将信号分解成多个有限带宽的信号分量，为了使信号的冗余模态进一步降低，在各个分量中分别压制各自的残余噪声。VMD 算法具有自适应的特点，它可以通过非递归的方式将信号分解为多个准正交固有模态函数。与经验模态分解算法（Huang 等，1998；Daubechies 等，2011；Han 等，2013）所不同的是，VMD 算法在分解信号的过程中有严格的数学推导做支撑。经过 VMD 分解的 IMF 信号可定义为：

$$u_k(t)=A_k(t)\cos[\varphi_k(t)] \tag{4-2-5}$$

式中，$A_k(t)$ 为瞬时振幅；$\varphi_k(t)$ 为瞬时相位。

为了让每个通过模态分解得到的分量对应的频带都在有效频带范围内，需要进行以下几个步骤：

（1）用 Hilbert 变换求取每个 IMF 分量对应的单边频谱；

（2）将各 IMF 分量的中心频带通过指数函数运算整合到基带；

（3）通过 L_2 范数梯度的平方，计算每个 IMF 分量的带宽。

约束变分问题可以表达为：

$$\min_{\{u_k\},\{u_k\}}\left\{\sum_k\left\|\partial_t[(\delta(t)+\frac{j}{\pi t})*u_k(t)\mathrm{e}^{-jw_kt}\right\|_2^2\right\}$$
$$\text{s.t.}\ \sum_k u_k(t)=f(t) \tag{4-2-6}$$

式中，u_k 为信号分解后的第 k 个模态分量；$\{u_k\}$ 为模态分量的数组集合；w_k 为信号的第 k 个模态分量的中心频率；$\{w_k\}$ 表示分解模态的中心频率集合；$f(t)$ 为分解的信号。

为了将约束变分问题转化为非约束变分问题，引入二次项惩罚参数 α 和增广拉格朗日方程来优化约束结果：

$$L(\{u_k\},\{w_k\},\lambda)=\alpha\sum_k\left\|\partial_t\left[\left(\delta(t)+\frac{j}{\pi t}\right)*u_k(t)\right]e^{-jw_kt}\right\|_2^2+\left\|f(t)-\sum_k u_k(t)\right\|_2^2+<\lambda(t),f(t)-\sum_k u_k(t)> \tag{4-2-7}$$

式中，α 表示数据保真约束平衡函数。对该式由 ADMM 算法求取增广拉格朗日表达式的“鞍点”。具体步骤如下：

（1）定义 $u_k^{\ 1}$、$w_k^{\ 1}$、λ^1。

（2）$n=n+1$ 为主循环。k 从 1 到 $k-1$ 为第一个内循环，更新求解 u_k，直到 $k=K$ 结束：

$$\arg\min_{u_k} L(\{u_{i<k}^{n+1}\},\{u_{i\geqslant k}^{n}\},\{w_i^n\},\lambda^n)\Rightarrow u_k^{n+1} \tag{4-2-8}$$

（3）k 从 1 到 $k-1$ 为第二个内循环，更新求解 w_k，直到 $k=K$ 结束：

$$\arg\min_{u_k} L(\{u_i^{n+1}\},\{w_{i<k}^{n+1}\},\{w_{i\geqslant k}^{n}\},\lambda^n)\Rightarrow w_k^{n+1} \tag{4-2-9}$$

（4）对于所有 $w_k>0$，更新 λ：

$$\lambda^n+\tau(f-\sum_k u_k^{n+1})\Rightarrow\lambda^{n+1} \tag{4-2-10}$$

式中，τ 为噪声容限参数。

（5）给定精度 $\varepsilon>0$，重复上述步骤，直到满足条件：

$$\sum_k\left(\frac{\|u_k^{n+1}-u_k^n\|}{\|u_k^n\|_2^2}\right)<\varepsilon \tag{4-2-11}$$

因此，每一个 IMF 分量都可以当作一个单一模态，每个模态的瞬时振幅、瞬时频率、瞬时相位可以通过以下公式计算：

$$\begin{cases}A(t)=\sqrt{R[u(t)]^2+I[u(t)]^2},\\ F(t)=\dfrac{1}{2\pi}\dfrac{R[u(t)]I[u(t)]'-R[u(t)]'I[u(t)]}{R[u(t)]^2+I[u(t)]^2}\\ \theta(t)=\arctan\dfrac{R[u(t)]}{I[u(t)]}\end{cases} \tag{4-2-12}$$

式中，$A(t)$、$F(t)$ 和 $\theta(t)$ 分别为瞬时振幅、瞬时频率和瞬时相位；$R(\cdot)$ 和 $I(\cdot)$ 为信号的实部和虚部；R' 和 I' 为 $R(\cdot)$ 和 $I(\cdot)$ 对时间 t 的导数。

VMD 的效果很大程度上依赖于输入参数的选取，模态数量 K、数据保真约束平衡函数 α、初始中心频率等都对结果有很大影响。不合理的参数选择会导致各个模态分量间频率交叉和求取到错误的中心频率，也不利于模态分量的存储。

管晓燕等人（2007）在研究中发现，瞬时谱相位剖面可以用于尖灭点的识别中，并且其对尖灭点的识别精度要高于其他地震属性。瞬时相位是地震子波与每个时间点相关的相位值，通过提取地震数据的瞬时相位，可以在剖面上更清楚地反映一些局部的地质现象以及地震剖面上的弱反射。实际地震资料同相轴的波峰与波谷会表现出不同的相位。因此，可以从任何一个时间点开始向外扩散，求取相邻的相位信息。瞬时相位的优点在于它是与时间相关的函数，因此它不受同相轴的影响，也就是说瞬时相位不随着能量强弱的变化而变化。根据瞬时相位属性确定地震同相轴的优势在于，即使是弱地震反射，在瞬时相位剖面上也能有很好的特征显示。因此，对于能量较弱、连续性较差的同相轴或者是发生极性反转的同相轴而言，瞬时相位在地层尖灭点、超覆点及细小断裂等方面具有明显优势。通过瞬时相位识别出的地层尖灭线相较于原始地震同相轴识别出的地层尖灭线更稳定，也更接近真实尖灭位置。

图 4-2-2 为基于 VMD 算法得到的高分辨数据瞬时相位剖面。上倾尖灭过程中，原始地震数据体表现为近乎空白反射，无法实现砂体顶底反射层位向上倾尖灭点的准确追踪解释。瞬时相位剖面能够很好地弥补这一缺陷，在原始数据体空白反射的位置有连续的相位轴，结合趋势外推方法，可协助实现砂体顶底尖灭点更精确的解释。图中红线标识高分辨数据瞬时剖面识别的尖灭点，相较于原始数据体的瞬时相位剖面，识别的尖灭点明显前移。在红色箭头所示位置，基于高分辨数据体得到的瞬时剖面能识别出更多弱反射地层。因此，在高分辨数据体上进行基于 VMD 的瞬时相位处理，能有效提高岩性地层尖灭的识别能力。

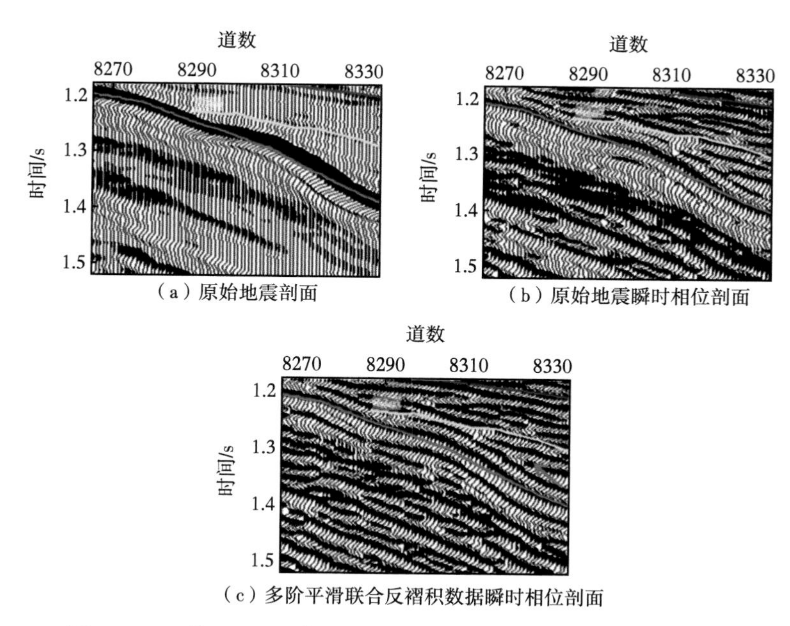

图 4-2-2　基于 VMD 算法得到的高分辨数据瞬时相位剖面对比

三、基于夹角外推量板的尖灭线定量外推技术

夹角外推是利用不整合面与地层倾角差外推地层尖灭点的地震预测技术（苏朝光，2007）。地层尖灭线附近地震反射同相轴的终止并不代表地层的终止，地震剖面上识别的尖灭点与实际尖灭点之间存在一定的外推距离。那么如何对尖灭线进行外推、外推的距离如何确定是定量刻画地层尖灭线的核心问题。利用地震反射夹角外推法定量确定地层尖灭点的位置，图 4-2-3 中 α 为不整合面倾角，β 为地层倾角，H 为地层厚度（m），X 为地层尖灭点外推距离（m）。

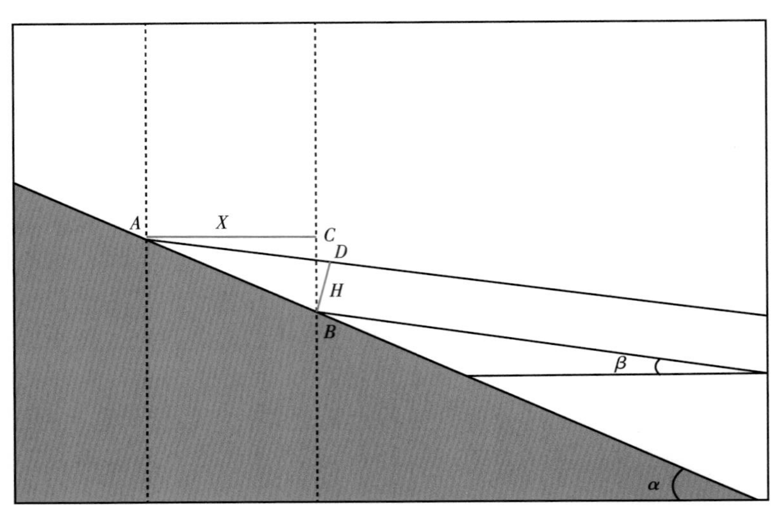

图 4-2-3　夹角外推法原理示意图（据张福利，2008）

由图 4-2-3 可知，在 ΔADB 中有：

$$\overline{AB}=\frac{H}{\sin(\alpha-\beta)} \tag{4-2-13}$$

在 ΔACB 中有：

$$X=\cos\alpha\cdot\overline{AB}=H\frac{\cos\alpha}{\sin(\alpha-\beta)} \tag{4-2-14}$$

对单层模型而言，地震反射同相轴的终止点往往在 $\lambda/8$ 处，因此根据式（4-2-13）和式（4-2-14）可以得出：

$$X=\frac{v\cos\alpha\cos\beta}{8f\sin(\alpha-\beta)} \tag{4-2-15}$$

为验证公式的正确性和适用性，可通过不同倾角的多个正演模型，比较实际尖灭点位置和夹角外推距离。由上述公式推导及正演模拟结果可以得出以下几点结论：

（1）地层尖灭点的外推距离 X 是不整合倾角 α、地层倾角 β、地层速度 v、地震资料频率 f 以及地层厚度 H 的函数。

（2）通过多个地质模型正演模拟结果得到的追踪外推距离与公式计算外推距离之间误差较小，在 10m 以内，因此公式具有一定的适用性。

（3）对于一个固定区域的特定层系，其地质结构是固定的，地震资料的频率、速度和厚度等特征参数变化较小，因此尖灭点误差大小主要取决于不整合面倾角及地层倾角的大小。

（4）当 α 为定值时，$\beta>\alpha$，无意义；当 $\beta=0$ 时，$X=H\cot\alpha$，地层尖灭线外推距离最小；当 $0<\beta<\alpha$ 时，$X=H\cos\alpha/\sin(\alpha-\beta)$，随着 β 的增大，地层尖灭线外推距离增大。当 β 为定值时，随着 α 的增大，地层尖灭线外推距离减小。

通过大量正演模拟统计，建立研究区地层圈闭尖灭点外推量板，可得出不整合面与地层倾角的差与尖灭点的误差距离存在着明显的幂指数关系。这种关系和对应模板的建立实现了地层圈闭尖灭点的科学定量外推。

四、地震 DNA 地层尖灭点识别技术

（一）基本原理

在生物信息学中，需要利用 DNA 搜索技术检测 DNA 分子中的碱基对序列，而地震 DNA 技术也是采用类似的搜索方法。其搜索应用可以分为两类：一类是搜索与目标碱基对相似的序列，应用于地震层位和层序的自动追踪；另一类是搜索碱基对的突变，可以应用于沉积体尖灭点线的识别。通过研究地震 DNA 技术原理，利用正演方法验证其在尖灭线识别应用中的可行性。与传统的瞬时相位识别剥蚀点相比，该方法可以提高地层尖灭线的识别精度（罗红梅，2016），并且该方法比较灵活，不限定输入数据，既可以是地震数据也可以是任意属性数据。对于沉积体边界识别，层序及层位自动追踪都有应用价值。

近年来，随着渤海油田勘探的不断深入，地层岩性油气藏逐渐引起了关注，并取得了一些突破。研究发现地层超覆带附近的地震反射轴的终止并不代表地层的终止，地震剖面上识别的超覆点与实际超覆点之间存在一定的外推距离。而前人研究较多的夹角外推法，其刻画超覆线工作量大，实现起来有较大局限性。

地震 DNA 方法的最终目的就是要实现地震数据的精准搜索及特定沉积现象的精准定位。通过对地震数据的转译并排定顺序，可以定义一个类似碱基对的搜索表达式，该表达式描述了特定沉积现象的地震特征，概括了地震相内部不同部分之间的相对位置和距离，该方法的技术流程图如图 4-2-4 所示。首先是将地震数据按照一定的规则转译为字符集，其实现方法是给定每个字符唯一的数据范围，如{a；b；c} 映射到 {[-∞，-1]；[-1，1]；[1，+∞]}。上述映射中字符集的数量多少决定了转译后地震数据的分辨率。数据范围的选取则要具体问题具体分析，通过实验选取适合具体问题的范围。随后是以正则表达式的形式定义需要搜索的沉积现象的地震特征。如 [a] {5，8} 就是定义的一个简单地震特征。其中字符 a 代表了特定数值范围的地震数据，{5，8} 代表了该字符有效匹配需要连续重复的次数。而且正则表达式还可以表示更加复杂更加符合地质沉积现象的特征，因为其字符的重复次数可以为 0 重复，这也就意味着某些子部分可以不存在，增加了字符排列组合的数目。

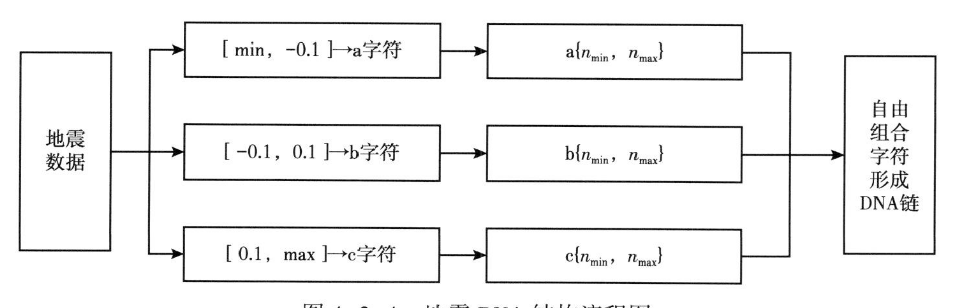

图 4-2-4　地震 DNA 结构流程图

用该技术进行尖灭线精确识别主要是搜索地震数据中特定的基因。在二维剖面中，尖灭点两侧的 DNA 发生突变，即为剥蚀点的信息。最后将三维数据提取得到的所有尖灭点

进行聚类分析，将同一沉积体的尖灭点连成尖灭线。聚类分析主要考虑尖灭点之间的距离，当距离小于适当范围时，就认为两个尖灭点为同类别。

（二）实例分析

为了验证地震 DNA 技术应用于尖灭点线识别中的可行性，结合实际地质情况，选择建立了两类不整合地质模型，一个是超覆型，一个是剥蚀型。

图 4-2-5（a）是建立的典型的超覆型地质模型，不整合面角度为 10°~12°，超覆地层角度为 2°~4°，地层厚度分别为 10m、20m、20m、30m、50m，泥岩地层速度为 2400~2800m/s，砂岩地层速度为 2600~3000m/s。图 4-2-5（b）为对超覆型模型进行正演计算得到的地震剖面，选取地震子波为主频为 28Hz 的正极性 Ricker 子波。首先需要建立目标 DNA 正则表达式，作为搜索目标。如图 4-2-5（b）所示，选取不整合面向上开一定时间窗口，选取红色标志层段，计算 DNA 序列，作为目标 DNA。

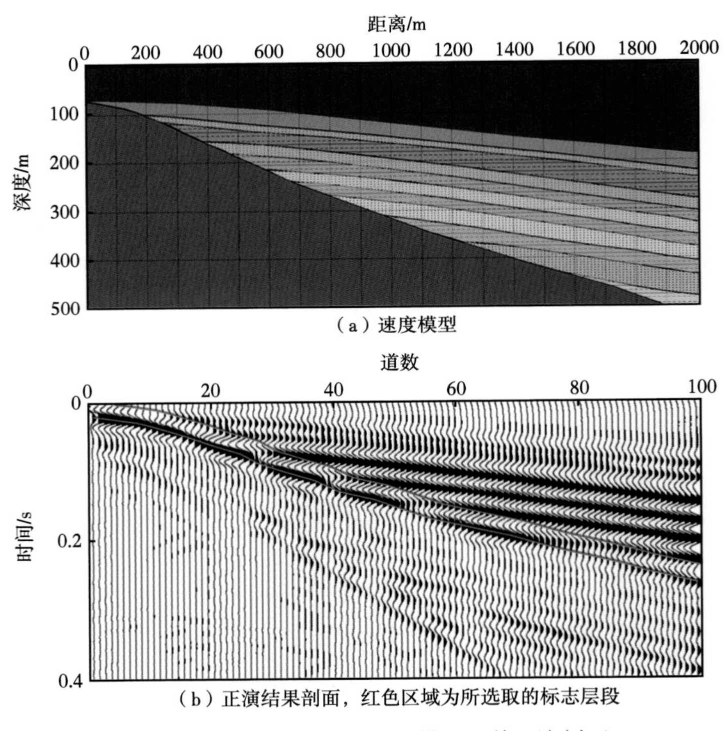

图 4-2-5　超覆型尖灭地质模型及其正演剖面

通过地震 DNA 方法识别尖灭点结果，并与传统瞬时相位识别方法和夹角外推方法进行比较，误差对比如图 4-2-6 所示，从中可以看出地震 DNA 技术识别尖灭点更准确，精度更高。

图 4-2-7（a）是建立的典型剥蚀型地质模型，不整合面角度为 0°~2°，地层角度为 10°~14°，地层厚度分别为 10m、10m、20m、20m、30m、50m，泥岩地层速度为 2400~2800m/s，砂岩地层速度为 2600~3000m/s。图 4-2-7（b）为对剥蚀型模型进行正演计算得到的地震剖面，选取的地震子波为主频为 28Hz 的正极性 Ricker 子波。

通过地震 DNA 方法识别尖灭点结果，并与传统瞬时相位识别方法进行比较，误差对

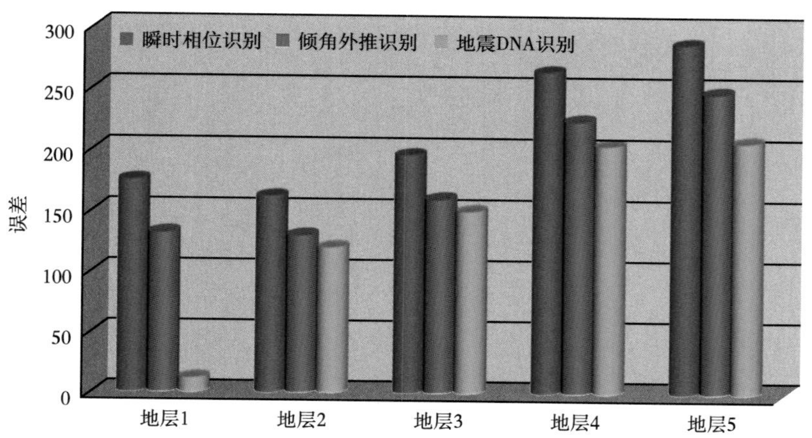

图 4-2-6　地震 DNA 与传统瞬时相位及夹角外推识别误差对比图

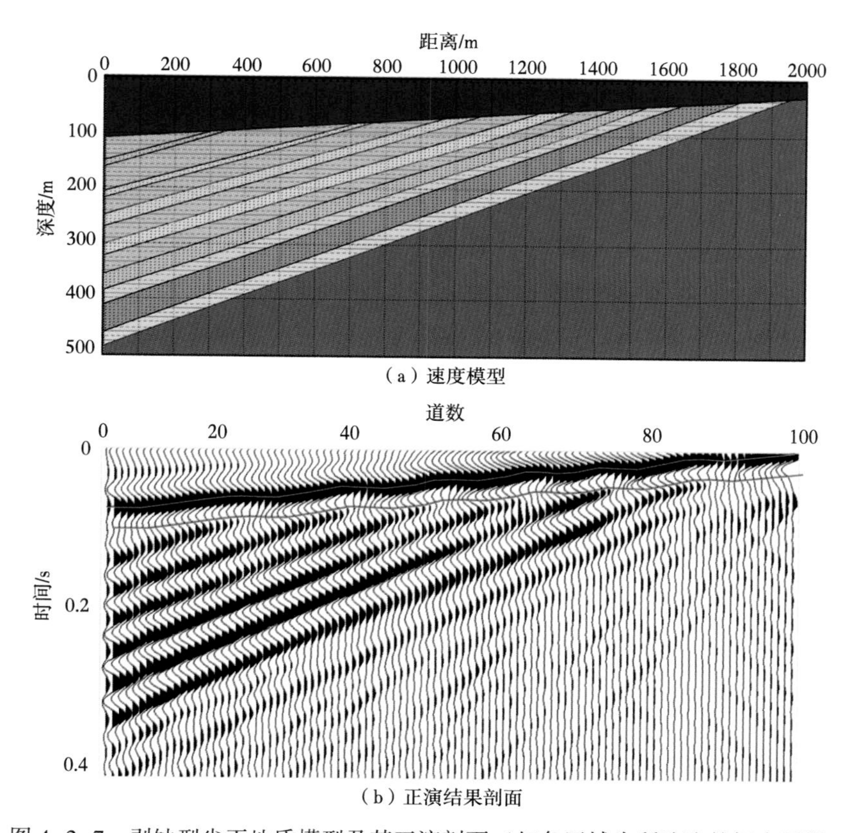

图 4-2-7　剥蚀型尖灭地质模型及其正演剖面（红色区域为所选取的标志层段）

比如图 4-2-8 所示，从中可以看出地震 DNA 技术识别尖灭点更准确，精度更高，其识别也更快速。通过两类不整合模型验证，可以证明地震 DNA 技术应用于地层尖灭点识别是可行的。

该技术应用在凸起向凹陷过度的陡坡带，广泛发育地层—岩性圈闭，符合地震 DNA 技术应用的需求，也是地层—岩性油气藏的有利勘探区带。一个质量好的地震数据是地震

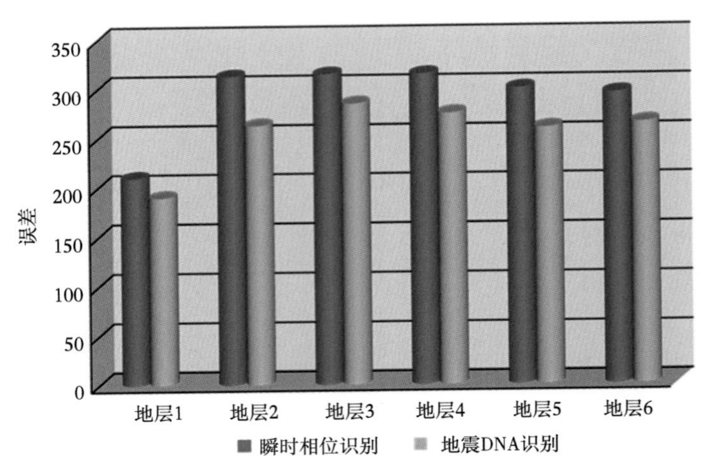

图 4-2-8 瞬时相位与地震 DNA 识别误差对比图

DNA 技术应用的关键。因此，地震数据要进行预处理，如滤波、平滑、道均衡，提高地震数据的信噪比，增强同相轴的连续性。

图 4-2-9 为 DNA 识别结果：图 4-2-9（b）为本章节所介绍的地震 DNA 最终的识别结果，识别出四个地震同相轴的尖灭点，其中包括了 T_3^M 和 T_3 两个层位。其尖灭点在剖面中分别对应了图 4-2-9（a）中的 A、B、C、D 四个点。通过对比发现，地震 DNA 技术识别的 T_3^M 的边界向凸起方向偏移，结果与实际情况更加符合。因此该技术也对后续勘探评价有很大应用价值。

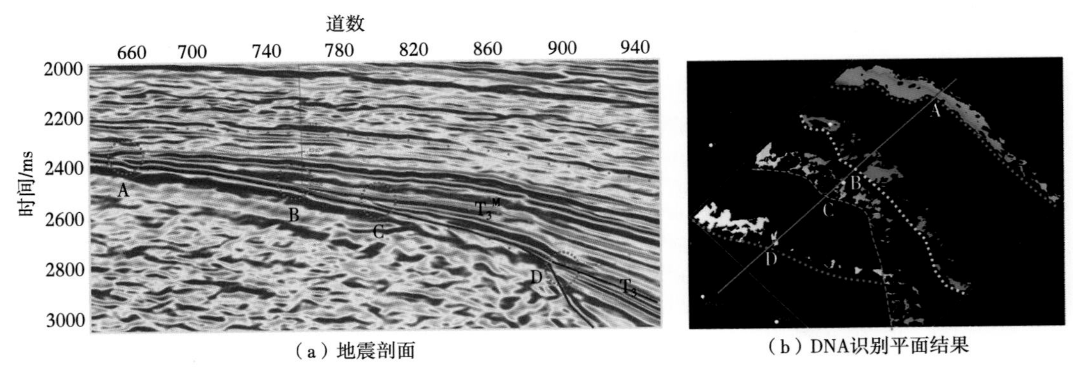

（a）地震剖面　　（b）DNA识别平面结果

图 4-2-9 使用地震 DNA 技术识别出四个地震同相轴的尖灭点位置及其平面展布特征

（三）结论认为

通过地震 DNA 技术应用于尖灭点线的识别，两类不整合模型的正演分析，验证了该方法的可行性，主要得到了以下几个结论。

（1）地震 DNA 技术将生物信息学中的 DNA 检测技术应用于地震数据分析，可以较为精确地检测沉积体地震反射特征变化。

（2）通过模型验证证实地震 DNA 技术在地层尖灭线识别中的有效性，其精度优于传统瞬时相位法及夹角外推法。

（3）该方法对地震资料品质要求较高，同相轴的连续性对结果影响较大，因此在构造复杂地区应做好地震数据预处理工作。

五、基于基追踪反射系数反演技术

研究表明，Ricker 子波可以用来模拟地震子波，在地震信号的分析中广泛应用。以 Ricker 子波为基础子波建立字典。

Ricker 子波的表达式为：

$$r(t-u)=[1-2(\pi f_{p}(t-u)^{2})]e^{-(\pi f_{p}(t-u)^{2})} \tag{4-2-16}$$

式中，f_p 为主频；u 为时间延迟，其波形由一个主瓣和两个旁瓣组成。非零相位 Ricker 子波表达式为：

$$r'(t-u)=r(t-u)\cos w-r(t-u)^{*}\sin w \tag{4-2-17}$$

式中，$r(t-u)^{*}$ 是 $r(t-u)$ 的 Hilbert 变换。再寻找最佳原子时使其内积最小：

$$\langle s,\ g_{\gamma_0}\rangle|=\sup|\langle s,\ g_{\gamma}\rangle| \tag{4-2-18}$$

则地震信号可分解为 $s=|\langle s,\ g_{r0}\rangle g_{r0}+R^{1}s$，将地震信号继续分解 $R^{2}s=|\langle R^{1}s,\ g_{r_1}\rangle g_{r_1}+R^{1}s$，经过 n 次分解后最终把地震信号分解为：

$$s=\sum_{k=0}^{n-1}|\langle R^{k}s,\ g_{\gamma_k}\rangle g_{\gamma_k}|+R^{n}s \tag{4-2-19}$$

为了提高地震信号的分解精度，将原子库分为奇偶原子库，可用下式表示：

$$f(t)=f_{e}(t)+f_{o}(t) \tag{4-2-20}$$

式中，$f_e(t)$ 表示地震记录在偶脉冲方向上的地震分量，$f_o(t)$ 表示在奇脉冲上的地震分量。

奇偶方向上的地震分量是一系列最佳原子的组合，所有奇偶方向上的分量可以表示为：

$$\begin{cases} f_{e}=\sum\limits_{k=0}^{K-1}\langle R^{k}f_{e}(t),\ e_{r_k}\rangle e_{r_k}+R^{K}f_{e}(t) \\ f_{o}=\sum\limits_{k=0}^{K-1}\langle R^{k}f_{o}(t),\ o_{r_k}\rangle oR_{r_k}+R^{K}f_{o}(t) \end{cases} \tag{4-2-21}$$

式中，e_{r_k} 表示偶脉冲地震分量 k 次匹配的最佳原子，o_{r_k} 表示奇脉冲地震分量 k 次匹配的最佳原子。地震信号可以最终表示为：

$$f=\sum_{k=0}^{K-1}\{\langle R^{k}f_{e}(t),e_{r_k}\rangle e_{r_k}+\langle R^{k}f_{o}(t),o_{r_k}\rangle o_{r_k}\}+\{R^{K}f_{e}(t)+R^{K}f_{o}(t)\} \tag{4-2-22}$$

值得注意的是，偶原子 e_{r_k} 和奇原子 o_{r_k} 始终正交，即 $\langle e_{r_k},\ o_{r_k}\rangle=0$，实现地震道在奇、偶原子库上的匹配。因此：

$$\langle R^{K}f_{e}(t),o_{r_k}\geqslant 0;\langle R^{K}f_{o}(t),e_{r_k}\geqslant 0 \tag{4-2-23}$$

$$R^{k}f(t)=R^{k}f_{e}(t)+R^{k}f_{o}(t) \tag{4-2-24}$$

最终地震信号分解为:

$$f=\sum_{k=0}^{K-1}\{\langle R^k f_e(t),e_{r_k}\rangle e_{r_k}+\langle R^k f_o(t),o_{r_k}\rangle o_{r_k}\}+R^K f \tag{4-2-25}$$

能量关系为:

$$\|f\|^2=\sum_{k=0}^{K-1}\{\|\langle R^k f_e(t),e_{r_k}\rangle\|^2+\|\langle R^k f_o(t),o_{r_k}\rangle\|^2\} \tag{4-2-26}$$

得到最佳奇偶原子的判断条件为分解后得到的剩余能量最小，那么奇偶原子库上分解上使得能量最大:

$$\{e_{r_k},\ o_{r_k}\}=\max\{\{\|\langle R^k f_e(t),\ e_{r_k}\rangle\|^2+\|\langle R^k f_o(t),\ o_{r_k}\rangle\|^2\}\} \tag{4-2-27}$$

通过最佳偶原子 e_{r_k}，奇原子 o_{r_k} 可以获得子波主频、相位及反射系数位置参数。最佳奇偶原子对应的投影系数分别为 $\langle R^k f_e(t),\ e_{r_k}\rangle$ 和 $\langle R^k f_o(t),\ o_{r_k}\rangle$，顶底层反射系数 c_k 和 d_k 为:

$$c_k=\frac{\langle R^k f_e(t),e_{r_k}\rangle}{\|w^*r_e\|}+\frac{\langle R^k f_o(t),o_{r_k}\rangle}{\|w^*r_o\|};d_k=\frac{\langle R^k f_e(t),e_{r_k}\rangle}{\|w^*r_e\|}-\frac{\langle R^k f_o(t),o_{r_k}\rangle}{\|w^*r_o\|} \tag{4-2-28}$$

单极子匹配追踪和双极子匹配追踪的计算过程的关键就是建立原子库。单极子匹配追踪以及双极子匹配追踪的差异在于其过完备原子库不同，双极子匹配追踪包含了奇、偶原子库，反射系数分为奇反射系数和偶反射系数，因此称为双极子。

基追踪中约束的目标函数为:

$$\min[\|s-Wr\|_2+\lambda\|r\|_1] \tag{4-2-29}$$

匹配追踪需要首先构建子波库，再与反射系数库褶积，与原子库进行相关；基追踪从地震数据中提取地震子波，与反射系数库褶积，得到原子库，再与原始地震记录进行求解方程组，寻找最优解，实现反射系数反演（吴迪，2015；彭军等，2017；李治昊等，2018；姚振岸等，2019）。相比于基追踪，匹配追踪没有求解方程组的过程，并且子波库很大，效果较差且耗费时间。

图 4-2-10 是原始地震剖面薄层砂体与反射系数反演的地震剖面薄层砂体对比图。通

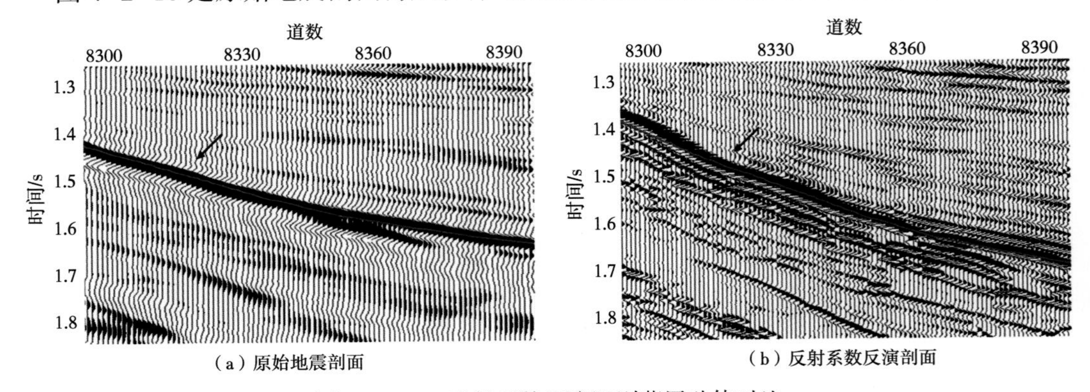

（a）原始地震剖面　（b）反射系数反演剖面

图 4-2-10　反射系数反演识别薄层砂体对比

过地震剖面对比可知，原始地震剖面薄层砂体在上倾尖灭过程中，靠近 T8 反射层位置，由于受到分辨率影响，表现为空白反射特征，尖灭点（箭头位置）难以识别。而反射系数反演的地震剖面薄层砂体在上倾尖灭过程中，由于地震反射分辨率更高，较多的薄层反射同相轴被识别出来，可协助实现薄层砂体进行更精确的解释，结合趋势外推方法，能够较好识别薄层砂体的尖灭点位置。

第三节　优质储层定量描述技术

针对渤海古近系地层中，低速泥岩和小规模高速钙质砂岩、灰质泥岩及火成岩对储层定量描述的影响，本节从机理出发，采用地震正演方法和岩石物理定量分析方法对多元岩相结构进行分析。进而提出一套适用于渤海地区走滑伸展区岩性圈闭的定量描述技术，包括基于 PG 属性的烃检技术、迭代谱反演技术、密度储层敏感因子构建技术、叠前同步反演和相控地质统计学反演技术，从而进一步提高优质储层定量描述的精度。

一、多元岩相结构地震响应机理

渤海古近系地层除了发育有常规的砂岩、泥岩，还广泛发育着低速泥岩这种特殊岩相，同时局部发育有小规模的钙质砂岩、灰质泥岩、火成岩等特殊的高速岩相。多种岩相的岩性参数存在叠置，在浅层地层中仅通过纵波阻抗来区分砂泥岩并进行储层描述的手段在古近系不再适用。因此，需要对多元岩相结构下的地震响应机理进行分析，进而指导后续储层描述工作。地震岩石物理研究工作需要首先对该区存在的多元地震岩相进行特征分析，对靶区存在的多种岩相的响应机理及其主控因素进行深入剖析，最终以典型地震岩相及地层组合方式为依据，构建不同的正演模型，通过数值模拟清晰地认识该区不同地震岩相及组合方式的响应特征，建立针对性地震识别模式，为后续的储层描述工作奠定理论基础，并指导储层的有效识别和精细描述。

（一）多元地震岩相特性分析

地震岩相属于地震岩性学的研究范畴，指用地震属性识别的岩相体。它的划分要统筹岩石的岩性和地震反演的弹性参数的可识别性，即获得的参数对岩石的分辨能力。地震岩相应具有岩性等特征，也就是它能够直观地反映岩性类型等。

受控于古近系沉积环境的复杂性，渤海古近系中低速与高速岩相中各自衍生出多种岩性。钻井资料证实该区沙三段除了常规的砂、泥岩之外，还存在大量的低速泥岩，低速泥岩的存在局部会产生强地震反射（图 4-3-1）。

此外，渤海古近系还存在钙质砂岩等高速高密高阻的地震岩相，这些高阻岩相表现为强反射特征。通过具体分析，研究区沙三段主要发育四种岩性，包括钙质砂岩，常规砂岩，常规泥岩和低速泥岩，这四种岩性的测井响应特征如图 4-3-2 所示，岩性参数和特征见表 4-3-1。

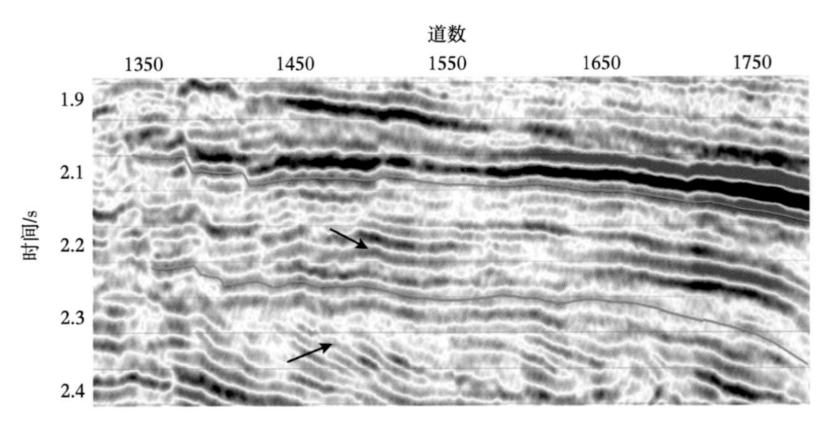

图 4-3-1　低速泥岩形成的强地震反射剖面（黑色箭头为低速泥岩位置）

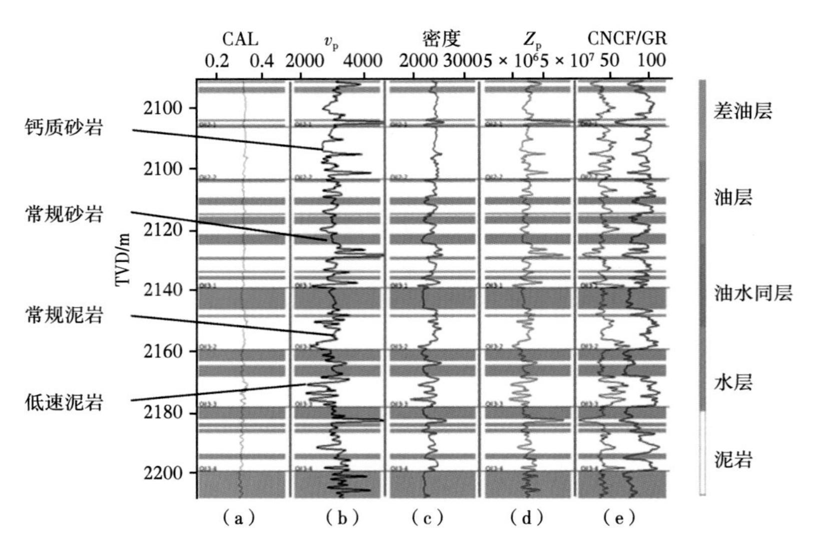

图 4-3-2　油田四种岩性测井响应特征

表 4-3-1　油田四种岩性的岩性参数及特征

岩性	纵波速度/ m/s	密度/ kg/m^3	纵波阻抗
低速泥岩	低速 (<2600)	低密度 (1900~2350)	低阻
常规泥岩	中速 (2600~3400)	高密度 (2240~2460)	较高阻
常规砂岩	中速 (2600~3400)	低密度 (2080~2260)	较低阻
钙质砂岩	高速 (>3500)	高密度 (2360~2560)	高阻

对该区的四种地震岩相进行岩石物理交会分析，如图4-3-3所示，由于低速泥岩等特殊岩性的存在，使砂岩与常规泥岩利用阻抗来区分效果不好，而从岩性参数的交会来看密度和速度作为两个独立参数可以很好地综合描述各种岩性。

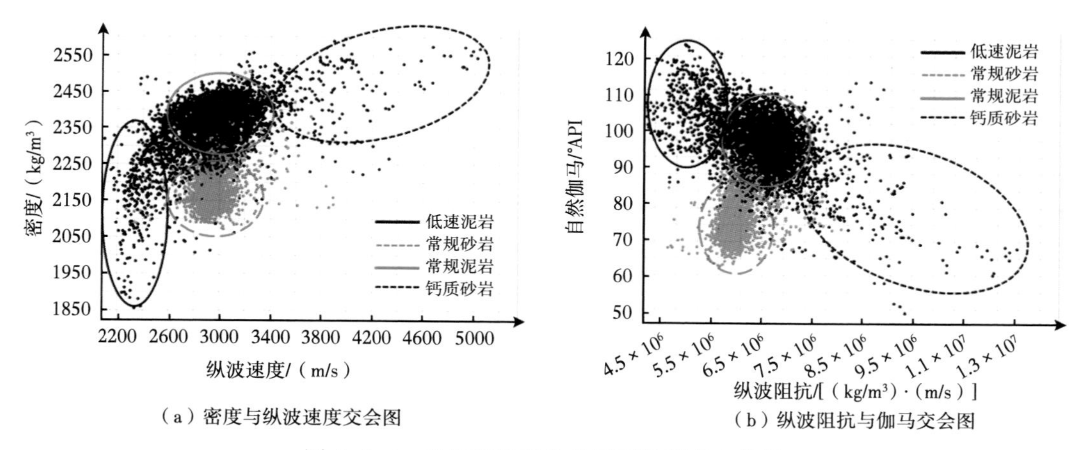

图4-3-3　油田四种岩性的岩石物理交会分析

通过对靶区横向分带、纵向分段开展研究，根据储层、非储层地震弹性参数可辨识性，对沙三段发育的多种地震岩相进行了整体统计，并结合不同岩性的岩石物理特性，对研究区内发育的多元地震岩相的分布规律进行了归纳。统计显示，沙三段具有多元岩相结构特征，除了常规的砂泥二元结构，还存在以低速泥岩为代表的低速岩相和钙质砂岩、灰质泥岩、火成岩等高速岩相（图4-3-4）。

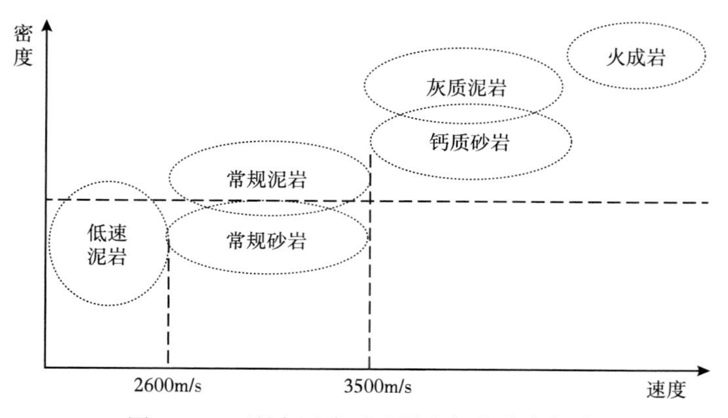

图4-3-4　研究区多元地震岩相的分布规律

在渤海古近系中，钙质砂岩、灰质泥岩、火成岩等特殊的高速岩相在局部仅以小范围存在，而低速泥岩在该区发育相对广泛，因此将成一定规模发育的低速泥岩作为特殊岩相的主要研究对象。

经研究认为，以湖相为主体的沉积环境中砂岩波阻抗大于泥岩，而在以三角洲为主体的沉积环境中泥质砂岩、砂质泥岩的波阻抗大于纯砂岩。究其原因在于，在成岩作用过程中随着压力的增加，泥质砂岩物性变差的程度远远大于纯砂岩。实验表明在压力作用下，可产生的泥质砂岩渗透率不可逆下降达 60%，而纯砂岩渗透率大约有 4%不可恢复。该区广泛发育的低速泥岩成因可分为三种：一种情况是泥岩在深湖—半深湖的背景或近源扇三角洲体系有关的重力流作用下沉积形成的；另一种情况是泥岩为在沼泽相沉积环境下的碳（煤）系地层；还有一种情况就是泥岩在物源转换或者沉积间歇期沉积形成，在这种情况下大套泥岩发育的沉积环境水动力条件微弱，但古沉积斜坡幅度、水深的不一致导致了灰质泥岩不同程度的发育，尽管密度变化不大，但速度差异明显，处于不同古沉积水深的泥岩灰质含量和胶结程度不同，加之镜面反射特征的存在，使得低速泥岩在地震剖面上表现的特征为泥岩背景下的强反射。

大量钻井结果表明，由常速砂岩、常速泥岩和低速泥岩组成的三元结构在古近系中最为常见。地震资料统计表明当外部典型沉积特征消失后，平行、亚平行反射结构是古近系地震反射中常见的形态。反射界面类型有三种：泥岩和低速泥之间的强反射、砂与低速泥岩之间的强反射、砂与泥之间的弱反射。因此在以下讨论中将以新近系常见的砂岩、泥岩和古近系常见的低速泥岩形成的三种岩相为重点来论证沙三段储层地震描述技术的可靠性。

（二）地震响应特征主控因素分析

以上述三种常见地震岩相入手，对不同岩性组合下的反射机理及反射特征的主控因素进行分析。

根据地震波传播理论，当纵波非垂直入射到一个波阻抗界面时，会产生反射纵波、反射转换横波、透射纵波、透射转换横波四种波，如图 4-3-5 所示。反射系数和透射系数可以用 Zoeppritz 方程来精确表述：

$$\begin{bmatrix} \sin\theta_1 & \cos\theta_3 & -\sin\theta_2 & \cos\theta_4 \\ \cos\theta_1 & -\sin\theta_3 & \cos\theta_2 & \sin\theta_4 \\ \sin2\theta_1 & \dfrac{v_{p1}}{v_{s1}}\cos2\theta_3 & \dfrac{v_{p1}v_{s2}^2\rho_2}{v_{p2}v_{s1}^2\rho}\sin2\theta_2 & -\dfrac{v_{p1}v_{s2}\rho_2}{v_{s1}^2\rho_1}\cos2\theta_2 \\ \sin2\theta_3 & -\dfrac{v_{s1}}{v_{p1}}\sin2\theta_3 & -\dfrac{v_{p2}\rho_2}{v_{p2}\rho_1}\cos2\theta_4 & -\dfrac{v_{s2}\rho_2}{v_{p1}\rho_1}\sin 2\theta_4 \end{bmatrix} \begin{bmatrix} R_{pp} \\ R_{ps} \\ T_{pp} \\ T_{ps} \end{bmatrix} = \begin{bmatrix} -\sin\theta_1 \\ \cos\theta_1 \\ \sin2\theta_1 \\ -\cos2\theta_3 \end{bmatrix} \quad (4-3-1)$$

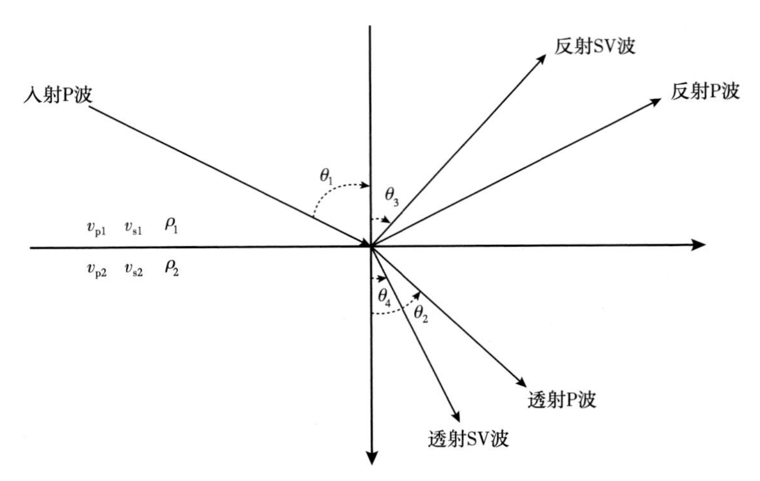

图 4-3-5　纵波入射时产生的透射与反射示意图

在上下层介质的密度和速度差异不太大的情况下，可以将 Zoeppritz 方程近似简化为 Aki-Richards 公式（Aki 和 Richards，1980），纵波反射系数可表述为以下形式

$$r_{pp}(\bar{\theta}_{12}) = \frac{1}{2}[1 - 4\gamma^2\sin\bar{\theta}_{12}]\frac{\Delta\rho}{\bar{\rho}} + \frac{1}{2\cos^2\bar{\theta}_{12}}\frac{\Delta v_p}{\bar{v}_p} - 4\gamma^2\sin^2\bar{\theta}_{12}\frac{\Delta v_s}{\bar{v}_s} \tag{4-3-2}$$

式中，r_{pp}为纵波反射系数；$\bar{\theta}_{12}$为纵波反射角和透射角的平均值；$\bar{\rho}$ 为上下层介质的平均密度；$\Delta\rho$ 为上下层介质的密度差；$\bar{v}_p$ 为上下层介质的纵波平均速度；Δv_p 为上下层介质的纵波速度差；$\bar{v}_s$ 为上下层介质的横波平均速度；Δv_s 为上下层介质的横波速度差；γ 为横、纵波平均速度比，一般取其值为 0.5。在小角度入射的情况下，式（4-3-2）具有较高的精度，其与精确解的误差可以忽略不计。

为了分析反射系数对密度和速度参数的敏感性，即考虑密度和速度等物性参数对反射系数的贡献率，在此进行了敏感度分析。分别对纵波反射系数对密度比、横波速度比、纵波速度比求偏导数，具体公式如下。

纵波反射系数对密度比求偏导数可得：

$$A = \frac{1}{2}(1 - 4\gamma^2\sin\bar{\theta}_{12}) \tag{4-3-3}$$

纵波反射系数对横波速度比求偏导数可得：

$$B = - 4\gamma^2\sin^2\bar{\theta}_{12} \tag{4-3-4}$$

纵波反射系数对纵波速度比求偏导数可得：

$$C = \frac{1}{2\cos^2\bar{\theta}_{12}} \tag{4-3-5}$$

按照褶积理论，反射系数与子波的褶积就是地震记录，那么在子波统一的情况下，地震记录的幅值大小将取决于反射系数。利用式（4-3-3）、式（4-3-4）、式（4-3-5）可以计算在不同入射角时密度和速度对反射系数的贡献大小，这样就能定性甚至定量地阐述密度和速度对地震响应贡献的大小，进而找到地震岩相确定时地震响应的主控因素。为了便于对比，在求取贡献大小时均按绝对值来对比。

根据油田实际钻遇地层的情况，利用测井数据统计了相应的三种地震岩相（常规泥岩、常规砂岩和低速泥岩）的弹性参数，其中低速泥岩的密度为 2250kg/m^3，纵波速度为 2480m/s，常规砂岩的密度为 2120kg/m^3，纵波速度为 3040m/s，常规泥岩的密度为 2250kg/m^3，纵波速度为 3080m/s。根据实际地震资料设计如图 4-3-6 所示的地层结构正演模型，以低速泥岩为背景，上部为总厚度不变，常规砂岩和常规泥岩厚度渐变的地层，下部为地层厚度不变，岩性由常规砂岩过渡到常规泥岩的渐变地层。

正演结果如图 4-3-7 所示，低速泥岩与常规砂岩的界面 1 对应强波峰反射，常规砂岩与常规泥岩的界面 2 对应弱波峰，而常规泥岩与低速泥岩之间的界面 3 则对应强波谷反射。此外，低速泥岩与过渡层的顶面反射为强波峰反射特征，波峰能量横向上有变化，低速泥岩与过渡层的底面为强波谷反射特征，波谷能量横向上也有变化。从宏观反射特征来看，在正演剖面上只要出现低速泥岩就会有强反射，极性取决于地震岩相的组合形式。

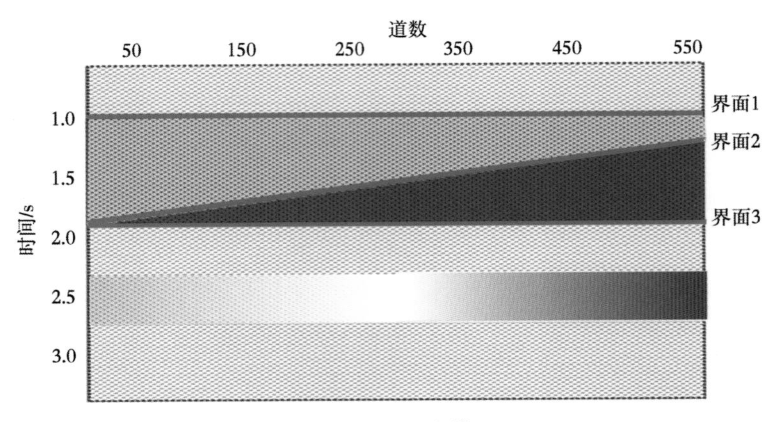

图 4-3-6　正演模型

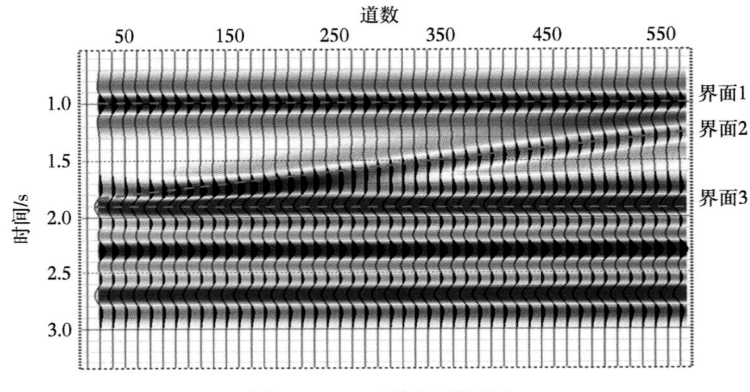

图 4-3-7　正演地震记录

对模型正演记录的三个地震岩相界面提取的 AVO 曲线（图 4-3-8）分析发现，在不同入射角下以低速泥岩为背景的界面截距绝对值较大，均为强反射特征，而常规砂泥岩界面的截距绝对值较小，表现为弱反射特征。通过对 AVO 响应的进一步分析发现，以低速泥岩为背景的两种强反射界面之间 AVO 响应规律存在差异，即低速泥岩与常规泥岩的强反射模式中振幅强且 AVO 响应强（红色曲线所示），而低速泥岩与常规砂岩的强反射中振幅强但 AVO 响应弱（绿色曲线所示），因此，利用 AVO 响应规律可以对强反射模式（图 4-3-9）有效鉴别，进而建立不同地震岩相界面的地震识别模式。

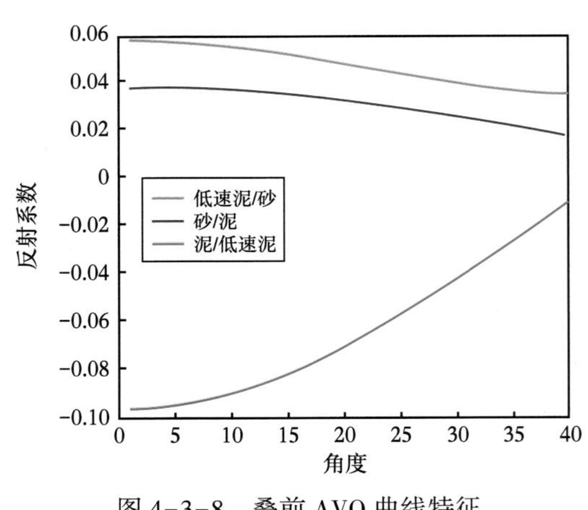

图 4-3-8　叠前 AVO 曲线特征

在此基础上，结合之前的敏感度分析公式，进一步利用叠前道集来衡量不同地震岩相组合下密度和速度对反射系数的贡献量。

如图 4-3-10 所示，对应于模型中的三个界面，在入射角不同时，速度和密度对反射系数的贡献量有差异，低速泥岩大量发育的地层界面中速度的贡献远大于密度，即低速泥岩发育引起的地震强反射的主控因素是速度，当只有在常规砂泥岩界面中密度的贡献远才大于速度，即常规砂泥岩形成的弱反射中密度才会主导地震反射特征。因此，研究认为速度差异是古近系典型三元沉积结构中泥岩强反射、砂泥岩强反射模式的主控因素，而密度差异是砂泥弱反射模式的主控因素。

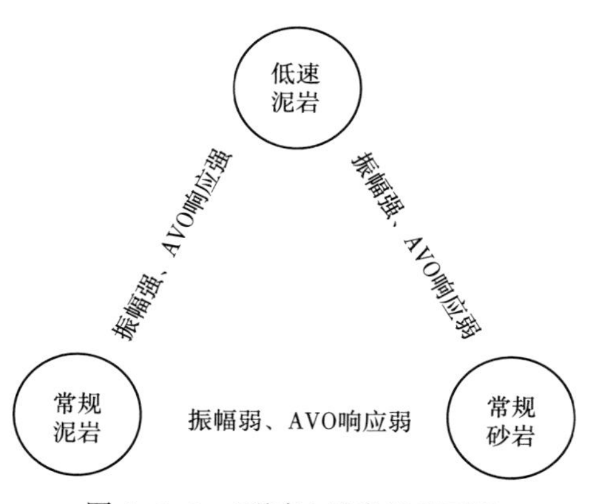

图 4-3-9　不同地震岩相界面的叠前 AVO 特征

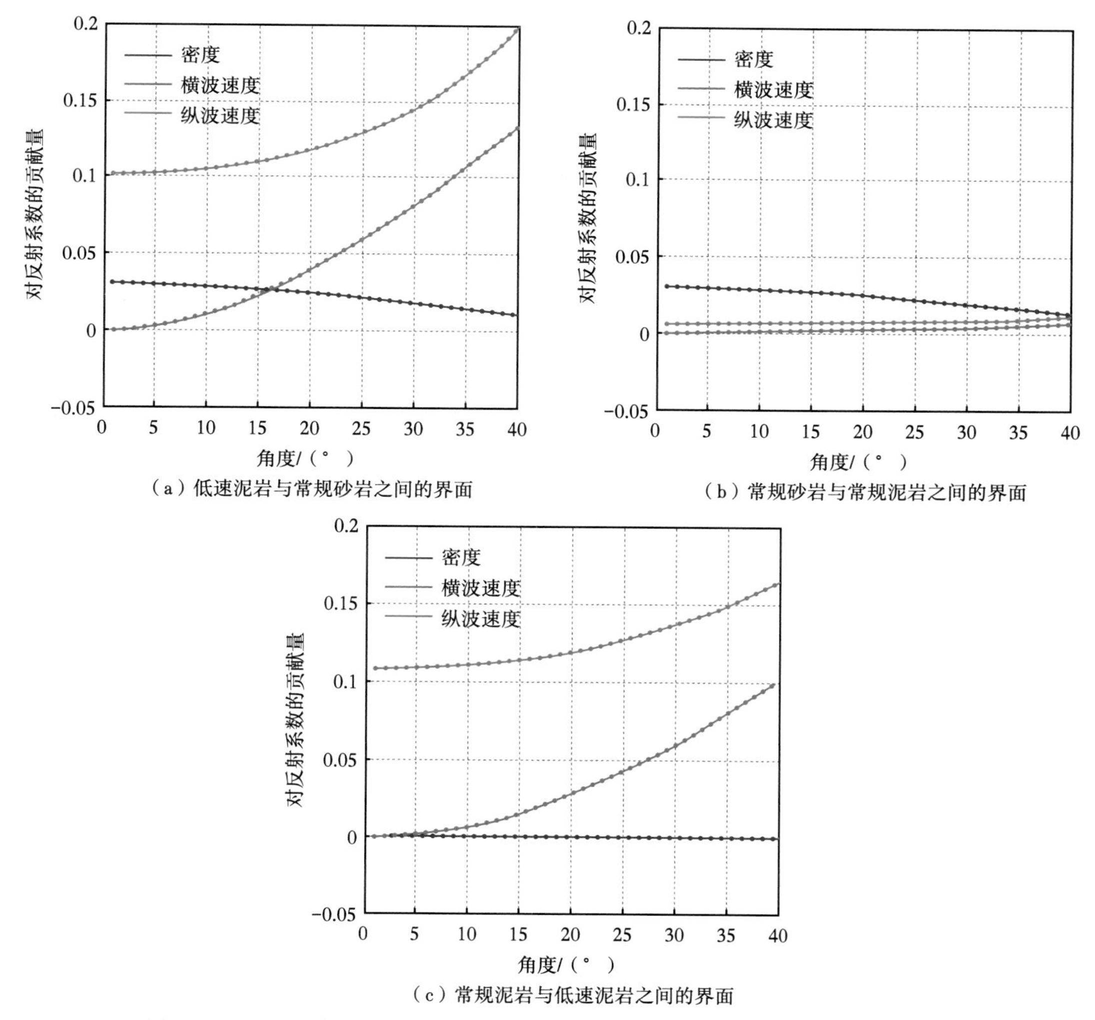

图 4-3-10　不同的地震岩相组合下密度和速度对界面反射系数的贡献量分析

（三）基于地层组合与岩性的正演模拟技术

以某一油田为例，在-90°相移剖面上（图 4-3-11），沙三中 I 油组整体对应复波峰反射特征，其上部为稳定的波谷反射，下部表现为断续的波谷反射，这组地震反射特征的产生原因是什么？主导波峰反射的内在机理是什么？储层与复波峰反射的关系又如何？这些疑问如果无法解释清楚，必然会影响后续储层精细研究。因此，在沙三段储层描述研究中，为了有效指导更深入的储层预测研究工作，通过正演模拟对不同地震岩相及组合形式下的地震反射特征进行论证，进而明确不同显著反射特征的物理意义及其主控因素。

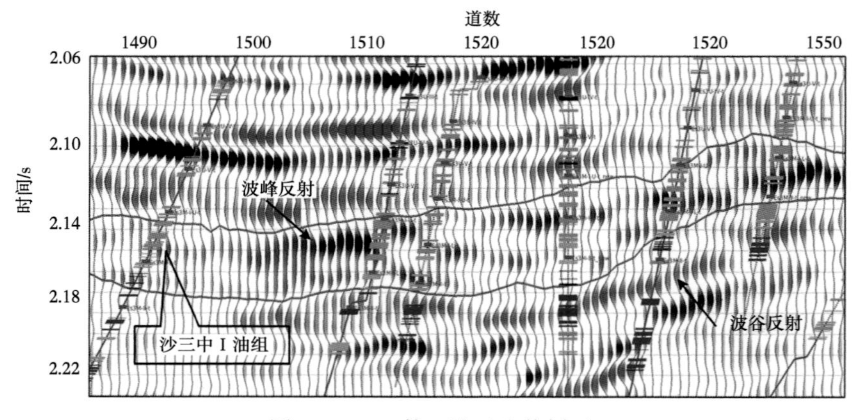

图 4-3-11　某一油田连井剖面

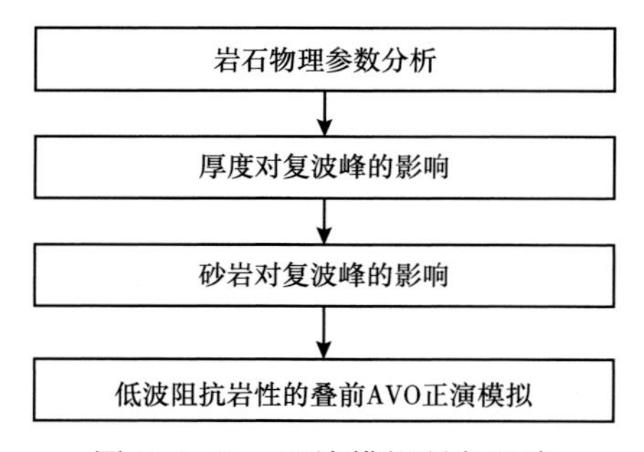

图 4-3-12　正演模拟研究思路

根据如图 4-3-12 所示的正演模拟研究思路，首先进行岩石物理参数分析来确定不同岩相的岩性特征及用于正演模拟构建模型的岩石物理参数，分别根据地层厚度的变化和砂岩含量的变化构建不同正演模型，来探讨不同组合方式下的地震响应特征，并对不同的岩相界面进行叠前 AVO 特征分析，通过正演模拟来研究不同模式下的地震响应机理，借助对地震响应特征认识和总结，指导后续的储层地震精细描述。

通过对多口井的密度和纵波速度统计，求取目的层段的平均值，横波速度采用 3 井实测横波数据，为正演模拟提供可靠的岩石物理参数，参数见表 4-3-2。利用这些弹性参数，构建了不同模型，并采用 25Hz 的 Ricker 子波进行正演，对上述一系列问题进行分组论述。

表 4-3-2　正演模型参数

	常规泥岩	低速泥岩	常规砂岩
纵波速度/m/s	3400	2800	3400
横波速度/m/s	1900	1340	1900
密度/kg/m^3	2400	2400	2220

首先对相同岩性组合下，不同泥岩厚度背景下的反射特征进行正演对比分析。如图 4-3-13、图 4-3-14、图 4-3-15 所示，绿色为常规泥岩背景，红色为低速泥岩薄层，

随着两组低速泥岩薄层间隔厚度的增大，反射时间增大，中间复波峰的能量逐渐降低，低速泥岩的振幅能量值逐渐增大。经统计，随着中间常规泥岩厚度增大，波阻抗剖面上最大波谷与最小波峰的比值表现为增大的趋势。

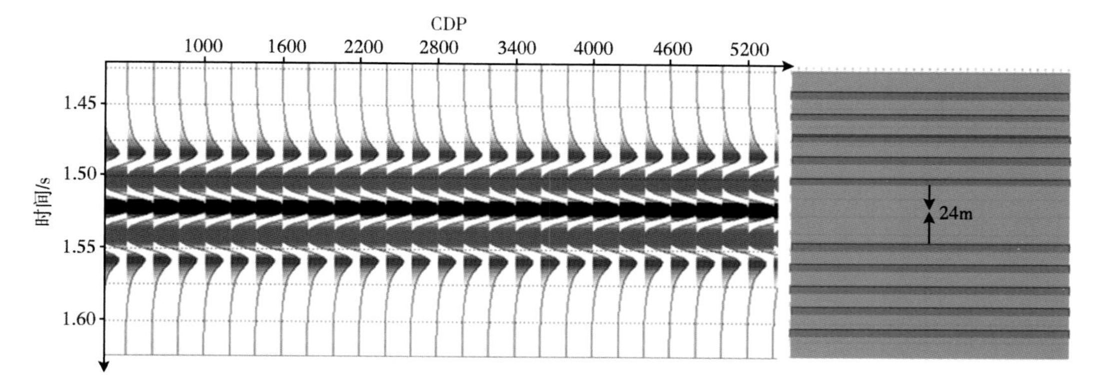

图 4-3-13　相同组合形式下泥岩厚度为 24m 的模型及其正演结果

模型中绿色为常规泥岩，红色为低速泥岩

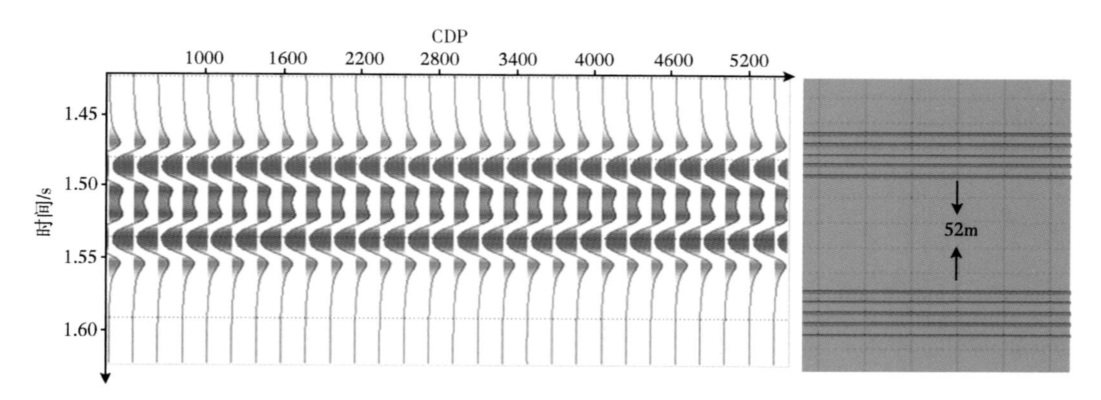

图 4-3-14　相同组合形式下泥岩厚度为 52m 的模型及其正演结果

模型中绿色为常规泥岩，红色为低速泥岩

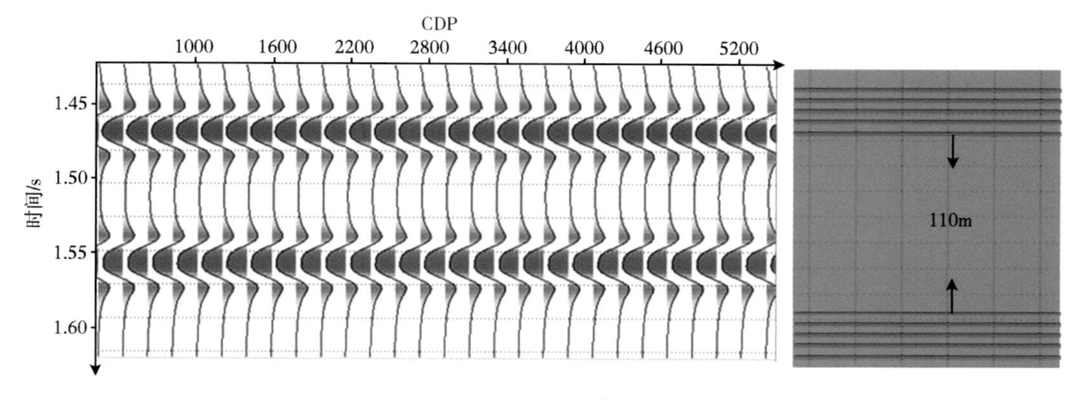

图 4-3-15　相同组合形式下泥岩厚度为 110m 的模型及其正演结果

模型中绿色为常规泥岩，红色为低速泥岩

其次设计常规泥岩背景下不同岩性组合反射特征的正演模型对比，结果如图 4-3-16 所示，绿色为常规泥岩，红色为低速泥岩，黄色为常规砂岩。固定两套低速泥岩之间的厚

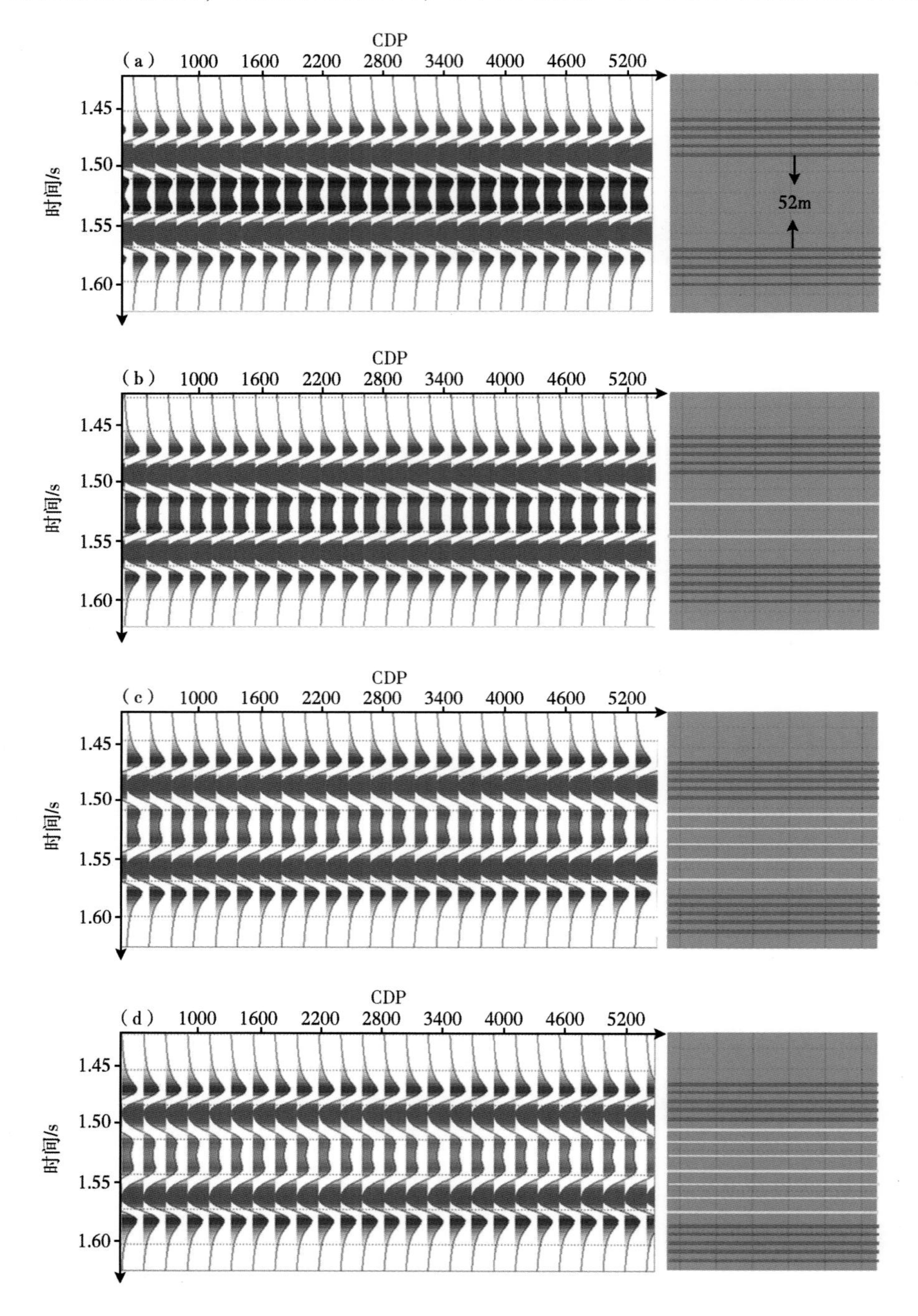

图 4-3-16　常规泥岩背景下不同岩性组合的模型及其正演结果

模型中绿色为常规泥岩、红色为低速泥岩（厚度 2m）、黄色为砂岩（厚度 2m），两套低速泥岩组合之间距离为 52m；（a）两套低速泥岩组合中不发育砂岩的情况；（b）两套低速泥岩组合中发育 2 层砂岩的情况；（c）两套低速泥岩组合中发育 5 层砂岩的情况；（d）两套低速泥岩组合中发育 7 层砂岩的情况

度，并向其中嵌入不同含量的砂体，随着砂地比的增大，低速泥岩波阻抗和中间常规泥岩波阻抗都在减小，但低速泥岩波阻抗与常规泥岩（或者中间砂岩）波阻抗的比值在增大。

固定两套低速泥岩之间的厚度150m不变，并向其中嵌入不同厚度的砂体，砂体越集中发育，波阻抗剖面上的波谷越强；当砂体零星分布（单一砂体形式）时波阻抗剖面上表

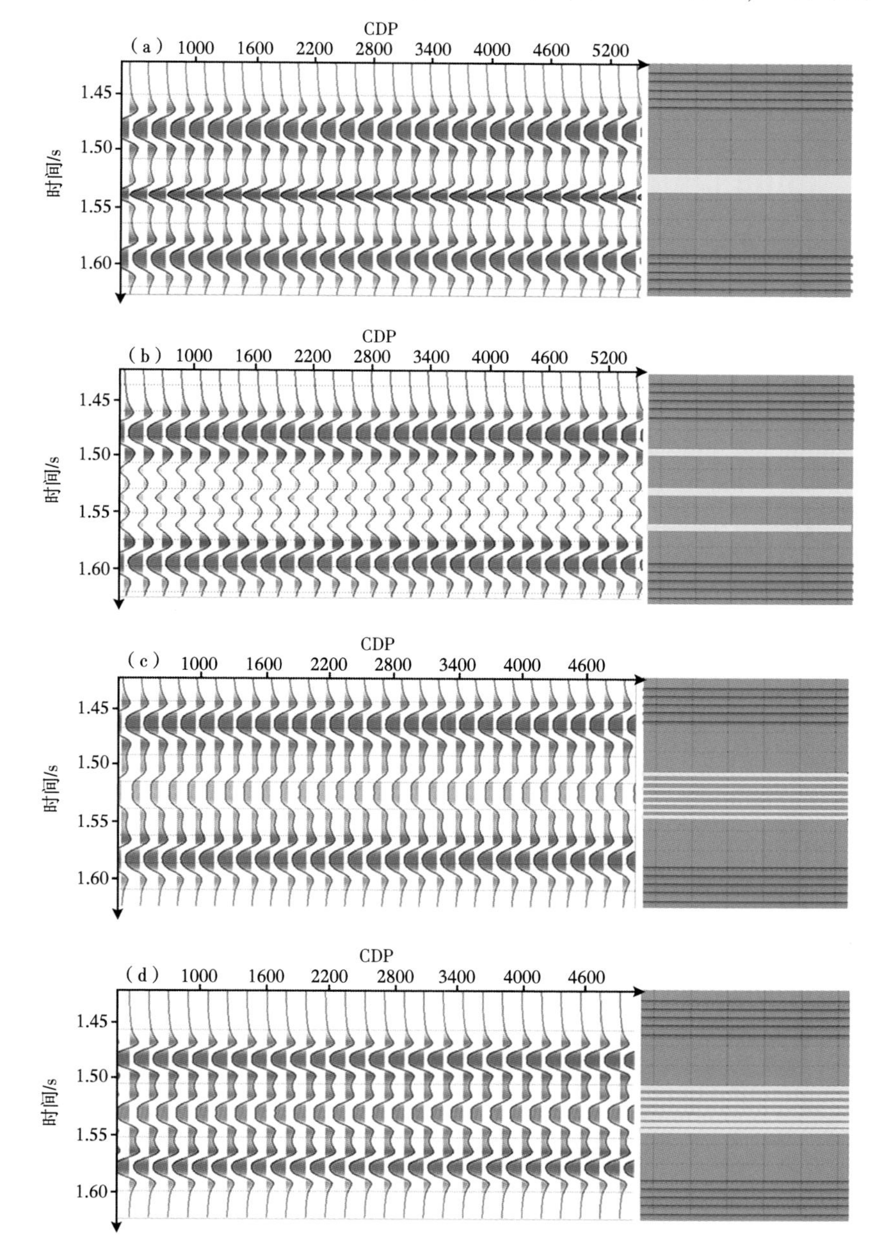

图4-3-17　正常泥岩背景下不同岩性组合的模型及其正演结果

模型中绿色为常规泥岩、红色为低速泥岩、黄色为砂岩：(a) 两套低速泥岩组合中发育1层12m厚的砂岩的情况；(b) 两套低速泥岩组合中发育3层4m厚的砂岩的情况；(c) 两套低速泥岩组合中发育7层3m厚的砂岩的情况；(d) 两套低速泥岩组合中发育7层4m厚的砂岩的情况

现为弱波谷和弱波峰的特征；在 150m 正常泥岩中间嵌入一套 36m 厚的砂组，随着该套砂组砂地比的增大，砂组的波阻抗值增大。

在正演研究过程中，进一步对不同砂岩含量和低速泥岩含量地层情况下的正演偏移距道集的 AVO 特征做了分析，如图 4-3-18 所示。在地层组合结构固定的前提下，分别改变砂岩含量和低速泥岩含量，正演结果显示，低速泥岩的 AVO 梯度大于储层的 AVO 梯度；当围岩固定砂组厚度不变时，砂地比越高，砂组顶、底反射振幅衰减越快。

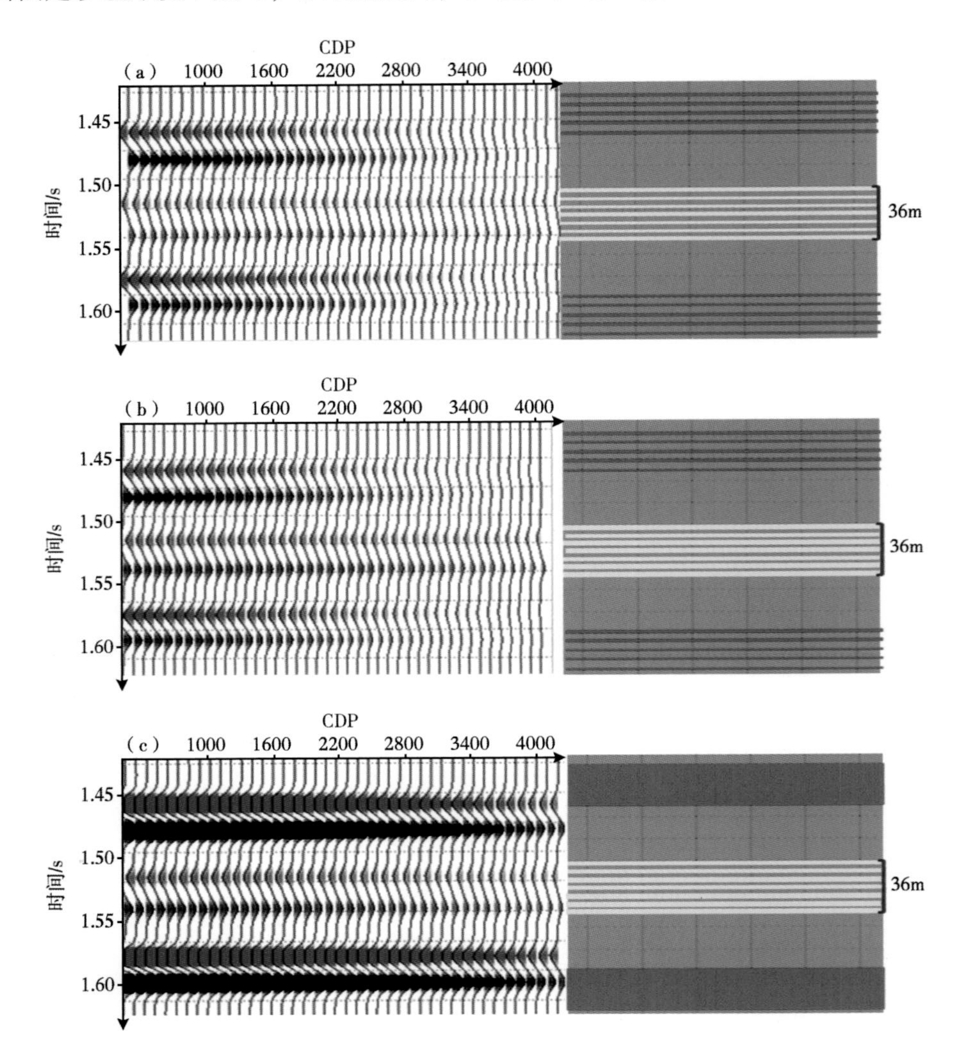

图 4-3-18　不同砂岩含量和低速泥岩含量的模型及其叠前正演结果

模型中绿色为常规泥岩、红色为低速泥岩、黄色为砂岩；(a) 两套单层厚度为 2m 的低速泥岩组合中发育 7 层 3m 厚的砂岩的情况；(b) 两套单层厚度为 2m 的低速泥岩组合中发育 7 层 4m 厚的砂岩的情况；(c) 两套低速泥岩组合中发育 7 层 4m 厚的砂岩且低速泥岩厚增大为 26m 的情况

研究中也针对相同泥岩厚度、相同砂岩总厚度背景下，不同旋回的反射特征进行正演对比，如图 4-3-19 所示。保持低速泥岩与常规泥岩组合特征不变，在 52m 的常规泥岩中填充总厚度为 10m 的四套储层，不同厚度储层等间隔出现。当砂岩厚度均匀分布时最大波

谷与最大波峰的比值最大；当相对杂乱分布时谷峰比有所减小；当砂岩厚度规律性分布时谷峰比最小；最大波峰出现的时间与厚度的上下分布呈负相关关系，砂岩厚度上厚下薄时最大波峰靠下，上薄下厚时最大波峰靠上。

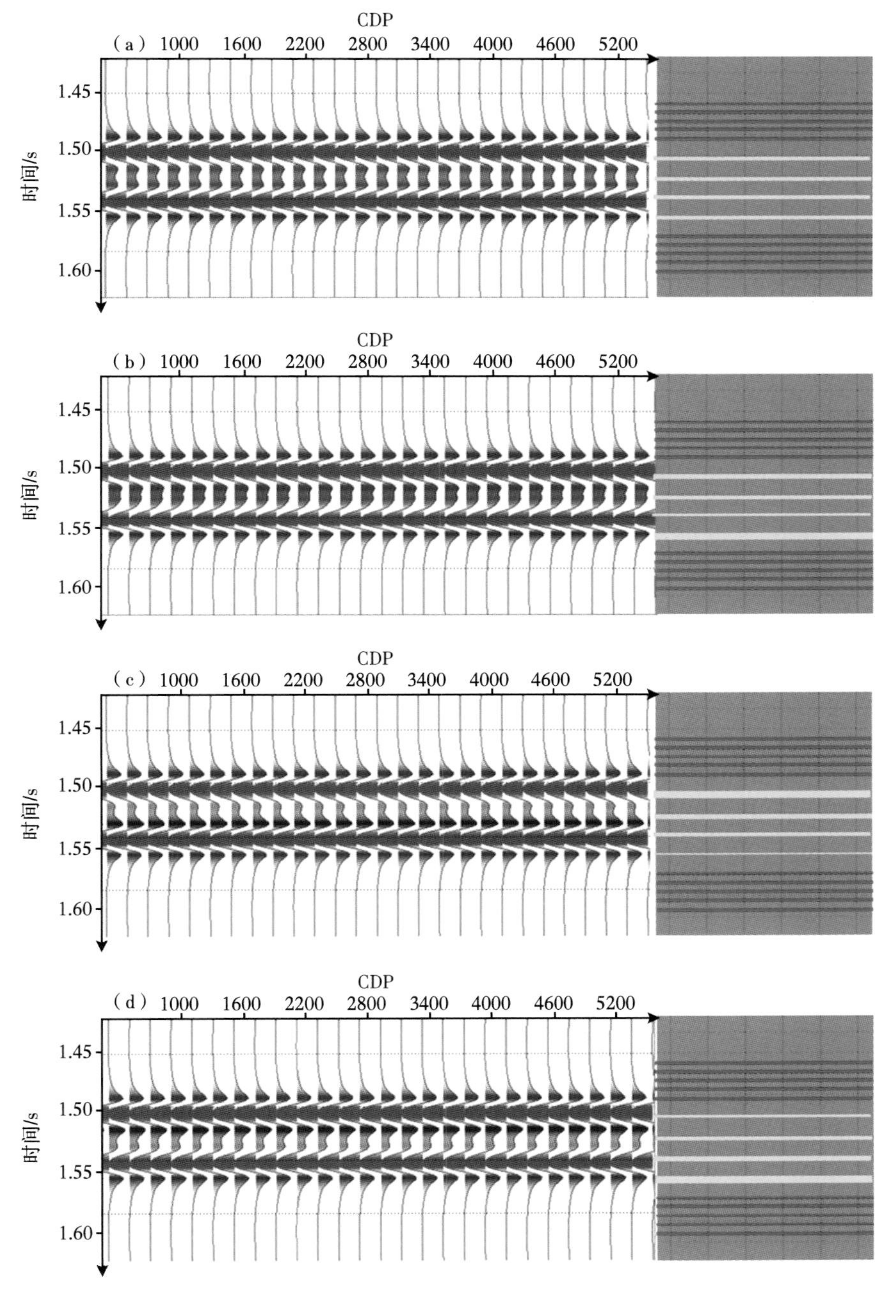

图 4-3-19 不同旋回的模型及其正演结果

模型中绿色为常规泥岩、红色为低速泥岩（厚度 2m）、黄色为砂岩；(a) 砂体厚度均为 2.5m 的情况；(b) 砂体厚度由上到下依次为 3m、2m、1m、4m 的情况；(c) 砂体厚度由上到下依次为 4m、3m、2m、1m 的情况；(d) 砂体厚度由上到下依次为 1m、2m、3m、4m 的情况

通过一系列的正演研究，建立了针对研究区沙三段三元结构下不同地震岩相及组合模式的地震响应特征（叠前、叠后）识别模式，为后续开展储层精细研究奠定了坚实的理论基础。

二、叠后迭代谱反演薄砂体识别技术

（一）谱反演方法原理

Widess（1973）认为地下地层为楔状的，并且地层的上下介质具有相同的速度和密度，那么顶底界面反射系数为大小相当、符号相反的反射系数对（图4-3-20）。

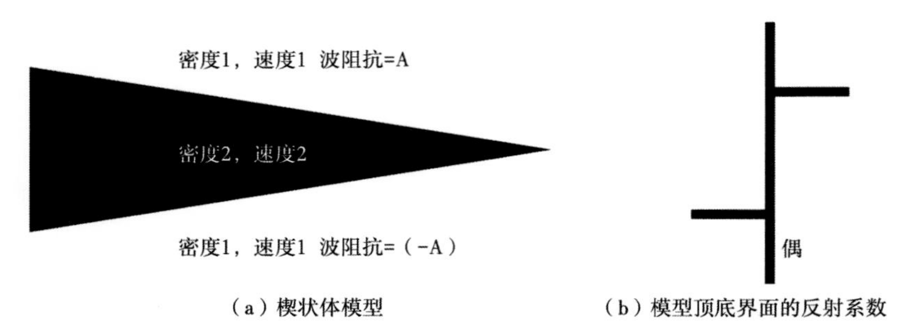

图4-3-20 Widess楔状体模型及其顶底界面反射系数

然而Tirado（2004）认为实际地层为层状分布，其上下介质具有不同的速度、密度参数。这时候，可以将反射系数分解成一个“奇”反射系数对和一个“偶”反射系数对。可以发现，Widess模型只是“偶”反射系数对为零时的一个特例（图4-3-21）。

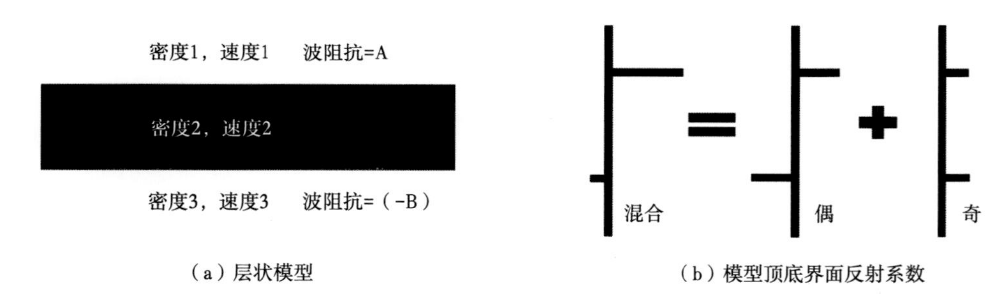

图4-3-21 Tirado层状模型及其顶底界面反射系数

理论上只要“偶”反射系数对不为零，那么分辨率的极限就不受Widess模型的限制。基于此，学者们为代表提出了谱反演理论，将分辨率的极限突破到了$\lambda/8$（Portniaguine等，2005；Sinha，Routh，Anno等，2005；Scales等，2001）。

谱反演是致力于改进低于调谐厚度储层以及超限薄储层成像特征的一种不同于传统地震反演的新方法（李林峡，2012；刘万金等，2013；周东红等，2015）。基本原理是在谱分解的基础上，以频率域目标函数为约束，通过随机反演方法得到反射率体，再通过滤波处理以及对资料进行相位-90°旋转等方法得到相对波阻抗的信息，为精细储层研究提供基础资料（Zeng等，2005）。

近年来，随着谱反演方法如火如荼的发展，以Castagna等人为代表的学者们所提出的核心算法已经形成商业化软件“Thinman”。其技术实施主要包括：子波提取、信噪比相关的平滑滤波因子设定、时窗长度估算、地震数据重采样、谱分解及随机反演等多个环节。目前渤海石油研究院的科研工作者，在以精细勘探为导向的背景下，基于谱反演理论针对特定地质问题，已成功取得多个研究成果（周东红等，2014；田立新等，2015；熊煜等，2015；张志军等，2016），理论拓展研究及创新应用方面已处于行业领先地位。

以层状介质模型为例，谱反演方法的目标函数为：

$$O(r_e, r_o, T, t) = \int_{f_l}^{f_H} \left[\begin{array}{l} a_e \left\{ \mathrm{Re}[S(t,f)/W(t,f)] - \int_{-t_w}^{t_w} r_e(t)\cos[\pi f T(t)]\mathrm{d}t \right\} + \\ a_o \left\{ \mathrm{Im}[S(t,f)/W(t,f)] - \int_{-t_w}^{t_w} r_o(t)\sin[\pi f T(t)]\mathrm{d}t \right\} \end{array} \right] \mathrm{d}f \tag{4-3-6}$$

式中，$S(t,f)$ 为地震数据；$W(t,f)$ 为已知的子波；$S(t,f)/W(t,f)$ 为反褶积过程（秦德文，2009）。显然，对子波的有效提取是谱反演技术实施的关键，因此需要使得所提子波尽可能接近于真实子波。

传统谱反演方法的实施，一般都是针对整个工区的地震资料提取子波。这种方式一方面具有提取子波的平均化效应，不具备目标针对性；另一方面误读了谱反演方法的特点，谱反演方法可以不用井资料，但是不等于有了井资料却不加以利用。另外，子波提取过程中，对子波长度的确定也需要进行反复测试，且判断准则不明确。

（二）迭代谱反演方法

针对传统谱反演方法稳态子波反演以及对测井资料的低频信息利用不足等问题，提出了迭代谱反演算法，技术路线如图 4-3-22 所示。迭代谱反演方法具有以下特点：

（1）在保留传统谱反演构造子波约束的特色基础上，实现了时变子波谱反演技术，得

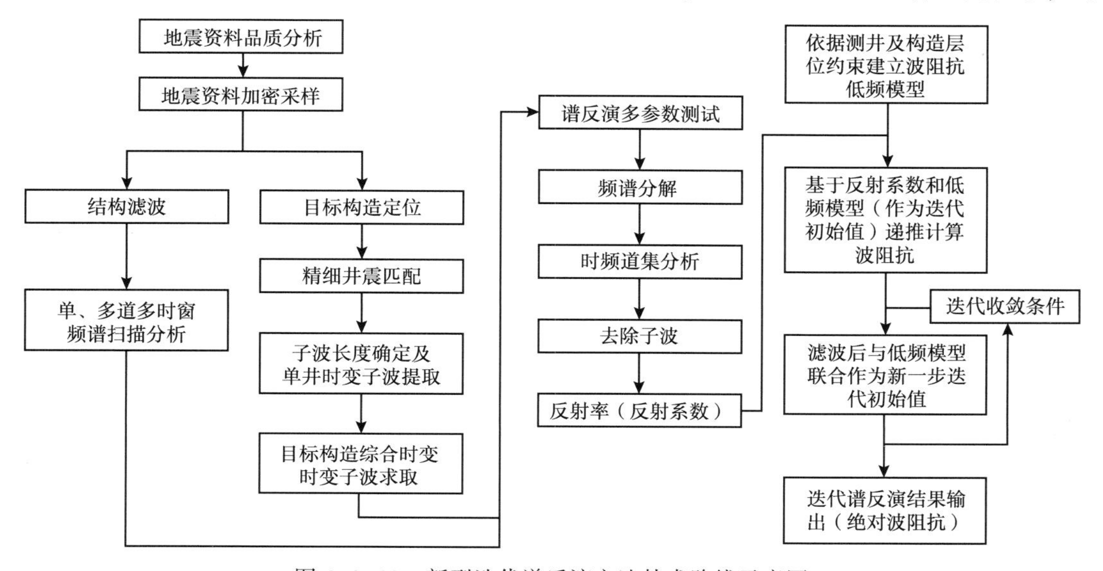

图 4-3-22　新型迭代谱反演方法技术路线示意图

到高分辨率的反射系数。

（2）并不是通过子波滤波以及-90°相移的手段进行后续储层研究，而是巧妙地借助波阻抗递推公式提出低频模型相关的迭代公式，依据测井和层位等信息建立波阻抗低频模型，通过迭代算法，成功引入绝对波阻抗的求取过程中。

1. 时变子波提取技术引入谱反演

经研究发现，目前主流的 Jason 以及 HRS 等软件均不能完成时变子波反演，并且传统的谱反演方法是局限于目的层提取稳态子波进行反演分析。若在谱反演技术中考虑子波的时变性，可有效扩展谱反演在垂向上的适用范围。

以锦州某油田为例，首先对工区内的每口井分别从浅、中、深层进行精细的时深标定并提取对应子波（图 4-3-23），进而完成全工区时变子波的综合提取（图 4-3-24）。

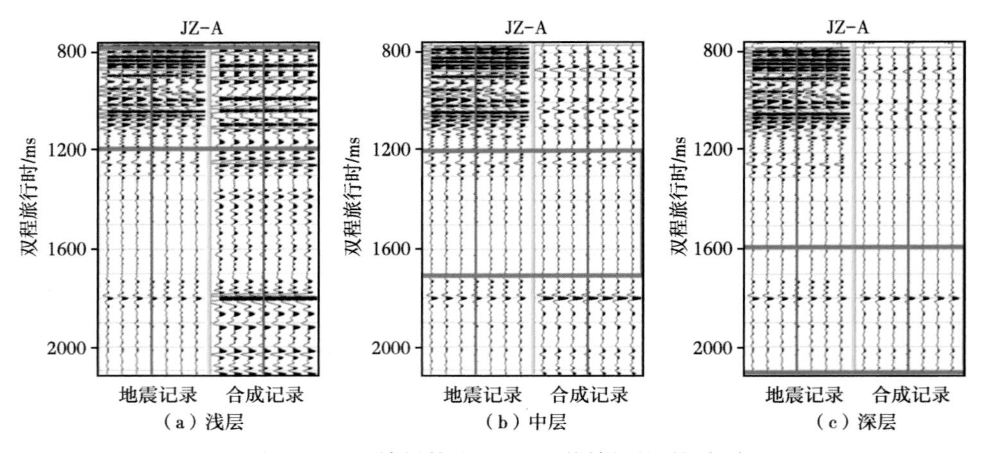

图 4-3-23　锦州某油田 JZ-A 井精细的时深标定

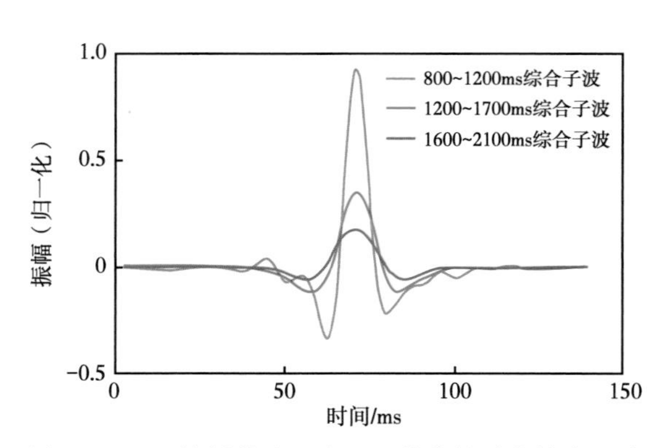

图 4-3-24　锦州某油田多口已钻井的时变综合子波

2. 迭代谱反演算法的提出

借助波阻抗递推公式（4-3-7），给出了低频模型相关的迭代式（4-3-8）及式（4-3-9），将依据测井和层位等信息建立波阻抗低频模型，通过迭代算法，成功引入到绝对波阻抗的求取过程中，各公式如下：

$$Z_k(i+1) = Z_1 \prod_{i=1}^{k} \left(\frac{1+r(i)}{1-r(i)} \right) \tag{4-3-7}$$

$$Z_k(i+1) = Z_{k-1}(i) \frac{1+r(i)}{1-r(i)} \tag{4-3-8}$$

$$Z_{k-1}(i) = \begin{cases} Z^L(i), & k=1 \\ Z^L(i) + Z^H_{k-1}(i), & k=2, 3, 4, \cdots, n \end{cases} \tag{4-3-9}$$

其中测井相关信息为低频项，控制了递推过程中的大趋势，而遵从于地震资料的反射系数为高频项，表征储层的分布细节。利用反射系数（图 4-3-25a）得到稳定可靠的波阻抗（图 4-3-25b）。改进后的谱反演技术被称作迭代谱反演技术。

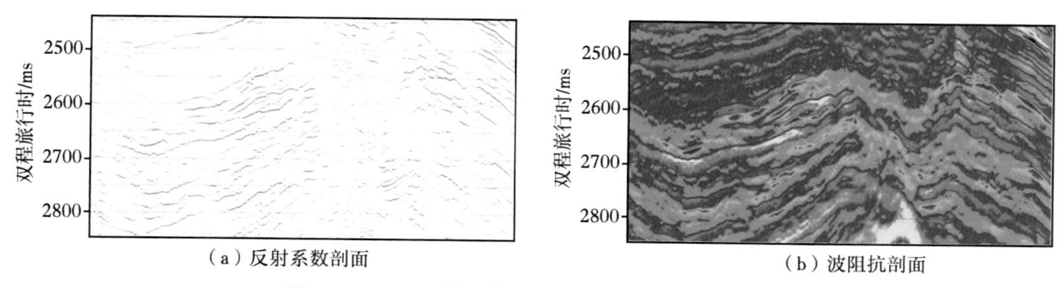

（a）反射系数剖面
（b）波阻抗剖面

图 4-3-25　反射系数剖面及对应的波阻抗剖面

（三）迭代谱反演技术实际应用试验

在渤海地区，迭代谱反演技术成功应用于辽北地区的锦州某油田、锦州某构造及其围区的沙二段。图 4-3-26 为 JZ-B（参与井）井旁道谱反演反射系数与测井反射系数（7～100Hz 频段滤波后）的匹配情况，依次为：测井资料的原始反射系数以及带通滤波后的反射系数对比；谱反演的原始反射系数以及滤波后的反射系数对比；测井反射系数和谱反演反射系数带通滤波后的对比图。可以发现，构造子波约束谱反演得到的反射系数，与测井曲线求得的反射系数在全井段上匹配度很高，这为后续的波阻抗求取奠定了坚实的基础。

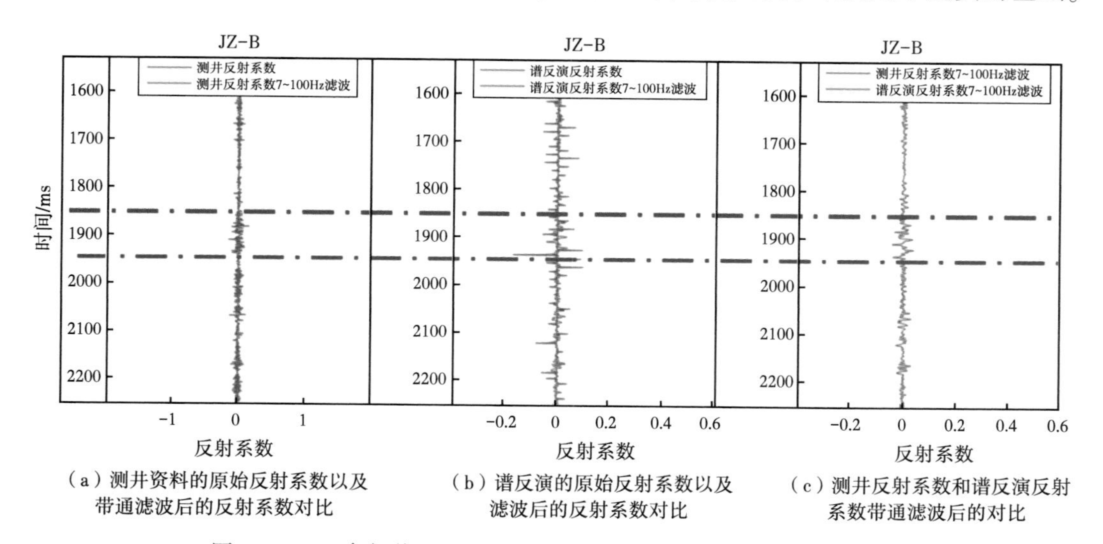

（a）测井资料的原始反射系数以及带通滤波后的反射系数对比
（b）谱反演的原始反射系数以及滤波后的反射系数对比
（c）测井反射系数和谱反演反射系数带通滤波后的对比

图 4-3-26　参与井 JZ-B 井旁道谱反演反射系数与测井反射系数（7～100Hz 频段滤波后）的匹配情况

图 4-3-27 展示了 JZ-B（参与井）井旁道模型阻抗与测井阻抗、迭代谱反演阻抗与测井阻抗（滤波后）的匹配情况，依次为：谱反演反射系数；模型阻抗与测井阻抗（滤波后）对比图；迭代阻抗与测井阻抗（滤波后）对比图。联合应用谱反演得到的反射系数以及测井相关的模型阻抗，求取出了图 4-3-27 最右侧图中蓝色的迭代阻抗曲线，通过与橘色测井阻抗滤波后的结果进行对比可以发现，迭代谱反演阻抗与测井阻抗在全井段上

匹配度很高，这就表明本算法对参与井计算具有准确性。

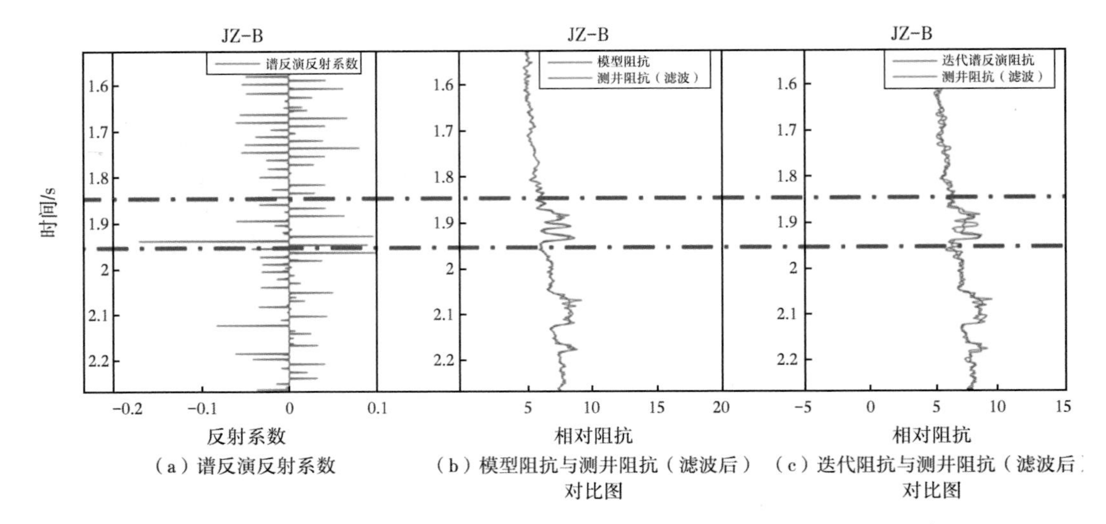

（a）谱反演反射系数　（b）模型阻抗与测井阻抗（滤波后）对比图　（c）迭代阻抗与测井阻抗（滤波后）对比图

图 4-3-27　参与井 JZ-B 井旁道模型阻抗与测井阻抗、迭代谱反演阻抗与测井阻抗（滤波后）的匹配情况

为了便于对比分析，图 4-3-28 则展示了滚动勘探井 JZ-A（盲井）的井旁道谱反演反射系数与测井反射系数（7～100Hz 频段滤波后）的匹配情况，依次为：测井资料的原始反射系数以及带通滤波后的反射系数对比；谱反演的原始反射系数以及滤波后的反射系数对比；测井反射系数和谱反演反射系数带通滤波后的对比图。可以发现，构造子波约束谱反演得到的反射系数，与测井曲线求得的反射系数在全井段上依旧匹配度很高。这表明谱反演的反射系数对于盲井也具有很高的预测性。

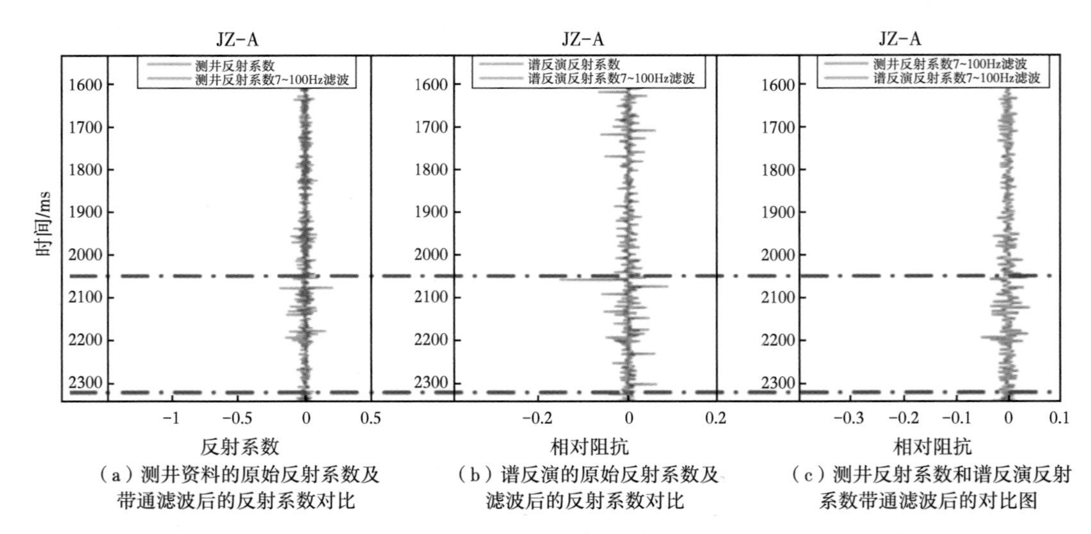

（a）测井资料的原始反射系数及带通滤波后的反射系数对比　（b）谱反演的原始反射系数及滤波后的反射系数对比　（c）测井反射系数和谱反演反射系数带通滤波后的对比图

图 4-3-28　滚动勘探井 JZ-A（盲井）井旁道谱反演反射系数与测井反射系数（7～100Hz 频段滤波后）的匹配情况

图 4-3-29 展示了 JZ-A（盲井）的井旁道的模型阻抗与测井阻抗、迭代谱反演阻抗与测井阻抗（滤波后）的匹配情况，依次为：谱反演反射系数；模型阻抗与测井阻抗（滤波后）对比图；迭代阻抗与测井阻抗（滤波后）对比图。通过对比可以发现，在目的层段，迭代谱反演得到的绝对阻抗，虽然在幅值上与测井曲线阻抗有些差异，但整体变化趋势基本一致。这表明所提出迭代谱反演技术可有效将测井资料低频信息加以应用（也融入精细层位解释相关的构造信息），具有良好的高分辨率储层预测前景。

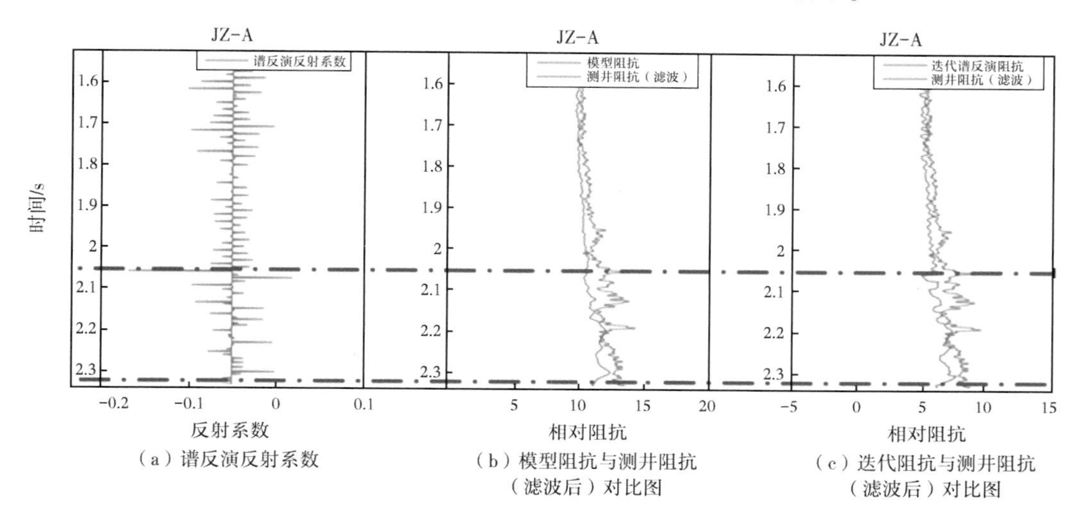

（a）谱反演反射系数　（b）模型阻抗与测井阻抗（滤波后）对比图　（c）迭代阻抗与测井阻抗（滤波后）对比图

图 4-3-29　盲井 JZ-A 井旁道模型阻抗与测井阻抗、迭代谱反演阻抗与测井阻抗（滤波后）的匹配情况

接下来，进一步介绍该技术的实际应用情况。图 4-3-30 为常规确定性反演、-90°相移以及迭代谱反演在过 JZ-C 井及 JZ-D 井的剖面对比图。通过对比可以发现，迭代谱反演技术有效区分了 JZ-C 井及 JZ-D 井区在沙二段底部的一套高波阻抗薄砂体（平均速度 3800m/s），并且消除了-90°相移结果强轴的干扰。但是对于 C 井区的两个薄气砂并没能很好地识别出来。经过进一步分析发现，实际上这两个气砂为低波阻抗气砂，速度只有 3200m/s。因此迭代谱反演技术得到的结果是可靠的。

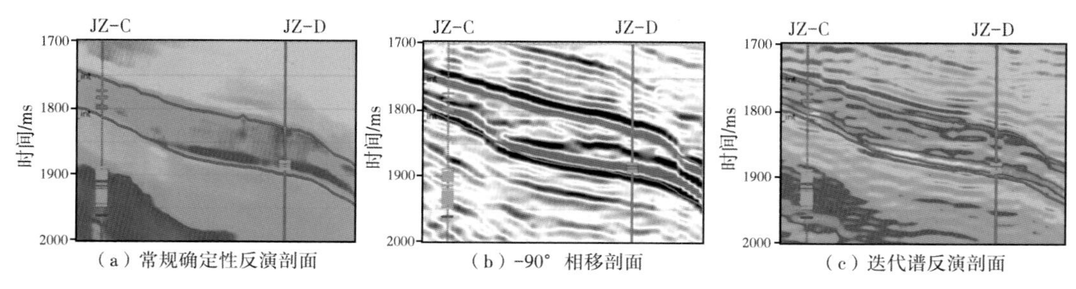

（a）常规确定性反演剖面　（b）-90° 相移剖面　（c）迭代谱反演剖面

图 4-3-30　过 JZ-C 井、JZ-D 井的剖面对比图

图 4-3-31 则展示了迭代谱反演在目标井 JZ-A 井的钻前应用情况，可以发现，迭代谱反演较好地在钻前预测出了 JZ-A 井区的这两套薄砂体。反演对比结果表明，迭代谱反演技术可有效区分高波阻抗薄砂体，无论在垂向还是横向上均具有较高的分辨率。

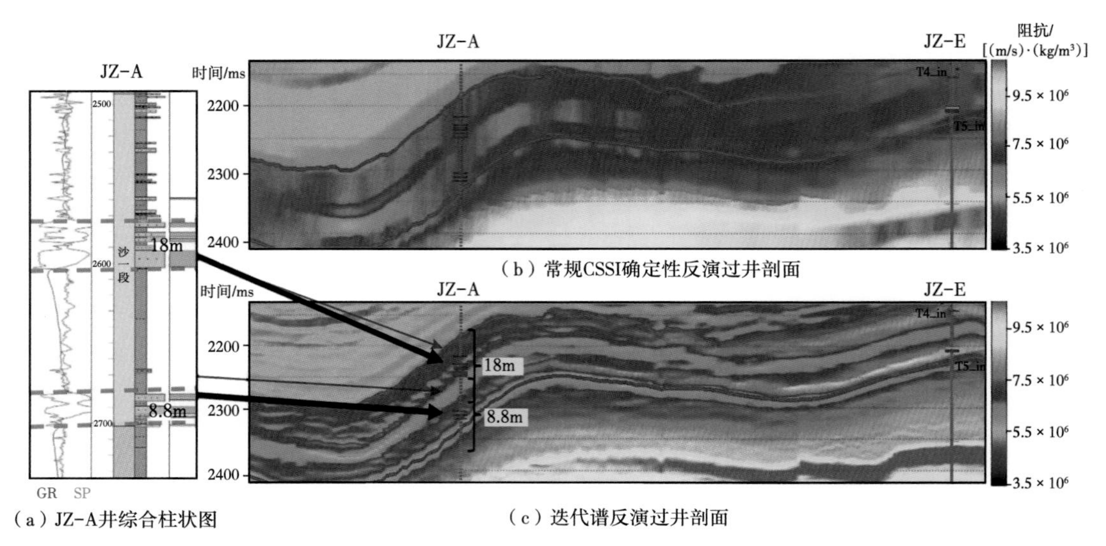

（a）JZ-A井综合柱状图

（b）常规CSSI确定性反演过井剖面

（c）迭代谱反演过井剖面

图 4-3-31　锦州某构造 JZ-A 井综合柱状图、常规 CSSI 确定性反演以及迭代谱反演过井剖面对比

三、密度储层敏感因子构建技术

作为地震反演的目标函数，测井曲线对砂泥岩的区分能力直接决定了最终反演结果能否有效进行储层识别。因此，基于岩石物理分析寻找储层敏感参数就成了地震反演（尤其是叠前反演）的一个关键环节（黄捍东等，2012）。随着储层研究相关理论与实践的不断深入，储层识别敏感参数也在不断发展，从叠后的波阻抗到叠前的密度、v_p/v_s、泊松比以及拉梅常数等。由于不同地区、不同层系的地质条件和沉积环境存在差异，决定了岩石性质各不相同。因此，在开展叠前储层反演之前，首先必须通过围区已钻井的岩石物理分析，优选储层识别的敏感参数，从而确定反演的目标函数。

一般而言，浅层新近系地质条件相对简单，地层压实作用较弱，砂岩相对于泥岩通常表现为高速度、高密度的岩石物理特征，利用纵波阻抗就能较好地识别砂岩储层。因此，目前针对新近系的储层识别方法主要包括振幅属性分析、90°相移、叠后波阻抗反演等。然而，受地层埋深大、地质条件复杂、差异压实作用以及特殊岩性等因素的影响，古近系砂、泥岩纵波阻抗往往相互叠置，难以区分。因此，古近系储层识别通常需要联合横波信息。针对这一问题，国内外学者开展了广泛研究，并总结出了多个常用的古近系储层识别敏感参数，如弹性阻抗、v_p/v_s、λ_ρ/μ_ρ、泊松比以及杨氏模量等。此外，对于单一弹性参数无法识别储层的复杂地区，往往需要多个岩石物理参数进行交会分析并借助坐标旋转等手段，从而构建储层敏感因子。

（一）基于密度—横波速度比的新型岩性识别因子构建

为了优选研究区古近系储层岩石物理敏感参数，首先在已钻井横波提取和测井曲线一致性分析的基础上，基于原始的 v_p、v_s 和密度曲线计算出各种常规弹性参数（I_p、I_s、v_p/v_s、λ_ρ、μ_ρ 以及泊松比等），进而选取不同参数开展岩石物理交会分析（图 4-3-32）。研究结果表明，各种常用的传统岩性识别参数（如 v_p/v_s、λ_ρ/μ_ρ 以及泊松比等）均只能识别出部分低速度、低密度的气层（红色），而对于油砂（绿色）、水砂（蓝色）及泥岩（白色）

等不同岩性，绝大多数常规参数均相互叠置，难以有效识别，仅密度对砂岩、泥岩表现出一定的区分性，但是依靠单一的密度参数不足以有效识别储层。

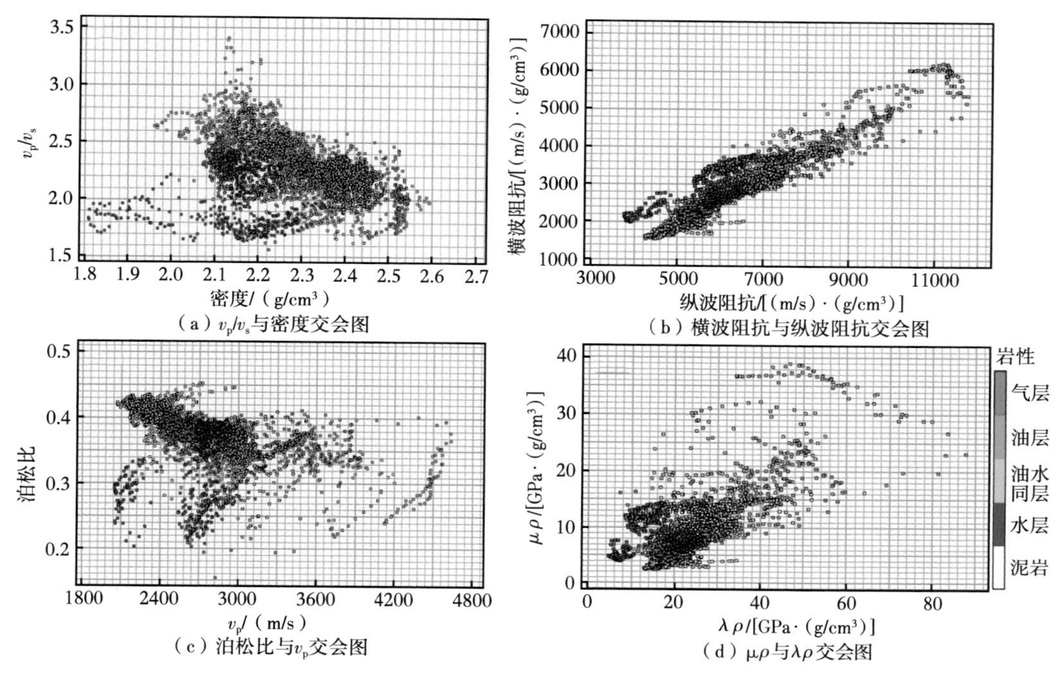

图 4-3-32　常规岩石物理参数交会分析

为了找出常规岩石物理参数对砂、泥岩区分性差的根本原因，针对原始测井曲线从源头上开展了深入的分析。由图 4-3-33 可见，目的层东营组砂岩相对泥岩整体上表现为高速度、低密度的岩石物理特征。但是经过深入对比分析发现，纵波速度对岩性及孔隙流体性质的变化并不敏感，在目的层内多套砂—泥岩界面处均没有显著变化，只是在东营组中部和下部两套砂砾岩处表现出明显的高速异常。而对于横波速度，由于该参数不受孔隙流体性质影响，只反映岩石骨架的信息，因此该参数相对纵波速度而言对岩性变化更加敏感，可见气砂、油砂、水砂以及砂砾岩均呈现高横波速度的特征。然而，地层压实作用对横波速度的影响十分明显，从浅至深泥岩的横波速度显著增大，导致交会图上砂泥岩相互叠置，区分性差（图 4-3-32）。

相比之下，密度参数对岩性和孔隙流体的区分性较纵、横波速度而言均更好。密度曲线在各个砂—泥岩界面处均表现出明显的“箱形台阶”，而且曲线值在一定程度上也能反映孔隙流体性质的变化：水砂、油砂、气砂的密度依次降低，而砂砾岩相对泥岩则表现为高密度特征。由此可见，密度曲线能够较好地区分砂泥岩。然而，受地层压实作用的影响，不同岩性地层的密度随埋深的变化规律各不相同，从而导致浅层泥岩的密度与深层砂岩相互叠置。因此，仅仅依靠单一的密度参数或者密度与其他参数的交会分析均难以有效识别储层（图 4-3-32）。由此可见，研究区古近系储层识别主要面临两个方面的难题：（1）纵波速度/阻抗本身对岩性区分性差；（2）密度对岩性区分性较好，但受地层压实作用的差异性影响。

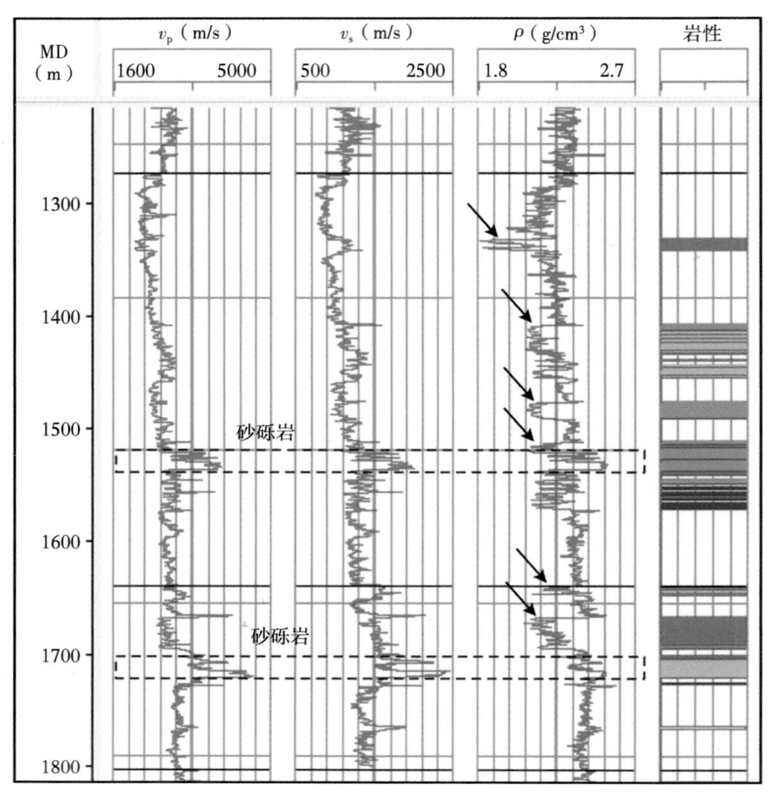

图 4-3-33　JZ-F 井原始 v_p、v_s 和密度测井曲线

（岩性柱中红色代表气砂，绿色代表油砂，蓝色代表水砂）

通过上述各种常规岩石物理参数的交会分析，明确了研究区古近系储层识别存在的两个主要问题。为了更好地构建储层敏感因子，对各个参数进行了深入对比分析。通过岩石物理推导可见，传统的各种储层识别参数均可变换为纵横波速度比（v_p/v_s）的函数：

$$\sigma = \frac{\gamma - 2}{2\gamma - 2}$$

其中

$$\gamma = \left(\frac{v_p}{v_s}\right)^2 \tag{4-3-10}$$

$$\frac{I_P}{I_S} = \frac{v_p \rho}{v_s \rho} = \frac{v_p}{v_s} \tag{4-3-11}$$

$$\frac{\lambda\rho}{\mu\rho} = \frac{\lambda}{\mu} = \frac{v_p^2 \rho - 2v_s^2 \rho}{v_s^2 \rho} = \left(\frac{v_p}{v_s}\right)^2 - 2 \tag{4-3-12}$$

因此其岩性敏感性归根到底取决于 v_p/v_s 的储层识别能力。而上述分析表明，纵波速度对砂、泥岩的区分性较差，从而也就导致了以 v_p/v_s 为代表的常规岩石物理参数难以有效识别储层。因此，要有效开展研究区古近系储层研究，首先必须构建一个新的岩性敏感因子。

对以上分析进行总结发现：纵波速度的储层区分性较差，受地层压实作用影响较强；横波速度的储层区分性相对较好，地层压实趋势同样较强；密度参数具有较好的储层识别能力，但仍然受到较强的地层压实作用影响；v_p/v_s 通过两个参数的比值在一定程度上削弱了压实作用，但是储层识别能力较差（表 4-3-3）。通过构建一个新的岩性敏感因子，如弹性参数 ρ/v_s 可以既保持较高的储层识别能力，同时又能削弱压实作用。

表 4-3-3　不同参数的储层识别能力及压实作用对比

参数	储层识别能力	压实作用
v_p	差	强
v_s	较好	强
密度	好	强
v_p/v_s	一般	弱

基于原始测井曲线计算出新的参数 ρ/v_s，并与密度曲线进行交会分析。结果如图 4-3-34 所示，对比可知新的交会图上砂、泥岩之间的区分性相对传统的 v_p/v_s 等参数（图 4-3-32）得到显著提高，砂、泥岩分布于不同的区域，具备了可完全区分的条件。在交会分析的基础上，进行坐标旋转就能够得到新的岩性识别因子 F，根据坐标旋转角度，确定其表达式为：

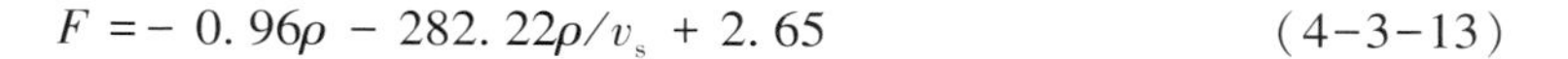

$$F = -0.96\rho - 282.22\rho/v_s + 2.65 \tag{4-3-13}$$

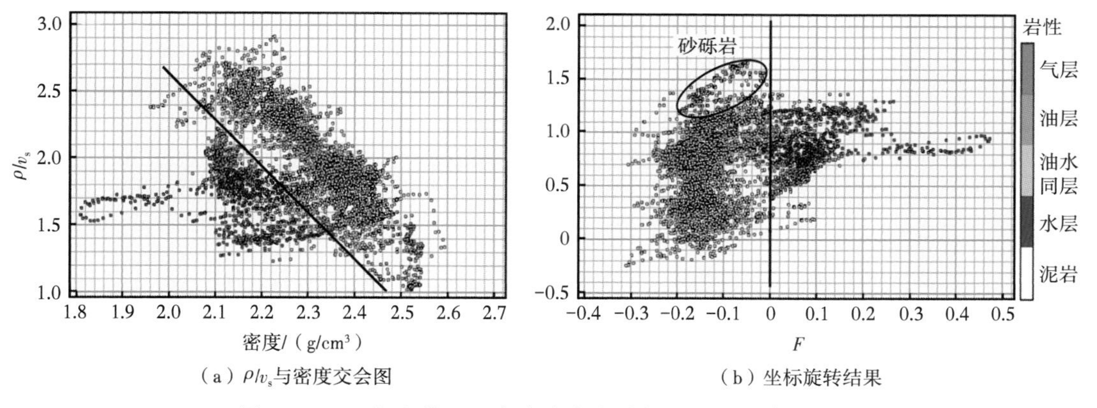

（a）ρ/v_s与密度交会图　　（b）坐标旋转结果

图 4-3-34　新参数 ρ/v_s 与密度交会分析以及坐标旋转结果

由图可见，该因子能够非常好地进行储层定量识别：$F>0$ 表示常规砂岩储层，$F<0$ 则为泥岩。此外，需要强调的是，由于砂砾岩物性较差，且岩石物理规律与常规砂岩完全不同，因此在此处并没有将其当作有效储层。

同时，为了更加直观的表征新岩性识别因子的储层敏感性并对不同参数进行对比，基于互相关算法依次计算出各岩石物理参数与 GR 曲线之间的相关系数。计算结果见表 4-3-4，对比分析可见，各种常规岩石物理参数 GR 曲线之间的相关系数均较低，位于 0.2~0.3 之间。密度—横波速度比与 GR 曲线的相关系数远高于其他参数，为 0.49；而新构建的新型岩性识别因子 F 则更高，达到 0.65，从而也表明了新岩性识别因子相对传统参数的优越性以及基于该因子开展储层叠前反演的可行性。

表 4-3-4　不同岩石物理参数与 GR 曲线的相关系数

参数	v_p	ρ	Z_p	v_p/v_s	PR	λ_ρ/μ_ρ	ρ/v_s	F
相关系数	0.23	0.26	0.25	0.30	0.24	0.28	0.49	0.65

（二）新型岩性识别因子适用性分析

上述分析表明，新构建的新型岩性识别因子适用于 JZ-F 井东营组储层识别。进一步将各个不同参数进行对比分析（图 4-3-35）得出，新提出的岩性识别因子 F 不仅能非常好地区分砂泥岩，消除了压实趋势，而且有效压制了常规曲线上异常抖动的现象，表现得更加稳定。

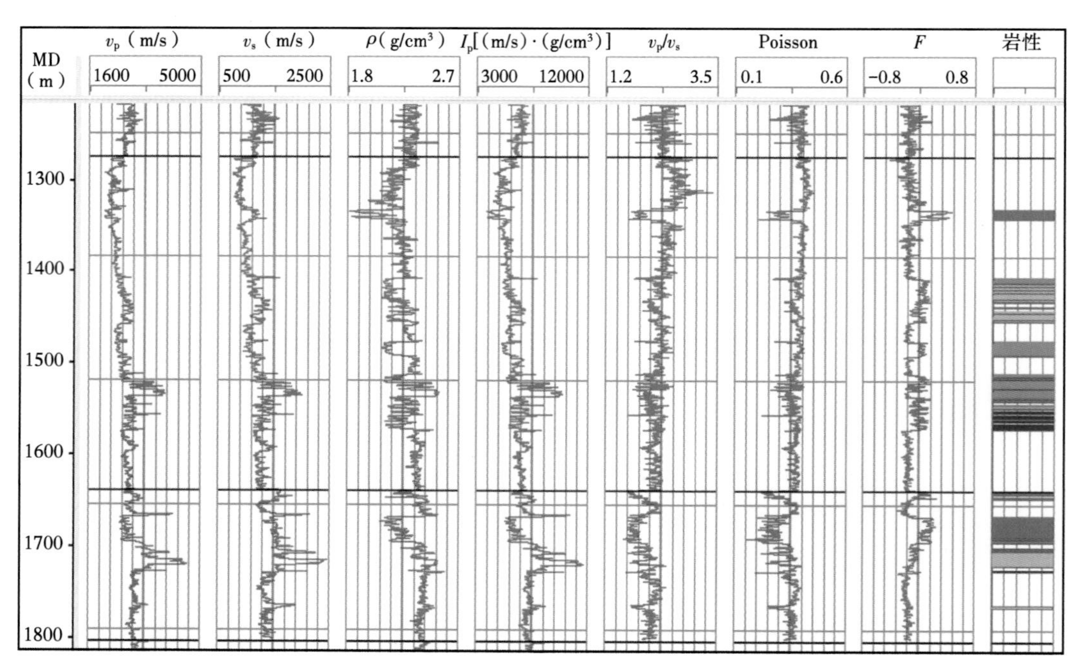

图 4-3-35　JZ-F 井不同岩石物理参数对比

（岩性柱中红色代表气砂，绿色代表油砂，蓝色代表水砂）

为了验证该因子的适用性，进一步将其应用于辽东走滑带锦州某构造东营组以及辽西凸起旅大某构造沙河街组等多个构造区不同层系、不同沉积储层类型的岩性识别（图 4-3-36、图 4-3-37）。由新参数交会分析结果以及与传统 v_p/v_s 的对比可见，各构造区内 v_p/v_s 均无法有效区分砂、泥岩，而新参数的储层识别能力较 v_p/v_s 显著提高，经坐标旋转得到的岩性敏感因子能够非常好地识别不同构造区、不同层系的砂岩储层和湖底扇岩性体，从而表明新因子的稳定性和普适性。

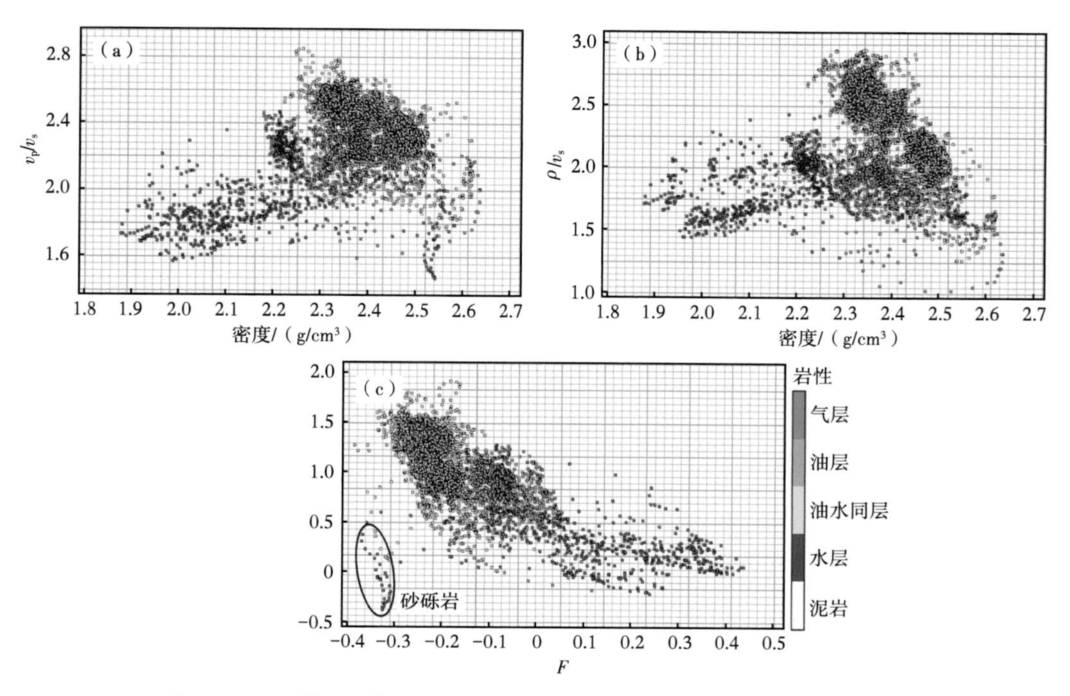

图 4-3-36 锦州某构造东营组 v_p/v_s 以及 ρ/v_s 与密度的交会分析对比

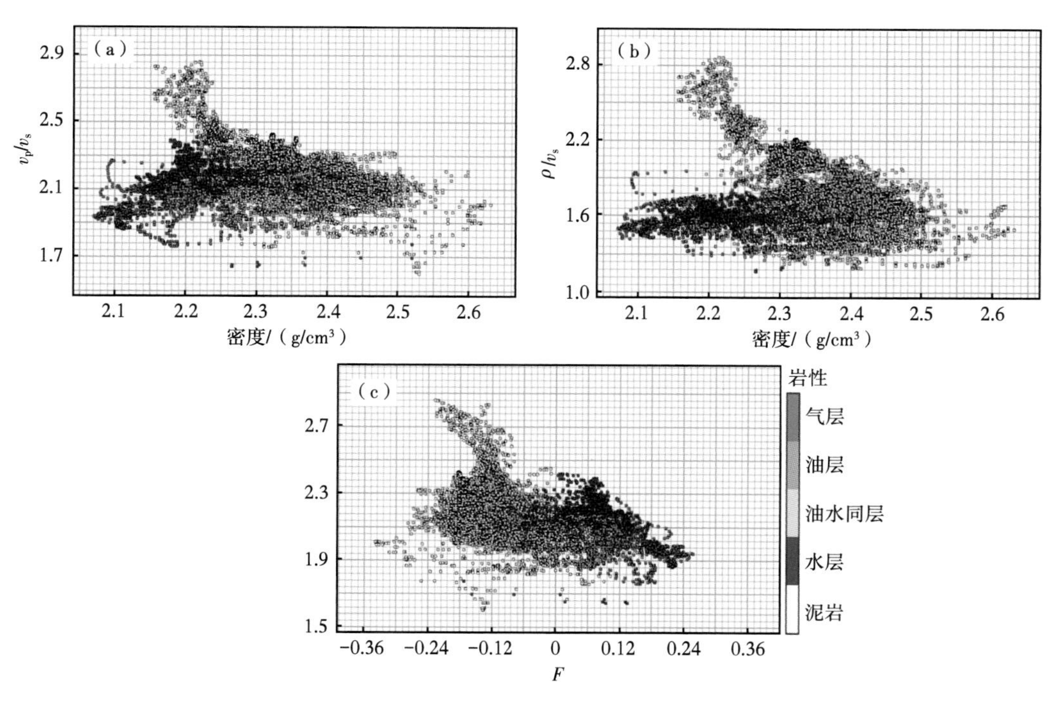

图 4-3-37 旅大某构造沙河街组 v_p/v_s 以及 ρ/v_s 与密度的交会分析对比

四、相控地质统计学反演技术

（一）地质统计学反演方法原理

用于储层预测的地震反演方法主要可以分为确定性反演和随机反演两大类，其中约束稀疏脉冲反演属于确定性反演方法，其反演结果为最佳波阻抗体，而地质统计学反演方法则属于随机反演的范畴，反演结果为一系列等概率实现的平均结果（Kaipio 等，2004）。地质统计学反演是将传统的地质统计学技术和地震反演技术相结合，充分利用地质、地震和测井信息从而得到高分辨率反演结果的一种反演方法，其反演结果对于油田开发的注水井网设计和规避水平井实施风险具有重要的指导意义。地质统计学反演方法最早由 Bortoli（1992），Hass 等（1994）提出，Rothman（1998）和 Dubrule（1998）等又将该方法进一步发展并应用于三维实际数据中。早期以序贯指示和序贯高斯为主导的反演算法虽然解决了克里金方法的光滑效应，但是也牺牲了横向分辨率，Torres-Verdin 等（1999）提出的马尔科夫链蒙特卡洛算法（MCMC）目前应用较为广泛，该算法在井点处严格遵循测井数据，而在井间则以地震数据作为参考，在保证反演结果具备纵向的高分辨率的同时充分利用地震数据的横向信息，使得反演结果更加符合地质规律。在此基础上各类优化算法的出现使得该方法在实际应用中逐步完善和成熟，成为目前储层预测中重要的手段之一，尤其是在薄层预测中取得了良好的应用效果。

常规地质统计学反演方法在贝叶斯模糊岩性判据基础上，在纵向时间域引入马尔科夫链蒙特卡洛模拟（MCMC）和横向上采用多网格蒙特卡洛模拟方法（MGMC）；同时还在传统地质统计学的高斯随机空间概念中引入非线性最优化求解，并在迭代过程中将这两者有机整合，从而使最终反演结果能够充分发挥地质、地震和测井等不同尺度数据分辨能力的特点。该算法能够在整个实现过程中严格考虑地震学和地质统计学因素，所以较其他模拟型算法更适合于解决地震反演问题，其具体步骤如下：

（1）根据地质模型建立三维网格；

（2）根据三维网格将弹性属性和储层属性离散化；

（3）根据三维网格建立代表岩性的离散属性；

（4）定义已知信息的概率分布函数。

使用地质统计学方法，通过测井资料和露头信息获得属性 Θ（弹性属性或者储层属性）的变差函数等地质统计信息。利用这些信息就可以构建一个已知变差 v 条件下 Θ 的概率密度函数：

$$p(\Theta=\theta \mid v) \propto \exp\left(-\frac{1}{2}\theta^{\mathrm{T}}\boldsymbol{f}\theta\right) \tag{4-3-14}$$

式中，θ 为三维属性 Θ（纵波阻抗等弹性属性或者孔隙度等储层属性）的一个具体样点值；v 为 Θ 满足的变差函数；$\boldsymbol{f}$ 为协方差矩阵的逆矩阵，根据变差函数 v 求得。

同样，地震数据的概率密度函数可以表示为：

$$p(S_{\mathrm{c}}=s_{\mathrm{c}} \mid Z_{\mathrm{pc}}=z_{\mathrm{pc}},\ w,\ n) \propto \exp\left[-\frac{1}{2}\frac{\boldsymbol{s}_{\mathrm{c}}^{\mathrm{T}}(w\otimes r_{\mathrm{c}})}{n^{2}}\right] \tag{4-3-15}$$

式中，s_{c} 为共中心点 c 处的地震记录；z_{pc} 为 c 点处的纵波阻抗的一个实现；w 为预先定义的子波；n 为地震记录噪声的均方差；r_c 为 c 点处的反射系数。

建立基于不同信息来源的概率分布函数后，利用贝叶斯框架将它们进行整合，贝叶斯公式为：

$$p(X|H,\ E)=\frac{P(X|H)P(E|X)}{P(E|H)} \tag{4-3-16}$$

式中，$p(X|H,E)$ 为待求的后验概率分布函数；$P(X|H)$ 为在假设条件 H 下，参数 X 的先验分布；$P(E|X)$ 为已知 X 条件下观察的似然函数；$P(E|H)$ 是正则化因子，在这里可以忽略。

根据贝叶斯公式，已知地震信息和地质统计信息条件下，纵波阻抗 Z_p 的概率分布函数为：

$$p(Z_p=z_p|v,s)\propto p(z_p|v)p[s|\mathrm{syn}(z_p)] \tag{4-3-17}$$

利用马尔科夫链—蒙特卡罗（Markov Chain Monte Carlo，MCMC）算法可以根据概率分布 $p(Z_p=z_p|v,s)$ 得到统计意义上正确的随机样点分布。马尔科夫链—蒙特卡罗有很多种不同的形式，但是都来源于 Metropolis-Hastings 方法，流程如下：

（1）已知概率分布函数 $P(X=|\text{all data})$，由于该函数太复杂，不便于快速有效的取样，所以定义 $P(X=|\text{all data})$ 的近似分布函数 $\pi(x^*|x)$。

（2）从分布函数 $\pi(x^*|x)$ 中产生一个样本 x^*，根据 $\pi(x^*|x)$ 和 $P(X=|\text{all data})$ 计算 x^* 是否比 x 更好，如果更好，则保留，如果不好，则随机决定是否保留 x^*。

（3）重复步骤（2）直到得到的结果足够好，这时认为得到的样本 x^* 是符合概率分布函数 $P(X=|\text{all data})$ 的一个采样。

基于以上步骤，地质统计学反演能够将地震反演与随机模拟理论相结合，并综合地震反演和储层随机建模的优势，充分利用地震数据横向密集的特点，精确求解不同方向上的变差函数，使最终结果不仅继承了地震数据横向分辨率高的特点，同时也充分发挥了随机建模纵向高分辨率的优势。这些特点决定了该方法特别适用于储层横向变化大且厚度远远小于地震资料分辨能力下限（$\lambda/4$）的河道相超薄储层预测问题。

（二）相控地质统计学反演方法

地质统计学反演的实施需要足够数量的井参与采样和约束反演作为前提，在井网分布不规则和地震资料品质较差等先验信息不完备的地区，测井和地震信息约束能力弱，反演结果常常难以达到需求。为了得到更加准确合理的反演结果，本书通过大量的统计分析和理论模拟，提出了加入更多先验信息约束的相控地质统计学反演的思路。

1. 变差函数分析

变差函数 $\gamma(h)$ 反映了离散属性和连续属性的结构性和空间变异性，其横向变程主要控制研究目标的横向展布范围，纵向变程主要影响研究目标的垂向厚度，如图 4-3-38 所示。对于不同研究区地质沉积情况和研究目标尺度，需要在井震资料基础上结合地质认识选取合理的纵横向变程大小。

除了纵横向变差函数变程的大小，不同变差函数类型对反演结果也具有显著影响。常用的变差函数类型主要有高斯型、指数型和球型三类：指数型变差函数的模拟结果变化最快，通常用来描述沉积不稳定的地质条件；高斯型变差函数的模拟结果最稳定，适应于描

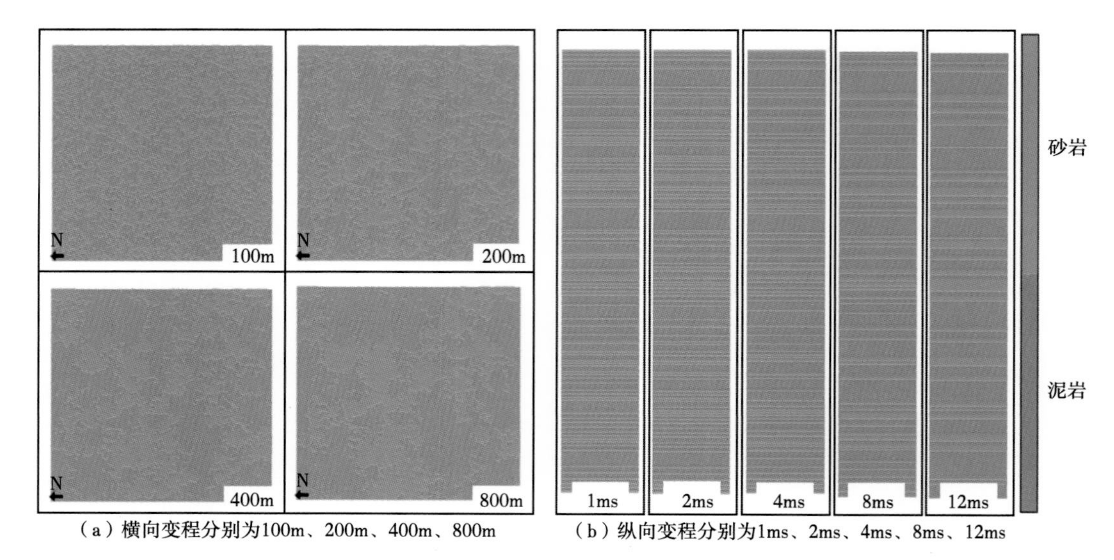

（a）横向变程分别为100m、200m、400m、800m　（b）纵向变程分别为1ms、2ms、4ms、8ms、12ms

图 4-3-38　不同纵、横向变差函数模拟结果对比

述稳定的沉积环境如海相沉积；球型变差函数的模拟结果稳定性介于前两者之间，如图 4-3-39所示。

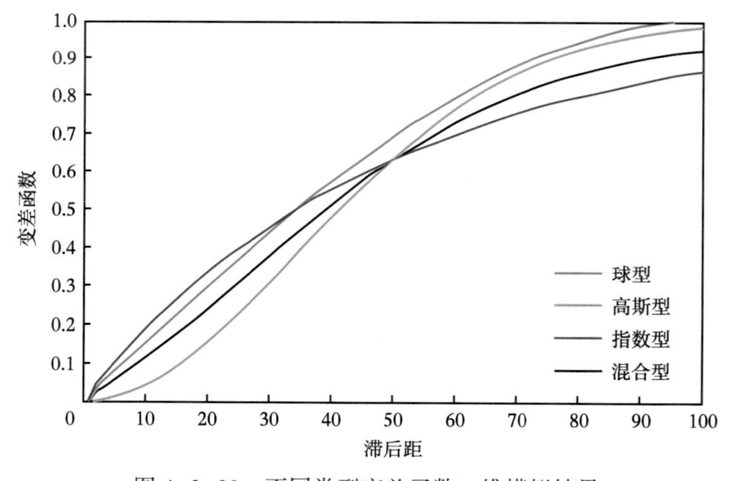

图 4-3-39　不同类型变差函数一维模拟结果

但是直接使用上述三类变差函数类型并不能有效反映实际中变化多样的地质沉积特征，为了更加灵活准确地描述复杂的地质条件，可运用高斯型和指数型嵌套组合获得混合型变差函数。

混合型变差函数表达式为：

$$\gamma(h)_{mix} = A_e * \gamma(h)_e + A_g * \gamma(h)_g \qquad (4-3-18)$$

式中，$\gamma(h)_e$ 和 $\gamma(h)_g$ 分别表示指数型和高斯型变差函数；A_e 和 A_g 分别为指数型和高斯型变差函数的权重系数，且 $A_e+A_g=1$。

从图4-3-39一维模拟结果和图4-3-40二维模拟结果中可以看出，混合型变差函数的模拟结果稳定性介于指数型和高斯型变差函数模拟结果之间，与球型变差函数模拟结果近似。混合型变差函数形式灵活多样，通过调节权重系数可以模拟多种地质条件和沉积特征，这对在复杂地区开展地质统计学反演工作具有重要意义。

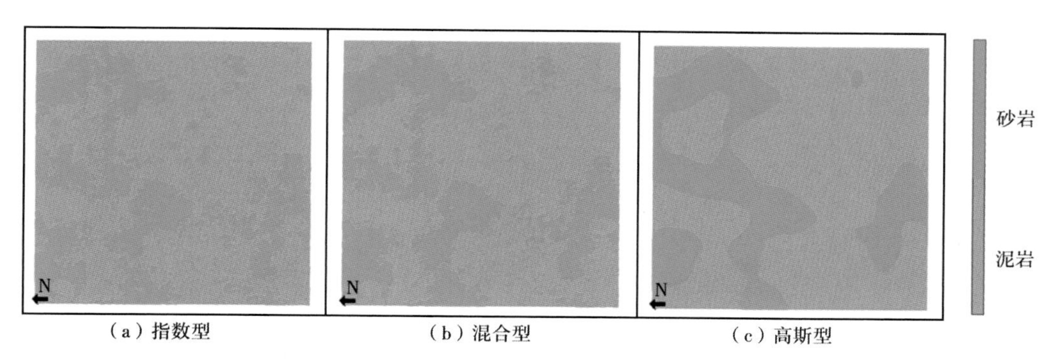

图4-3-40 不同类型变差函数类型二维模拟结果

2. 相控条件选取

根据已知的先验信息，在上述变差函数 $\gamma(h)$ 的基础上可以构建连续属性 Φ 的概率密度函数：

$$P(\Phi=\phi \mid \gamma) \propto \exp\left(-\frac{1}{2}\phi^{\mathrm{T}}\boldsymbol{f}\phi\right) \tag{4-3-19}$$

式中，ϕ 为连续属性 Φ 的具体样点值；f 为由变差函数 $\gamma(h)$ 计算得到的协方差矩阵的逆。

常规地质统计学反演中离散属性的概率密度函数分析中目的层段砂地比通常为一固定的常数值，它来自测井数据统计的平均值：

$$P(\psi=k)=\frac{1}{N}\frac{1}{M}\sum_{i=1}^{N}\sum_{j=1}^{M}L_{ijk},\ k=0,1,2,3\cdots \tag{4-3-20}$$

式中，N 为参与采样的井数；M 为井点处目的层段纵向采样点数；k 为不同类型岩性；ψ 为离散岩性属性类型；L 为具体岩性样点。

常砂地比限定了该目的层段的整体砂地比分布为常数，但是砂泥岩在层段内的具体分布则是随机的，在缺少井信息控制地区常砂地比数值可能会与实际砂地比分布存在较大误差，进而影响最终的反演结果。针对该问题，本书在结合渤海典型油田地质认识与油田动态开发综合分析基础上，提出了相控地质统计学反演方法，该方法以地质沉积规律为指导，地震响应特征分析为依据，将地质、地震和测井信息转化为不同维度的砂地比分布，并以该砂地比分布代替常砂地比作为反演过程中的约束条件。

（1）一维相控。

在储层连片稳定发育、纵向分布具有一定规律性的地区，如富砂型辫状河沉积环境等，可采用能够更加准确反映储层纵向发育规律的一维相控约束条件来代替常砂地比指导反演。以渤海某富砂型油田为例，该区目标层段顶部发育一套厚度较大且分布稳定的主力砂体，基于现有地震地质认识，结合研究目标区典型井分析目的层段的沉积旋回特征，通过统计分析可以建立岩性与砂地比对应关系，从而将典型井的岩性测井解释结论转化为各目的层段在纵向上的砂地比分布，将其作为用于约束反演的一维相控条件。

由图 4-3-41 所示的模拟结果可以看出，砂地比为常数情况下的模拟结果在约束井附近与测井揭示的砂泥岩对应关系较好，而在远离约束井位置处的结果中砂泥岩杂乱分布，不具地质规律；而一维相控条件约束下的模拟结果则有了明显的改善，不但与约束井的砂泥岩对应关系更好，而且在远离约束井处也能够准确指示目的层段顶部大套储层发育的特征，与该地区的地质情况相一致。

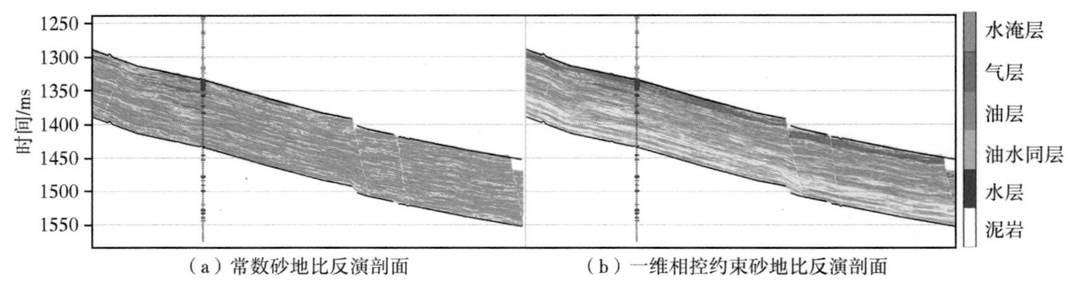

（a）常数砂地比反演剖面　（b）一维相控约束砂地比反演剖面

图 4-3-41　模拟结果对比图

（2）二维相控。

当研究区储层或泥岩隔夹层横向变化快、纵向分布规律性差时，如三角洲和曲流河沉积环境等，常砂地比及一维相控条件不能准确反映储层变化特征，仅仅依靠地震资料约束反演难以得到理想的反演结果。

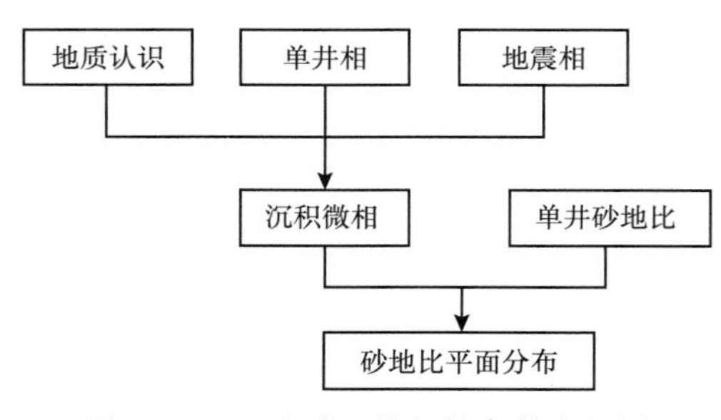

图 4-3-42　生成二维相控条件流程图

为了得到更为准确的反演结果，可以结合沉积相认识开展地震相研究，以此为基础获得用于约束反演的二维砂地比分布。具体实现过程为：首先在沉积相的基础上进行地震相研究；然后结合测井解释结论，建立地震相与砂地比的对应关系，将平面地震相图转化为二维砂地比分布，该结果即二维相控条件，如图 4-3-42 所示。

针对渤海某典型三角洲相油田的目的层段进行分析可以看出（图 4-3-43），直接利用测井信息插值得到的砂地比平面图中会出现明显的“牛眼”现象（图 4-3-43c），不能准确反映目标区目的层段的平面砂地比展布情况，而依据图 4-3-42 流程得到的砂地比平面图（图 4-3-43b），能够更加合理地描述目标区的砂地比平面展布，从而有效地指导反演。

（3）三维相控。

当储层发育具有一定的规律性时，可以通过测井和地震相信息获得一维或者二维相控条件，从而得到更加准确合理的反演结果，但是在储层不具规律性的地区，如极浅水三角洲相等沉积环境，上述两种维度的约束不再适用。在波阻抗区分性较好的地区，以常规叠后反演结果为基础，通过反演结果与测井岩相分类相结合的方式，同样可以建立叠后反演

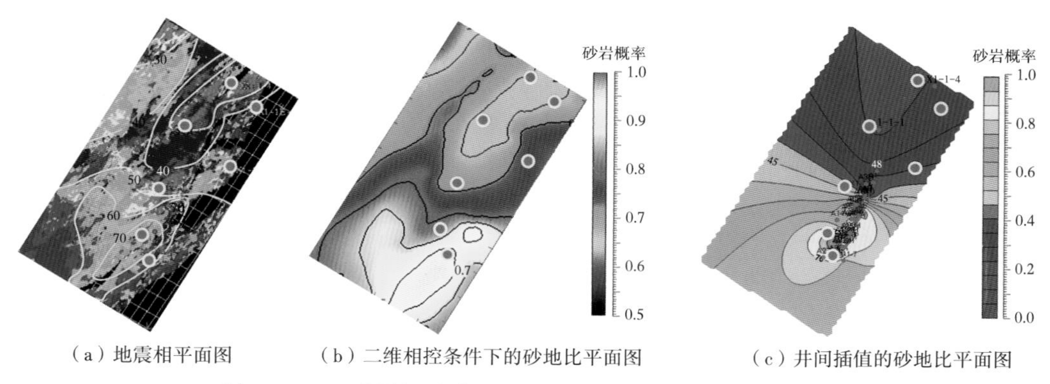

（a）地震相平面图　（b）二维相控条件下的砂地比平面图　（c）井间插值的砂地比平面图

图 4-3-43　地震相及砂地比平面分布图（红点为井眼位置）

结果与砂地比的对应关系，从而将常规叠后反演结果转化为三维砂地比概率体作为反演的约束，如图 4-3-44 所示。

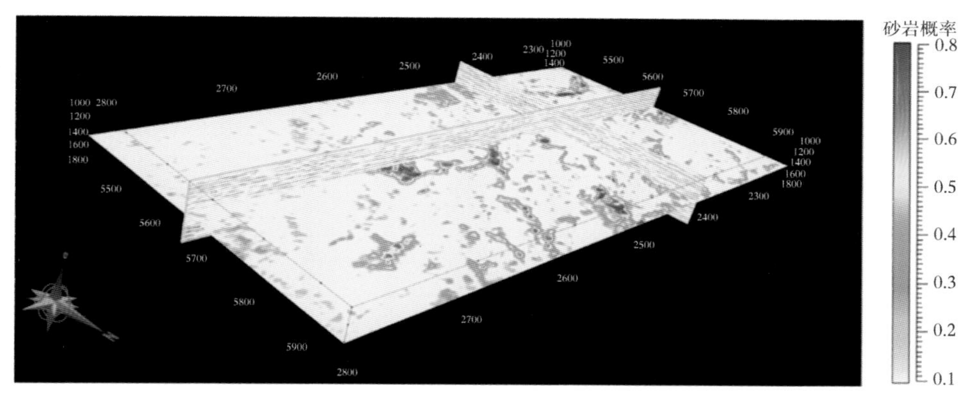

图 4-3-44　基于三维相控约束的反演数据体

另外在特殊地质体发育区，特殊地质体的地震反射特征与研究目标反射特征相互混淆，进而影响反演结果的准确性。渤海某油田火成岩发育如图 4-3-45 所示，火成岩在地震剖面中表现为强反射，屏蔽了火山岩下部储层的能量，最终的反演结果中火山岩体表现为良好的储层响应，与实际情况不符。

为了减弱特殊地质体对反演结果的影响，同样可以采用该三维相控的思路在进行地质统计学反演时削弱甚至去除特殊地质体的影响。首先通过自动追踪或人工拾取的方法在常规叠后反演结果中刻画出特殊地质体的空间发育范围，然后将其与预先得到的三维砂地比信息进行融合，适度平滑后最终得到用于约束反演的三维相控条件，如图 4-3-45 所示。该思路能够使得地质统计学反演方法更加灵活地应用于特殊地质体发育区。

（三）相控地质统计学反演技术应用试验

渤海 A 油田位于渤海海域东部，以辫状河沉积为主，储层为砂泥二元结构，薄储层广泛发育，如图 4-3-46 所示。地震资料主频约 20Hz，频带范围有限，常规的 90°相移和约束稀疏脉冲反演结果分辨率不足，难以准确反映薄层；小层展布认识不清，导致油田开发

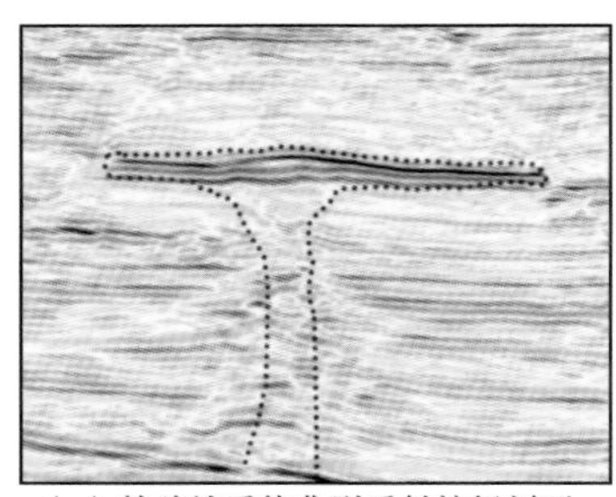
（a）特殊地质体典型反射特征剖面

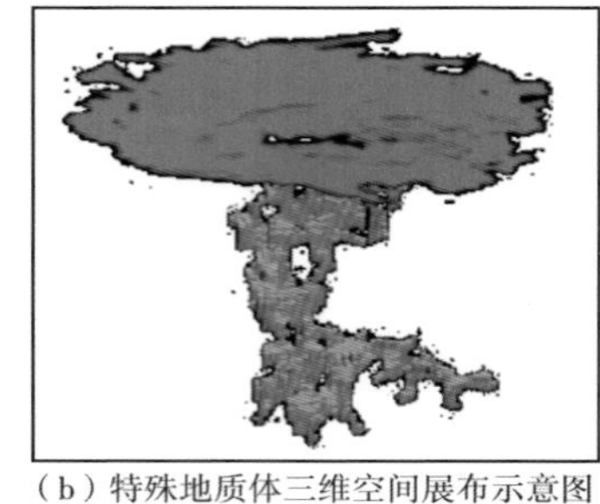
（b）特殊地质体三维空间展布示意图

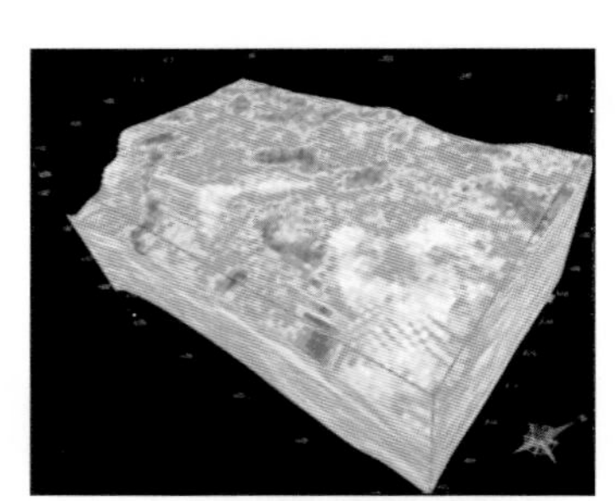
（c）三维相控条件示意图

图 4-3-45　三维相控示意图

过程中出现注采关系不明的问题。为了支持该油田的综合调整，合理解释油田开发动态矛盾，为下步油田综合调整提供参考依据，对该油田实施了相控地质统计学反演。

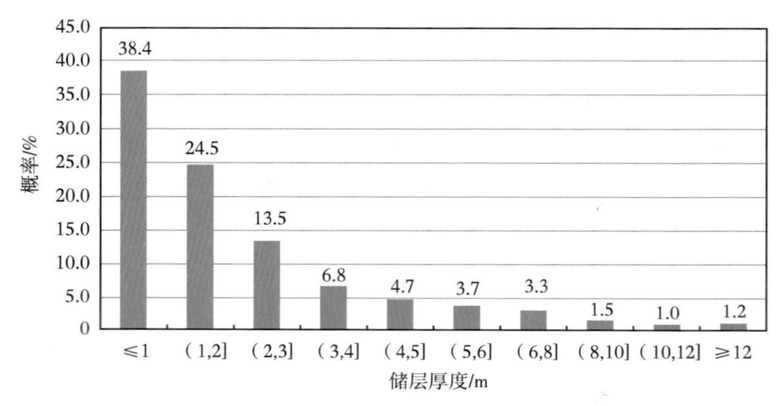

图 4-3-46　目的层段储层厚度统计直方图

该油田缺少声波测井资料，但是通过对油田范围内所有的探井和开发井进行统计发现，该油田储层整体表现为低密度特征，密度测井曲线可以有效地区分砂泥岩，如图 4-3-47 所

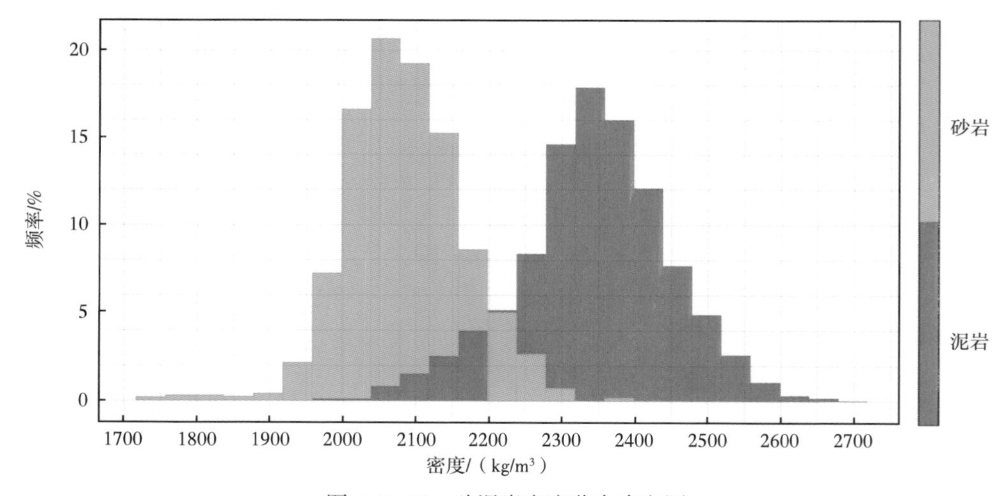

图 4-3-47　砂泥岩密度分布直方图

示，因此最终将密度转化为拟波阻抗作为反演的连续属性。

由于海上钻井条件的特殊性，井网分布局限，采用相控地质统计学反演能够有效地改善缺少测井控制区域的反演结果。尽管对于该油田的薄层平面展布认识不清，但是结合该油田的辫状河沉积特征分析可以发现，该油田主力砂体连片稳定发育，纵向上具有一定的规律性，符合一维相控的实施条件。因此，通过对典型开发井进行统计分析，建立了测井岩性解释成果与砂地比的对应关系，从而将测井解释结论转化为四个目的层段的一维相控条件。另外，由已钻井得知，该油田目的层段为较富砂型辫状河沉积环境，在反演参数调节中以典型层段的平面地震属性为指导选取了符合该区地质特征的混合型变差函数。

结合以上分析，在多轮模拟测试进行参数优化的基础上，最终得到的相控地质统计学反演结果如图 4-3-48 所示。对比图中的剖面可以看到，地质统计学反演结果中储层发育形态与原始地震资料中同相轴走向对应关系较好，相对于-90°相移结果，地质统计学反演结果的分辨率有了明显提升，无论是参与井 A11 还是验证井 A10 处地质统计学反演结果与测井解释结果都具有较好的吻合关系。如图 4-3-48（c）所示，常规地质统计学反演结果中的薄层依靠参与井的“硬约束”现象明显，井间的薄层展布存在“离井即断”的问题，而相控地质统计学反演结果除了在纵向上能够较好地刻画薄层之外，对于薄层的横向展布趋势和分布范围的描述也更加符合地质规律。

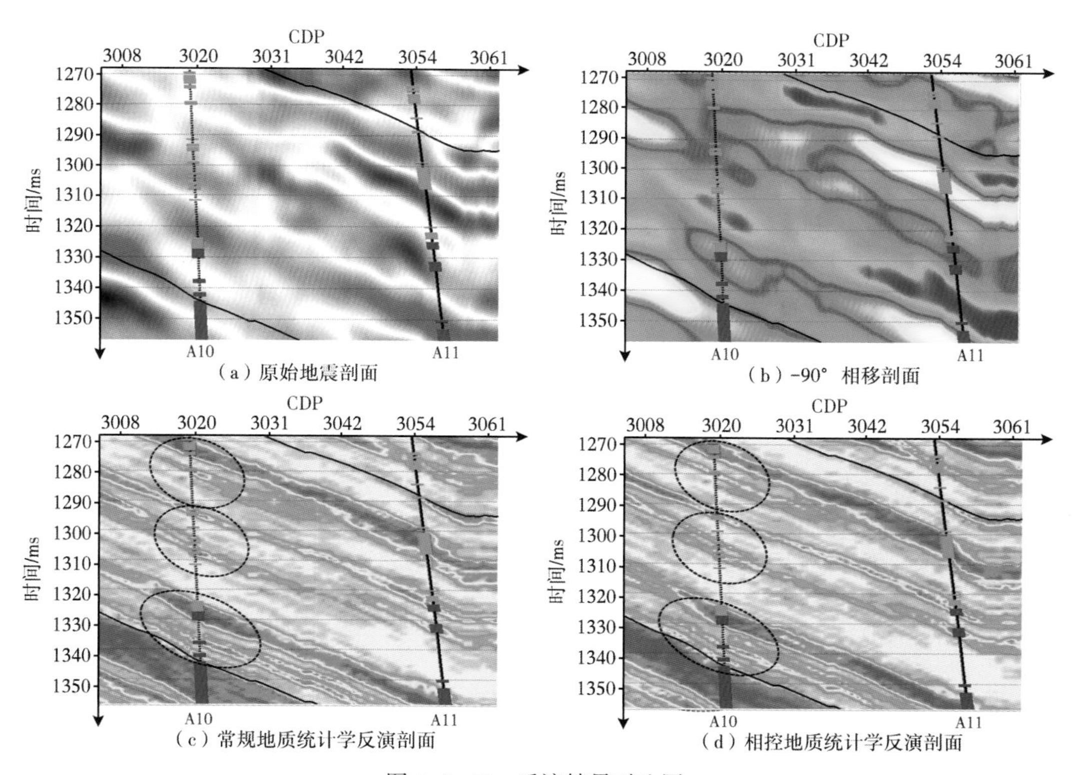

（a）原始地震剖面　（b）-90° 相移剖面

（c）常规地质统计学反演剖面　（d）相控地质统计学反演剖面

图 4-3-48 反演结果对比图

在开发过程中，开发井A2受A1和A3两口注水井的影响（其中A1井参与反演，A2井和A3井未参与反演），目的层段的各小层均有不同程度的水淹现象。但是由于90°相移结果分辨率低，难以有效反映小层间的连通性，无法有效判断A2井目的层段中各小层的水淹来源。而图4-3-49（b）所示的高分辨率相控地质统计学反演结果则清晰地反映各个小层的横向展布和连通性（如图4-3-49（b）中黑色点线所示），从而有效解释了A2井各小层的水淹来源。通过提取图4-3-49（b）中黑色箭头所示小层的平面属性进行对比（图4-3-50），图4-3-50（b）可以更加明显地看出A2井该小层的水淹现象是受注水井A1的影响。

A1
A2
A3
1230
1250
1270
1290
时间/ms
水淹层
气层
油层
油水同层
水层
泥岩
砂岩概率
0.7
0.5
0.3
0.1

（a）-90° 相移剖面

（b）相控地质统计学反演剖面

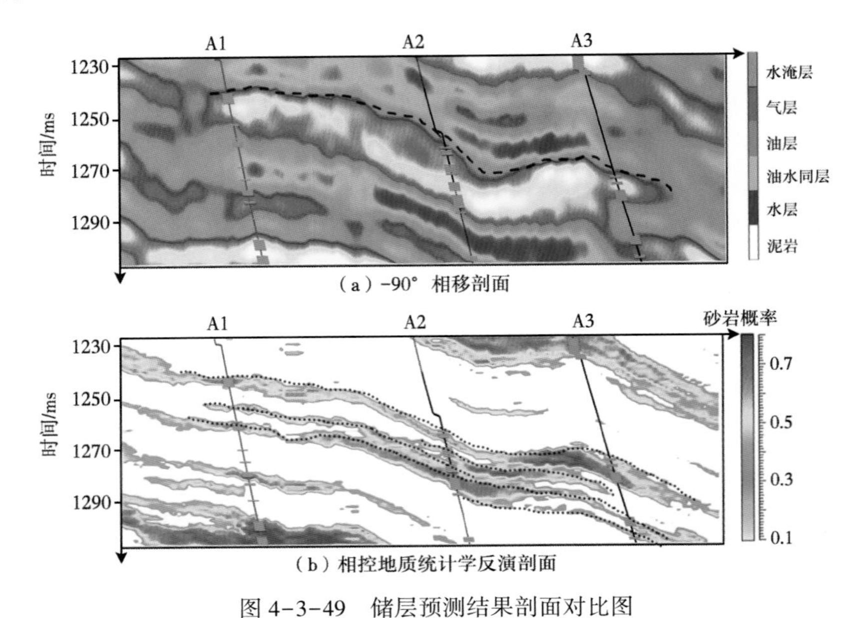

图4-3-49　储层预测结果剖面对比图

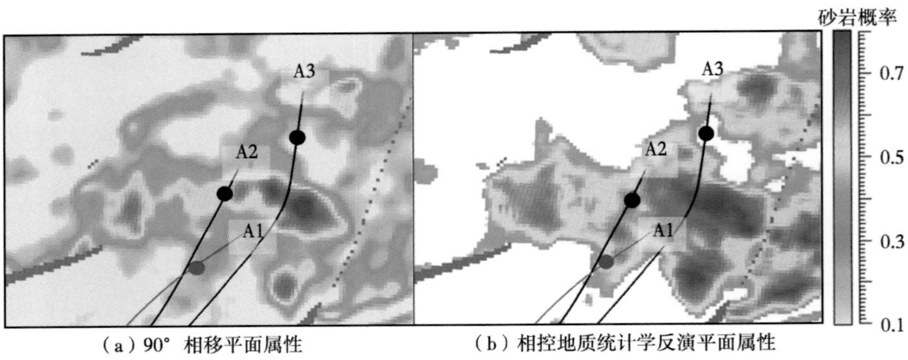

A3
A2
A1
砂岩概率
0.7
0.5
0.3
0.1

（a）90° 相移平面属性　　（b）相控地质统计学反演平面属性

图4-3-50　储层预测结果平面属性对比图

相控地质统计学反演在该区的成功应用不但合理解释了该油田开发过程中的注水认识不明问题，而且也为后续开发注水井网设计提供了重要参考依据，同时也证实了本章提出的相控地质统计学反演方法的有效性和必要性。

第四节　本 章 小 结

岩性地层圈闭地震解释技术始终是困扰岩性圈闭油气藏开发的核心问题。随着渤海油田勘探程度的不断提高，针对岩性地层圈闭的精确地震解释技术的重要性愈发凸显。随着对郯庐走滑断裂带勘探研究的深入，研究人员逐渐明确了“弱走滑断裂带”同样是构造圈闭的发育区及勘探的重要靶区。针对“弱走滑断裂带”地震解释问题，本章首先总结了岩性地层圈闭解释过程中面临的主要难点，然后在高频层序格架和岩性地层圈闭反射特征分析的指导下开展了针对性技术研究，最后通过对实际资料处理验证了这些方法技术的可行性，形成针对渤海地质特征的岩性地层圈闭的地震解释方法。本章主要形成的技术如下：

（1）随着勘探深度的不断加深，勘探领域已从构造圈闭转向岩性地层圈闭。在岩性地层圈闭中，地层尖灭点附近砂层的厚度明显减薄。受地震资料分辨率的限制，尖灭点附近较薄的地层无法单独形成地震反射同相轴。地震反射提前变弱或消失，难以准确追踪地层尖灭点位置。渤海区域走滑—伸展复合区尖灭点岩性地层圈闭，其构造演化极为复杂，传统单一尖灭点识别方法难以准确刻画尖灭点的正确位置。针对这一难点，采用了一系列的岩性地层圈闭精细刻画技术进行尖灭点识别。主要包括极限谱分解、地震相位技术、夹角外推方法、地震 DNA 技术、基于反射系数反演方法等，有效提高了砂体顶底尖灭点的可识别性。

（2）渤海古近系发育有常规的砂泥岩，还广泛发育着低速相的泥岩和小规模的钙质砂岩、灰质泥岩、火成岩等特殊的高速岩相。通过波阻抗区分砂泥岩的方法，在多种岩相叠置的古近系不再适用。针对此，首先在多元岩相结构下进行地震响应机理分析，进而提出一套适用于渤海区域走滑—伸展复合区尖灭点岩性地层圈闭的储层定量描述技术，主要包括迭代谱反演技术、密度储层敏感因子的构建技术及相控地质统计学反演等技术。这些技术极大提高了弱走滑断裂带储层预测的精度，对类似地区有较强的推广价值。

第五章　走滑—伸展复合区岩性地层圈闭勘探实例与成效

随着渤海油田勘探开发程度的不断深入，岩性地层圈闭正逐渐成为勘探与开发的重要目标。近几年来，针对古近系开展一系列岩性地层圈闭的钻探，主要分布在辽东湾地区的辽中凹陷及围区、渤南地区的莱州湾凹陷和渤中地区的秦南凹陷等地区。研究表明，岩性地层圈闭的有效性与沉积古地貌、储层发育程度、岩性边界尖灭位置密切相关。而古近系岩性地层圈闭的地震资料往往主频较低，分辨率无法满足岩性精细刻画，这就使得对岩性内部储层发育情况、砂体叠置关系和岩性圈闭高点位置的发育规律认识不清，进而影响了岩性地层圈闭的油气勘探进程。针对目前地震资料存在的岩性地层圈闭精细刻画难度大的问题，开展地震正演模拟、地震资料处理、储层定量描述等研究，认清渤海海域岩性地层圈闭发育模式和控制因素，通过对地震资料进行能量补偿及拓频等处理研究，获得能够解决岩性地层圈闭精细刻画的高品质地震资料，在此基础上建立岩性地层圈闭综合研究方法及技术流程，进而推动岩性勘探目标的发现。本章以辽东湾地区辽中凹陷及围区的旅大4-3、绥中36-1北、旅大10-5/6和旅大29-1构造为例介绍地球物理技术在古近系岩性地层圈闭的勘探应用。

第一节　凸起区旅大4-3双物源三角洲勘探

旅大4-3构造和绥中36-1北构造均位于辽东湾海域辽西凸起中南部，分别位于绥中36-1油田的南北两侧。其中旅大4-3构造的南块距旅大10-1油田3km，北块距旅大4-2油田仅1km。该构造区受辽西一号大断层和近东西向的调节断层夹持，构造走向北北东向。目标区地质条件复杂，前后历经30年多轮次勘探评价研究，但均成效不佳，过程曲折艰辛。

一、研究区存在的勘探问题

在辽西凸起中南段旅大4-3构造和绥中36-1北构造勘探研究过程中主要存在着两个方面的问题，分别是储层预测问题和烃类检测问题。

储层预测的准确性一直是制约渤海油田古近系油气勘探成功率的关键因素之一。受古近系埋藏深度大、构造条件复杂、沉积类型多样等条件的影响，传统的基于地震振幅和频率的叠后储层研究方法在古近系往往存在较强的多解性，难以准确刻画储层展布范围。

旅大4-3构造围区已钻井5口，在主要目的层沙河街组都因储层不发育导致钻探失利。因此，储层问题是制约该区勘探的关键难题。其中LD-A井的钻探在沙河街组获得重大油气突破，下一步评价急需落实优质储层发育区。然而，受多种因素的影响，该区目的层强振幅反射分布十分局限（图 5-1-1），未钻断块均表现为弱振幅反射特征，叠后方法难以准确刻画储层展布范围。因此，有必要开展系统的叠前研究。

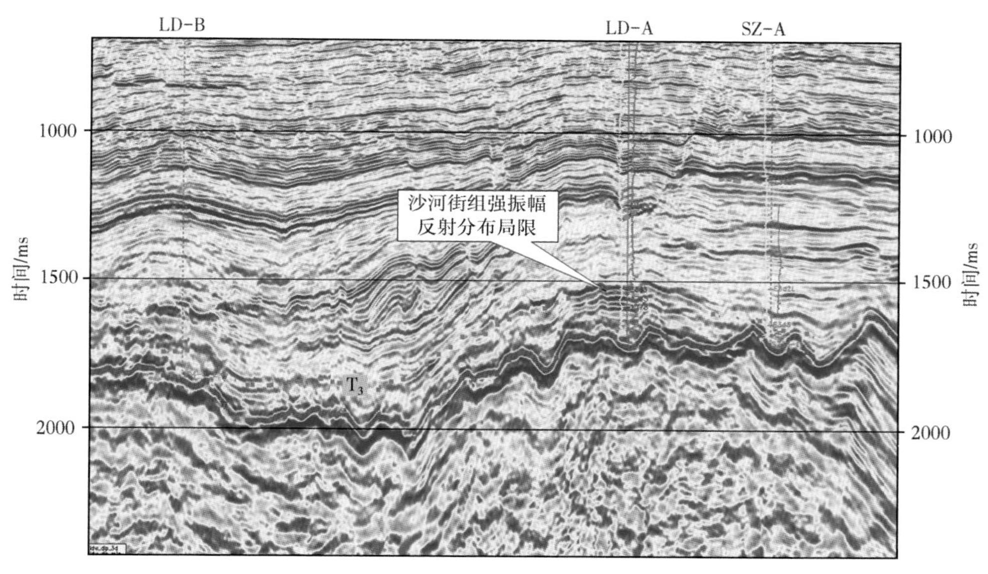

图 5-1-1　旅大 4-3 构造连井地震剖面图

烃类检测问题同样是困扰渤海油田古近系油气勘探的重要因素之一，其作为油气勘探的主要目的层系，是业界当前和未来 20 年油气勘探主要领域。对于新近系地层而言，亮点（低频强轴）反射通常认为是含烃的典型特征，比较易于识别；但对于绥中 36-1 北构造以东营组和沙河街组等古近系为主要目的层的构造而言，由于常存在特殊岩性和泥岩中强轴反射等假象，在钻前对于假亮点干扰情况下的烃类检测和评价阶段的流体界面预测就成为急需解决的难题。因此，需要寻找一种切实可行的方法来解决古近系烃类检测问题。

二、研究难点与技术对策

多年来，渤海油田一直致力于中深层古近系储层研究并取得了一定的成效，通过多种技术方法的应用，在油气勘探中发挥了重要作用。目前，主要的储层研究技术包括地震属性分析、波形聚类、地震相分析、叠后波阻抗反演、叠前反演、地质统计学反演等。然而，受渤海油田古近系复杂地质条件的制约以及不同区块之间地质地震的差异性，各种方法的应用都存在一定的适用范围，难以建立一套具有普适性的古近系储层研究技术流程。

由于古近系地层埋深大、构造条件复杂、沉积类型多样，叠前储层研究存在多方面的困难。常规岩石物理参数难以有效识别储层。研究表明（Gardner，1974），受压实作用的影响，不同岩性地层速度随埋深的增大表现出不同的变化规律。对比发现研究区目的层深度刚好处于压实过渡区（图 5-1-2），砂泥岩各种参数均相互叠置（图 5-1-3），从而导致地震剖面上出现“强轴不一定是砂，弱轴不一定是泥”的现象。因此，难以确定古近系储层表征的敏感参数。

在此认识基础之上，通过充分调研国内外储层预测领域最新研究进展，结合实际勘探

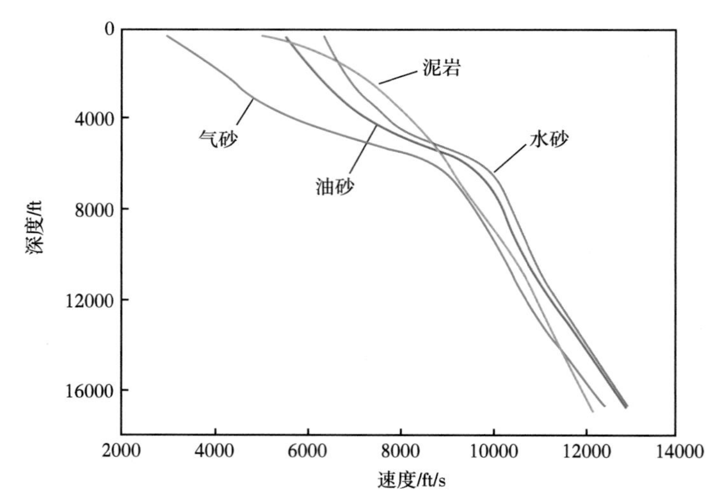

图 5-1-2　不同岩性地层速度随深度的变化图

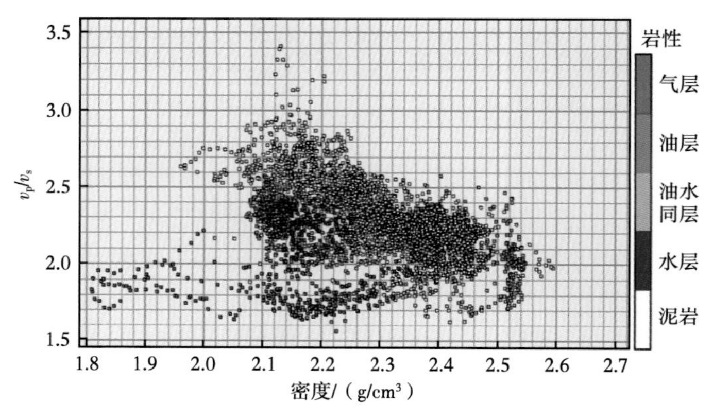

图 5-1-3　常规储层敏感参数交会图

中的难题以及目前的研究现状，在储层敏感参数构建、叠前地震道集保幅处理、初始低频模型构建等方面开展了攻关研究。通过整体可行性分析、关键技术研发、实际靶区应用研究，形成一套完整的古近系叠前储层研究技术体系。

具体的关键技术包括以下三个方面：

（1）创新提出基于密度—横波速度比新型岩性识别因子的古近系储层识别技术，建立古近系储层敏感参数，有效区分各种不同岩性；

（2）基于 FVO/A 谱空变校正的古近系叠前道集保幅处理技术，在压制随机噪声的同时，显著改善道集 AVO 特征；

（3）基于“双数据驱动”的初始低频模型构建技术，通过速度场和地震数据代替解释层位约束井间插值，避免复杂构造区解释不准确造成的人为误差，并增强 0～3Hz 的甚低频信息，提高叠前反演稳定性。依据关键技术在古近系叠前储层研究中的不同作用制定了较为合理的技术流程（图 5-1-4）。

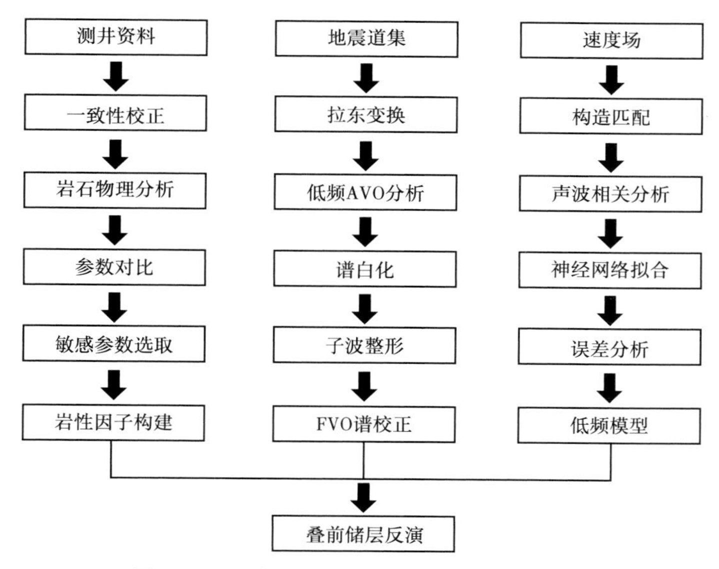

图 5-1-4　古近系叠前储层研究技术路线图

三、关键技术应用

（一）岩石物理分析

通过对旅大 4-3 构造已钻井岩石物理参数的交会分析，可见 z_p、$v_\mathrm{p}/v_\mathrm{s}$、$\lambda_\rho/\mu_\rho$ 以及泊松比等常规参数难以有效区分砂泥岩。为此，对原始测井曲线进行了深入分析，发现 v_p 对砂泥岩区分性差，只是在两套砂砾岩处有明显响应；而密度则相对更加敏感，在砂泥界面处都有明显变化。但是受压实效应的影响，单一的密度也难以有效识别储层。为了在保持较好的砂泥岩区分性的同时削弱压实效应，本次研究基于密度和 v_s 创新构建了一个参数：ρ/v_s。基于该参数的交会分析表明，砂泥岩的区分性明显比 $v_\mathrm{p}/v_\mathrm{s}$ 更好，在此基础上进行坐标旋转就能非常好的识别储层，从而也得到了岩性识别因子 F。

为了验证该因子的适用性，进一步将其应用于辽西凸起旅大 4-3 构造沙河街组等多个构造区不同层系、不同沉积储层类型的岩性识别（图 5-1-5）。由新参数交会分析结果以及与传统 $v_\mathrm{p}/v_\mathrm{s}$ 的对比可见，各构造区内 $v_\mathrm{p}/v_\mathrm{s}$ 均无法有效区分砂、泥岩，而新参数的储层识别能力较 $v_\mathrm{p}/v_\mathrm{s}$ 显著提高，经坐标旋转得到的岩性敏感因子能够非常好地识别不同构造区、不同层系的砂岩储层和湖底扇岩性体，从而表明新因子的稳定性和普适性。

（二）基于 FVO/A 谱的道集保幅处理

通过不同条件下的 AVO 正演模拟，发现对地震波传播过程中能量吸收衰减的补偿不足是导致 AVO 畸变的主要原因。进而总结了目前常用的 AVO 趋势校正方法，综合不同方法的优缺点并针对中深层勘探特点，创新提出了基于 FVO/A 谱的道集空变 AVO 趋势校正技术。首先通过分频 AVO 正演，确定低频信息的振幅趋势与正演结果一致，可作为校正的依据。然后在谱白化的基础上乘以校正因子，完成频率域的振幅校正。最后通过子波整形，实现频谱校正。将新方法应用到模型数据，能够较好地实现资料 AVO 趋势的校正。进而将方法用于实际道集的优化处理，校正后道集和正演结果一样，呈三类 AVO 特征，表明道集优化合理有效，从而为后续的叠前反演奠定了良好的资料基础。

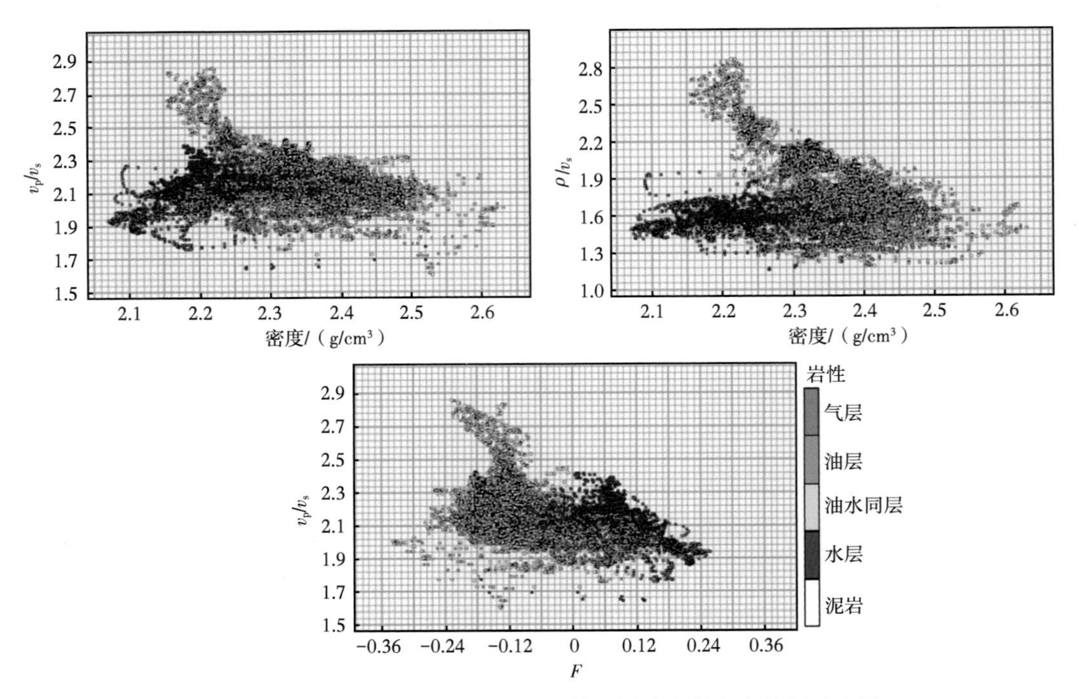

图 5-1-5　旅大 4-3 构造沙河街组储层敏感参数交会分析对比图

（三）叠前—叠后联合属性流体识别技术应用

由于古近系中经常存在着因特殊岩性或泥岩所引起的强轴现象，因而在钻前烃类预测中无法使用新近系经常使用的亮点（低频强轴）现象进行烃类检测，进而使得古近系烃类检测和流体识别较为困难。针对这一难题开展深入研究工作，首先通过基于叠前 PG 属性完成复杂地质条件下的烃类检测研究，并在此基础上，再通过基于叠后多属性融合技术完成流体界面的识别研究，最终形成了一套叠前—叠后联合属性分析烃类检测及流体界面识别的创新技术组合，成功解决了本区烃类检测和流体界面识别难题，为该区勘探评价的顺利完成提供了有力的技术支持。

众所周知，含烃、特殊岩性，甚至泥岩内部均会在叠后资料上产生亮点反射，但从叠前资料上提取 P 属性和 G 属性的组合可以有效避免由道集叠加造成的叠后假象，凸显含烃储层在道集资料上的 AVO 响应特征，从而大幅削弱多解性。在许多情况（但不是所有情况）下，砂岩沉积序列中，含烃（重质油较少见）的存在总是伴随有反射振幅 P 和梯度振幅 G 的增大，通过 $P\times G$ 可以使真亮点进一步从背景中凸显出来，作为可能的含烃指示供分析参考。将这一属性称为 PG 属性或含烃指示属性。

叠前 PG 属性虽然在原理上对于烃类检测具有更高的可靠性，但也存在着对气层或轻质油层敏感的不足。由于辽东湾古近系油品偏重，对油层不敏感。为了满足下一步准确评价油层的需求，同时规避可能钻遇水层的风险，就需要一套可以有效识别气、油和水等流体界面的预测技术。

从已钻井出发，利用流体替代产生不同流体组合情况，并通过正演模拟获得对应情况下的叠后地震响应特征，如图 5-1-6 所示。结果表明，基于实际追踪波谷提取振幅属性同样只对气层敏感，而不能有效地区分油和水。为解决该难点，拉大油水响应差异，设法引入其他属性，以真实模型顶面振幅值为目标，通过大量属性组合的尝试，最终优选流体敏感属性。

所得结果如图 5-1-7 所示。该属性在保持对气层的区分能力不变的情况下，有效拉大油水区分性，区分能力与真实模型顶面振幅属性（图 5-1-6）基本一致。最终，该结果再结合阈值共同应用，能够有效实现流体界面的识别，从而完成流体界面的可靠预测。

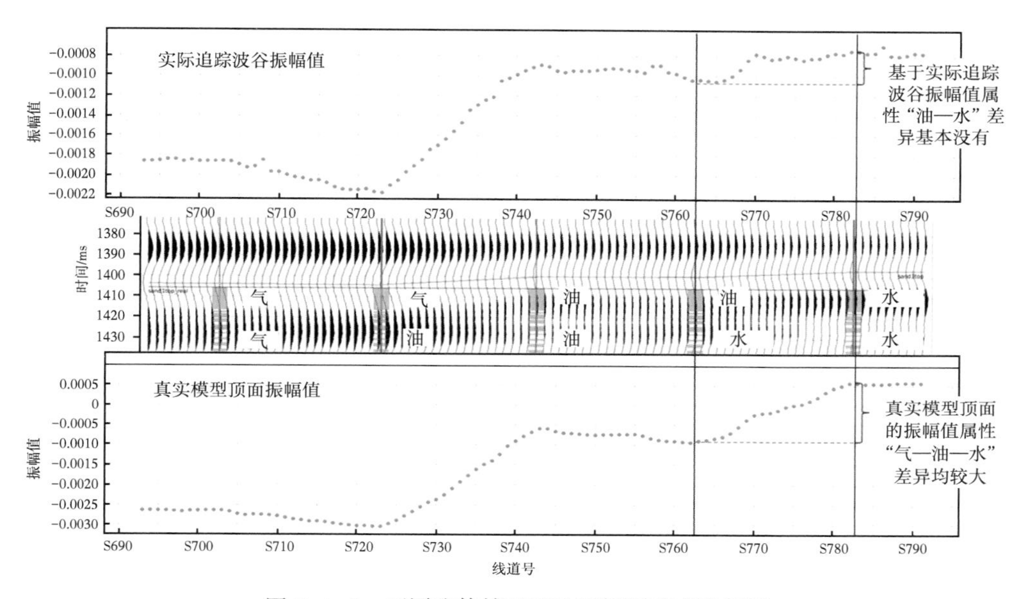

图 5-1-6　不同流体情况下地震振幅响应特征图

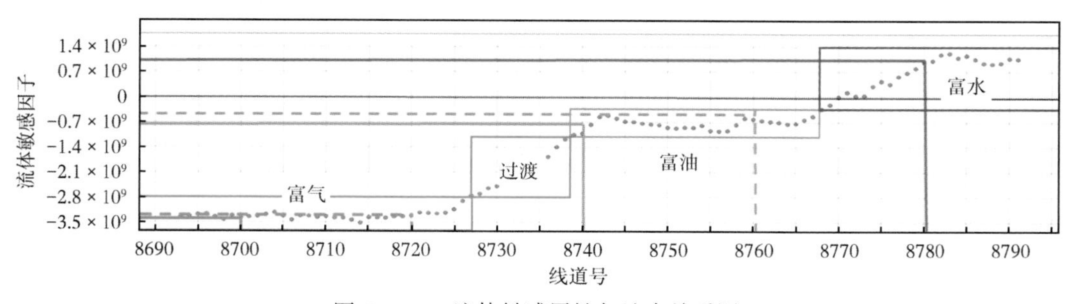

图 5-1-7　流体敏感属性与油水关系图

四、旅大 4-3 构造应用成效

将新方法应用于旅大 4-3 构造，储层预测结果有效指导了 LD-C 和 LD-D 两口开发井的部署（图 5-1-8）。常规的密度反演结果显示 LD-C 井沙河街 1 油组储层较厚，2、3 油组储层较薄；而 LD-D 井沙河街各油组储层均不发育。本次研究通过新方法的应用，认为 LD-C 井 1 油组储层较薄，2、3 油组储层较发育；LD-D 井 1 油组储层不发育，2、3 油组储层发育。通过新老结果与实际钻井的对比分析可见，新方法得到的结果与实钻情况更加吻合。此外，本次研究结果也指导了 LD-B 井的部署，成功预测出东三段和沙河街组 1 油

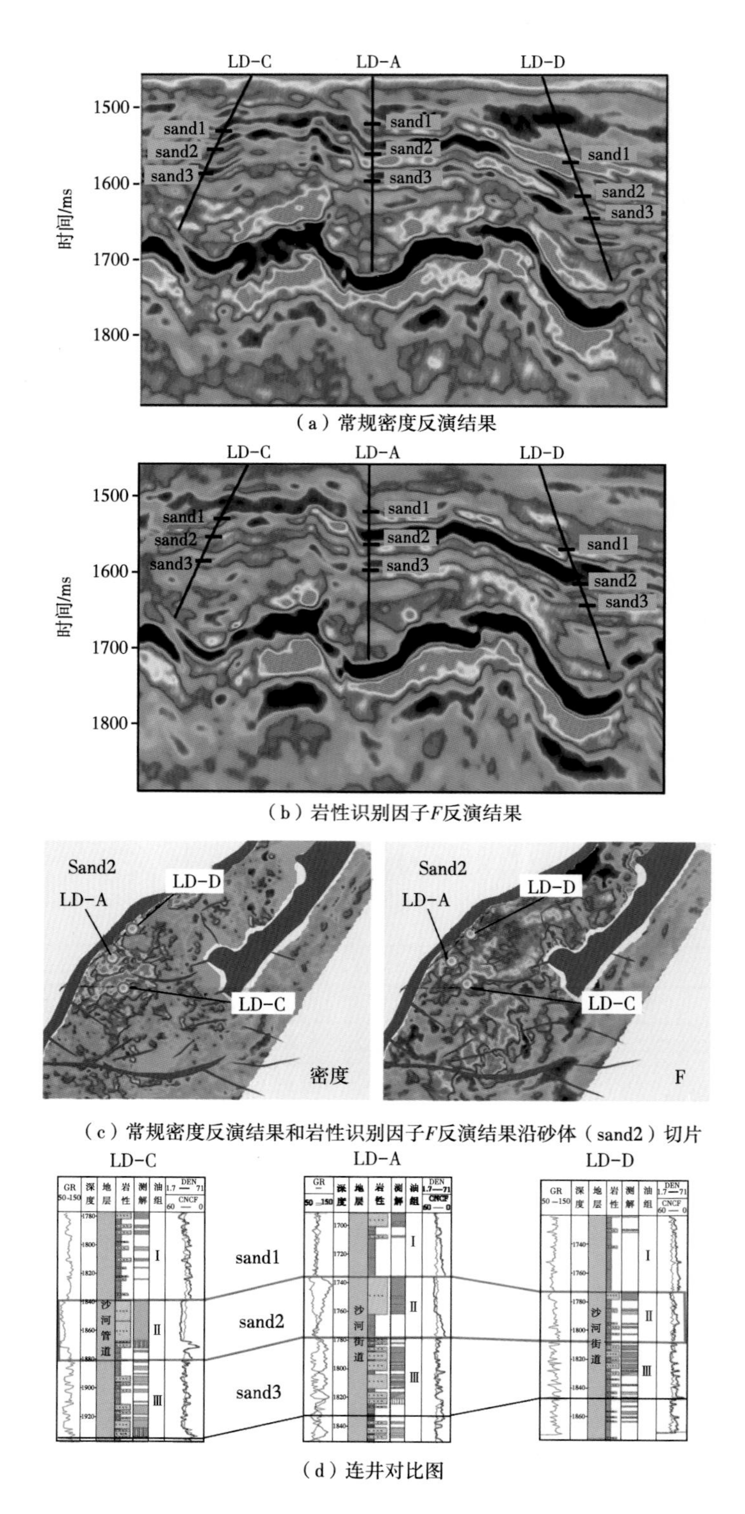

图 5-1-8 旅大 4-3 构造常规密度反演及岩性识别因子反演结果对比图

组的储层，均得到钻井证实，有力助推该区实现储量升级。

该技术针对辽东湾探区古近系油气勘探中面临的储层研究难题，开展了系统深入的技术攻关。通过创新提出三项关键技术，建立了一套以古近系储层敏感识别因子构建、叠前道集 AVO 趋势空变校正以及精细初始低频模型构建为核心，融合多项地球物理技术的古近系叠前储层研究技术序列。该项技术打破了多年来制约古近系储层研究的瓶颈，能够有效识别出强、中、弱不同振幅对应的储层，有效解决了古近系“强轴不一定是砂，弱轴不一定是泥”的难题。此外，新方法在横向上可应用于不同区块，纵向上适用于东营组和沙河街组，展现出较强的普适性和可靠性。将该技术应用到锦州 31-2S/E、绥中 36-1 北以及锦州 16-20 等构造区不同类型的储层识别，均取得很好的效果，为多个构造评价提供了有力的技术支撑。

五、绥中 36-1 北构造应用成效

将基于叠前 PG 属性的叠前烃检技术和基于属性融合的流体界面预测技术这两项技术进行创新组合，建立了一套“叠前—叠后”属性联合分析技术。此技术可有效在钻前排除辽东湾古近系普遍存在的特殊岩性和泥岩强轴干扰，实现较为可靠的烃类检测，并有力助推了绥中 36-1 北构造首钻井 SZ-A 井的成功（图 5-1-9）；同时，此项技术能够高效识别出“气—油—水”不同流体界面，有效指导了后续评价的设计与实施，为进一步扩大储量发现提供了重要的基础（图 5-1-10）。

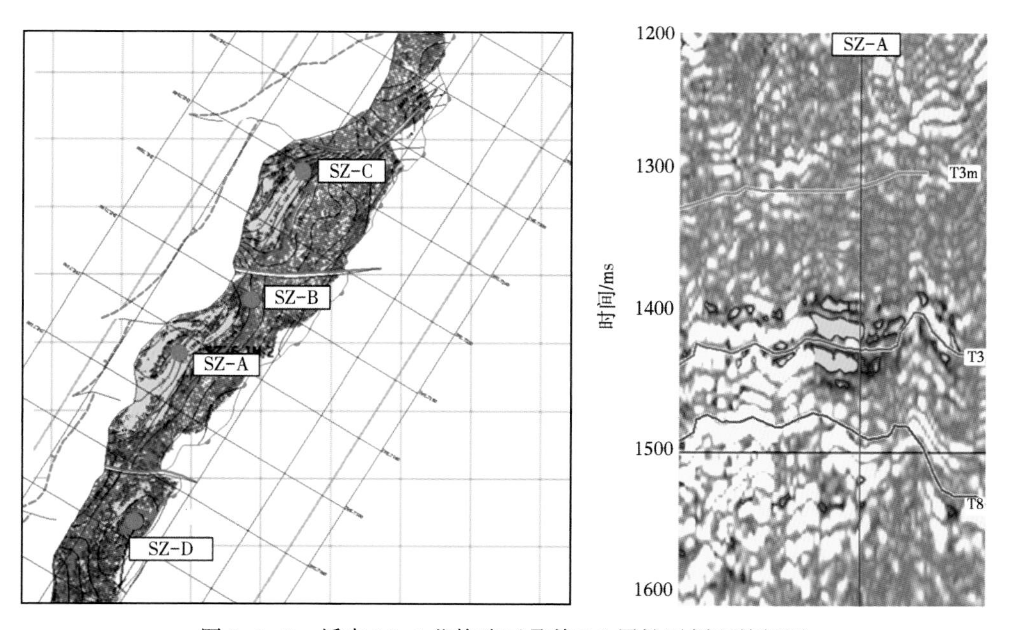

图 5-1-9 绥中 36-1 北构造区叠前 PG 属性平剖面特征图

上述成果所取得的认识创新和技术方法已经在绥中 36-1 油田围区滚动勘探中得到了良好的应用，其中，旅大 4-3 区块实现了勘探开发高效一体化生产，已经投入生产，取得经济效益。自 2019 年初投产以来，截至 2019 年底，已产原油 $15.63\times10^4m^3$，有力支持了该区油田的上产任务，成为渤海油田勘探开发一体化的经典案例。

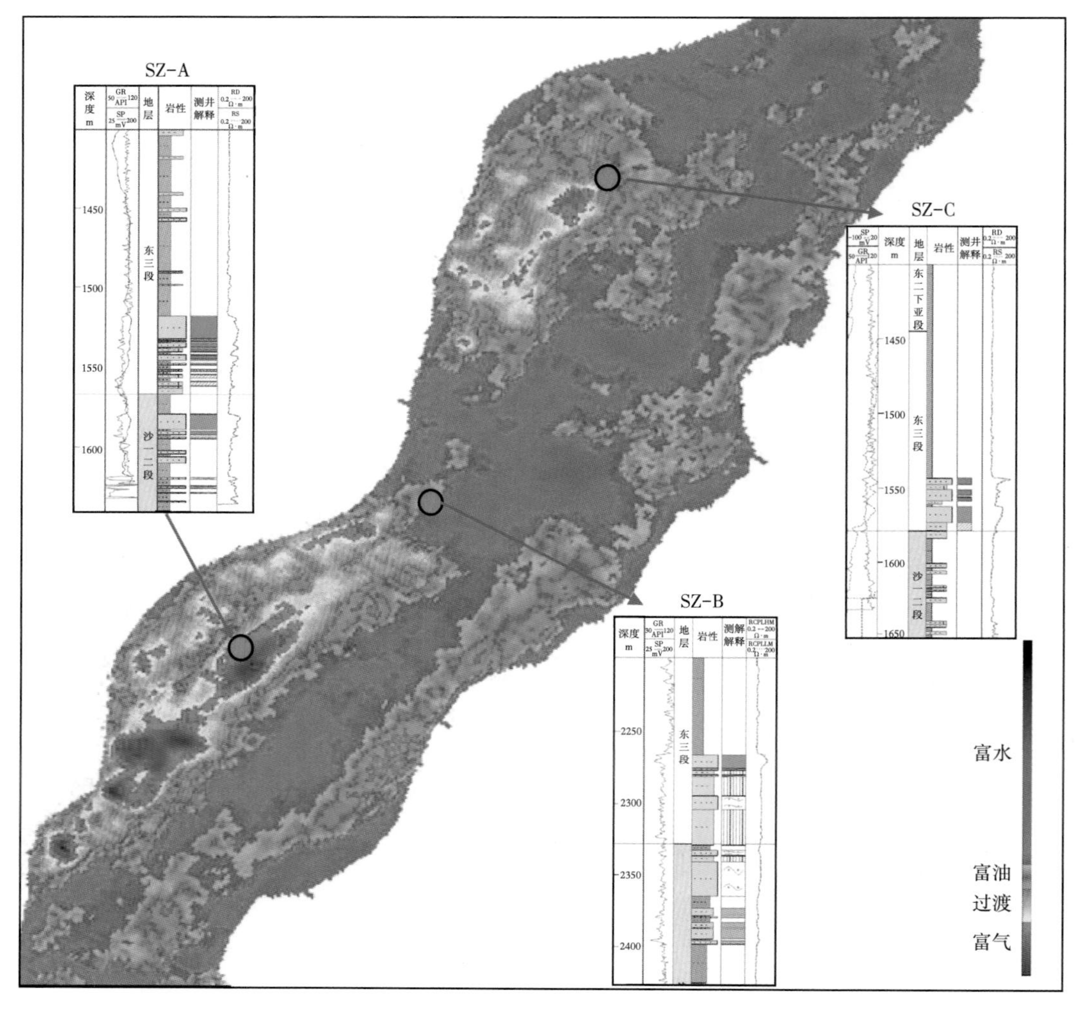

图 5-1-10　叠后流体敏感属性分布图

第二节　旅大 10-5/6 湖底扇勘探

一、研究区存在的勘探问题

旅大 10-5/6 构造位于辽中凹陷西斜坡中段，紧靠辽中南洼富烃洼陷，西距旅大 10-1 油田约 9km。该构造发育两个大的鼻状构造，油气运移条件优越。

该构造于 2018 年钻探的 LD-A 井在东三段钻遇湖底扇，钻探结果表明，湖底扇油气藏集中发育于古近系东三段，具有含油层段集中、物性好、产能高，储量规模大等特点。目前湖底扇埋深较大，超过 3000m，地震反射特征复杂，部分扇体厚度薄，湖底扇边界刻画难度较大；同时，湖底扇油气丰度差异较大，高丰度砂体主控因素认识不清，为下一步勘探评价工作带来较大困难。

二、研究难点与技术对策

旅大 10-5/6 构造钻井揭示了良好的湖底扇储层，但是根据地震资料主频分析发现该区单砂体厚度小于 1/8 主波长（表 5-2-1），地震资料无法满足单砂体标定与预测工作。因此，为满足实际生产需求，服务精细勘探，精细储层预测方法的深入研究势在必行。

表 5-2-1　旅大 10-5/6 构造东三段目的层主频、砂岩速度及波长数据表

旅大 10-5/6 构造目的层	主频/Hz	层速度/m/s	1/4 主波长/m	1/8 主波长/m
东营组	20	3950	49	24. 5

针对以上难点开展技术攻关，形成了中深层精细储层预测与速度场建立关键技术，主要涵盖以下内容：

（1）提出迭代谱反演方法，完成传统谱反演方法及 CSSI 确定性反演特色的融合，可以获得稳定的绝对波阻抗体；

（2）提出基于迭代谱反演及 Gardner 公式的高精度速度场建立方法，分层段精细修正 Gardner 公式，完成阻抗向速度场的高精度转换；

（3）提出基于迭代谱反演平均速度场的变速构造成图技术，理论上从时间域层位向深度域层位转换，无需进行井点再校正，随着探井数目增加可不断修正平均速度场。

三、关键技术应用

（一）基于迭代平滑算法的叠前优质储层预测技术

迭代谱反演方法的核心思想是将测井相关低频信息引入至传统的谱反演中。传统约束稀疏脉冲反演方法中的关键一环是联合应用已有解释层位及已钻井信息建立低频模型。本次研究过程中发现，通常在进行反演研究时，所利用的层位会存在一定的跳点，而这些跳点在进行层位插值的过程中会影响到周围相对准确的解释点，这就对低频模型的准确建立带来了一定程度的误差。例如传统的三角函数插值法得到的层位不能消除层位解释中的跳点［图 5-2-1（a）］，本次研究则利用迭代平滑算法进行层位平滑，从而有效消除层位解释异常值［图 5-2-1（b）］。层位地震解释异常值消除前单个解释点权重过大，跳点消除后的数值点权重得以均衡。图 5-2-2 为地震资料解释异常值消除前、后所建立出的低频模型格架。

在进行交会图分析时，要对测井曲线进行反演格架约束（图 5-2-3）。经分析可以发现，旅大 10-5/6 构造东三段主要目的层基于 P 波阻抗是具有区分度的。该方法可以有效指导在储层研究时反演手段的选取，对于叠前反演也同样适用。

将所提出的迭代谱反演技术成功应用于旅大 10-5/6 构造区，图 5-2-4 为常规 CSSI 确定性反演和迭代谱反演过井剖面对比图。经分析椭圆处反演成效可以发现：新技术反演结果的分辨率和准确度均得以提升。本次研究利用新方法精细预测出 LD-A 井上部的相对低波阻抗储层和下部相对高波阻抗储层（图 5-2-5、图 5-2-6）。新反演结果有效指导了砂体精细解释，为储量计算及下一步潜力挖掘给予了支持。

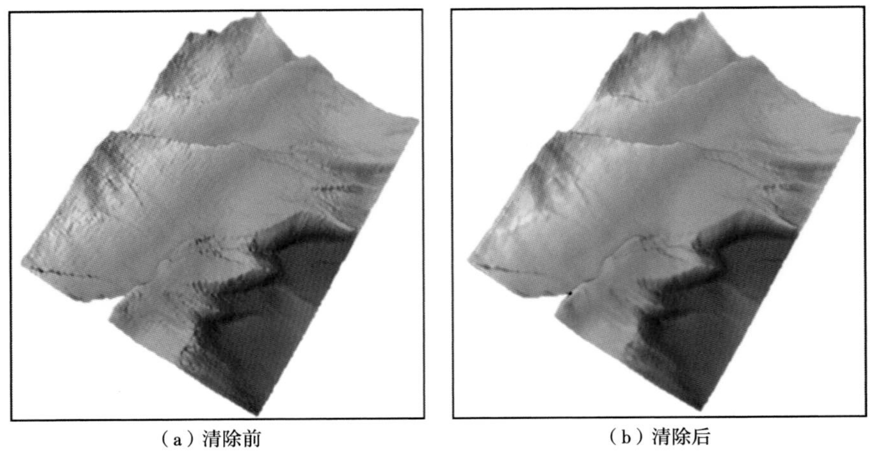

（a）清除前　　（b）清除后

图 5-2-1　旅大 10-5/6 构造 T_3^L 层位地震解释异常值消除前后对比图

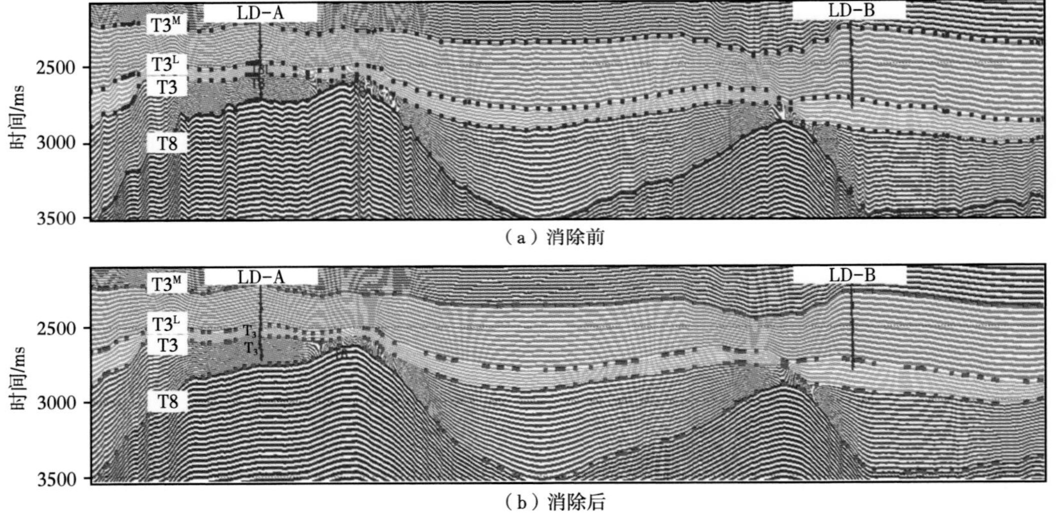

（a）消除前

（b）消除后

图 5-2-2　地震资料解释异常值消除前后低频模型格架图

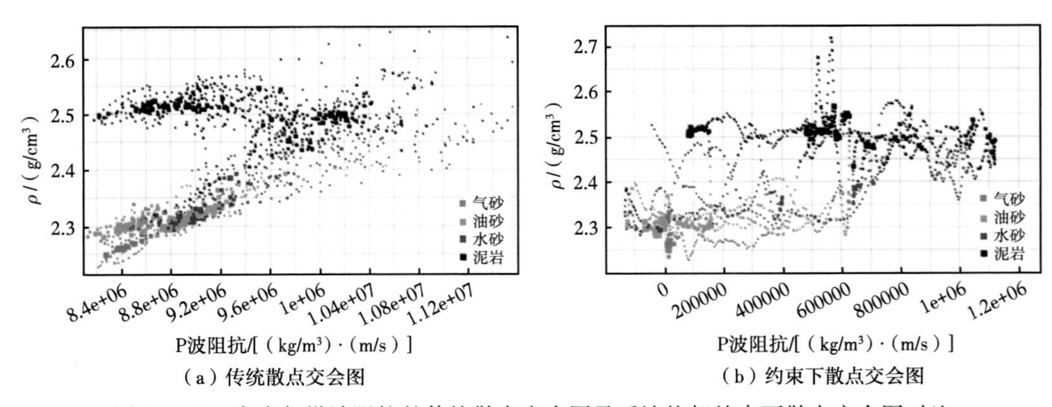

（a）传统散点交会图　　（b）约束下散点交会图

图 5-2-3　密度与纵波阻抗的传统散点交会图及反演格架约束下散点交会图对比

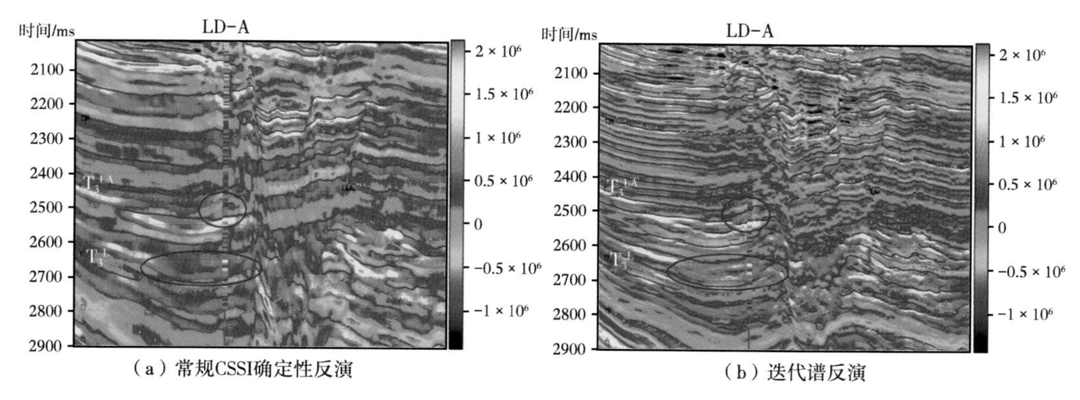

（a）常规CSSI确定性反演　（b）迭代谱反演

图 5-2-4　常规 CSSI 确定性反演和迭代谱反演过井剖面对比图

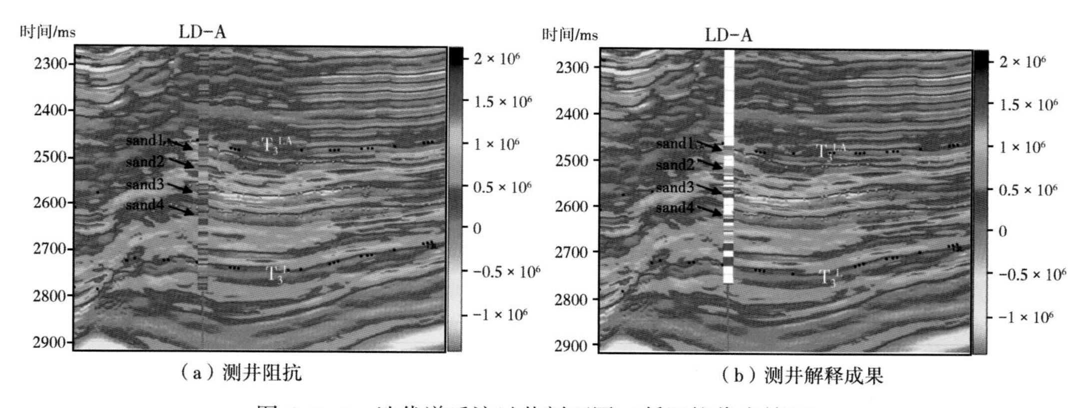

（a）测井阻抗　（b）测井解释成果

图 5-2-5　迭代谱反演过井剖面图（低阻抗代表储层）

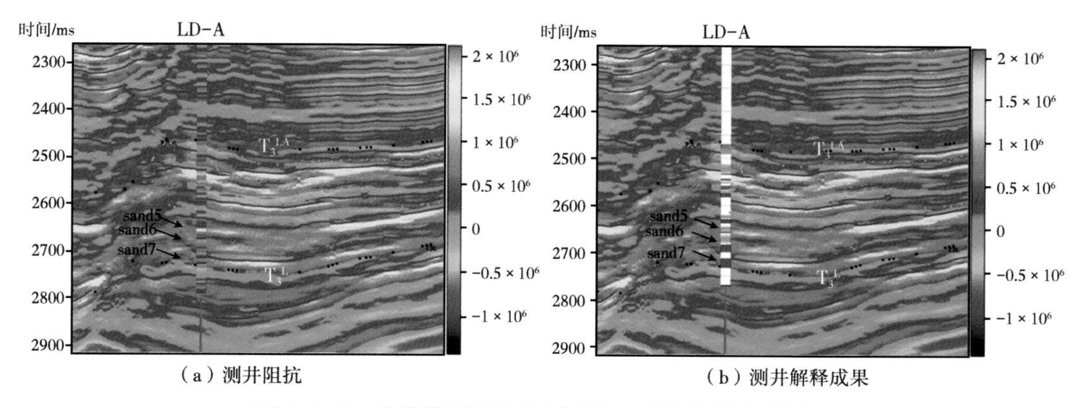

（a）测井阻抗　（b）测井解释成果

图 5-2-6　迭代谱反演过井剖面图（高阻抗代表储层）

（二）基于波形特征约束的叠前优质储层预测技术

叠前同时反演是开展储层预测的主要手段，现有反演所需初始模型是利用等时层序框架约束测井中的低频信息插值外推构建。然而其对于湖底扇这种以侧积和前积作用为主的沉积相，会出现“穿时”现象，同时，在稀疏井网条件下其反演结果往往模型化重、多解性强。通过提取能够反映地层和岩性结构的有效波形信息，利用地震谱模拟反演以及岩石物理分析得到纵横波速度与密度三参数回归关系建立初始低频模型，避免了常规井点插值的低频模型难以反映古近系岩性目标体横向变化的缺陷。传统纵波阻抗低频模型和波形约束的纵波阻抗低频模型的剖面对比结果（图5-2-7）可见，传统低频模型中［图5-2-7（a）］，模型横向展布规律与地层产状特征明显不一致，而波形约束的低频模型中［图5-2-7（b）］，模型的空间展布与地震产状特征之间的一致性较好，可以用于后续的叠前反演工作。

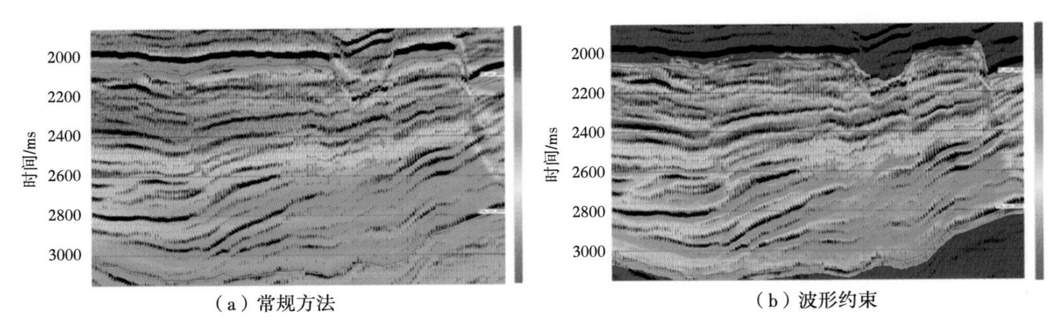

（a）常规方法　　（b）波形约束

图5-2-7　常规方法低频模型与波形约束低频模型对比图

图5-2-8为基于波形特征约束的叠前同时反演得到的纵横波速度比剖面图，可见，新方法［图5-2-8（b）］相对原始相移数据［图5-2-8（a）］能够有效地压制由于泥岩间引起的强反射现象，提高地震资料对储层的识别能力，与相移资料相比，反演结果识别出来的均为有效储层，排除了泥岩强反射的干扰，与钻井吻合率高，降低了勘探风险，研究成果为LD10-6-B井的井位部署提供了强有力的支持。

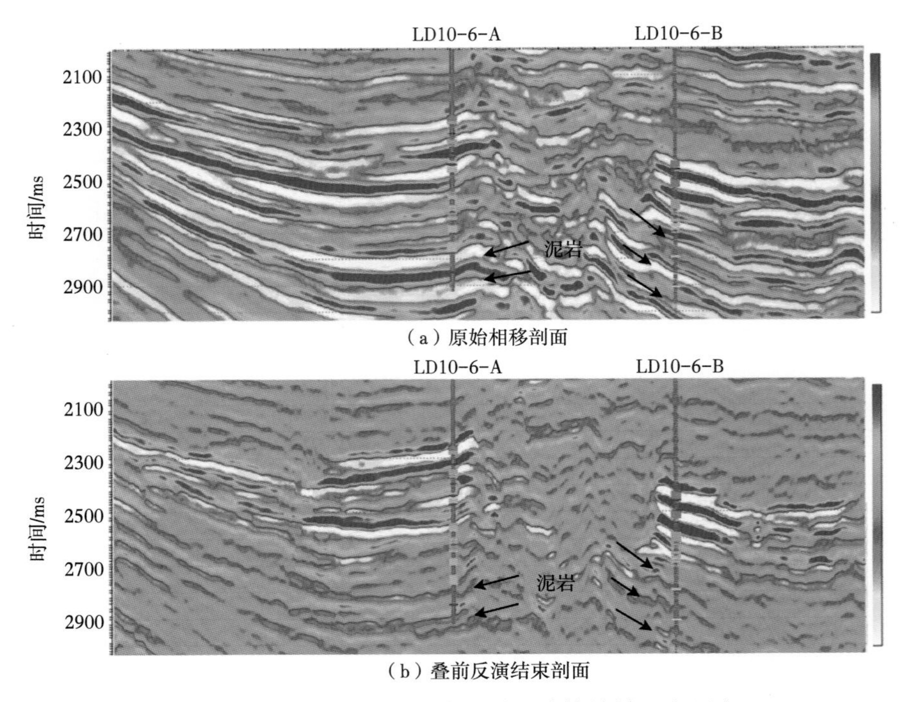

（a）原始相移剖面

（b）叠前反演结束剖面

图5-2-8　原始相移剖面与叠前反演结果剖面对比图

新方法反演结果［图5-2-9（b）］有效压制泥岩间强反射干扰，能够准确地反映扇体的横向展布规律，在平面上［图5-2-9（d）］和剖面上［图5-2-9（b）］可以看到砂体边界和尖灭点十分清晰，对湖底扇平面的刻画更加符合沉积规律，扇体紧靠断裂呈朵叶状发育，在上倾方向尖灭，与区域沉积认识一致，地震振幅属性［图5-2-9（c）］则是没有规律的成片发育。

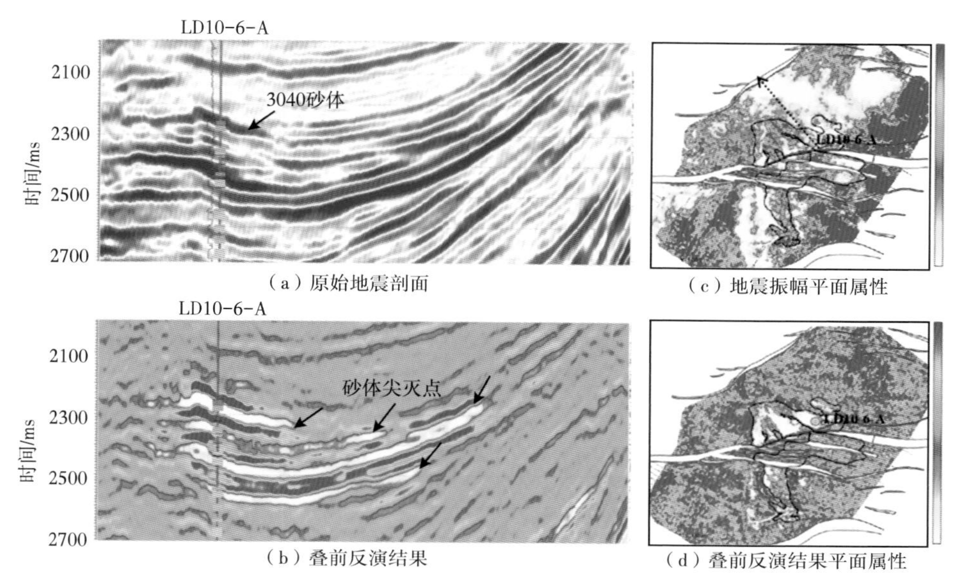

图5-2-9　叠前反演结果与原始地震的平剖对比图

四、旅大10-5/6构造勘探成效

以上成果在辽西凸起东部斜坡带上得到了较好的应用，有效识别和精细刻画了一批中深层古近系的湖底扇，优选旅大10-5/6构造作为勘探目标并实施钻探，发现并落实了旅大10-5/6岩性油气藏，目前累计发现三级石油地质储量超过$3000\times10^4m^3$。通过深入的攻关研究，打开了辽西凸起东部斜坡带中深层古近系岩性地层圈闭勘探的新局面。

第三节　斜坡带旅大29-1近源三角洲勘探

旅大29-1构造位于辽东南洼东部斜坡带，长兴岛凸起倾末端，其西侧紧邻辽东南洼，东南为渤东北洼，整体三面环洼，是油气运移有利低势区，成藏条件优越。2015年，辽东湾勘探研究室利用辽东湾大连片三维地震资料在该区古近系开展了精细的三维地震解释，发现并落实了旅大29-1和旅大23-2等构造。2015年底，相继钻探A-1井和A-2井，在沙二段分别获得3.3m和34.7m油层，实现了辽东南洼东部斜坡带首次突破，一举打开了该区带勘探局面，坚定了在该区油气勘探的信心。

一、研究区存在的勘探问题

旅大29-1构造带目前钻探了旅大28-1、旅大28-1东及旅大29-1、旅大29-1北四个构造，发现旅大29-1轻质油田，旅大28-1含油气构造，表明斜坡带油气运移通畅。该构造带主要目的层为古近系沙河街组沙二段，其沉积体系为辫状河三角洲和扇三角洲沉积类型，具有埋藏深度较大、砂体横向变化快的特点，对地震资料分辨率提出了更高的要求，常规的处理资料频带难以精细雕刻砂体分布；同时已钻探的旅大29-1北构造、旅大29-1构造两个井区发现沙二段地层存在除常规砂泥岩之外的多种复杂岩性（包括火山岩与碳酸盐岩）发育的现状，为沙二段储层预测带来较大的困难。

二、研究难点与技术对策

通过分析工区基础资料，开展旅大29-1构造区储层预测与油气检测，存在以下研究难点：

（1）目的层沙二段主要沉积相有辫状河三角洲、扇三角洲沉积，纵向上为砂泥互层，单砂体厚度薄；横向上多期次砂体叠置，岩性变化快，储层的发育模式及分布规律的认识难度大；

（2）本区沙二段存在特殊岩性，火成岩、碳酸盐岩的发育加大了储层识别难度，导致储层预测难度大，而砂岩储层分布范围影响有效圈闭的范围。

针对以上难点，采取了以下应对措施：

（1）运用地震沉积学分析技术，建立统一的等时地层格架，在层序地层格架内研究辫状河三角洲—扇三角洲沉积体系时空演化特征，结合单井相分析和地震属性分析成果，划分沉积微相，落实物源，明确砂体展布和物性变化特征。

（2）开展岩石物理分析，确立储层与非储层的敏感参数，提出双敏感因子的岩性区分方法，首先以纵波阻抗区分泥岩及非泥岩，然后以纵横波速度比区分非泥岩中的砂岩及特殊岩性。

（3）改进了传统反演方法，创新提出基于谱反演与叠前弹性阻抗反演结合的方法。通过对部分角度叠加数据进行谱反演得到反射率体，并采用统一的宽频滤波得到相对阻抗，将相对阻抗与井中信息结合得到绝对弹性阻抗体，最终提取纵波阻抗、纵横波速度比敏感参数，继而采用双敏感参数融合的方法实现沙二段的复杂储层预测。

三、关键技术应用

（一）精细层序地层格架建立

1. *层序地层格架*

建立等时地层格架是开展地震沉积学和薄储层预测的基础。根据前人的研究成果及工区的地质状况，依据曲线形态及旋回特征，沙二段自下而上发育两套旋回，上下两套旋回砂体比较连续，据此把沙二段划分为两个四级层序：早期（Ⅰ期）为SQs1层序，晚期（Ⅱ）为SQs2层序，另外据层序地层关键界面的识别及体系域划分规律，将SQs1划分为高位体系域，SQs2划分为低位体系域、湖扩体系域。以此为层序格架进行各个层序的沉积环境研究（图5-3-1）。

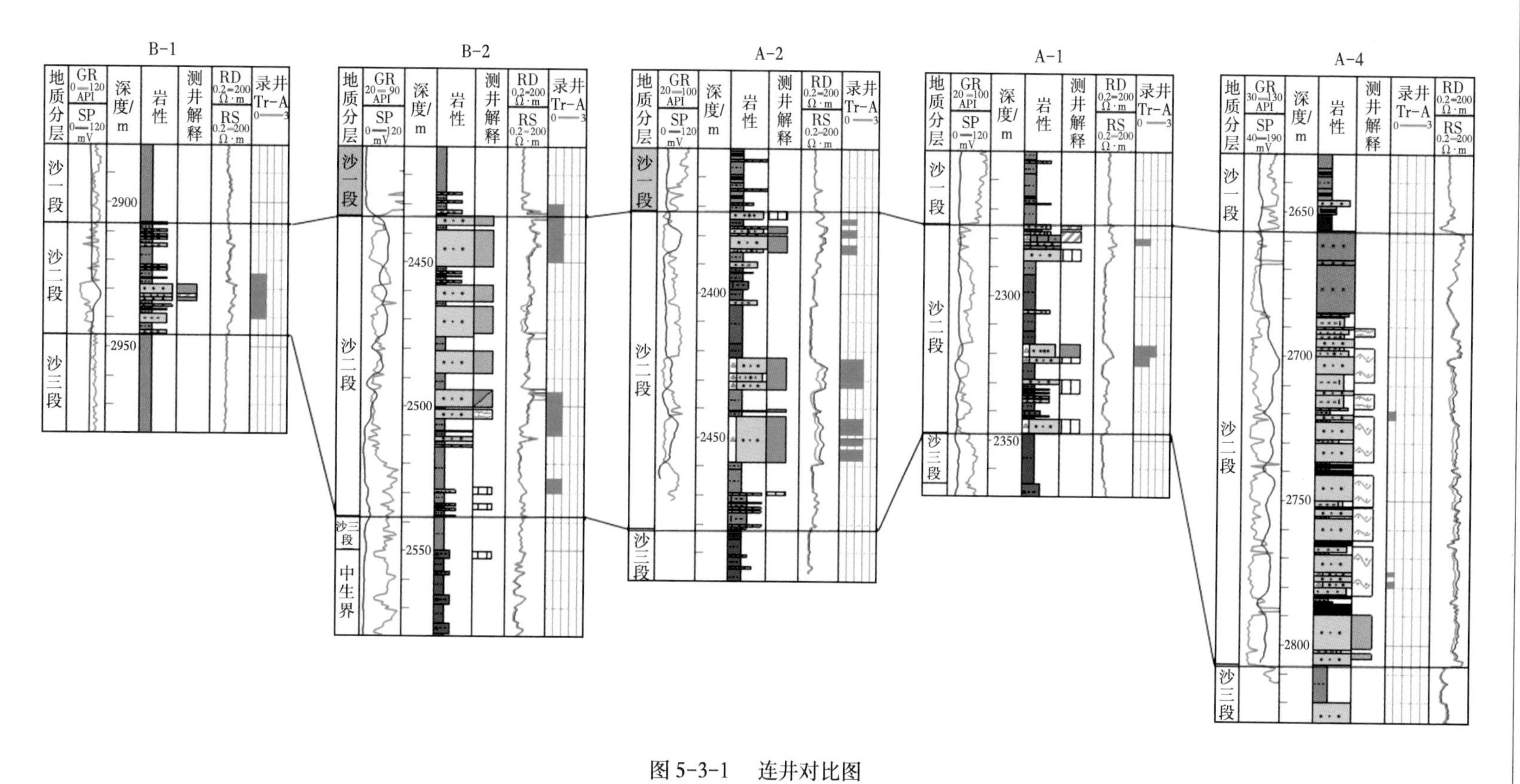
B-1
B-2
A-2
A-1
A-4
地质分层
GR API
SP mV
深度/m
岩性
测井解释
RD Ω·m
RS Ω·m
录井 Tr-A
沙一段
沙二段
沙三段
中生界
2900
2950
2450
2500
2550
2400
2300
2350
2650
2700
2750
2800

图 5-3-1　连井对比图

2. 沉积模式分析

研究区经过孔店期构造转型调整，整个凹陷受郯庐断裂活动右旋平移运动影响，形成NE向构造走向断裂体系。在断陷盆地区，凹凸相间、地形坡降大，内部地形分隔性强。根据前人研究，本地区沙二段沉积期属于深陷扩张期，此阶段主要是由于控盆深大断裂的持续活动使湖盆发生深陷，加上气候已由半干旱转化为潮湿，因而湖泊水位迅速加深。由于断块活动强烈、地形坡度较陡，因而深水沉积作用较为发育，古地形符合断陷盆地沉积模式。

从地震剖面上分析主要发育冲积扇和断坡带之下的扇三角洲沉积。砂体主要发育在断层坡折带之下。从录井上看，钻遇的是分选差、磨圆差且成分成熟度低的砂体。综合分析，研究区属于扇三角洲沉积。

3. 地震相分析

根据工区地质、地震研究，总结了扇三角洲的地震反射特征：

（1）一般都具有粒度粗、厚度大的特点，尤其是其前缘部分，砂体物性较好，具备良好的油气储集条件。

（2）扇三角洲分为扇三角洲平原、前缘和前扇三角洲亚相。扇三角洲前缘（也称过渡带）以较陡的前积相为特征，牵引流构造很发育，常见大中型交错层理，向下方渐变为前三角洲沉积。

（3）从地震反射特征上来看，扇三角洲具有典型的前积特征，一般呈斜交型前积结构，代表水动力较强、物源供应充足的沉积环境。

（4）在顺延物源方向的剖面上，由于与上覆地层岩性差异较大，扇体包络面反射振幅较强，其反射外形一般呈逐渐收敛的楔状体，内部反射呈小角度的发散结构。

（5）在垂直物源方向的地震剖面上，扇体大都为丘状反射，内部反射为亚平行结构。

（6）同相轴为低频或者中低频的较连续的中强振幅。

根据精细地层格架的建立及扇三角洲体系的分析，对旅大29-1构造进行精细格架追踪，并以此作为储层反演的空间格架。

（二）沙二段薄储层谱反演

充分利用测井资料，以精细构造解释成果为约束，基于构造高部位具有代表性的已钻井进行精细时深标定，再提取时变子波，用于后续的谱反演计算。这种方式使主要研究目标区具有更优的反射系数定位及幅值估算。

谱反演方法是一种在频率域计算地层厚度的方法，能够针对地震资料的分辨率进行有效提升。在对反射率体进行俞氏子波宽频滤波之后，与处理之前的原始叠加剖面进行对比，可以发现该方法能够较好地恢复砂体的叠置形态。同时，对处理前后的频谱特征进行提取并对比可以发现，处理之后能够有效地将三个角度的叠加数据频谱形态调整为趋于一致，如图5-3-2所示，有利于提高反演结果的稳定性。本方法在滤波过程中，采用了同样的子波参数，有效地保留了原始振幅的变化规律。

（三）复杂岩性叠前同步反演

首先对工区内已钻井进行纵波速度和密度的岩石物理交会分析，以图5-3-3中两口井为例，颜色代表GR数值，其中红色为GR数值较高，代表泥质含量较高的泥岩，蓝色代表砂岩以及其他特殊岩性。

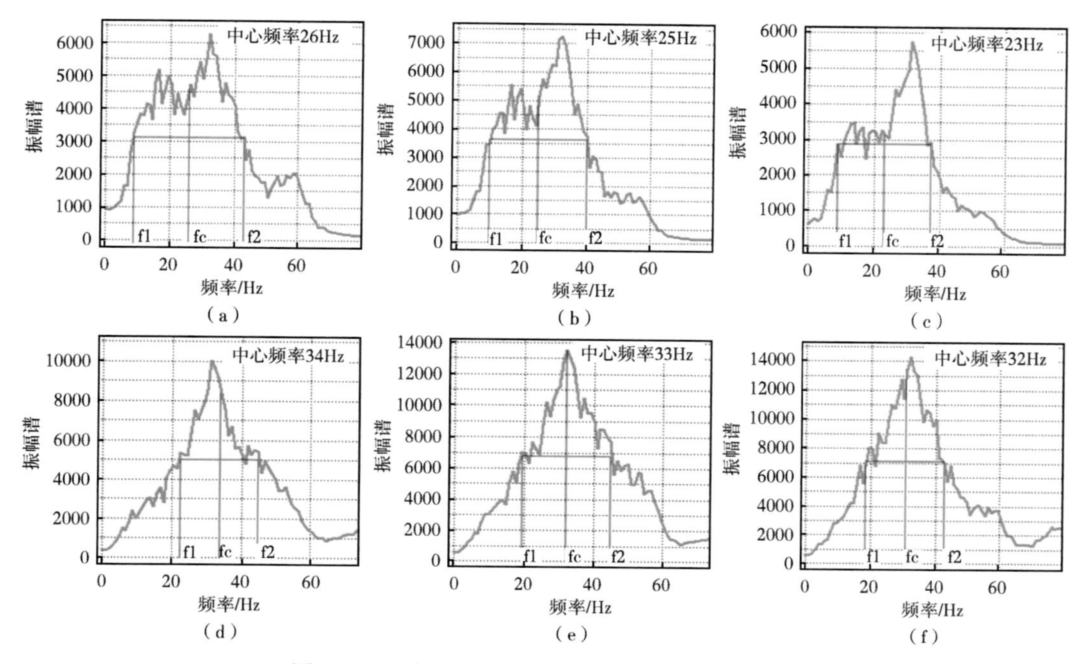

图 5-3-2　部分角度叠加数据处理前后频谱对比

(a)、(b)、(c) 为小、中、大角度处理前频谱；(d)、(e)、(f) 为小、中、大角度处理后频谱

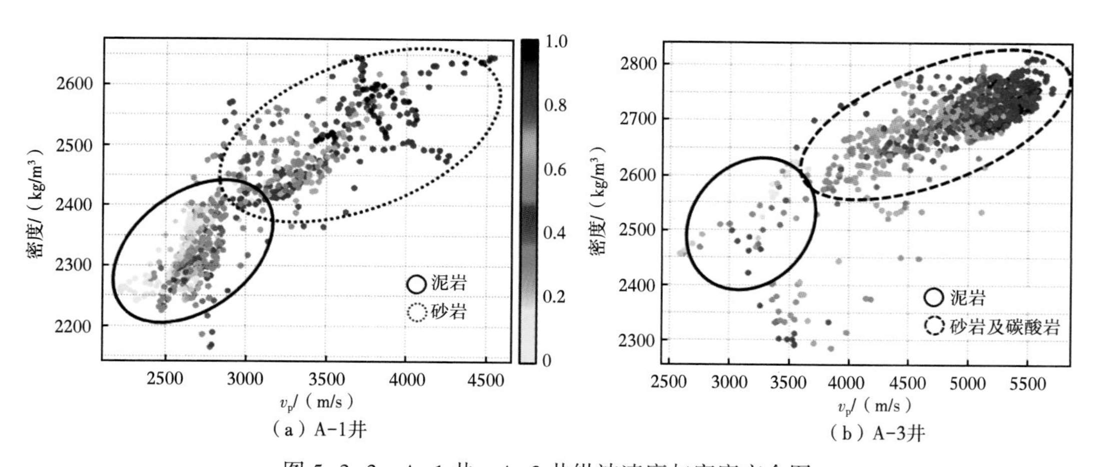

图 5-3-3　A-1 井、A-3 井纵波速度与密度交会图

进一步提取纵波阻抗与纵横波速度比曲线，对二者进行交会分析，以图 5-3-4 中四口井（A-1，A-2，A-3，A-4）的交会分析为例，颜色代表不同岩性。可以看出，泥岩呈现低阻抗的特征，而砂岩和特殊岩性虽均呈现高阻抗的特征，但二者在纵横波速度比呈现一定的差异性，砂岩具有较低的纵横波速度比，而特殊岩性具有较高的纵横波速度比。

因此确立了纵波阻抗和纵横波速度比双敏感参数，采用两次排除法寻找砂岩的分布。首先通过纵波阻抗排除泥岩，保留非泥岩类型，其次通过纵横波速度比排除碳酸岩、火成岩、灰砾岩等特殊岩性，保留砂岩类型，见表 5-3-1。

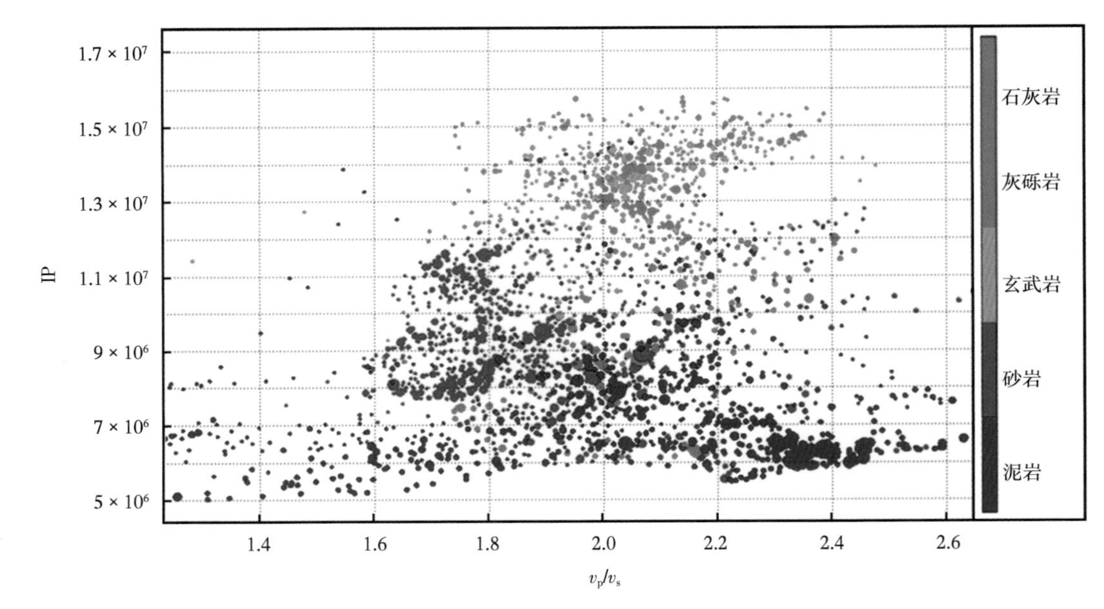

图 5-3-4　纵波阻抗与纵横波速度比交会图

表 5-3-1　双敏感参数岩性分析

	纵波阻抗	纵横波速度比
泥岩	×	
砂岩	√	√
碳酸岩	√	×
火成岩	√	×

叠前同步反演方法是利用不同检距道集数据以及测井数据的叠前、叠后联合反演方法，可同时得到纵横波速度（波阻抗）及密度、纵横波速度比等参数，这种方法在反演过程中考虑 v_p、v_s 和密度之间的关系，提高了储层岩性的识别能力。

储层综合反演流程如图 5-3-5 所示。该流程图表明，同步反演就是利用一组 AVA 地震数据、AVA 子波、井的 AVA 弹性阻抗数据，在层位数据、井数据及地质模式约束下完成纵横波阻抗和密度的联合反演，得到纵波速度、横波速度和密度，进而根据纵波速度、横波速度、密度与岩石弹性参数之间的理论关系得到岩性指示因子、物性指示因子、泊松比 σ、剪切模量 μ、拉梅系数 λ 等多种弹性参数数据体。

通过对上述方法得到的绝对弹性阻抗进行弹性参数提取，得到 P 波阻抗及纵横波速度比敏感参数体。按照岩石物理分析中所提的双敏感参数排除方法进行有利储层的寻找。

图 5-3-6 为过井的连井剖面，结合前面的分析工作，认为 P 波阻抗及纵横波速度比双亮的特征为所要寻找的砂岩特征，计算过程中 A-2 井未参与运算，作为盲井验证。从图 5-3-6 中两种属性的对比可以看出，A-1 井处两套砂体均表现为双亮的特征，A-2 井处三套砂体表现为双亮的特征，A-4 井处顶部的玄武岩表现为单亮的特征，底部的砂岩表现为双亮的特征，与井中结果基本吻合。

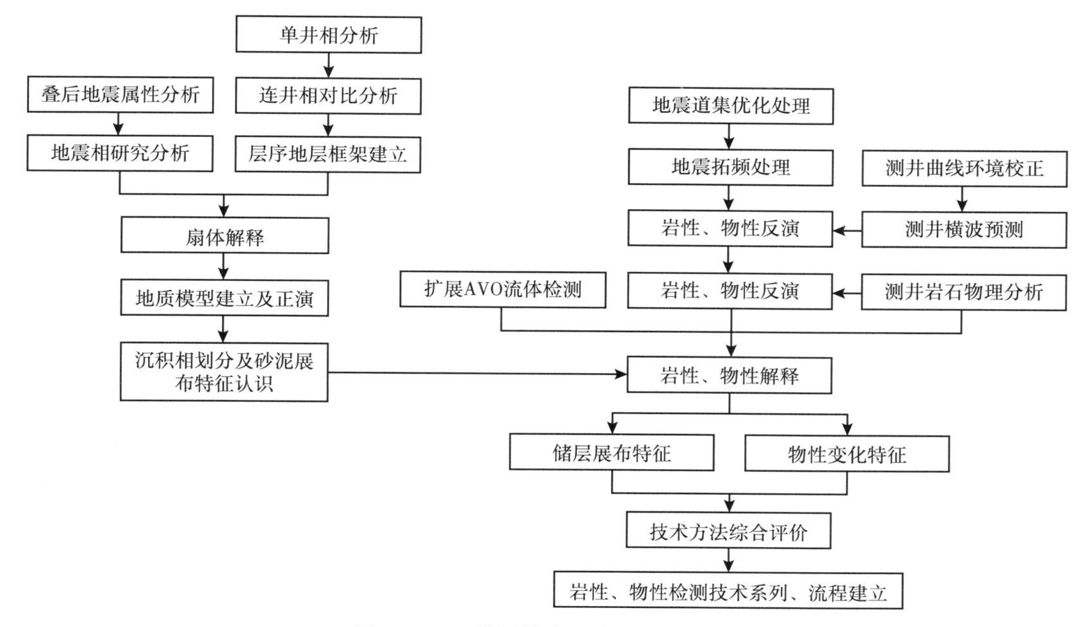

图 5-3-5　储层综合反演流程示意图

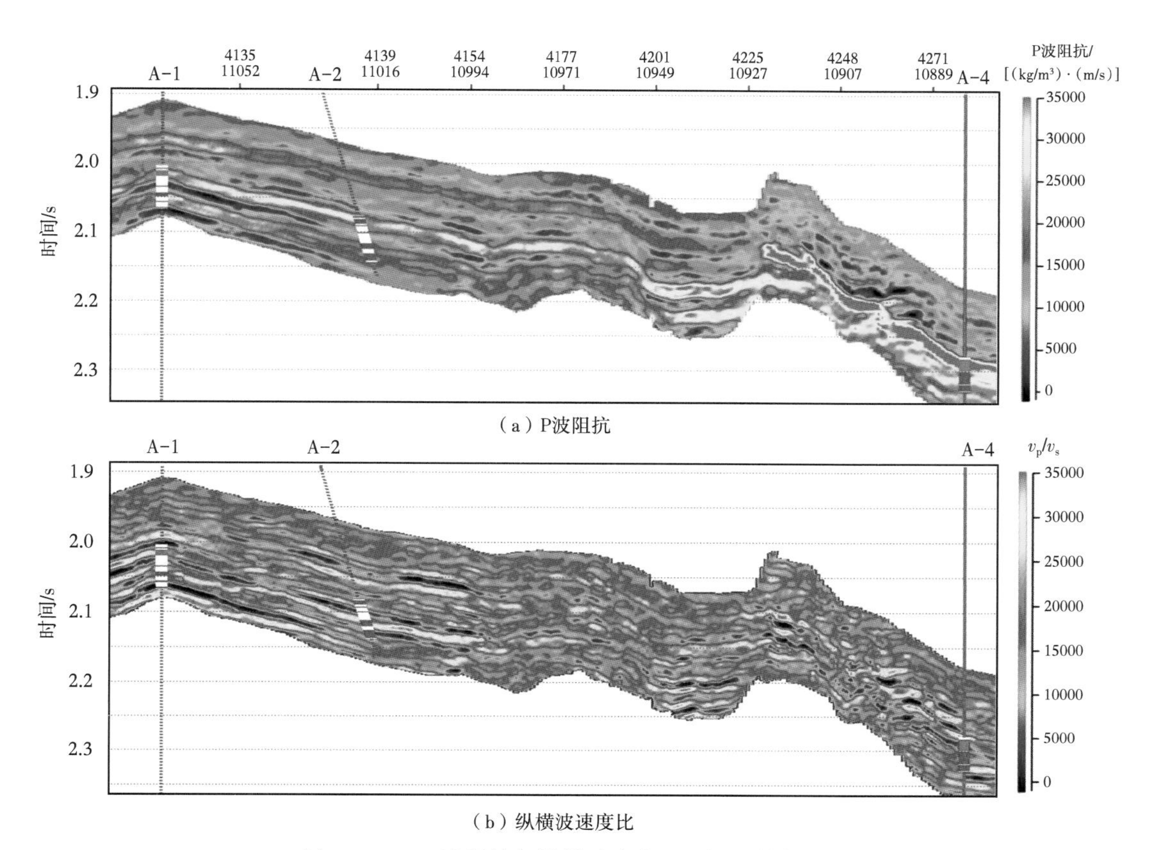

（a）P波阻抗

（b）纵横波速度比

图 5-3-6　P 波阻抗与纵横波速度比属性连井剖面图

图 5-3-7 展示了传统的均方根振幅属性与本书采用的双敏感参数融合属性的对比，可以看出，在传统方法上难以识别的特殊岩性发育区通过本方法可以有效的进行区分。从新方法预测的结果来看，设计井 A-5 井具有较好的储层发育。

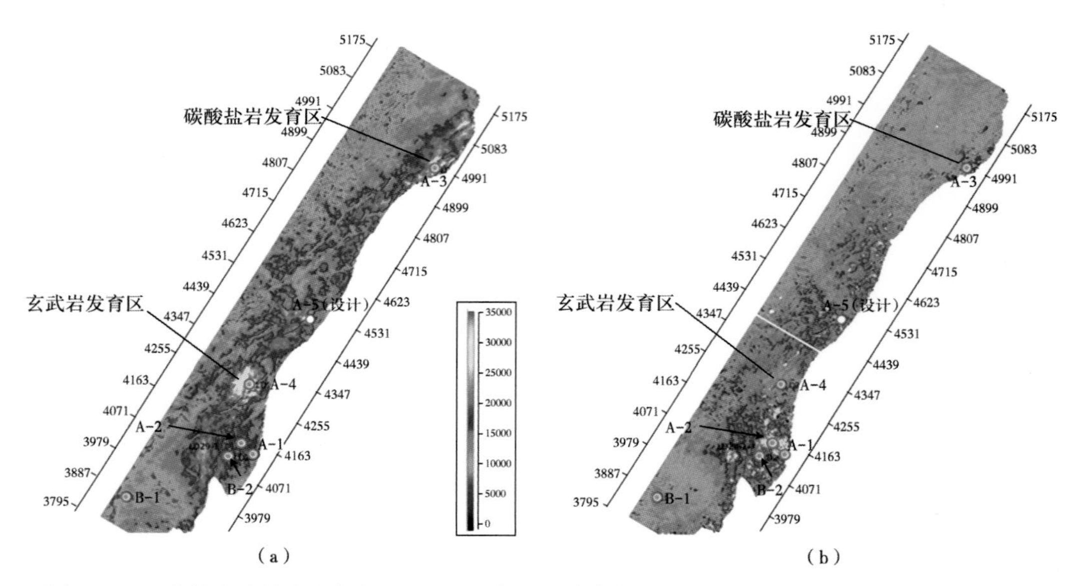

图 5-3-7　传统方法均方根振幅属性（a）与双敏感参数属性融合方法（b）平面属性对比图
（红黄色表示储层发育区，蓝色表示泥岩发育区）

四、辽东凹陷东斜坡旅大 29-1 构造勘探成效

通过深入的攻关研究，打开了辽东凹陷南洼斜坡带中深层勘探局面，优选旅大 29-1 构造作为勘探目标并实施钻探，共钻探井 6 口。勘探地质成功率高达 100%，商业成功率达 82%，成功发现并评价中型轻质油田，测试最高折合日产油 628.58m^3。该油田钻探成功意义不仅在于发现了一个优质中型油田，更在于其领域性的深远意义，有望在辽东凹陷南洼古近系斜坡带发育区掀起新一轮的勘探高潮。

第四节　本 章 小 结

本章主要以环辽中凹陷及围区的三个不同类型的勘探评价构造岩性圈闭为案例，分别是凸起区双物源三角洲型、斜坡带湖底扇型和斜坡带近源三角洲型，详细论述了各种类型岩性圈闭面临的勘探问题、研究难点和技术对策。

针对凸起区双物源三角洲型目标，通过基于密度横波比新型岩性识别因子的古近系储层识别技术，建立古近系储层敏感参数，有效区分各种不同岩性，并且采用基于 FVO/A 谱空变校正的古近系叠前道集保幅处理技术，在压制随机噪声的同时，显著改善道集 AVO 特征，最后基于叠前 PG 属性和叠后多属性融合实现流体界面的准确识别，成功应用于两个构造的勘探评价。

针对斜坡带湖底扇型目标，提出迭代谱反演方法，完成传统谱反演方法及 CSSI 确定性反演特色的融合；提出基于迭代谱反演及 Gardner 公式的高精度速度场建立方法，分层段精细修正 Gardner 公式，完成阻抗向速度场的高精度转换；通过基于迭代平滑算法和波形特征约束的叠前优质储层预测技术，实现斜坡带古近系湖底扇型岩性目标的勘探评价。

针对斜坡带近源三角洲型目标，通过基于地震沉积学的层序地层格架，开展双敏感因子的岩性区分方法，并改进传统反演方法，提出基于谱反演与叠前弹性阻抗反演结合，提取纵波阻抗、纵横波速度比敏感参数，继而采用双敏感参数融合的方法实现沙二段的复杂储层预测。

参考文献

蔡瑞，2005. 基于谱分解技术的缝洞型碳酸盐岩溶洞识别方法［J］. 石油勘探与开发，32（2）：82-85.

曹鹏涛，张敏，李振春，2018. 基于广义 S 变换及高斯平滑的自适应滤波去噪方法［J］. 石油地球物理勘探，53（6）：1128-1136.

陈学华，贺振华，黄德济，2008. 广义 S 变换及其时频滤波［J］. 信号处理，24（1）：28-31.

邓攻，梁锋，李晓婷，等，2015. S 变换谱分解技术在深反射地震弱信号提取中的应用［J］. 地球物理学报，58（12）：4594-4604.

邓述全，洪月英，彭平安，2005. 贝尔凹陷复杂断块精细解释方法［J］. 石油地球物理勘探，40（S1）：114-116.

邓述全，洪月英，彭平安，2005. 马西地区隐蔽圈闭预测［J］. 石油地球物理勘探，40（S1）：117-120.

范腾腾，2016. 深层地层—岩性油气藏地震预测方法研究与应用［D］. 青岛：中国石油大学（华东）.

范廷恩，黄旭日，马淑芳，2016. VSP 时空域高角度单程波方程偏移及其应用研究［J］. 地球物理学报，59（9）：3459-3469.

高国超，黄建平，李振春，2016. 基于单平方根算子的叠前最小二乘分步傅里叶偏移方法［J］. 地球物理学进展，31（1）：177-184.

顾雯，徐敏，王铎翰，等，2016. 地震波形指示反演技术在薄储层预测中的应用：以准噶尔盆地 B 地区薄层砂岩气藏为例［J］. 天然气地球科学，27（11）：2064-2069.

管晓燕，穆星，刘军，2007. 相位分析技术在地层圈闭描述中的应用［J］. 油气地质与采收率，14（6）：56-58.

郭乃川，吕丁友，吴奎，等，2016. 构造约束下薄储层精细描述方法［C］. 第八届渤海湾油气田勘探开发技术研讨会论文集：44-49.

郭涛，王军，石文龙，等，2012. 辽西低凸起中南段古近系东营组层序地层及地层—岩性油气藏勘探意义［J］. 石油与天然气地质，33（2）：248-255.

郭涛，周心怀，赖维成，等，2011. 辽西低凸起中段古近系东营组第二段沉积模式与勘探新发现［J］. 成都理工大学学报（自然科学版），38（6）：619-624.

何瑞武，黄捍东，李群，等，2005. 商 741 井区火成岩地震裂缝预测［J］. 石油地球物理勘探，40（6）：682-687.

胡见义，1986. 非构造油气藏［M］. 北京：石油工业出版社 .

胡志伟，徐长贵，王德英，等，2019. 渤海海域走滑断裂叠合特征与成因机制［J］. 石油勘探与开发，46（2）：254-267.

黄捍东，汪佳蓓，郭飞，2012. 敏感参数分析在叠前反演流体识别中的应用［J］. 物探与化探，36（1）：941-946.

黄馨瑶，魏鹏，2016. 辽西低凸起中南段古近系东营组层序与沉积体系演化特征［J］. 科技创新导报，13（26）：67-68.

贾承造，赵文智，邹才能，等，2004. 岩性地层油气藏研究的两项核心技术［J］. 石油勘探与开发，31（3）：3-9.

贾海良，陈华靖，张鹏志，等，2018. 叠前多属性反演在储层非均质性描述中的应用：以渤海 B 田为例［J］. 物探化探计算技术，40（6）：729-734.

雷栋，胡祥云，2006. 地震层析成像方法综述［J］. 地震研究，29（4）：418-426.

李斌，乐友喜，温明明，2017. 同步挤压小波变换在储层预测中的应用［J］. 天然气地球科学，28（2）：341-348.

李才，周东红，吕丁友，等，2014. 郯庐断裂带渤东区段断裂特征及其对油气运移的控制作用［J］. 地质科技情报，33（2）：61–65.
李国发，张小明，彭更新，等，2014. 与炮检距有关的地层吸收对AVO分析的影响及其补偿方法［J］. 石油地球物理勘探，49（1）：89–94.
李理，赵利，刘海剑，等，2015. 渤海湾盆地晚中生代—新生代伸展和走滑构造及深部背景 . 地质科学，50（2）：446–482.
李林峡，2012. 高精度谱反演方法研究与应用［D］. 成都：成都理工大学 .
李丕龙，2004. 陆相断陷盆地隐蔽油气藏形成［M］. 北京：石油工业出版社 .
李三忠，索艳慧，戴黎明，等，2010. 渤海湾盆地形成与华北克拉通破坏［J］. 地学前缘，17（4）：64–89.
李雪英，沈加雪，于生云，等，2016. 频域反Q滤波稳定性控制方法［J］. 地球物理学进展，31（4）：1608–1613.
李振春，2011. 地震叠前成像理论与方法［M］. 青岛：中国石油大学出版社 .
李振春，王华忠，马在田，2000. 共中心点道集偏移速度分析［J］. 石油物探，39（1）：20–26.
李治昊，张丰麒，2018. 基于低频软约束—基追踪薄层反演方法研究［J］. 地球物理学进展，33（6）：2403–2408.
梁兵，2013. 高邮凹陷断层—岩性油气藏勘探技术与实践［J］. 中国石油勘探，18（4）：36–49.
刘东方，赵群，薛诗桂，等，2015. 地震物理模型中储层流体地质模型材料的探索［J］. 地球物理学进展，30（2）：636–640.
刘晗，张建中，黄忠来，2017. 基于同步挤压S变换的地震信号时频分析［J］. 石油地球物理勘探，52（4）：689–695.
刘化清，刘宗堡，吴孔友，等，2021. 岩性地层油气藏区带及圈闭评价技术研究新进展［J］. 岩性油气藏，33（1）：25–36.
刘磊 . 2018. 辽东湾渐新世走滑—伸展复合盆地源—汇系统类型及沉积特征［D］. 成都：成都理工大学 .
刘万金，周辉，袁三一，等，2013. 谱反演在地震属性解释中的应用［J］. 石油地球物理勘探，48（3）：423–428.
刘战，刘洪，孙军，等，2019. 地表数据驱动的与层相关的层间多次波消除方法及应用［J］. 地球物理学报，62（6）：2227–2236.
刘震，韩军，关强，等，2007. 岩性地层圈闭识别和评价的关键问题［J］. 西安石油大学学报（自然科学版），22（3）：31–37.
龙丹，2019. 基于模态分解方法的地震资料去噪和烃类检测［D］. 成都：成都理工大学 .
陆基孟，王永刚，2009. 地震勘探原理［M］. 3版 . 青岛：中国石油大学出版社 .
罗红梅，2016. 地震DNA地层超剥点线识别技术及应用［J］. 石油物探，55（3）：414–424.
马光克，李雷，刘巍，等，2019. 高密度地震勘探技术在莺歌海盆地M气田岩性勘探中的应用［J］. 石油物探，58（4）：591–599.
马彦彦，李国发，张星宇，等，2014. 叠前深度偏移速度建模方法分析［J］. 石油地球物理勘探，49（4）：687–693.
孟松岭，2010. 基于地表一致性原理的相对振幅保持方法研究［D］. 青岛：中国石油大学（华东）.
彭军，周家雄，王宇，等，2017. 基追踪在薄层识别中的研究与应用［J］. 地球物理学进展，32（3）：1243–1250.
漆家福，邓荣敬，周心怀，等，2008. 渤海海域新生代盆地中的郯庐断裂带构造［J］. 中国科学：地球科学，38（S1）：22–32.
漆家福，李晓光，于福生，等，2013. 辽河西部凹陷新生代构造变形及“郯庐断裂带”的表现 . 中国科学：地球科学，43（8）：1324–1337.

秦德文，2009. 基于谱反演的薄层预测与反演方法研究［D］. 青岛：中国石油大学（华东）.
苏朝光，闫昭岷，张营革，等，2007. 地层油藏超剥尖灭线夹角定量外推方法模型研究［J］. 地球物理学进展，22（6）：1841-1846.
田立新，王波，张志军，2015. 基于地质统计信息的谱反演法［J］. 石油地球物理勘探，50（5）：967-972.
汪彩云，2009. 地震技术在车排子地区岩性油藏勘探中的应用［J］. 勘探地球物理进展，32（4）：280-285.
汪瑞良，张文珠，刘徐敏，等，2017. 基于匹配追踪时频谱计算的砂体尖灭线检测方法［J］. 物探化探计算技术，39（6）：799-807.
汪涛，王鹏，桂志先，等，2017. 基于同步挤压变换的频率衰减梯度在储层预测中的应用［J］. 能源与环保，39（3）：45-49.
王保丽，Sacchi M D，印兴耀，等，2014. 基于保幅拉东变换的多次波衰减［J］. 地球物理学报，57（6）：1924-1933.
王冲，2019. 最优化迭代算法及其在海上地震数据干扰波的压制研究［D］. 武汉：中国地质大学.
王大兴，赵玉华，王永刚，等，2015. 苏里格气田低渗透砂岩岩性气藏多波地震勘探技术［J］. 中国石油勘探，20（2）：59-67.
王德英，于海波，王军，等，2015. 秦南凹陷地层岩性油气藏勘探关键技术及其应用成效［J］. 中国海上油气，27（3）：16-24.
王靖，孙赞东，吴杰，等，2016. 地震资料处理方法的叠前保幅性研究［J］. 岩性油气藏，28（3）：105-112.
王娟，陈玉林，郭宝玺，2005. 三维可视化河道立体解释技术［J］. 石油地球物理勘探，40（6）：677-681.
王军，张中巧，滕玉波，等，2011. 基于地震瞬时谱分析的三角洲砂体尖灭线识别技术［J］. 断块油气田，18（5）：585-588.
王军，周东红，张中巧，等，2010. 低位楔形三角洲砂体岩性尖灭线地震响应特征探索［J］. 石油地质与工程，24（5）：33-36.
王艳冬，王小六，桑淑云，等，2020. 渤海海域水平拖缆数据宽频处理关键技术［J］. 石油地球物理勘探，55（1）：10-16+4.
王元君，周怀来，2015. 时频域动态反褶积方法研究［J］. 西南石油大学学报（自然科学版），37（1）：1-10.
王韵致，吴艳梅，廖光明，2017. 地震正演模拟技术在金湖凹陷 SH 油田的应用［J］. 石油地质与工程，31（1）：44-47.
王志萍，王保全，刘艺萌，等，2017. 渤海油田 JZ31 构造东二段湖底扇地震沉积学研究［J］. 断块油气田.24（4）：452-455.
魏志平，2009. 谱分解调谐体技术在薄储层定量预测中的应用［J］. 石油地球物理勘探，44（3）：337-340.
吴笛，2015. 基于反射系数反演的隐蔽油气藏薄储层精细描述技术：以车排子地区白垩系为例［J］. 油气地质与采收率，22（4）：74-78.
吴国忱，王华忠，马在田，等，2003. 常速度度梯度射线追踪与二维层速度反演［J］. 石油物探，42（4）：434-440.
吴满生，狄帮让，魏建新，等，2014. 大型复杂构造地震物理模型设计制作及实验精度分析（英文）［J］. Applied Geophysics，11（2）：245-251.
吴淑玉，刘俊，2015. 基于时频分析的高分辨率层序地层［J］. 海洋地质与第四纪地质，35（4）：197-207.

辛可锋，王华忠，王成礼，等，2002. 叠前地震数据的规则化［J］. 石油地球物理勘探，37（4）：311-317+432.
熊煜，李福强，周连德，等，2015. 黏滞弥散正演模拟与谱反演精细描述技术在渤海 X 油田中的应用［J］. 石油地质与工程，29（1）：98-100.
徐长贵，2007. 渤海海域低勘探程度区古近系岩性圈闭预测［D］. 北京：中国地质大学（北京）.
徐长贵，2013. 陆相断陷盆地源—汇时空耦合控砂原理、基本思想、概念体系及控砂模式［J］. 中国海上油气，25（4）：1-11.
徐长贵，加东辉，宛良伟，2017. 渤海走滑断裂对古近系源—汇体系的控制作用［J］. 地球科学，42（11）：1871-1882.
徐嘉亮，张冰，王维红，等，2021. 基于一步法层析速度建模方法建立［J］. 地球物理学报，64（4）：1412-1418.
徐嘉亮，周东红，贺电波，等，2018. 高精度深度域层析速度反演方法［J］. 石油地球物理勘探，53（4）：737-744+652.
徐旺林，庞雄奇，吕淑英，等，2005. 动态概率神经网络及油气概率分布预测［J］. 石油地球物理勘探，40（1）：65-70.
薛良清，2002. 湖相盆地中的层序、体系域与隐蔽油气藏［J］. 石油与天然气地质，23（2）：115-120.
严海滔，黄饶，周怀来，等，2019. 同步挤压广义 S 变换在南海油气识别中的应用［J］. 地球物理学进展，34（3）：1229-1235.
杨丽，2011. 岩性油气藏地质地震特征研究［D］. 青岛：中国石油大学（华东）.
杨占龙，彭立才，陈启林，等，2007. 地震属性分析与岩性油气藏勘探［J］. 石油物探，46（2）：131-136.
姚振岸，孙成禹，李红星，等，2019. 基于基追踪的时变子波提取与地震反射率反演［J］. 石油地球物理勘探，54（1）：137-144.
殷文，2015. 基于时频约束的井震资料联合时深标定方法［J］. 成都理工大学学报（自然科学版），42（3）：377-384.
尤加春，曹俊兴，王俊，2020. 利用矩阵分解理论的双程波方程叠前深度偏移方法［J］. 地球物理学报，63（10）：3838-3848.
张繁昌，李传辉，印兴耀，2012. 三角洲砂岩尖灭线的地震匹配追踪瞬时谱识别方法［J］. 石油地球物理勘探，47（1）：82-88.
张福宏，黄平，黄开伟，等，2018. 复杂裂缝地球物理模型制作及地震采集处理研究［J］. 物探与化探，42（1）：87-95.
张福利，2008. 地震反射层夹角外推法定量确定地层超覆线位置：以陈家庄凸起东段北部缓坡带馆下段为例［J］. 石油地球物理勘探，43（5）：573-577.
张固澜，熊晓军，容娇君，等，2010. 基于改进的广义 S 变换的地层吸收衰减补偿［J］. 石油地球物理勘探，45（4）：512-515.
张军华，范腾腾，杨勇，等，2016. 永进油田西山窑组砂岩储层尖灭线的地震识别技术［J］. 石油物探，55（2）：261-270.
张蕾，王军，张中巧，等，2014. 基于地震正演模拟的地层超覆线识别及刻画技术［J］. 石油地质与工程，28（4）：58-61.
张敏，李振春，叶月明，等，2011. 基于双平方根算子的保幅角度域成像［J］. 中国石油大学学报（自然科学版），35（2）：45-50.
张明，孙夕平，崔兴福，等，2021. 基于地质目标的岩性油气藏地震资料处理解释一体化方案［J］. 石油地球物理勘探，56（2）：323-331.

张婷，2013. 声波测井信息的时频特征提取与分析［D］. 长春：长春理工大学 .

张志军，王波，谭辉煌，等，2016. 宽带雷克子波应用于基于谱反演的厚储层描述技术［J］. 中国海上油气，28（3）：62-69.

张志军，魏天罡，2013. 浅水多次波的联合衰减技术在渤海海域 LD 地区的应用［J］. 中国石油勘探，18（1）：59-65.

张志军，周东红，2016. 数据驱动的“气云”区振幅补偿方法［J］. 石油地球物理勘探，51（3）：474-479.

张志军，周东红，孙成禹，等，2015. 基于三维模型数据的地震振幅补偿处理技术的保幅性分析［J］. 物探与化探，39（3）：621-626.

周东红，张志军，谭辉煌，2015. 基于谱反演的超限厚储层描述技术及其在渤海海域“富砂型”极浅水三角洲储集层的应用［J］. 中国海上油气，27（3）：25-30.

周东红，2019. 渤海海域新生界火山岩发育区地震资料处理关键技术［J］. 中国海上油气，31（6）：13-24.

周小鹏，刘伊克，李鹏，2019. 改进的多道预测算子压制浅水多次波方法［J］. 地球物理学报，62（2）：667-679.

周心怀，赖维成，杜晓峰，等，2012. 渤海海域隐蔽油气藏勘探关键技术及其应用成效［J］. 中国海上油气，24（S1）：11-18.

周心怀，王德英，张新涛，2016. 渤海海域石臼坨凸起两个亿吨级隐蔽油气藏勘探实践与启示［J］. 中国石油勘探，21（4）：30-37.

邹锋，薛雅娟，2018. 基于同步挤压小波变换的煤层强振幅抑制［J］. 地球物理学进展，33（3）：1198-1204.

Aki K, Richards P G, 1979. Quantitative seismology: Theory and Methods [M]. New York: W. H. Freeman and Company.

Allen M B, Macdonald D I M, Xun Z, et al. , 1997. Early Cenozoic two-phase extension and late Cenozoic thermal subsidence and inversion of the Bohai Basin, northern China. Marine and Petroleum Geology, 14: 951-972.

Baoniu Han, 1998. A comparison of four depth migration methods [A]// 68th SEG Annual Meeting: 1104-1107.

Bortoli L J, Alabert F, Haas A, et al. , 1992. Constraining Stochastic Images to Seismic Data [C]. Proceedings of the International Geostatistics Congress, 33: 526-560.

Chuang H, Lawton D C, 1995. Amplitude responses of thin beds: sinusoidal approximation versus Ricker approximation [J]. Geophysics, 60 (1): 223-230.

Cross T A, Baler M R, Chapin M A, et al., 1992. Application ofhigh resolution sequence stratigraphy to reservoir analysis [C]//Subsurface Reservoir Characterization from OutcropObservations. Paris: Technip, 51: 11-33.

Daubechies I, Lu J, Wu H T, 2011. Synchrosqueezed wavelet transforms: an empirical mode decomposition-like tool [J]. Applied and Computational Harmonic Analysis, 30 (2): 243-261.

Dragomiretskiy K, Zosso D, 2014. Variational Mode Decomposition [J]. IEEE Transactions on Signal Processing, 62 (3): 531-544.

Duan X Y, Tan H H, Zhang S Q, et al. , 2018. The study and application of AVO analysis based on spectrum-reconstruction method [C]. SEG Technical Program Expanded Abstracts: 650-654.

Dubrule O, Thibaut M, Lamy P, et al. , 1998. Geostatistical rervoir characterization cons-trained by 3D seismic data [J]. Petroleum Geoscience, 4 (2): 121-128.

Futterman W I, 1962. Dispersive body waves [J]. Journal of Geophysical Research, 69 (13), 5279-5291.

Galloway W E, 1989. Genetic stratigraphic sequences in basin analysis (I): Architecture and genesis of flooding -surface boundeddepositional units [J]. AAPG Bulletin, 73: 125-142.

Goodway B, Chen T W, Downton J, 1997. Improved AVO fluid detection and lithology discrimination using Lame petrophysical parameters; "λ_ρ", "μ_ρ", & "λ/μ fluid stack", from P and S inversions [C]. SEG Technical Program Expanded Abstracts, 16: 183-186.

Haas A, Dubrule O, 1994. Geostatistical inversion: A sequential method for stochastic reservoir modeling constrained by seismic data [J]. First Break, 12 (11): 561-569.

Hami-Eddine K., Klein P, Richard L, et al. , 2015. A new technique for lithology and fluid content prediction from prestack data: An application to a carbonate reservoir. Interpretation, 3 (1): 19-32.

Han J, Baan M V, 2013. Empirical mode decomposition for seismic time-frequency analysis [J]. Geophysics, 78 (2): 9-19.

Harilal, Rao C G, Saxena R, et al. , 2006. Mapping thin sandstone reservoirs: Application of 3D visualization and spectral decomposition techniques. The Leading Edge, 28 (2): 156-167.

Huang N, Shen Z, Long S R, et al. , 1998. The empirical mode decomposition and the Hilbert spectrum for nonlinear and non-stationary time series analysis [J]. Physical and Engineering Sciences, 454: 903-995.

Kaipio J, Somersalo E, 2004. Statistical and Computational Inverse Problems [M]. New York: Springer.

Levorsen A I, 1966. The obscure and subtle trap. AAPG Bulletin, 50 (10): 2058-2067.

Luca M D, Saunas T, Arminio J F, et al. , 2014. Seismic inversion and AVO analysis applied to predictive-modeling gas-condensate sands for exploration and early production in the Lower Magdalena Basin, Colombia. The Leading Edge, 33 (7): 746-756.

Milton J P, Ursin B, 1998. Mixed-phase deconvolution [J]. Geophysics, 63 (2): 637-647.

Mitchum R M, Van Wagoner J C, 1991. High frequency sequences and their stacking patterns: Sequence stratigraphic evidence of high frequency eustatic cycles [J]. Sedimentary Geology, 70: 131-160.

Moser T J, 1991. Shortest Path Calculation of Seismic Rays [J]. Geophysics, 56 (1): 59-67.

Portniaguine O, Castagna J P, 2005. Spectral inversion: Lessons from modeling and Boonesville case study [C]. 75th SEG Annual Meeting. Expanded Abstracts: 1638-1641.

Ren J Y, Tamaki K, Li S T, et al. , 2002. Late Mesozoic and Cenozoic rifting and its dynamic setting in Eastern China and adjacent areas. Tectonophysics, 344: 175-205.

Robert S, 2010. Deghosting by joint deconvolution of a migration and a mirror migration [C]. 80th SEG Expanded Abstracts: 3406-3410.

Rothman D H, 1998. Geostatistical inversion of 3D seismic data for thin sand delineation [J]. Geophysics, 51 (2): 332-346.

Scales J A, Tenorio L, 2001. Prior information and uncertainty in inverse problems [J]. Geophysics, 66 (2): 389-397.

Shin C, Cha Y H, 2008. Waveform Inversion in the Laplace Domain [J]. Geophysical Journal International, 173 (3): 922-931.

Sinha S, Routh P S, Anno P D, et al. , 2005. Spectral decomposition of seismic data with continuous-wavelet transforms [J], Geophysics, 70 (6), 19-25.

Skirius C, Nissen S, Haskell N, et al. , 1999. 3-D seismic attributes applied to carbonates. The Leading Edge, 18 (3): 384-393.

Smith G C, Gidlow P M, 1987. Weighted stacking for rock property estimation and detection of gas [J]. Geophysical Prospecting, 35: 993-1014.

Strecker U, Uden R, 2002. Data mining of 3D poststack seismic attribute volumes using Kohonen self-organizing maps. The Leading Edge, 21 (10): 1032-1037.

Tirado S, 2004. Sand thickness estimation using spectral decomposition [D]. Oklahoma: University of Oklahoma.

Torres Verdin C, Victoria M, Pendrel J, et al., 1999. Trace-based and geostatistical inversion of 3-D seismic data for thin-sand delineation, an application in San Jorge Basin, Argentina [C]. The Leading Edge: 1070-1076.

Vail P R, Mitchum RMJ, Thompson S, 1977. Seismic stratigraphyand global changes of sea level (part 3): Relative changes ofsea level from coastal onlap [M]//Seismic Stratigraphy: Applications to Hydrocarbon Exploration, Payton. AAPG Memoir, 26: 63-81.

Van Wagoner J C, Mitchum R M, 1989. High-frequency sequences and their stacking patterns [C]. 28th Int. Geology Congress Proc Abstracts, 3: 284.

Van Wagoner J C, Mitchum R M, Campion K M, et al., 1990. AAPG Methods in Exploration Series [M]. Tulsa: AAPG.

Verschuur D J, Berkhout A J, Wapenaar C P A, 1992. Adaptive surface-related multiple elimination [J]. Geophysics, 57 (9): 1166-1177.

Wang Y H, 2003. Quantifying the effectiveness of stabilized inverse Q-filtering [J]. Geophysics, 68 (1): 337-345.

Widess M B, 1973. How thin is a thin bed [J]. Geophysics, 38 (6): 1176-1180.

Yilmaz, O, 2001. Seismic data analysis: processing, inversion and interpretation of seismic data [M]. Tulsa: Society of Exploration Geophysicists.

Zeng H L, Backus M M, 2005. Interpretive advantages of 90o-phase wavelets [J]. Geophysics, 70 (3): 48-52.